陕西气象现代化建设

（2013—2019）

丁传群◎主编

内容简介

2018 年，中国气象局确认陕西在西部率先基本实现气象现代化。本书从“提升气象核心科技水平”“强化气象基础业务支撑能力”“增强气象防灾减灾服务能力”“政府主导推进防灾减灾救灾工作”“气象现代化助力重大灾害性天气服务”“开展面向‘一带一路’的气象服务”“助力生态文明与脱贫攻坚的气象保障”“营造气象事业发展环境”八个方面系统梳理了 2013—2019 年陕西气象现代化的发展历程、成果和经验，重点总结了党的十八大以来陕西气象改革发展的成功实践，凝练提出了更高水平气象现代化的发展目标和任务。本书既突出了陕西特色，也为其他地区提供了有益参考和借鉴。

图书在版编目（CIP）数据

陕西气象现代化建设 : 2013—2019 / 丁传群主编
. -- 北京 : 气象出版社， 2020.12
ISBN 978-7-5029-7379-7

Ⅰ. ①陕…　Ⅱ. ①丁…　Ⅲ. ①气象 - 工作概况 - 陕西
-2013-2019 Ⅳ. ① P468.241

中国版本图书馆 CIP 数据核字（2020）第 268883 号

陕西气象现代化建设（2013—2019）
Shaanxi Qixiang Xiandaihua Jianshe（2013—2019）
丁传群　**主编**

出版发行：气象出版社
地　　址：北京市海淀区中关村南大街 46 号　　**邮政编码：**100081
电　　话：010-68407112（总编室）　010-68408042（发行部）
网　　址：http://www.qxcbs.com　　**E-mail：**qxcbs@cma.gov.cn
责任编辑：张盼娟　郭健华　　**终　　审：**吴晓鹏
责任校对：张硕杰　　**责任技编：**赵相宁
封面设计：楽丽红
印　　刷：北京建宏印刷有限公司
开　　本：787 mm×1092 mm　1/16　　**印　　张：**23.5
字　　数：480 千字
版　　次：2020 年 12 月第 1 版　　**印　　次：**2020 年 12 月第 1 次印刷
定　　价：139.00 元

《陕西气象现代化建设（2013—2019）》
编　写　组

主　编： 丁传群

副主编： 罗　慧（常务）　谢双亭　张洪广　陈高峰

成　员： 朱海利　王维国　吴林荣　李洪斌　吴宁强
陈　力　刘海军　李　青　贺文彬　王　毅
李　涛　赵奎锋　王　楠　张雅斌　郭江峰
朱玉洁　赵艳丽　戚玉梅　等

序言

新中国气象事业70年的发展历程正是一部不断推进气象现代化的发展历程。70年来，在党中央的坚强领导下，在全社会的关心支持下，气象事业坚持为人民服务的宗旨，坚持在落实党中央决策部署中发展的思路，坚持改革创新，坚持趋利避害，坚持现代化建设，基本建成了适应需求、结构完善、功能先进、保障有力的现代气象业务体系、服务体系、科技创新体系和治理体系。

全面推进气象现代化建设，是从气象大国迈向现代化气象强国的必由路径，是解决人民日益增长的美好生活需要和不平衡不充分发展之间矛盾的现实需求，是推进国家治理体系和治理能力现代化的重要方面，也是建成富强、民主、文明、和谐、美丽的社会主义现代化强国的重要要求。

陕西天气气候复杂多样，横贯陕西的秦岭是我国重要的南北气候分界线，是我国的“中央水塔”，人民气象事业发祥于陕西延安。陕西气象在全国具有重要地位，也是新中国气象事业的重要组成部分。党的十八大以来，陕西气象人把以人民为中心的发展思想贯彻到气象现代化建设全过程，努力构建“满足需求、注重技术、惠及民生、富有特色”的气象现代化体系，探索出一条富有特色的气象现代化发展之路，为陕西经济社会发展和人民安康福祉发挥了重要作用。陕西省气象现代化建设取得重要成就，气象综合观测体系进一步完善，气象灾害监测预报预警服务能力大幅提升，科技和人才实力显著增强，提前完成气象现代化建设阶段性目标。气象保障服务国家综合防灾减灾救灾、生态文明建设、“一带一路”倡议、乡村振兴、精准脱贫、军民融合发展和应对气候变化等战略部署，以及地方经济社会发展和为人民生产生活服务等，均取得显著成效。深化气象改革取得突破进展，“放管服”改革持续深化，政府防雷安全监管责任逐步落实，地方气象法规体系和标准不断健全并有效实施，气象事业依法发展得到加强。党的建设进一步加强，广大党员干部不断增强“四个意识”、坚定“四个自信”、做到“两个维护”，党组织战斗堡垒作用进一步发挥，为气象事业发展提供了坚强政治保证。

《陕西气象现代化建设（2013—2019）》系统梳理了2013—2019年陕西气象现代化的发展历程、成果和经验，重点总结了党的十八大以来陕西气象改革发展的成功实践，凝练提出了更高水平气象现代化的发展目标和任务。既突出了陕西特色，也为其他地区提供了有益参考和借鉴。

希望陕西气象部门以党的政治建设为统领，坚持以人民为中心的发展思想，坚持改革创新，发扬优良传统，不忘初心，牢记使命，接续奋斗，加快推进更高水平的气象现代化建设，努力做到监测精密、预报精准、服务精细，充分发挥气象防灾减灾第一道防线作用，不断提升气象保障服务国家战略和追赶超越发展的能力，努力提高气象服务保障生命安全、生产发展、生活富裕、生态良好的水平，为实现社会主义现代化气象强国做出更大的贡献！

中国气象局党组书记、局长 刘雅鸣

2020年9月

前言

近年来，陕西气象工作以习近平新时代中国特色社会主义思想为指导，深入贯彻党的十九大精神，坚持新发展理念，坚持气象事业融入国家发展战略和地方经济发展，在陕西省委、省政府和中国气象局党组的正确领导下，全面推进“满足需求、注重技术、惠及民生、富有特色”的陕西气象现代化建设，着力提升气象监测预报预警、气象防灾减灾、公共气象服务能力和水平，“党委领导、政府主导、部门联动、社会参与”的气象灾害防御机制不断完善，气象监测预报能力和信息化水平显著提升，气象科技创新与核心技术攻关取得突破，省部合作与大项目建设取得快速发展，西安气象大数据应用中心、中国苹果气象服务中心、汾渭平原环境气象预报预警中心、秦岭和黄土高原生态环境气象重点实验室结出硕果，气象保障生态文明、“一带一路”倡议、脱贫攻坚、乡村振兴、军民融合等国家战略成绩突出，保障经济社会高质量发展和人民福祉安康效益显著。经评估，中国气象局确认陕西2018年在西部率先基本实现气象现代化。

为了系统总结陕西气象率先基本实现现代化的发展历程、成果和经验，凝练更高水平气象现代化的发展目标和任务，从更大格局谋划、更高水平发展陕西特色气象现代化，更好地实现中国气象局刘雅鸣局长“陕西气象现代化应好上加好，向更高水平更高要求迈进”及中共陕西省委书记“加快推进气象管理法治化、气象服务智慧化、气象业务智能化”的要求，主动融入国家战略和区域协调发展，服务陕西“三个经济”和“追赶超越”，陕西省气象局组织编写了这本《陕西气象现代化建设（2013—2019）》。

本书第1章介绍了陕西省气象局围绕提升气象核心科技水平组建创新团队，开展科研攻关，建设秦岭与黄土高原生态环境气象重点实验室，体现了在气象科技创新体系、智能网格预报体系和气象大数据应用中心建设方面取得的成绩。第2章围绕推进综合气象观测业务、气象信息业务、天气预报与气候预测业务和基层气象台站建设等方面所取得的新进展，展现了在基础气象业务技术支撑能力、台站气象现代化承载力和气象技术保障能力方面的新进步。第 3 章梳理了气象防灾减灾、公共气象服务、重大经济社会活动保障服务、农业气象服务、防雷减灾避险、专业专项气象服务等方面所取得的进展。第 4 章记述了围绕强化气象灾害防御机制、筑牢气象防灾减灾第一道防线所采取的举措，体现了政府各级部门和气象灾害应急指挥部成员单位在气象灾害防御、救灾、避险等方面取得的成效。第 5 章围绕提高重大灾害性天气预报服务能力，对典型天气过程的预报服务情况和气候特点进行全面分析，总结了 2013 年以来陕西天气气候特点及强降水、干旱、霾、寒潮等重大天气的发展规律和服务经验。第 6 章积极探索面向“一带一路”的气象保障服务，体现“软硬实力”提升的最新进展。第 7 章展示了在保障国家重大战略中气象所做的工作，集中展现了气象助力生态文明、乡村振兴与脱贫攻坚取得的成果。第 8 章从加强党的建设、气象法治建设、气象文化建设、人才队伍建设等方面梳理，展现了营造气象事业发展环境，推进气象事业高质量发展取得的成绩。第 9 章回顾了陕西 2013 年以来推进气象现代化建设过程中所发生的重要事件。第 10 章简述了中国气象局发展研究中心作为第三方机构对陕西气象现代化建设的客观评估结果及陕西气象现代化下一步展望。

本书主要执笔人员如下：大纲设计，丁传群、罗慧；第 1 章，刘海军、王垒、戚玉梅、赵奎锋；第 2 章，李青、刘海军、贺文彬、郭江峰、邓凤东；第 3 章，李洪斌、王楠、岳治国、张晓佳、张红平、巨晓璇；第 4 章，朱海利、胡泽杞、张明；第 5 章，吴林荣、李明；第 6 章，罗慧、王维国、王维刚、王毅、张小锋、杨新；第 7 章，罗慧、陈力、李洪斌、张雅斌、李涛；第 8 章，吴宁强、翟苡辰、张晓佳、唐静、邹赛男；第 9 章，朱海利、戚玉梅、张丽荣；第 10 章，朱玉洁、王毅、赵艳丽、唐伟、李博。全书由丁传群、罗慧、陈高峰、朱海利统稿并审定。

本书在编写过程中，得到了中国气象局鼎力支持，得到王维国等专家的耐心指导，尤其是编写组的同志们兢兢业业，认真梳理、凝练、总结，在此一并表示感谢！

由于时间紧任务重、编写水平有限，收集的资料可能仍有疏漏，总结不够全面，欢迎大家提出宝贵意见。

《陕西气象现代化建设（2013—2019）》编委会

2020 年 9 月

目录

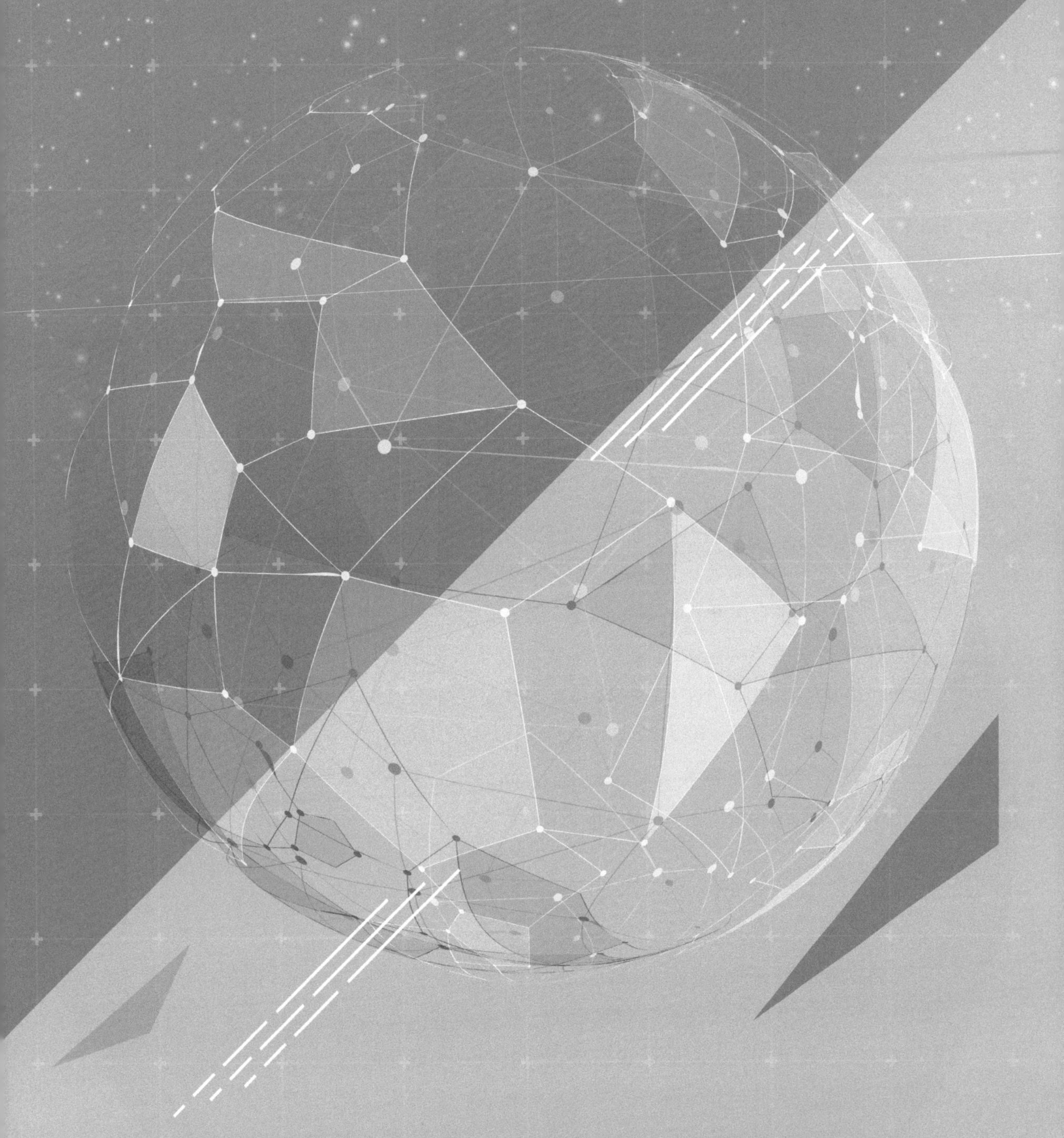

1

提升气象核心科技水平

1.1 健全气象科技创新体系

2015 年以来，陕西省气象局新一届党组着力解决陕西气象科技支撑业务发展能力不足、核心技术发展滞后、业务科研协同创新机制不完善等问题，重视顶层设计，科学谋划，组织研发自主可控的核心技术，发展壮大科技人才队伍。陕西省气象局建立了以解决业务关键核心技术问题为导向的研究开发机制，集中省市智慧力量，统筹各方资源，组建创新团队，攻克业务核心技术；建设科技创新平台，建立联合攻关机制，强化科研业务紧密结合，努力解决气象科研与业务“两张皮”的问题。2018 年经中国气象局发展研究中心作为第三方客观评估，陕西气象科技贡献率高于同期全国和西部平均水平，气象科技能力在全国同期处于较高水平。

1.1.1 组建气象科技创新团队

以激励政策为引领，激活团队创新活力。修订了《创新团队建设和管理办法》，加大团队经费支持力度，实施特殊津贴政策，将陕西省气象局科研项目立项与创新团队建设相结合，鼓励支持创新团队成员申报与其所在团队研究方向一致的科研项目。优先推荐创新团队申报与其研究方向一致的国家级、省部级、厅局级项目，优先推荐科技奖励。将创新团队成员培养与当地政府、气象部门的各类人才培养计划衔接；根据创新团队成员业绩贡献，在职务、职称晋升中优先考虑。创新团队采用择优选定、滚动发展、项目配套的运行和管理模式。陕西省气象局科技委员会全程参与创新团队的成立、评审、中期检查和年度考核评估，动态管理省级和市级创新团队。

以创新团队为抓手，核心技术攻关有成果。2015 年 10 月，陕西省气象局新一届党组瞄准精细化气象网格预报这一核心业务，大力发展精细化预报技术，下发了《关于加快推进精细化预报工作的通知》(陕气发〔2015〕67 号)，组建了精细化气象格点预报攻关团队，拉开了创新团队建设的序幕。2016 年 7 月，组建了短时临近预报预警技术攻关团队；8 月组建了云降水与卫星反演、环境遥感应用 2 支省级创新团队，23 支市级（主体为各直属单位和市气象局）创新团队。2017 年 9 月，组建了智能终端气象服务技术研发省级创新团队，形成省级和基层科技创新相互补充、相互促进的有机整体。2017 年底完成创新团队的首次全面考核。经分析评定并结合实际业务需求，2018 年对原有创新团队进行分类组合，重新组建 13 支市级创新团队。截至 2019 年 12 月，省级 4 支创新团队、市级 13 支创新团队仍在继续研发。

精细化气象格点预报省级攻关团队研发了一套本地化的精细化格点预报方法，推出一套经过检验的客观精细化格点 / 站点预报产品，建立了陕西智能网格气象预报系统。实现了一系列具有陕西特色的本地化自主可控的网格预报技术方法，成为系统的自主核心技术，主要包括双线性插值降尺度数据处理技术、动态交叉取优技术、温度递减回归订正技术、降水偏差订正技术、多要素融合天气现象生成规则、要素时空协同技术、温度一元线性回归、能见度多元线性回归等。获批中国气象局关键技术项目陕西子项目“秦岭及周边地区格点预报关键技术研究”、中国气象局预报员专项“陕西智能网格气象预报协同技术总结分析及改进”、中国气象局数值预报（GRAPES）发展专项陕西子项目“GRAPES 数值模式（MESO、RAFS）在秦岭及周边地区预报性能检验及应用”、陕西省气象局面上项目“基于格点预报的灾害性天气落区研究”等项目支持。

短临预报预警技术省级攻关团队研发了自主可控的基于降水分型的定量降水估测，基于机器学习的强天气识别，基于中尺度模式的强对流概率预报技术、暴雨智能客观预警技术、短临外推产品模糊检验等技术。完成风暴单体识别、三维雷达拼图、分钟级降水预报、强对流概率预报等高分辨率短临客观产品，其中分钟降水应用于陕西省精细化格点预报业务产品，分钟降水及雷达拼图融入“陕西气象”App。开发了陕西省短时临近智能预报服务系统（NIFS），并集成到“秦智”智能网格气象预报系统中，实现了“警报信息自动推送、预报指导客观定量、上下在线互动留痕”等功能，成功对接陕西省突发事件预警信息发布系统，打造全新数字化监测预警业务流程。NIFS V1.0 于 2018 年 7 月正式投入业务运行，全省气象预警信息发布时效提升 0.5 ～ 1 h，在 2018 年汛期气象服务、2019 年欧亚经济论坛等重大活动保障中成为主要的短临预报技术支撑。团队获批“十三五”项目预报预测能力提升工程项目 1 项，中国气象局预报员专项 2 项。发表科技论文 11 篇，其中中文核心期刊 4 篇。

智能终端气象服务技术研发省级创新团队根据陕西省决策气象服务本地化需求，通过多元数据融合搭建掌上气象服务产品终端——“陕西气象”App，适配于目前主流的安卓手机和苹果手机。“陕西气象”App 包括热点天气、监测、预警、降水、实况统计、决策材料、卫星云图、单站雷达等功能模块，可迅速在手机端加载气象信息快报、气象信息专报以及天气公报等决策服务材料；通过全方位数据采集，实现数据同步传输处理，重点呈现“监测、预警、预报”等维度的气象信息，助力决策人员及时根据气象状况进行迅速响应；向全省范围提供多层级多种类的气象服务产品，满足了省、市、县三级气象服务的需求。

云降水与卫星反演省级创新团队开展高山云微物理观测，定期开展设备现场定标，获取了第一手云凝结核（CCN）和云滴谱资料，并取得了初步分析结果。开展云降水过程观测研究、气溶胶对云降水影响研究，通过反演校验完善反演方法。开发 FY-2、H8 静止卫星反演系统，增加卷云和多层云判识优化 NPP 云底温度算法，开展层积云 CCN 反演，MODIS 和网格化自动反演系统优化和功能扩充。推广应用到成都信息工程大学、陕西省气象台和陕西省人工影响天气办公室。获批科研项目 5 项，申报国家自然科学基金 2 项。发表 SCI 论文 4 篇。

环境遥感应用省级创新团队围绕秦岭生态保护和灾害监测，注重卫星数据与环境数据融合，形成融合后的监测产品。面向业务应用形成 3 项业务规范。主要成果形成和参与完成咨询报告 7 篇并报送省政府。形成《秦岭生态环境遥感综合监测报告》，开发了高分辨率气溶胶光学厚度（AOD）反演软件包、污染扩散轨迹系统和静止卫星反演平台，持续推广 SMART 系统在渭南、延安、榆林、西安应用并初步开展业务应用，获得中国气象局领导肯定。污染轨迹扩散系统推广到西安市环保局治污减霾办会商业务中。获批陕西省科技厅社会发展攻关项目 2 项，陕西省气象局基金项目 2 项。发表论文 13 篇，其中 SCI 1 篇。

经济林果对气候变化的适应与风险创新团队分别构建了苹果（富士）、猕猴桃（海沃德）、柑橘（兴津蜜桔）等三种主要果品的气候品质指标体系和评价模型，形成了技术规范；对气候品质认证业务流程进行了优化；建立了果品气候品质认证业务系统，实现了果品气候品质认证评价、认证企业统一管理、认证背景数据管理、认证报告书图表的制作功能，实现了认证评价报告的二维码识别，并在陕西农网进行公开；取得了软件著作权登记 1 项。开发“苹果数据信息共享系统”和“陕西智慧农业气象服务 App”各 1 套，升级“陕西经济林果气象业务服务系统”1 套。中国富士苹果的气候潜在分布及主要气象灾害风险，以及果品气候品质认证的关键技术集成与应用的研究成果，均应用于“中国气象局苹果气象服务中心”以及陕西苹果气象服务业务中。2016 年 9 月 12 日和 11 月 11 日，由陕西省气象干部培训学院组织全省所有市县级共 120 余人，对认证技术标准和规范、认证业务流程、认证业务系统进行了推广培训。截至 2018 年底，“陕西智慧农业气象 App”下载安装用户已突破 4000 人。发表论文 14 篇，其中核心期刊 10 篇，SCIE 索引 1 篇。发布《我省苹果产业发展的气候区位优势全国第一》的气象信息专报 1 期。

气溶胶与大气环境团队研究得出了西安地区粒子谱分布特征，发现了西北气流与强辐射对新粒子生成的作用；初步突破气溶胶垂直廓线反演难题，获得气溶胶垂直廓线日变化特征，掌握了气溶胶光学厚度（MFR）、消光系数、退偏比等气溶胶光学参数的反演技术；开展了臭氧污染与气象条件的关系研究，明确了积聚态颗粒物在西安雾和霾形成中的作用；气溶胶与边界层的反馈机制的研究成果发表在2017年的*Atmos. Chem. Phys.*（SCI）上。基于这些研究成果制作了《关于近期我省严重污染气象条件分析的报告》和《2017年1—7月我省大气污染气象影响条件分析评估报告》的服务产品。完成了《西安雾和霾垂直观测试验实施方案（超大城市观测试验）》的编写和探测数据的初步对比分析。获得陕西省科学技术奖三等奖1项，获批陕西省科技厅自然科学基金项目1项，申报国家自然科学基金面上项目1项、青年基金1项、陕西省科技厅项目1项，参加国家级项目4项。发表SCI 2篇，核心期刊论文1篇。

精准化苹果气象服务创新团队开发了基于云计算与移动互联的苹果气象服务系统并小范围推广（100户）。编写出版了《苹果气象服务技术及防霜技术》科普读本，给果农发放500册。研发了精准化苹果霜冻预报技术、冰雹预警技术、病虫害发生等级气象条件预报技术和山地苹果园抗旱增效综合实用技术，完成了防霜基地建设并组织防霜实验，对空气扰动防霜技术进行效果评价。由青年科技骨干组成的“红苹果”气象服务队，组织延安市气象部门职工每人联系一个果农进行科技帮扶，2名科技人才对两个贫困村进行科技帮扶，对研究科技成果进行技术推广。获批陕西省气象局面上项目1项，青年基金项目2项，延安市科技项目1项，延安市气象局自立项目9项。发表论文3篇。

气象资料管理与应用研究创新团队完成大气颗粒物质量浓度质量控制方法研究、数据质控流程设计和软件研发，大气颗粒物质量浓度数据质量控制软件经验收后在陕西省气象信息中心业务运行；完成自动观测对雾、霾数据的影响评估，完成不同判识标准统计的霾天气及其分布特征分析，制作的陕西100站长序列雾、霾日值数据集和陕西区域性雾、霾天气过程数据集，投入业务应用；完成天气雷达数据质量控制方法研究，完成雷达与自动站1小时降水量对比分析，设计研发的雷达－自动站联合质控区域站降水软件通过测试、验收并投入业务运行，在陕西区域站降水质量控制方面起着非常重要的作用。获批陕西省气象局面上项目1项。发表核心期刊论文2篇。

陕西主要气象灾害风险和影响预报技术方法研究创新团队完善了基础资料的整理和建立陕南短时强降水的客观概率预报方法、陕西本地中小河流洪水客观预报方法，搭建了气象灾害风险预警平台。中小河流、山洪、地质灾害信息以及对应的临界值在陕西智能网格气象预报系统的影响预报上进行业务应用，与陕西省国土资源厅合作，双方制定了统一的地质灾害气象预报预警等级标准、术语和色标。获批中国气象局和陕西省气象局科研项目各1项。发表核心期刊论文1篇。

基于城市信息融合的城市气象防灾减灾体系建设创新团队开发基于信息融合的智慧气象共享大数据系统、市县一体化智慧气象智能值班系统（含 1 套市级系统、11 套县级系统）和基于智慧城市的咸阳智慧气象应用系统，智慧气象应用系统已在咸阳网格化管理服务平台上线运行。气象大数据融入“在咸阳”App、交通、防汛等行业。制定了咸阳 2D 和 2.5D 精细化基础地理信息调用接口标准，建立暴雨、冰雹、雷达等灾害天气实况监测数据的短信、电话自动报警标准，建立地质灾害、山洪隐患、雷电灾害、城市内涝的风险预警模型等。2017 年 5 月 17 日，中共陕西省委书记调研咸阳市大数据运营中心时，听取咸阳智慧气象应用情况汇报并给予充分肯定。获陕西省气象局创新工作一等奖，咸阳市科学技术奖二等奖、三等奖各 1 项，获批中国气象局软科学项目 1 项、陕西省气象局重点项目 1 项，陕西省气象局软科学及面上项目 4 项，智慧气象工程研究中心承建智慧城市项目 8 项，局市合作重点项目 2 项。发表论文 8 篇。

短时临近预报预警本地化技术创新团队开展了强对流天气监测预警阈值研究、宝鸡雷达在不同类型降水中的 Z–I 关系研究、陇县冰雹天气短时临近预报指标、基于天气雷达的陇县冰雹易发区研究，研发“宝鸡短时临近预报预警业务系统”，实现 10 min 的强对流天气实时监测、自动报警和预警信息共享。设置各类灾害性天气监测阈值，实现灾害性天气的提前预警。“责任区、警戒区、监测区”的监测预警三级划区概念得到肯定。短时临近预报指标和上游雷达回波的阈值提醒，实现陇县短时强对流天气的提前预报，在 2017 年 5 月 17 日雷阵雨过程中发挥明显作用。应用不同降水回波类型定量降水预报产品的订正关系式，完善短临系统中 1 km 网格降水预报。完成宝鸡气象决策版 App, 实现掌上气象台功能。获批陕西省气象局重点项目 1 项，面上项目 2 项，宝鸡市气象局自立科研项目 5 项。发表论文 3 篇。

交通旅游气象服务技术研发创新团队完成了重点路段公路交通气象灾害风险普查，确定了陕西省公路交通安全隐患路段分布；开展了公路交通气象灾害风险区划研究，确定了影响公路交通的道路结冰、大风、高温、降水等灾害天气的分布特征；依托陕西省智能网格预报产品，形成了比较系统的交通、旅游精细化专业服务产品方案；开发了陕西省交通气象服务一体化平台，研发了公路交通气象精细化服务产品；完成了省部合作协议“丝绸之路经济带陕西城市与公路交通气象防灾减灾工程”和中国气象局“丝绸之路经济带西北五省区公路交通和风能太阳能气象保障服务工程”项目方案的编写、论证工作。团队研发的服务产品用于交通、重大工程的气象服务中，交通气象服务包含全省 9 条高速公路、8 条国道、32 条省道和 17 条铁路的气象服务，受到用户好评。将研究成果应用到精细化预报的手机 App 系统，为用户提供实时交通气象信息，目前在部分行业用户中试用。借助微信平台，将精细化公路交通预报产品应用到陕西省公路局“公路气象”微信公众号。2016—2017 年度团队成员主持中国气象局、省部合作项目、陕西省气象局等项目共8项。发表论文4篇，其中核心期刊1篇。

气象观测技术研发创新团队形成《陕西省天气雷达现状分析报告》《陕西省天气雷达网优化方案》《我省新一代天气雷达数据传输时效性分析报告》《陕西省天气雷达网研究报告》《延安X波段双偏振多普勒雷达建设必要性分析》《洛川711雷达升级为X波段雷达可行性分析报告》《地面观测站网建设方案（2017—2018年）》《地面站、区域站观测数据传输时效提升方案》《陕西省国家级地面气象站无人值守改革方案》，完善陕西省新一代天气雷达降水估测系统，形成雷达估测降水1 km格点化产品，并在MICAPS等天气分析系统显示，在各市气象局推广应用。团队组织编写了中国气象局小型无人机观测示范应用项目方案，2018年陕西省气象局牵头实施。发表论文3篇。

人工影响天气（简称人影）科学技术研发创新团队开展人工防雹作业预警技术研究，建立了人工增雨和人工防雹的天气学、卫星云图、雷达作业指标，已经应用到人影的日常业务中，凝练的指标编入《人工影响天气指挥员技术手册》中。研究成果补充完善了中国气象局人工影响天气中心CPAS云降水精细化分析系统，参与制定了4个国家标准。联合申报、并获得了科技部国家重点研发计划“云水资源评估研究与利用示范”项目。

渭河流域暴雨预报预警技术及应用研究创新团队研究了渭河流域中尺度暴雨的时空分布气候特征、渭河流域中尺度暴雨的移动路径，形成了渭河流域中尺度暴雨中尺度分析图集。归类分析研究个例，将渭河流域中尺度暴雨分为干侵入型、西南气流型、干锋生型和暖干型4种类型，凝练出渭河流域4种类型中尺度暴雨的概念模型。成功预报了2017年5月22日和6月4日的中尺度暴雨天气过程。团队负责人入选中国气象局西部优秀年轻人才津贴人选。获批中国气象局预报员专项1项，陕西省气象局青年人才项目2项。在核心期刊发表论文1篇。

气候监测、预测和评估创新团队初步完成春季透雨、陕西省汛雨、区域干旱、区域暴雨的监测指标和预测方法的建立，应用华西秋雨监测的业务规定，建立了陕西秋雨监测业务，并建立了预测方法，开展动力气候模式产品的多模式解释应用，完善MODES和FODAS。完成陕西气候图集的初步绘制。完成《陕西省预报预测能力建设项目（气候业务平台）》和《陕西省精细化气象格点预报业务能力建设》实施方案的编制，开展了气候业务系统建设软件需求任务规格说明书的编制。气候事件监测指标和预测方法在2017年气候监测、预测业务服务中应用，效果良好。获批陕西省科技厅项目1项，陕西省气象局面上项目2项，参与黄土高原土壤侵蚀与旱地农业国家重点实验室2017年度开放基金课题1项。发表论文5篇，其中核心期刊3篇。

培训课程体系开发创新团队初步设计完成陕西省气象部门培训课程体系框架，完成干部学院模块化课程开发——“基层气象依法行政培训模块”。完成延安精神党性教育课程、干部综合素质培训课程，面向基层的综合业务岗位课程体系。完成观测保障、短临预报预警实习实训手册。应用新媒体技术和录播系统，制作3学时精品课件，制定20多个微课件录制方案。举办4次报告会。10项教学计划和2项课程大纲投入培训教学应用。发表论文8篇。

樱桃气象服务创新团队通过研究区域内大樱桃品质评价方法，初步提出大樱桃品质的气象评价指标，掌握不同地区樱桃品质的气候特点，开展品质评价。出版了《渭北大樱桃种植与气象》。开发了铜川大樱桃气象业务服务系统，指导周陵、神农等大樱桃示范区设施樱桃开展小气候调控，效益良好。获铜川市科技成果一等奖、二等奖各1项。发表论文2篇。

西安城市内涝和地质灾害气象服务创新团队完成西安暴雨强度公式编制和西安城区暴雨雨型分析，开发了“西安城市暴雨内涝风险预报预警系统”“西安市地质灾害气象风险预警服务系统”，完成西安暴雨内涝风险普查，基本完成西安城区暴雨内涝风险区划。《西安暴雨强度公式编制技术报告》及《西安城区暴雨雨型分析技术报告》两项成果在西安城市防洪排涝及海绵城市规划设计中得到应用，西安暴雨内涝风险普查成果及西安城市暴雨内涝风险预报预警系统在西安城市内涝预报预警及联合防御中应用，西安市地质灾害气象风险预警服务系统在西安市地质灾害气象风险预报预警及联合防御中应用。发表论文2篇。

基于集合预报技术的精细化要素和极端天气预报方法应用研究创新团队实现了集合预报产品快速处理和灾害性天气过程的实时存储，基于检验和统计方法开展了陕西本地化的集合预报融合技术方法研究，给出了高温、暴雨等灾害性天气发生时EFI指数阈值，编写了《集合预报使用手册》，完成集合预报产品的客观检验。实现了集合预报中预报效果较好的定量降水产品、概率预报产品及极端天气指数的显示，为汛期全省预报员提供参考，发挥积极作用。获批陕西省气象局基金项目2项。发表论文1篇。

暴雨及山洪地质灾害精细化预报技术攻关及应用创新团队普查2001—2015年汉中暴雨致灾历史天气个例，建立汉中致洪暴雨及山洪地质灾害发生的主要天气概念模型。完成汉中市地质灾害风险区划，建立降雨与地质灾害发生之间的临界值。建立适合于本地的Z–R关系，实现雷达的精细化定量降水估测。对2010—2015年典型的暴雨致灾天气过程从过程降水量、历史降水量、地貌参数、临界雨量、强降水雨团个数五个因子进行致灾分析，形成资料库，建立了多元回归方程。运用团队研究成果，在2017年几次降水过程中，基本做到了指导实际值班研判和无空报无漏报现象发生。获批陕西省气象局青年基金项目2项。发表论文2篇。

汉江流域自然灾害监测预警和精细化预报研究创新团队完成气象、国土、农业、林业、水利等自然灾害监测数据“一张图”模式显示，开展地质灾害气象风险、森林火险气象等级及水库泄洪调度预报预警模型研究。汉江流域（安康市）自然灾害实时监测预报预警平台二期修改完善基本完成。2017 年 8 月 28 日—9 月 6 日，9 月 8—10 日运用平台开展风险预警工作，联合汉中市县国土局发布地质灾害气象风险预警 17 期。发表论文 1 篇。

商洛市精细化格点预报解析应用创新团队根据降水分布与天气形势特点将全市逐 3 小时降水分为 4 个类型，分别找出了各类型降水订正预报指标。研制了精细化格点预报解析应用模板。制作了 1 ～ 3 天（08 时、16 时）分县预报，4 ～ 7 天滚动预报，未来一周天气预报，重大活动专题预报（逐小时），旅游天气预报，周末假日预报及周边城市天气预报等预报产品生成模板。开展了地质灾害细网格预报预警研究，确定了新的地质灾害不同易发区的预报预警指标。在春霜核桃冻害预报中，应用逐小时气温预报、风速和云量建立了逐小时降温预报公式，成功地为果农防霜提供了防霜启动时间。利用精细化预报成果开发了镇办气象服务管理系统和手机 App 在镇办的应用，在防汛防灾气象服务中取得良好效果。获批陕西省科技厅“社会科技攻关科研项目”、汉中市国土资源局“局局合作项目”。交流论文 2 篇。

业务规范化、标准化建设创新团队建立了财务服务平台系统，以信息化平台方式改进了财务服务模式及流程；规范了财务分析服务材料，为各服务单位提供及时、有效的财务信息，提高财务核算中心财务服务工作的效率和效益；研究完善核算业务内控制度体系，制定《核算中心内部控制制度》《财务业务审核标准和质量标准》。

气象物业企业化管理机制建设创新团队完成了《陕西气象物业有限责任公司运行方案》报批审定，修订物业管理现有规章制度 16 项，形成了物业公司企业化运营、独立核算、保障服务优先、供给水平适度、布局结构合理的管理体系，全面实现事企分离。实施智慧物业项目（电子门禁、车牌自动识别道闸系统等）。发表论文 1 篇。

1.1.2 搭建气象科技创新平台

建设省市两级重点实验室。2019 年，陕西省气象局成立了秦岭和黄土高原生态环境气象重点实验室，组织制定了秦岭和黄土高原生态环境气象重点实验室《章程》《学术委员会章程》《发展规划》《开放研究基金课题管理办法》《固定人员和流动人员聘任和管理办法》《仪器开放共享管理办法》等 6 项文件。改革科研管理方式，将陕西省气象局项目转由该重点实验室实施，设立开放科研课题 36 项。协同推进榆林、商洛、安康、延安重点实验室建设，促进形成上下创新合力。

成立西安气象探测技术联合研究中心。陕西省气象局与成都信息工程大学联合组建了西安气象探测技术联合研究中心，以项目为纽带，利用多种资源，形成面向全省气象部门、兼顾气象行业的气象探测技术科技创新和应用联盟，进一步推动科研与业务应用的有机结合，共同开展了天气雷达数据处理、雷达产品开发和雷达站网布局等领域研究。

组建气象大数据应用（西安）众创空间。2016 年 7 月，陕西省气象局发文成立气象大数据应用（西安）众创空间并挂牌，旨在打造以气象行业数据为核心资源，气象大数据应用为主题的行业型众创空间。众创空间以大数据及云计算平台为技术支撑，以气象大数据挖掘和应用开发为驱动力和市场纽带，以气象行业专家、高校教授等行业技术人才为创业辅导，以政府和行业内支持项目为牵引，按照开放、流动、联合、竞争的原则，吸引和联合中国气象局直属单位、高校、科技公司、陕西省气象局团队和个人，开展气象科技创新，发挥创新主体在其领域内的专业化优势，解决陕西气象科技支撑问题，提高陕西气象现代化能力和水平。以气象数据开放共享为契机，面向公司和创客，通过气象大数据的挖掘和应用，创造个性化气象产品，服务地方经济社会发展。众创空间办公面积约 236 m^2，设讨论区 2 处，兼职管理人员 3 名。已入驻两个团队和华网科技、地大信息、数鹏通科技三家公司，会员人数达 60 人，举办讲座、交流会等活动 11 次。为了方便更多创业者参与，将项目、资源、服务推向市场，建立众创空间网站。

成功申报“中国气象局秦岭气溶胶与云微物理野外科学试验基地”。在中国气象局科技与气候变化司大力支持下，2018 年首批获得中国气象局野外科学试验基地后，陕西省气象局组织制定了《中国气象局秦岭气溶胶与云微物理野外科学试验基地发展规划（2018—2028 年）》《秦岭气溶胶与云微物理野外观测试验基地规章制度（汇编）》《秦岭气溶胶与云微物理野外观测试验基地年度工作任务》并下发执行，基地观测试验和综合研究逐步开展。

开展了高山云物理、气溶胶观测。2017 年 4 月启动了云凝结核（CCN）观测、5 月启动了云滴谱观测，观测期间对仪器开展了日常的维护标定工作，确保观测顺利开展、数据质量可靠。气溶胶观测方面，基地成员赴野外观测基地维护 30 余次，定期开展对气溶胶实验室环境采样系统及各类仪器维护、调整辐射表水平、太阳跟踪仪定位跟踪校正、激光雷达检测等工作；及时更换包括空气粒径谱仪、扫描电迁移率粒径谱仪和浊度仪中滤膜等易损零配件；通过远程监控手段，对各类仪器运行过程中出现的数据传输中断、数据存储卡需要清空等问题及时处理；最大程度保障气溶胶实验室各项科学观测的顺利进行。

气溶胶研究方面，开展了利用 MPL 数据获取关中地区气溶胶垂直结构的季节变化及辐射加热率研究，利用多种观测资料分析了关中地区春、夏季气溶胶直接辐射强迫对大气温度层结的影响研究，开展西安秋冬季不同污染条件下大气颗粒物粒径演变特征研究，西安地区污染过程及污染物（$PM_{2.5}$、PM_{10}）特征分析研究，空气污染气象因子预报阈值判定研究，汾渭平原代表站污染物变化分布特征分析研究，对 WRF-Chem 模式物理参数方案进行本地化试验。

云降水研究方面，研发了 FY-4、葵花（H8）、GEOS 和 MSG 静止卫星反演系统，优化卫星云微物理反演算法，开展了自然气溶胶对云的影响研究、层积云数浓度对云量影响研究、龙卷过程的静止卫星特征分析研究、卫星反演 CCN 地面校验工作，利用中国 2013 年、2014 年 6 月加密探空资料，开展再分析资料质量评估工作，为后续静止卫星反演云底 CCN 工作奠定基础。

参与大北方区域数值模式体系协同创新联盟。作为全国大北方区域数值模式体系协同创新联盟 10 个省（区、市）之一，陕西省气象局积极参与联盟会议，共商发展计划。加强技术交流，先后到北京、天津、内蒙古等多地进行学习调研；制订了陕西区域模式应用发展方案。

指导组织陕西省气象局直属单位设立科技研发科室。下发《关于直属业务单位设立科技研发科室的指导意见》，挖掘内部现有科技资源，通过职责和人员调整设立科技研发科室，承担重点领域科研、技术开发和科技成果转化应用等工作，对市、县形成技术辐射带动。

1.1.3 开展气象科技合作交流

陕西省气象局选派多名优秀业务科技骨干作为访问学者到中国气象局学习深造，提高科学研究和技术开发水平；与总参大气环境研究所就联合开展人工影响天气技术合作，签订了全面合作战略框架协议，在榆林联合建设陕北生态保护区人工增雨外场试验基地。陕西省气象局先后与国家气象中心、中国气象局气象探测中心、成都信息工程大学、南京信息工程大学等签署战略合作协议，在技术开发、信息共享、人才交流等方面开展战略合作，通过合作共建，提升发展质量；与北京、上海、广东、福建等省（市）气象局加强交流，学习先进经验和好的做法；邀请丁一汇等院士进行科学指导。

加强协同创新和开放合作。陕西省气象局与香港天文台互派技术人员在灾害性天气、短临预报等方面开展交流合作；与韩国清州气象支厅开展短时暴雨预报预警技术合作，联合建立专家库，积极组织联合项目申报，以项目建设带动人才培养，建立专业技术人员的定期互访机制，双方互派科技人员进行技术指导和交流；参与大北方区域数值模式体系协同创新联盟工作。陕西省气象科学研究所与希伯来大学 Rosenfeld 教授、马里兰大学李占清教授在高分辨率 NPP 卫星云微物理反演和环境气象等领域持续开展合作研究。

图 1–1　2016 年 11 月邀请中国工程院院士丁一汇、中国科学院院士王会军等进行科学指导

图 1–2　2017 年 11 月陕西省气象局与香港天文台举行学术交流

1.1.4 完善气象科技创新政策

陕西省气象局出台了一系列专门性文件，完善了科技人才、科研项目、经费管理、成果转化等制度，着力激活科技创新氛围，提升突破核心技术活力。印发了《陕西省气象科技成果管理办法》《科研成果业务化暂行规定》，有针对性地实行科研立项与成果转化应用同步设计。修订了《气象科学技术研究管理办法》，调整科研项目立项结构，将立项与创新团队建设相结合，并增加新进博士科研启动项目，同时加强成果共享及业务化应用评审。印发了《科研项目经费管理办法》，落实中国气象局和陕西省政府有关科研经费预算管理、经费支出和横向项目管理等政策。印发了《高水平气象科技成果奖励办法》，对高水平气象科技论文、省部级及以上科技奖励、取得的软件著作权、专利、技术类标准及正式出版的气象科技著作等给予奖励。印发了《陕西省气象学会科学技术成果奖奖励办法》，设立省气象学会科学技术成果奖励。建立创新团队特殊津贴制度，充分调动团队成员的积极性。制定印发了《科学技术成果认定办法》，对除已按程序获得认可的科技成果之外的研究成果认定管理工作进行了规范。制定印发了《科技成果业务准入办法》，提出科技成果应用导向，规范成果准入管理。

1.1.5 取得气象科技创新成果

近 5 年，共获得中国气象学会科技进步奖 2 项，省部级科技奖励 6 项，市厅级科技奖励 34 项，完成科技成果登记 318 项，取得软件著作权登记 28 项，出版科技著作 6 种，形成各类标准 18 项，发表科技论文 672 篇，其中 SCI 25 篇，*Science* 2 篇。

科研项目紧密围绕业务服务需求，加大核心技术攻关力度，在精细化格点预报、短时临近预报预警、人工影响天气、环境气象条件预报预警、应对气候变化、为农气象服务、专业气象服务等领域取得突破。“秦智”智能网格气象预报系统和短时临近智能预报服务系统（NIFS）实现了全省范围内 3 km × 3 km 逐小时的精细化格点预报和重大灾害性天气 1 km × 1 km 逐 6 min 的精细化格点监测预警的业务化，气象监测预报预警能力显著提高，研发了全省雷达拼图、分钟级降水预报、风暴追踪等客观产品，优化了省市县业务布局，实现了流程再造，集约了资源、提升了效率。《秦巴山区云降水梯度观测与应用研究》《中国和以色列气溶胶－云－降水相互作用的定量研究》《陕西秦岭山区积雪变化及其对气候变化的响应》《关中城市群秋冬季节雾和霾频发原因研究》等研究成果为区域强降水监测预报预警服务和科学应对气候变化、气候资源保护和开发利用及灰霾治理提供了理论技术支撑，为改善大气环境和生态文明建设做出了积极贡献。“地面跨区域作业决策指挥系统的集成与应用”“TK–2 GPS 人影探测火箭系统推广与应用”加强了人工影响天气近低空装备探测能力，进一步提高了人影作业决策指挥的科学水平、业务能力。气象观测质量管理体系获认证，为全省气象综合观测业务运行、监控、维护、管理提供强有力的技术支撑。“西安市市县精细化预报预警一体化平台”“汉江流域自然灾害监测预报预警和指挥平台”“山地苹果园抗旱增效综合实用技术研究”“大樱桃设施栽培关键技术研究与示范”“大气 $PM_{2.5}$ 气溶胶对宝鸡城市雾和霾天气过程与能见度的影响研究”“基于 GIS 的商洛地区核桃种植精细化气候区划”等应用技术成果为不同用户、不同领域的气象服务提供了技术支撑，满足了交通、旅游、电力、林业等行业需求的精细化服务需求。一系列科技成果为气象业务服务工作提供了核心技术支撑，助推陕西气象现代化向更高水平迈进。

1.2 研发智能网格预报体系

陕西省智能网格气象预报系统 SIGMA——“秦智”系统，是陕西省气象局集中省市优势力量、从精细化预报切入、开展核心技术攻关的成果。精细化气象格点预报省级攻关团队研发了一系列具有陕西特色的本地化网格预报技术方法，成为该系统的自主核心技术，主要包括：双线性插值降尺度数据处理技术、动态交叉取优技术、温度递减回归订正技术、降水偏差订正技术、多要素融合天气现象生成规则、要素时空协同技术等，其中部分订正方法和要素协同技术被纳入中国气象局 MICAPS4–GFE 平台技术体系；分钟降水预报产品填补了陕西 0~2 h 高时空分辨率降水预报客观产品的空白。“秦智”系统取得国家版权局软件著作权登记 4 项，相关技术成果获得陕西省科技奖励三等奖。“秦智”系统由短时临近预报预警、网格预报编辑、产品解析应用、预报检验、天气资料分析、业务留痕管理、系统设置等模块组成，功能覆盖了全省现有主要预报业务，基本形成了 0 时刻至 10 d 的短临到中短期预报省市县一体化业务技术支撑，是全省预报服务业务的重要支撑平台。

1.2.1 研发智能网格气象预报系统

“秦智”系统对陕西省预报网格数量达到 14 万个，预报产品空间分辨率为 3 km，时间分辨率为 0 ～ 48 h 内达 1 h，48 ～ 240 h 内达 3 h，格点预报能力位于全国前列。2019 年陕西基于“秦智”系统制作的网格预报产品质量总体高于城镇预报产品质量，与 2013—2017 年历史城镇预报质量比较，晴雨、最高气温和最低气温预报质量有所提升，实现了站点预报向网格预报的业务新变革。全省基本实现从网格气象预报导出预报产品，包括城镇天气预报、咸阳机场预报、全省 98 市县精细化预报、全省城市天气预报、旅游气象预报、线路气象预报、空气污染气象条件公报。基于“秦智”系统，陕西省气象服务中心、陕西省农业遥感与经济作物气象服务中心和多个市气象局分别研发了精细化气象服务 App 和业务系统，提升了业务服务能力。

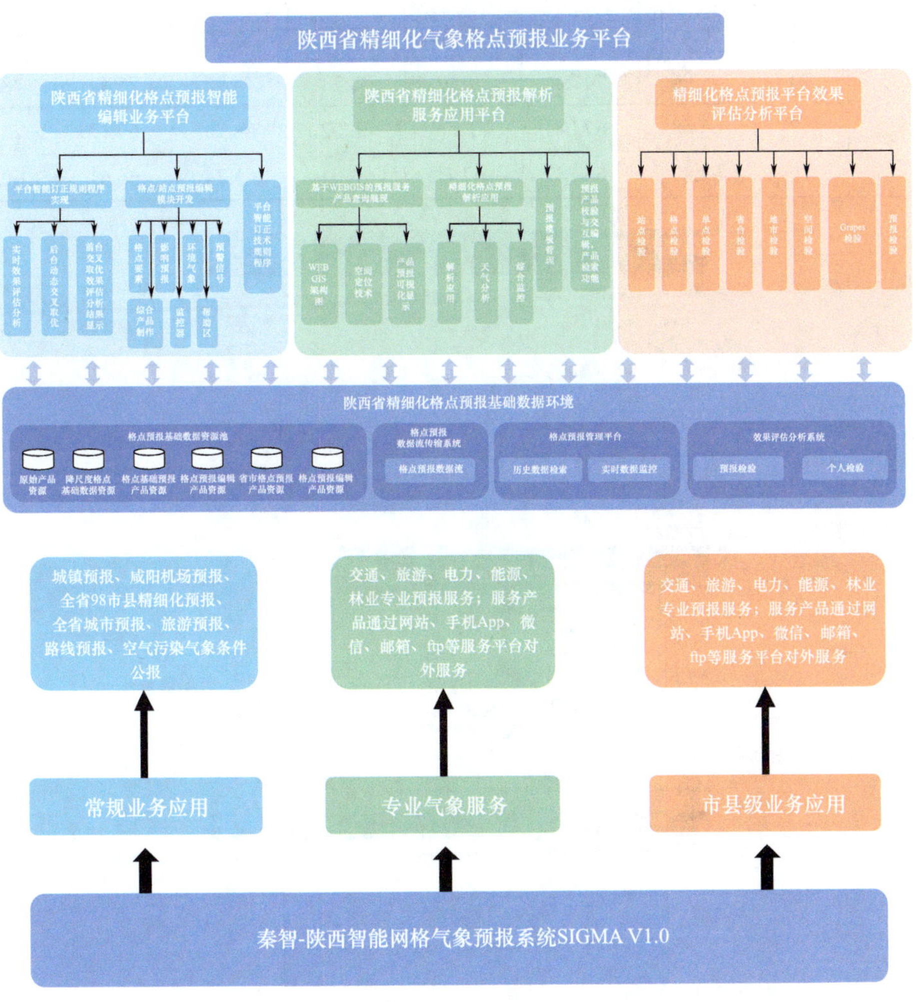

图 1-3 “秦智”智能网格气象预报系统结构（上）及所支撑的业务应用（下）

表 1-1　2013—2019 年陕西省智能网格预报与历史城镇预报质量对比

预报项目	预报时效（h）	城镇预报质量（%）					网格预报质量（%）	
		2013 年	2014 年	2015 年	2016 年	2017 年	2018 年	2019 年
晴雨	24	86.07	89.68	89.77	88.21	90.18	85.03	89.06
	48	83.24	87.29	87.63	85.86	87.77	82.63	87.02
	72	81.78	84.18	85.02	83.02	85.87	82.24	85.68
最高气温	24	64.33	70.11	70.97	70.71	72.14	75.74	72.64
	48	55.73	59.67	59.59	60.36	63.54	67.35	64.52
	72	50.43	53.47	51.9	55.23	58.65	62.05	58.91
最低气温	24	71.96	74.24	77.59	75.73	75.36	75.47	78.44
	48	65.48	67.08	71.17	68.02	68.76	69.17	73.06
	72	63.89	64.34	67.1	66.04	65.74	66.61	69.61

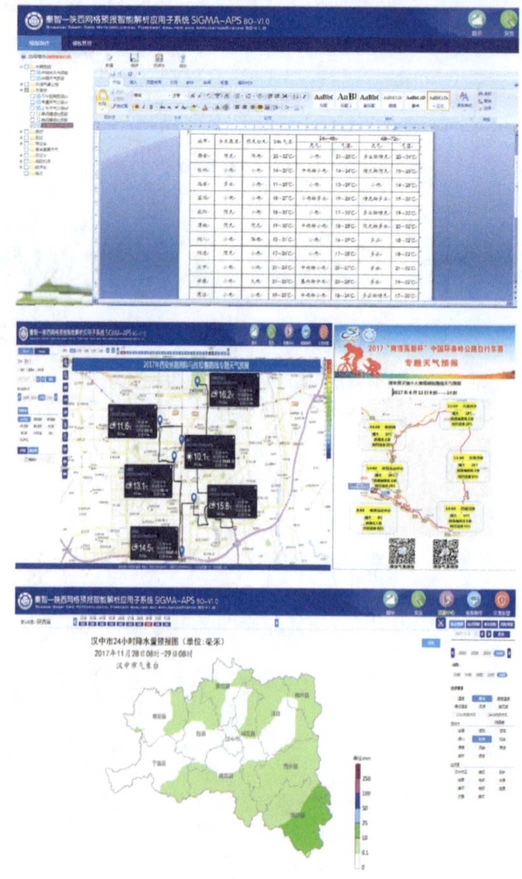

图 1-4　基于“秦智”智能网格气象预报导出站点预报（上）、路线预报（中）及图形产品（下）

1.2.2 研发短时临近智能预报服务系统

陕西省短时临近智能预报服务系统（NIFS）实现了对全省 0 ～ 2 h 客观预报、三圈灾害性天气监测、电话和电脑自动报警、预警信息共享、预警制作发布和业务管理的支撑。创新团队自主研发了分钟降水预报产品，填补了陕西 0 ～ 2 h 内高时空分辨率的降水预报客观产品的空白，有效增强了临近预报预警业务能力。结合风暴单体识别（SCIT）和机器学习技术，研发出陕西强对流天气自动分类识别产品，实现了基于雷达回波智能化识别回波中冰雹和短时强降水单体；该功能不仅可用于强天气警示，也可以为人影工作提供风暴单体信息，提高作业精准度。基于高分辨率数值模式产品，分别应用“接近度”和“配料法”研发了冰雹概率预报产品，可提供未来 24 h 逐 3 h 的冰雹概率客观产品。基于格点预报、分钟降水预报产品和实况，研发暴雨智能预警产品，为预报员直观提供暴雨预警信号发布指导，有效提高发布时效和准确率。

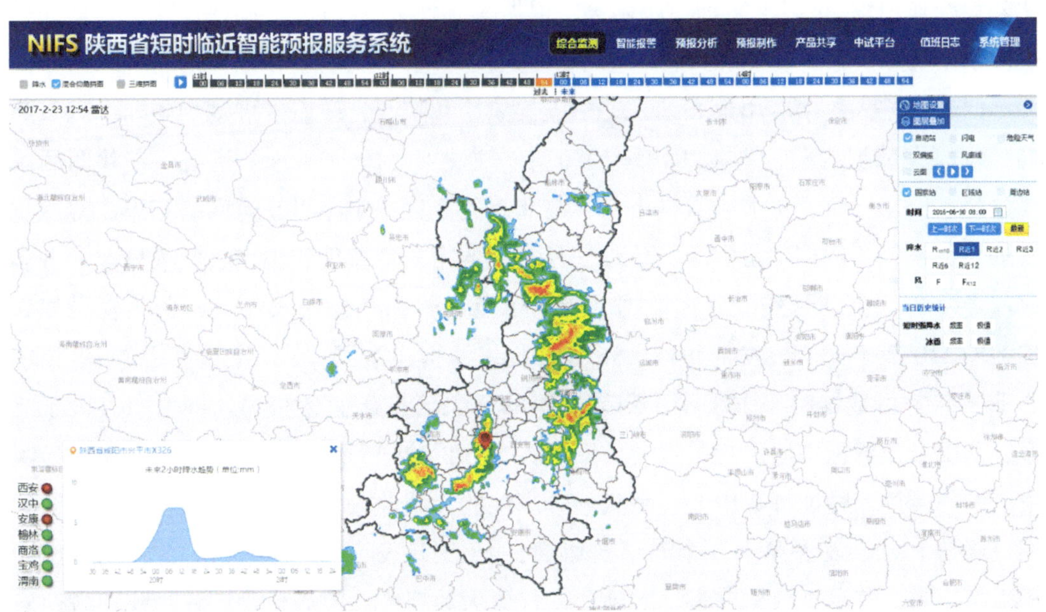

图 1-5　陕西省短时临近智能预报服务系统

1.3 建设西安气象大数据应用中心

2015 年 8 月 27 日省部合作协议的签署，拉开了陕西气象大数据发展帷幕。陕西省气象局提出以西安气象大数据应用中心建设为引领，大力推进陕西气象信息化工作，建设以智慧气象为标志的陕西特色气象现代化体系。

1.3.1 谋划西安气象大数据应用中心项目

2015 年 8 月 27 日，中国气象局与陕西省人民政府签署了《共同推进陕西气象现代化建设合作协议》（以下简称《协议》），根据《协议》，双方将共同建设陕西气象现代化体系，重点实施西安气象大数据应用中心建设等六大工程。

西安气象大数据应用中心纳入了中国气象局和陕西省政府发展规划中。中国气象局《气象大数据行动计划（2017—2020）》（气发〔2017〕78 号）指出，在陕西西咸新区建设国家气象卫星遥感数据中心，与北京的主数据中心以高速网络互连，并逐步发展为国家气象数据备份中心，负责气象基础数据全集备份和国家级气象核心业务实时应急备份，推动开展气象大数据的应用示范。中国气象局《气象信息化发展规划（2018—2022 年）》（气发〔2017〕86 号）提出，构建全国“1 个主数据中心 +1 个核心业务与备份数据中心 +31 个应用节点”的气象信息化业务布局。将主中心设于北京，西安备份数据中心承担数据备份以及数据分析的任务，京外分中心与北京业务主中心共同构建高性能计算中心，承载部分高性能计算业务。陕西省政府印发《陕西省国民经济和社会发展第十三个五年规划纲要》（陕政发〔2016〕15 号），明确提出要积极推进陕西气象现代化建设，实施西安气象大数据应用中心建设工程。陕西省政府办公厅印发《陕西省大数据与云计算产业示范工程实施方案》（陕政办发〔2016〕50 号），将“气象云”纳入秦云工程，西安气象大数据应用中心建设纳入大数据应用示范工程。

2018 年 4 月 17 日，中国气象局刘雅鸣局长来陕调研指导工作时指出，在卫星遥感数据京外备份建设基础上，推动二期工程建设。一是加快推进西安气象大数据应用中心（一期）基础设施建设，实现卫星遥感数据存储与服务系统落地；二是面向国家气象数据备份中心、核心业务备份中心以及气象大数据应用中心方向，按照统一布局做好气象大数据平台建设；三是开展卫星遥感数据应用服务和研发，联合企业、高校推动气象数据应用和服务，做好“一带一路”陆上丝绸之路气象服务工作。4月28日，中国气象局召开党组会议，确定了在陕西西咸新区建设全国气象数据备份中心和气象核心业务备份中心，西安气象大数据应用中心（二期）建设正式进入日程。

图1–6　2018年4月，中国气象局局长刘雅鸣（前右二）、陕西省副省长魏增军（前左一）和西安市政协主席岳华峰（西咸新区党工委书记）（前左二）调研西安气象大数据应用中心

2015年12月30日，陕西省政府省长在省联通公司报送的文件上批示：“发改委、工信厅阅研。气象局项目已与省政府签协议，抓紧兑现推进。”2016年3月22日，陕西省政府省长在陕西省气象局报送的文件上批示：“对与国家局协议的落实情况进行检查。”2016年4月7日，陕西省人民政府召开西安气象大数据应用中心建设协调会，省政府副秘书长主持会议，陕西省气象局、陕西省发展和改革委员会、陕西省财政厅以及西咸新区沣西新城管委会领导参加了会议。会议责成西咸新区、省气象局共同做好气象大数据应用中心项目落实工作，共同推进西安气象大数据应用中心建设。

2016年6月—2019年11月，中国气象局副局长矫梅燕、沈晓农、宇如聪、余勇、于新文先后来陕调研，就西安气象大数据应用中心建设和围绕陕西追赶超越分别提出指导意见。

图 1-7　2016 年 6 月，中国气象局副局长矫梅燕（左二）调研指导西安大数据应用中心建设

图 1-8　2017 年 8 月，中国气象局副局长沈晓农（中）专题听取西安气象大数据应用中心工作汇报

图 1-9　2019 年 7 月，中国气象局副局长宇如聪（中）调研指导西安大数据应用中心建设

图 1-10　2019 年 9 月，中国气象局副局长余勇（右四）调研指导西安大数据应用中心建设

图 1–11　2019 年 11 月，中国气象局副局长于新文（中）调研指导西安大数据应用中心建设

1.3.2　推进西安气象大数据应用中心建设

陕西省气象局根据省部合作协议及联席会议的精神，提出“立足陕西、服务西部、面向全国、展望丝路”的工作思路、“一次规划、分步实施、注重应用、兼顾存储”的建设原则和“政府主导、省部合作、部门联合、气象担纲”的建设模式。

西安气象大数据应用中心按照上述建设原则分三步建设。第一步，以满足卫星数据备份为主要目标，承担全国风云系列等卫星数据备份、技术研究和产品开发，面向国内开展气象卫星数据服务和特色遥感应用服务。第二步，以满足气象数据备份和核心业务备份为主要目标，汇聚国内外气象数据，面向国内提供数据服务，将其建设为国家重要气象基础设施。第三步，以保障国家发展战略和服务人民美好生活需求为主要目标，提升气象大数据融合应用服务能力，努力打造成全国气象大数据研发创新中心和气象大数据应用示范中心。积极探索气象大数据市场运营机制，推动气象大数据产业发展。

西安气象大数据应用中心（一期）主要承载卫星遥感数据备份中心和服务分中心功能，用于存储各类气象卫星数据和其他卫星数据，设计存储数据量为 20 PB，日增量 10 TB；二期建设为全国气象数据备份、气象核心业务备份中心和气象超算分中心，气象数据全集备份和行业交换数据备份，设计存储数据量为 100 PB。

2016 年 3 月 23 日，陕西省气象局成立了西安气象大数据应用中心项目建设领导小组及其办公室。2016 年 6—8 月，陕西省气象局先后两次召开专题会议、局务会，研究审定气象大数据应用中心项目建设问题。

2017 年 2 月 28 日，陕西省气象局成立气象信息化与大数据发展领导小组及其办公室。2017 年 10 月，西安气象大数据应用中心（一期）正式破土动工。2017 年 11 月 20 日，在陕西省气象信息中心加挂陕西省卫星气象应用中心牌子。2018 年 1 月 26 日，陕西省气象局与国家卫星气象中心联合发文成立西安气象大数据应用中心。2018 年 3 月 20 日，成立陕西省气象局全面推进气象现代化暨网络安全与信息化（大数据）领导小组及其办公室。2018 年 8 月 21 日，陕西省气象局批复陕西省气象信息中心增设卫星遥感备份业务科。2018 年 12 月 12 日，西安气象大数据应用中心（一期）主体楼、附属楼完成主体封顶。2019 年 5 月 23 日，西安气象大数据应用中心（一期）主体楼验收完成。2019 年 11 月开始设备安装调试，12 月完成环境准备。2020 年 1 月，由国家卫星气象中心牵头完成卫星数据备份现场验收，已满足卫星数据备份业务试运行条件。

图 1–12　2017 年 10 月，西安气象大数据应用中心开工建设

1.3.3 打造气象大数据生态圈

联合推进气象大数据发展。陕西省气象局先后与国家气象中心、国家气候中心、国家气象信息中心、省工信厅、省水利厅、省旅发委、南京信息工程大学、成都信息工程大学、紫光集团有限公司、曙光信息产业股份有限公司、陕西省大数据集团和中

国电信陕西分公司等签订战略合作协议，充分利用各方资源共同推进气象大数据发展。

气象云成为陕西省政府“秦云工程”23 朵行业云之一。2017 年，陕西省气象局以中国气象局数据共享政策为准则，对政府部门间可交换共享的气象资料进行全面梳理，完成了 5 大类 48 小类气象数据目录编制工作。完成秦云工程数据交换共享平台对接工作，通过平台可获取 21 个部门的共享数据；完成气象观测数据整合、与测绘局 GPS/MET、公安视频数据、环保监测数据的对接。陕西省气象局作为第一批试点先进单位在陕西政务数据资源目录编制工作总结会上作了经验交流。2017 年 12 月，陕西省大数据与计算机产业发展领导小组办公室下发《关于表彰 2017 年度秦云工程建设先进部门的通知》（陕数办发〔2017〕20 号），陕西省气象局被评为 2017 年度秦云工程建设先进部门。

气象大数据技术在陕西气象业务应用中已初见成效。陕西省气象大数据平台的建成实现了气象数据和相关部门数据的高效整合集约，陕西“天镜”系统在气象数据全流程和信息基础设施等方面实现了监控、管理、运维的统一集约，极大地提高了气象数据应用服务的保障能力。多元“空、天、地”遥感数据的智慧应用、苹果气象大数据技术应用、汉江流域自然灾害监测大数据平台的建成应用，为陕西生态文明建设和防灾减灾等工作提供了强有力的气象保障。

1.3.4 搭建气象大数据交流平台

2019 欧亚经济论坛于 2019 年 9 月 10—12 日在西安举行，中共中央政治局委员、国务院副总理胡春华出席大会开幕式并发表主旨演讲。2019 欧亚经济论坛气象分会作为第五平行分会，包括一个主会和国际、国内两个配套会议，面向“一带一路”建设，主会以“气象大数据应用，助推高质量发展”为主题，取得以下成果：一是在国家级重要论坛上，充分交流展示了面向“一带一路”建设的气象大数据最新技术成果及应用效益。通过召开院士、专家的学术报告会，举办气象大数据应用技术展览和开展气象大数据研究征文活动等多种方式，进行了充分的交流，展示了气象大数据最新技术发展、技术成果和推广应用案例。二是联合发表了 2019 年度西安宣言，对气象大数据未来的发展前景，特别是在气象行业和跨界融合应用等方面指明了发展方向。三是对标“云、大、物、智、移”新理念、新技术，积极交流探索了“政、产、学、研、用”合作新机制。本次气象大数据论坛的召开，为构建气象大数据生态圈营造了良好的氛围，推进了大数据、人工智能等新技术在气象系统的应用和跨界融合应用，促进了气象大数据产业的发展，对促进陕西乃至“一带一路”沿线气象部门更高水平的气象现代化建设有明显促进意义。

1.4 成立秦岭和黄土高原生态环境气象重点实验室

党的十八大以来，中央不断强化科技创新的战略地位，将实施创新驱动发展战略提升到事关“两个一百年”目标和实现中国梦的全局高度，强调必须把科技创新摆在国家发展全局的核心位置。2016 年 5 月 30 日，党中央召开全国科技创新大会，习近平总书记发表《为建设世界科技强国而奋斗》的重要讲话。同年 9 月 22 日全国气象科技创新大会召开，时任副总理汪洋批示“气象事业是科技型事业，要深入贯彻全国科技创新大会精神，积极响应习近平总书记关于建设世界科技强国的号召，大力推进国家气象科技创新体系建设，创新体制机制，发展智慧气象，提高气象预报准确度和服务水平，增强应对气候变化的科技支撑能力，为全面建成小康社会提供更加有力的气象保障。”2018 年，中国气象局组织制定了《加强气象科技创新工作行动计划（2018—2020 年）》，提出以提升气象科技创新整体效能为主线，统筹优化气象科技创新体系布局，聚焦核心技术攻关，深化科技体制改革，完善创新发展机制，着力增强核心科技创新能力。以科技创新推动气象事业发展，强化科技引领作用，能高效应对新时代社会经济发展、国家重大战略调整和人民美好生活愿望对气象事业高质量发展要求的外部需求。

习近平总书记在视察陕西时指出，秦岭是中国的地理标识，是我国南北气候分界线和重要生态安全屏障。2019 年，习近平总书记又指出，黄河流域是我国重要的生态屏障和重要的经济地带，在我国经济社会发展和生态安全方面具有十分重要的地位，黄河流域生态保护和高质量发展是重大国家战略。

2019 年，陕西省修订发布《陕西省秦岭生态环境保护条例》，进一步保护秦岭生态环境，改善秦岭在调节气候、保持水土、涵养水源和维护生物多样性等方面的生态功能，筑牢国家重要生态安全屏障，促进人与自然和谐共生，推进生态文明建设，对气象工作提出了研究、监测、预警等方面的要求。

面向秦岭生态环境保护和黄河流域生态保护和高质量发展的国家重大战略的需要，陕西省气象部门着力在科技创新队伍、创新能力、创新机制和创新合作等方面的现代化建设上打造格局更大、质量更高的科技创新平台。

1.4.1 谋篇布局，确立目标任务

2019 年 1 月，陕西省气象局成立秦岭和黄土高原生态环境气象重点实验室（以下简称重点实验室）。9 月 10 日，中国工程院院士李泽椿，中国气象局副局长余勇，陕西省委常委、宣传部长，省政府副秘书长以及中国气象局相关部门领导为重点实验室揭牌。

图 1–13　2019 年 11 月，中国气象局和陕西省委、省政府领导及专家为重点实验室揭牌

重点实验室以习近平新时代中国特色社会主义思想和党的十九大精神为指引，贯彻中国气象局《关于贯彻全国科技创新大会精神 推进国家气象科技创新体系建设的意见》和国家科技部、财政部和发改委《国家科技创新基地优化整合方案》精神，着力在提升气象科技创新能力，加强科技人才队伍建设，深化气象科技开放合作等方面发力，发挥重点实验室创新平台作用，推动学科发展，促进技术进步和科技成果转化应用，为新时代陕西气象事业高质量发展提供有力支撑。

重点实验室旨在坚持开放型、先进性、创新性相结合的原则，完善“开放、流动、联合、竞争”的运行机制，围绕陕西省气象局重大科技攻关计划，面向生态环境气象的关键科学技术问题，统筹省内外优势资源，搭建创新平台，吸引国内外相关领域专家参与，开展高水平科学研究，产出高质量原创成果，达到国内同类研究先进水平，并在区域生态环境气象领域开展技术集成和成果业务转化；吸引和培养优秀科技人才，为陕西省气象部门培养一支高层次创新人才队伍，研究团队骨干发展到 30 人以上，发挥中国气象局秦岭气溶胶与云微物理野外科学试验基地综合试验和研究的基础支撑作用，提升秦岭和黄土高原生态环境气象保障能力，带动全省气象业务服务技术和研究型业务建设不断取得突破。力争用 2 ～ 3 年的时间成功创建陕西省重点实验室和中国气象局重点实验室。

院士领衔，集聚专家队伍。2019 年 9 月 10 日，欧亚经济论坛气象分会在沣西新城

国际会议中心举行。会议现场为中国工程院院士李泽椿颁发秦岭和黄土高原生态环境气象重点实验室学术委员会名誉主任聘书。

图 1-14　2019 年 11 月，陕西省气象局局长丁传群（左）为中国工程院院士李泽椿颁发聘书

9 月 12 日，召开了重点实验室第一次学术会议，李泽椿院士出席并做了点评。国家气象中心数值预报中心副主任、研究员沈学顺主讲了国家级数值预报的现状和发展，阐述了中国气象局业务数值预报体系以及我国数值天气预报自主发展的历史和现状，指出未来我国数值天气预报发展的方向。中国气象科学研究院工程气象研究中心主任、研究员房小怡主讲生态文明背景下国土空间规划体系构建中的若干气象问题，从天人合一和古代风水理论的角度出发，阐述了现代城市空间布局存在的问题，指出城市规划要整体着眼了解城市区域所具有的环境与气候资源，有效地控制城市空间与形态的透风度。国家气象中心气象服务室主任张立生主讲气象灾害影响预报与决策服务，介绍了气象服务室的基本情况、国家级决策气象服务机构设置和主要业务产品，阐述了国家气象中心气象服务室主要影响预评估产品，详细介绍了暴雨、台风灾害性天气影响预评估取得的进展。国家气象中心气象服务室张永恒主讲气象灾害评估与大数据的初步研究与试用，简述了气象灾害评估的内容、方法，以及用不同方法进行气象灾害评估的业务实践，介绍了气象灾害评估中存在的瓶颈以及灾害评估对大数据的需求。

重点实验室聘请中国工程院李泽椿院士、徐祥德院士为学术委员会名誉主任，聘请“千人计划”专家、西北农林科技大学教授于强为学术委员会主任，学术委员会专家来自国家气象中心、国家气候中心、中国气象科学研究院、南京大学、北京师范大学、西安交通大学、西北农林科技大学、南京信息工程大学等单位。

研究队伍按照“部门+高校院所”的架构，以陕西省气象局为主，充分吸纳西安交通大学、西北农林大学相关方向研究人员。经过各单位推荐，初步拟定固定研究人员51人，流动人员137名，其中固定人员中正高职称7人，高级工程师24人，工程师18人，助理工程师2人；拥有博士9人、硕士30人，其余均为大学本科学历；平均年龄39.5岁，45岁以下中青年科研人员占科技人员总数的76.5%。

研究团队采取“领衔专家+学术带头人+骨干+参与人员”的架构，省级研究室设领衔专家5人，由学术委员会专家担任，学术带头人7人，由部门内部专家担任，各研究室共有骨干16人。

固定研究人员。由在陕西气象部门工作且具备正研级专家技术职称的科技工作者、在陕西气象部门工作且正在承担省部级及以上级别科研项目的科技工作者和在陕西气象部门工作且正在承担重点实验室科研项目的科技工作者组成固定研究人员，作为常设团队的中坚力量。同时，通过访问学者、联合攻关培养等方式培养重点实验室内部的科技骨干，作为常设团队的中坚力量。计划到2021年培养高级职称专家5人以上，培养学术骨干3人以上。

流动研究人员。由在陕西气象部门以外工作的，承担重点实验室科研项目的主持人和科研骨干及重点实验室固定人员正在培养的硕士、博士研究生组成流动研究人员。通过多种途径内引外联，有计划地吸引相关学科或研究领域的优秀学者到重点实验室任客座研究员开展前沿性的相关研究，到2021年，逐步形成职称、年龄、学历、专业结构合理的研究梯队。

人才培养。重点实验室将不断加强与国内外相关研究机构、高校的合作，建立良好科研合作关系，通过到博士后流动站、学校或联合培养等方式，不断培养重点实验室学术带头人和科技骨干。计划到2021年，重点实验室具有博士学位人员达到10人以上，硕士学位人员达到20人以上。

1.4.2 开放合作，强化机制建设

秦岭和黄土高原生态环境气象重点实验室第一届理事会由陕西省气象局副局长担任理事长，陕西省气象局应急与减灾处、观测与网络处、科技与预报处、人事处、计划财务处、陕西省气象台、陕西省气候中心、陕西省气象信息中心、陕西省大气探测技术保障中心、陕西省气象服务中心、陕西省气象科学研究所、陕西省人工影响天气中心、陕西省农业遥感与经济作物气象服务中心以及西安交通大学人居环境与建筑工程学院、西北农林科技大学资源环境学院、西北农林科技大学水土保持研究所等单位

为理事单位。

重点实验室制定了《重点实验室章程》《重点实验室学术委员会章程》《重点实验室固定人员和流动人员聘任和管理办法》《重点实验室开放基金课题管理办法》《重点实验室仪器开放共享管理办法》。

陕西省气象局作为主管单位为重点实验室建设提供了有力的基础条件。建有秦岭和黄土高原地面气象观测站网，具有丰富的气象观测资料，拥有中国气象局秦岭气溶胶与云微物理野外科学试验基地，包括空气动力学粒径谱仪、扫描电迁移率颗粒物粒径谱仪、三波段浊度仪、多滤波旋转遮光带辐射计、激光雷达、云滴谱观测仪、风廓线雷达等一批先进的野外科学观测试验仪器和卫星资料直收站。

陕西省气象局划拨重点实验室依托单位陕西省气象科学研究所新办公室地点，新址拥有科研用房 1680 m^2，建有学术讨论室、学术会议室；为专家和临时研究人员预留办公室 12 间，可供至少 32 人同时入驻；上述条件为开展气象科学研究和试验提供了有力的基础条件保障。

1.4.3 明确方向，组织攻关研究

2019 年秦岭和黄土高原生态环境气象重点实验室组织了开放研究基金课题申报，共征集到气象部门和高校的各类基金课题 92 项，通过评审，下达重点基金课题立项 8 项，面上基金课题立项 16 项，青年基金课题立项 12 项。

1.4.3.1 主要研究方向

（1）气象与生态灾害形成机理和预报预测技术研究

主要内容包括秦岭和黄土高原大地形对本区域和我国天气气候影响机理研究；区域气象灾害及次生衍生灾害发生的机理与预报预测技术研究；数值预报应用技术与精细网格气象预报技术研究；城市高影响天气预报预警技术研究等。

（2）气象灾害与生态环境减灾技术研究

主要内容包括生态环境气象大数据及其智慧化应用技术研究；生态环境遥感监测评估技术研究；经济作物精细化区划实用技术研究；农业病虫害与气象条件关系研究；农业气象灾害风险评估技术研究等。

（3）气候变化与生态环境响应监测、预测技术研究

主要内容包括气候变化及其对区域生态环境的影响分析、应对措施研究；区域生态环境监测及评估技术研究；区域气候预测技术研究，极端气候事件监测预测及减灾对策研究；气候资源开发利用技术研究等。

（4）人工影响天气和生态改善技术与装备研发

主要内容包括人工影响天气及生态环境减灾技术研究；大气气溶胶与空气污染分析评估技术研究；能源化工气象服务与气候适应性城市建设技术及工程措施研发；生态监测与改善的气象工程性技术研究和装备研发等。

1.4.3.2 主要研究内容

围绕重点实验室主要研究方向，以目前秦岭和黄土高原生态环境气象保障急需解决的科学问题和气象防灾减灾科技需求为牵引，2019—2021 年秦岭和黄土高原生态环境气象重点实验室重点开展以下几方面科研工作。

（1）气象与生态灾害形成机理和预报预测技术研究

① 秦岭和黄土高原大地形对本区域和我国天气气候影响机理研究

研究地形对陕西灾害性天气落区的影响机制。研究地形诱发降水动力和热力作用机制，秦岭和黄土高原对大气的流场、水汽输送和温湿结构的影响。利用不同参数化方案或高分辨率真实地形或不同参数化方案通过数值模拟研究地形降水。建立灾害性天气落区与地形的关系概念模型。

② 区域气象灾害及次生衍生灾害发生的机理与预报预测技术研究

研究气象对次生灾害的作用机理。开展典型流域河流洪水、山洪以及泥石流、滑坡地质致灾临界雨量和暴雨洪涝淹没风险动态评估方法，建立相关模型，得出致灾临界阈值，提高气象预报预测技术水平。

开展秦岭和黄土高原地区夏季旱涝异常特征及成因分析，建立预测概念模型；利用多模式产品，研发逐月滚动的夏季降水动力 – 统计相结合的降尺度解释应用预测方法。

建立全省高速公路和主要国道的大雾、道路结冰等高影响灾害天气预报预警模型。开展公路交通大雾、道路结冰等精细化预报预警方法、模型的研究；开展智慧交通气象服务及气象灾害风险预警服务的研究。

③ 数值预报应用技术与精细网格气象预报技术研究

建立区域高分辨率快速更新同化数值模式系统。设计、建设陕西省数值预报模式系统数据支撑环境，根据模式同化数据的技术要求，进行陕西地面、探空、雷达等观测数据的接入同化试验和检验评估，实现实时观测数据的快速同化；开展绝热与非绝热数字初始化、冷暖和热启动技术与循环同化、云分析技术、近地面资料同化等快速更新同化预报关键技术的研究，提高数值天气预报产品的精度和频次，提升对天气系统的短时临近预报能力。

研发精细智能网格气象预报技术。利用本地化客观方法解释应用数值模式预报，并将产品引入智能网络预报系统，凝练智能网格预报精细化预报指标，提升智能网络产品的更新频率和准确率；研发多尺度数值模式产品在中短期气象要素和灾害性天气网格预报方面智能应用技术。

④ 城市高影响天气预报预警技术研究

研发大城市精细化智能网格要素预报产品。开展城市天气预报释用性订正和性能分析检验，提供重大活动举办场所定时定量精细化预报产品，开展资料产品应用和模式动态检验评估，提升大城市天气预报产品精准度和精细化水平，为智能业务、智慧服务提供产品技术支撑。

（2）气象灾害与生态环境减灾技术研究

① 生态环境气象大数据及其智慧化应用技术研究

开展气象大数据汇聚方法及其分类标准规范研究。融合云计算资源池，组建由气象业务各类算法、基于影响的预报服务分析算法、政务管理信息统计分析算法和数据加工流水线组成的大数据架构，实现对生态环境气象大数据及其智慧化应用的技术支撑。

开展基于大数据挖掘、人工智能算法对高影响定量化天气预报、智能化订正和精细化服务应用技术的研究，引入大数据挖掘、机器学习、图像识别、数据可视化、界面交互等技术，研发主客观融合的灾害性天气预警预报技术，建设基于人工智能的灾害性天气特征及大气环境特征识别系统，促进大数据及人工智能在智慧城市中的创新应用，提高智慧气象服务防灾减灾和生态文明建设的能力。

② 生态环境遥感监测评估技术研究

开展以风云卫星为主的多源卫星大气和陆表参数反演和应用技术研究，研制长时间序列的云、降水、闪电、气溶胶、温室气体、地表植被指数等生态环境产品；建立卫星产品质量反馈机制，提高卫星遥感数据产品质量检验技术研究水平。

发展生态环境遥感与评估技术，研发以植被为基础的典型陆表生态系统、重点生态工程区、生态脆弱区的综合或专项监测评估技术。

③ 经济作物精细化区划实用技术研究

利用高分辨率卫星遥感解译数据获取的土地利用类型以及高精度地形地貌等地理信息数据，基于 GIS 技术对经济作物、特色农业种植进行气候适宜性区划与综合分析评估。

④ 农业气象灾害风险评估技术研究

区域农业气候资源和农业气象灾害评估技术研究。基于现代气候诊断技术及作物生长模型，解决作物模型在业务化应用中存在的模型升尺度、观测资料同化等关键技术问题，研究各农业气候资源要素的气候突变特征，分析气候突变前后农业气候资源及农业气象灾害在空间分布上的差异，评估气候突变对农业气候资源及农业气象灾害的影响。

研究干旱对植被生态影响的评估技术指标。建立针对重点生态工程区、生态脆弱区特点的植被干旱指数，建立不同等级干旱对植被的致灾指标，构建植被干旱灾害对植被生态影响的监测预警模型，开展干旱风险评估。

（3）气候变化与生态环境响应监测、预测技术研究

① 气候变化及其对区域生态环境的影响分析、应对措施研究

研究气候变化对不同区域生态环境的影响。包括：气候均值的微小变动和天气极端现象对水文资源、农业生产的影响；不同气候变化情景下，自然状态的森林生态系统的反应和可能变化；气候变化及干旱对植被的变化研究等。

开展关键区域云降水形成机理及气溶胶－云－降水相互作用研究，分析气溶胶对气候变化的影响。

② 区域生态环境监测及评估技术研究

研发基于气象要素的气候、气候变化评估模型。开展气候事件的预评估及灾害评估技术方法研究，完善气候事件（高温、暴雨等）的评估技术；开展气候变化对植被生态影响评价指标研究。分析研究气候、气候变化对植被 NPP、覆盖度、生态质量影响阈值和指标，建立其评估模型、指标体系和评估系统，评估气候和气候变化对陆地植被生态环境的影响。

③ 区域气候预测技术研究、极端气候事件监测预测及减灾对策研究

建立脆弱性评价与应对策略形成集成方法，研制生态脆弱性综合指数，研发适用于区域极端气候事件监测预警系统，提高对极端气候事件成因认识及监测、预测和影响评估能力。

极端事件气候预评估技术研究。针对未来数十年由极端事件造成的黄土高原和秦岭区域社会经济风险，构建社会经济损害及其影响因子之间关系，结合气候和社会经济情景，研究在暴露和适应效应下社会经济损害变化趋势及其不确定性。

主要气候事件风险区划技术研究。开展暴雨、高温、低温等气候灾害风险区划技术研发，开展黄土高原和秦岭地区主要气候事件风险区划工作。

④ 气候资源开发利用技术研究

开展对光照、热量、云水、风以及其他可以开发利用的大气成分等自然物质和能量的气候资源的探查、调查与规划；优化气候资源环境，开展旅游、宜居城市等方向的气候资源评估。

建立城镇气候适宜性评估指标体系与旅游气候资源评估技术体系。开展国家气象公园、国家气候标志等评价技术研究；研究对旅游安全高敏感性的天气（暴雨、大风

等）的预报预警方法。

（4）人工影响天气和生态改善技术与装备研发

① 人工影响天气及生态环境减灾技术研究

研发卫星云微物理反演新技术和新发卫星反演系统，开展卫星反演技术的业务应用试验和推广。

开展渭北果业区降雹天气预报、预警及冰雹云综合识别技术研究与应用，逐步向全省推广，提高高效人工防雹技术研究水平和应用能力。

开展黄土高原、秦岭地区人工增雨作业条件识别技术、作业效果评估方法研究及应用。

② 大气气溶胶与空气污染分析评估技术研究

开展天气系统及边界层气象条件等与大气污染的关系研究，分析气象条件对秦岭和黄土高原地区以及重点区域大气环境的影响，研发陕西及汾渭平原地区大气污染扩散条件空气质量预报检验和订正技术。

研究大气环境承载力和气象条件对污染物扩散的影响，发展大气污染减排气象评估技术，开展大气污染防治对策气象预评估。

开展关中地区雾和霾机理研究。继续开展气溶胶光学物理特性变化特征的研究，进一步揭示雾和霾天气发生、发展、维持及消散的主要机理，为大气污染气象评估业务提供理论指导与技术支撑。

③ 能源化工气象服务与气候适应性城市建设技术及工程措施研发

能源化工监测与预报预警服务技术应用研究。开展包括能源化工基地生态环境变化及影响、地表植被覆盖状况变化特征、近地层气象环境时空变化分析等能源化工基地生态环境与气候变化监测；开展能源化工企业高影响天气特点及智能化预报预警技术研究；开展能源化工气象服务规划设计，建立能源专业气象服务指标及模型，并在能源气象服务中应用，提升能源化工生产的各个领域和环节的气象防灾减灾能力、能源转化及利用效率。

气候适应型城市气象综合服务技术研究。针对气候适应型城市建设，开展城市自然灾害致灾机理与应急减灾对策研究，分析气候变化对城市运营的影响及对策，建立气候适应型城市建设指标体系和建设标准，研制气候适应型城市气象综合服务技术。

2

强化气象基础业务支撑能力

2.1 推进综合气象观测业务

陕西省气象局稳步推进观测业务改革调整，大力推进观测自动化，不断优化观测站网布局，已基本形成了由天基、空基和地基组成的气象综合观测网络，开展了气象观测质量管理体系试点建设。截至 2019 年年底，观测自动化水平大幅提升，综合气象观测能力进一步提高，明显超过同期全国和西部平均水平，观测数据质量稳步提升。

2.1.1 完善气象观测站网

陕西综合气象观测业务快速发展，观测业务改革调整稳步推进，气象观测科技创新持续发力，初步建成较为完善的“天、空、地”三位一体综合气象观测体系。从单一气象观测到多要素观测，气象观测能力显著增强，为气象防灾减灾、应对气候变化和生态文明建设提供了有力支撑。

《陕西省综合气象观测系统发展规划（2014—2020）》《陕西省综合气象观测业务发展规划（2017—2020 年）》等一系列顶层设计相继出炉，为构建综合观测网描绘了蓝图。渭南、西安、咸阳、安康、榆林、杨凌等地气象局积极争取地方政府资金，升级更新区域气象观测站，全省区域气象观测站从 1000 个提升到 1800 余个，多要素观测站占比从不足 10% 提升到 41.7%，实现了乡镇全覆盖，平均站距 10 km。国家级地面气象观测站全部实现自动气象站升级换代，除云项目以外，其他气象要素基本实现自动化观测。4 个高空气象站全部完成升级改造，其中 3 个参与全球交换，延安首个自动放球系统投入业务运行。新建 1 部商洛新一代天气雷达，建成 2 部 X 波段全固态双偏振多普勒天气雷达、2 部 713 数字化天气雷达、1 部 X 波段移动天气雷达、1 部边界层风廓线雷达、1 部移动边界层风廓线雷达，部署了 14 套三维闪电定位系统、6 个交通气象自动站、98 套自动土壤水分站。建设 5 个 GNSS/MET 站，与测绘、地震部门共享了 31 个 GNSS/MET 站数据。扩充气溶胶观测站网，更新升级延安、泾河气溶胶观测站，新建 4 个气溶胶观测站、1 部激光雷达。卫星资料接收应用迅速发展，新建 101

套 CMACAST 系统、1 套 FY-3 号卫星接收站，建成全国首个 FY-4 号卫星接收站。西安超大城市综合气象观测试验工作稳步推进，微波辐射计、气溶胶激光雷达、云高仪、风廓线雷达设备已投入运行，积累了大量观测数据。渭南建成华山太华索道大风实时监测系统，西安、汉中、商洛、咸阳、宝鸡、安康等建成负氧离子监测站。雷电、环境气象、农业气象、交通气象、空间天气等专业观测网络已初具规模。国家级地面气象观测站探测环境评分从 74.8 分提升到 81.8 分，台站探测环境得到了较大改善，观测资料代表性和准确性进一步提高。

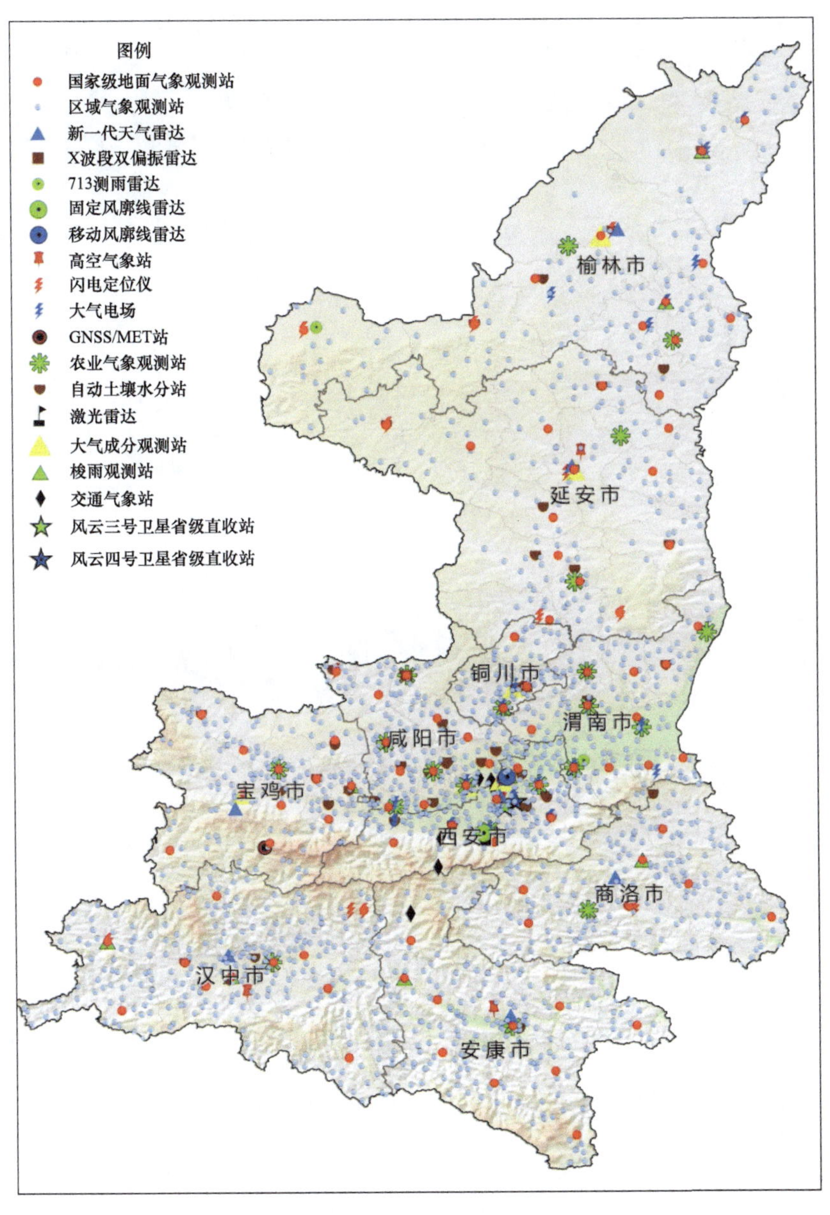

图 2-1　陕西省气象综合观测站网分布图

宝鸡凤翔县国家级地面气象观测站

西安泾河毫米波测云仪

西安泾河能见度仪

西安泾河酸雨自动观测系统

渭南市华州区公园区域气象观测站

图 2-2　陕西部分气象观测站和气象设备

2.1.2 深化观测业务改革

陕西省气象局全面贯彻落实中国气象局各项决策部署和工作思路，扎实推进综合观测业务转型延伸，实现航危报改革、地面高空一体化调整，完成实时—历史地面气象资料一体化业务切换，稳步推进地面观测自动化。

2.1.2.1 地面观测业务调整

2013 年，根据《中国气象局关于县级综合气象业务改革发展的意见》（气发〔2013〕54 号），制定下发了《陕西省气象局县级综合观测与信息网络业务改革发展实施细则》，先后实现旬月报、人工土壤水分观测、农业气象观测记录年报表任务调整。2014 年 1 月 1 日，顺利完成地面气象观测业务改革，简化了云、能、天观测项目，减少观测时次，取消了部分人工观测项目，取消夜间值班，启用了新型自动站和新测报软件，自动站数据传输频率由 1 h 1 次提高到 10 min 1 次，取消了重要报、旬月报等。改革后全年业务运行稳定。2016 年推进观测场标准化建设，推进台站观测业务平台标准化建设，下发整合意见，指导台站由观测值班向综合业务值班转变。

2.1.2.2 航危报改革

积极落实中国气象局新型气象为航空服务业务高层座谈会精神，经多方沟通，与相关军区达成共识，与空军某部、试飞院、西北民航空管局协商取消航危报，并与西北民航空管局签订了《关于共同推进新型气象为航空服务业务的协议》。2014 年 7 月 1 日全面取消持续多年的航危报任务，以自动观测数据文件代替，明显减轻了基层台站工作量。

2.1.2.3 地面高空观测业务一体化

2014 年，制定《陕西省气象局地面高空气象观测业务一体化工作方案》并召开工作推进会，完成一体化工作业务人员培训、跟班实习、业务考核。同年 9 月 1 日，全省 4 个地面高空观测站业务一体化正式运行，延安、安康一体化业务平台投入使用，业务运行平稳。

2.1.2.4 实时—历史地面气象资料一体化运行

按照中国气象局预报与网络司《关于做好实时—历史气象资料一体化业务试验工作的通知》（气预函〔2013〕63 号）要求，陕西省气象局选取泾河、耀州、高陵 3 站部署了 MDOS1.0（试用版），2013 年 6 月 17 日开始一体化业务试验。2014 年 5 月制定实时—历史地面气象资料一体化实施方案和规章制度，明确业务试运行工作细节，举办 2 期全省气象资料业务系统（MDOS）培训班。按中国气象局统一部署，于 2014 年 5 月 20 日顺利实现了全省实时—历史地面气象资料一体化业务试运行，使用 MDOS 开展数据实时滚动质量控制、疑误数据快速处理、台站元数据管理等业务和气象数据服务。2016 年 11 月 30 日正式开展业务运行。

2.1.2.5 地面观测自动化

全省国家级地面站均布设双套自动观测站、自动日照仪、称重式雨量传感器、能见度仪和降水现象仪等自动观测设备，实现气压、气温、湿度、风向、风速、地温、降水、日照、能见度和天气现象（毛毛雨、雨、雪、雨夹雪、冰雹）等观测数据的自动获取。部署无人值守设备运行监控系统，实现对全省台站双套自动气象站、不间断电源（UPS）、业务计算机及地面综合观测业务软件（ISOS 及 OSSMO）等软硬件运行状态的分钟级实时自动监控、自动短信预警。部署视频监控系统，实现对值班室、观测场及周围环境的实时监控，以及对观测站天气现象进行异地全天候观测。编制了《陕西省地面气象观测自动化改革试运行实施方案》，得到中国气象局认可并在全国推广，完成观测业务职责、观测项目和业务流程调整，推进观测业务从观测数据获取向运行保障、质量控制、资料分析方向转型，提高观测数据质量，扩展观测业务的内涵。截至 2019 年年底，全省 99 个站全部布设能见度仪、降水现象仪、称重式降水传感器和自动日照计，部分台站建成视频监控、温雨多传感器采集系统、酸雨、冻土等自动观测设备，全面开展地面观测自动化试运行。局站分离台站离站值班，促进了综合业务发展，极大降低了人力成本和运行成本、减轻工作强度，解决了交通生活诸多困难。

2.1.2.6 气象数据格式标准化业务切换

根据中国气象局预报与网络司、综合观测司《关于开展地面 高空 辐射 酸雨气象数据格式标准化业务切换的通知》（气预函〔2018〕64 号）要求，陕西省气象局下发了《地面 高空 辐射 酸雨气象数据格式标准化业务切换方案》，安排实施地面、高空、辐射、酸雨气象数据格式标准化业务切换工作，2018 年 12 月 25 日陕西实现全部国家级气象站的地面、高空、辐射、酸雨标准格式数据业务应用，按照中国气象局预报与网络司、综合观测司《关于地面 高空 辐射 酸雨气象数据标准格式单轨运行的通知》（气预函〔2019〕44 号）要求，2019 年 12 月 12 日全省全部国家级气象站地面、辐射及酸雨观测业务正式切换至标准格式单轨运行，从原来的长 Z 文件切换成 BUFR 格式文件。

2.1.3 提升观测业务质量

陕西省气象局高度重视业务规范化管理，制订下发了多项规章制度，积极开展观测网络业务全面创优、追赶超越等活动，提升观测业务运行质量，全面推进陕西气象观测业务现代化。

2.1.3.1 规范管理

陕西省气象局先后制订下发了《陕西省国家级地面自动气象站保障管理办法（试行）》《陕西省气象部门新一代天气雷达运行保障管理办法（试行）》《陕西省气象部门技术装备管理实施办法》，明确了省、市、县各级的职责分工、技术保障要求、经费使用和奖惩等，编写了《陕西省气象装备技术保障手册》。制定了《陕西省气象局网站安全管理制度》《秦岭大气科学试验基地科学试验设备运行保障管理办法（试行）》。重新修订了《陕西省气象局省级业务检查员管理办法》《陕西省气象部门综合观测重大差错责任追究规定》《陕西省气象部门综合观测业务先进集体先进个人评选办法》等。

同时，组织编写了《气象装备技术保障手册》七册，内容涵盖自动气象站、新一代天气雷达、L 波段探空雷达、沙尘暴站、大气成分站、酸雨观测站、土壤湿度自动站、闪电定位仪、大气电场观测站、移动气象台和区域站等探测设备。其中《气象装备技术保障手册——自动气象站》《气象装备技术保障手册——新一代天气雷达 CINRAD/CB 型》已经由中国气象局下发全国执行。牵头编写了《全国气象观测装备维修业务管理办法》《全国气象观测装备保障业务质量考核》《全国气象观测装备保障业务奖励办法》等业务管理办法，其中，《全国气象观测装备维修业务管理办法》已由中国气象局综合观测司印发供全国使用。牵头完成《新型自动气象站维护规范（试行）》《新型自动气象站维修规范（试行）》《区域自动气象站维护规范（试行）》《区域自动气象站维修规范（试行）》《蒸发传感器通风防辐射罩功能规格需求书（试验版）》的编制，并由中国气象局印发全国执行。参与《天气雷达定标业务规范（试行）》（气测函〔2016〕80 号）编制，完成《新一代天气雷达定标技术说明（CB）》并印发全国执行。

2.1.3.2 追赶超越，提升业务运行质量

为适应新时期综合气象观测业务发展与改革需求，进一步强化业务管理，加强基层业务和队伍建设，全面提升综合观测业务质量和水平，2013—2018 年连续六年开展观测业务全面创优和追赶超越活动。制定周密的活动实施方案，确定活动的目标和重点，明确各项观测业务质量的量化考核指标，细化活动内容；组织开展形式多样的业务技术竞赛活动，如气象行业职业技能竞赛活动、高空观测业务“拼高度、比质量”竞赛活动、“自动站最长连续无故障”竞赛活动、综合观测业务创新成果评选活动等；加强业务运行监控和质量通报，定期召开观测业务质量分析电视电话会议，对设备运行情况进行分析评估，发布评估报告；强化业务技术培训，不断提高人员素质。

通过以上措施，质量提升活动声音响亮、动态活跃、成效显著，在全省营造了“重业务、钻业务，比技能、比贡献”的浓厚氛围，取得了显著成效：全省观测系统运行质量迅速提升，国家级自动气象站、新一代天气雷达、闪电定位仪、土壤水分等主

要设备运行质量稳居全国前列，各项业务可用性和传输及时率基本保持在 99% 以上。

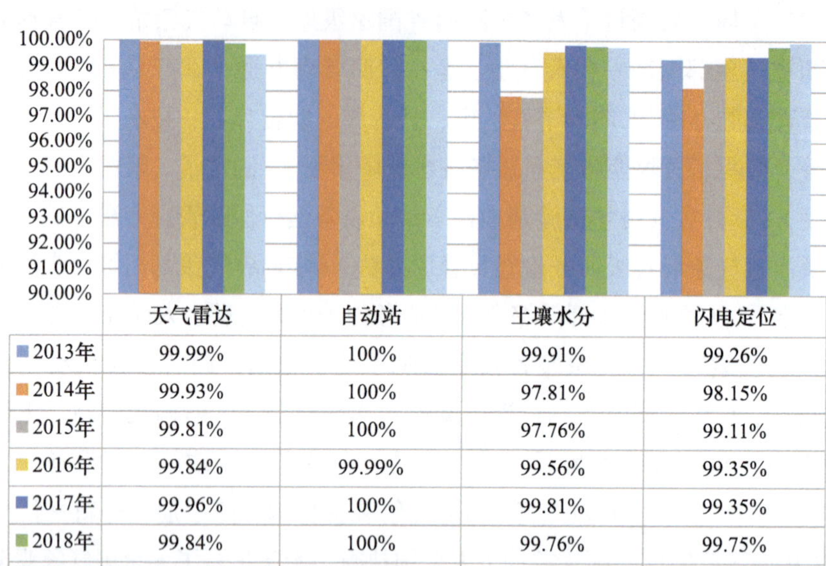

	天气雷达	自动站	土壤水分	闪电定位
2013年	99.99%	100%	99.91%	99.26%
2014年	99.93%	100%	97.81%	98.15%
2015年	99.81%	100%	97.76%	99.11%
2016年	99.84%	99.99%	99.56%	99.35%
2017年	99.96%	100%	99.81%	99.35%
2018年	99.84%	100%	99.76%	99.75%
2019年	99.42%	100.00%	99.72%	99.89%

图 2–3　2013—2019 年陕西省天气雷达、自动站、土壤水分、闪电定位设备业务可用性

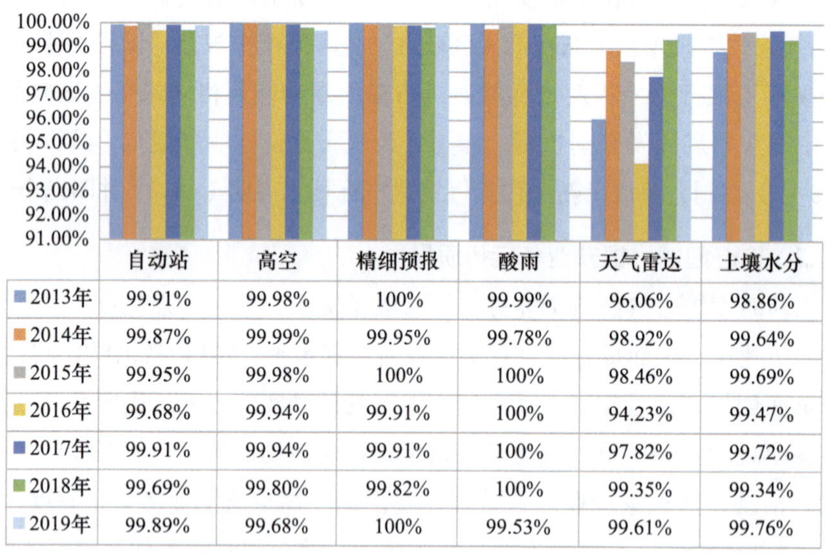

	自动站	高空	精细预报	酸雨	天气雷达	土壤水分
2013年	99.91%	99.98%	100%	99.99%	96.06%	98.86%
2014年	99.87%	99.99%	99.95%	99.78%	98.92%	99.64%
2015年	99.95%	99.98%	100%	100%	98.46%	99.69%
2016年	99.68%	99.94%	99.91%	100%	94.23%	99.47%
2017年	99.91%	99.94%	99.91%	100%	97.82%	99.72%
2018年	99.69%	99.80%	99.82%	100%	99.35%	99.34%
2019年	99.89%	99.68%	100%	99.53%	99.61%	99.76%

图 2–4　2013—2019 年陕西省自动站、高空、精细预报、酸雨、天气雷达、土壤水分观测数据传输及时率

2.1.4　建立气象观测质量管理体系

按照国家关于标准质量管理的工作要求，结合气象观测工作特点，建立全面完整、

高效可靠、先进合理的气象观测标准质量体系，保证气象观测装备可靠和数据准确。按照 ISO9001 质量管理体系认证要求，陕西省气象局优化业务管理流程，在观测领域开展 ISO9001 认证，带动气象质量管理标准化建设，提高科学管理效能和效率，强化制度建设、规范考核机制，定期对本领域的各项制度进行检查、评估和修订，真正做到管理科学化、服务上水平。

2016 年，气象计量获国家技术质量监督授权，通过 ISO9001 质量管理体系认证，并获中国质量认证中心（CQC）颁发的证书，认证范围为气象技术保障（物资采购、气象探测设备检定或校准、气象探测设备维修、气象探测设备运行监控）服务。2017 年，陕西省气象局作为试点省开展气象观测质量管理体系建设，试点单位涉及相关内设机构、陕西省大气探测技术保障中心、陕西省气象信息中心、汉中市气象局、宝鸡市气象局、汉台区气象局、略阳县气象局、陇县气象局、千阳县气象局等单位，历经方案编制、文件编写（9 本质量手册、185 个程序文件、319 个作业指导书、703 个记录表格）、培训实施（44 名内审员 +2 名国家注册审核员）、管理评审等多个环节。2018 年 9 月，陕西省气象综合观测质量管理体系顺利通过西北 CQC 认证审核，取得 CQC 颁发的 ISO9001 认证证书，认证范围为陕西省气象局综合气象观测，获得认证的单位有陕西省气象局、陕西省大气探测技术保障中心、陕西省气象信息中心等 9 个单位，成果在全国推广示范，推进了陕西气象观测业务与国际接轨。2019 年，陕西省气象局积极支持全国和 20 多个兄弟省份质量管理体系的建设工作，召开全省质量管理体系推广建设会议，组织修订发布 2019 版体系文件（质量手册 1 册，程序文件 35 个，作业指导书 83 本，共计 39 万余字），先后 3 次组织培训 284 人次，通过现场观摩，完成全省 127 个单位内审，召开全省管评会议，顺利通过 CQC 外审，实现观测质量管理体系建设全省全覆盖，并纳入全国认证范围。气象观测业务流程和职责更加规范化、制度化，质量管理体系人员队伍初步建立，风险思维和质量意识普遍提高，气象观测质量管理的氛围基本建立。

图 2-5　质量管理体系认证证书

2.1.5 强化气象观测技术保障

陕西气象装备技术水平逐年进步明显，全省建立了“两级管理、三级维护”的装备保障体系，实现省级监控、省市县三级维护维修的菱形保障业务架构，形成了包括运行监控、储备供应、维护维修、计量检定等一体化技术保障业务平台，实现对天气雷达、自动站、区域站、土壤水分、雷电、大气成分、农业气象等 14 种 2000 多个台站的全覆盖。气象装备保障能力快速提升。

2.1.5.1 观测设备监控维修

完成县级气象综合观测业务集成平台（MOPS）、综合气象观测运行监控系统（ASOM）2.0 版、气象技术装备信息动态管理系统部署应用，完成地面和高空观测业务一体化调整，实现了县级气象观测业务的集约化、观测装备运行监控全网覆盖和管理的初步信息化。基本实现运行监控、维护维修流程重塑，实现核心业务转变，确保了全省气象观测现代化水平的持续提升。

依托本地化 PASOM，建立了地面气象装备分钟级“故障自动预警”“故障维修进程监控”等监控业务系统，实现了计算机、采集器、传感器、芯片电压、芯片时钟、芯片温度、UPS 电源等故障自动报警。不断采取各项措施，提升设备运行稳定能力：一是采取远程、现场、集中等方式加大培训力度，培训了一批优秀的基层保障员；二是推广自动预警系统和开展无人值守业务，提升了观测保障业务的自动化水平，减少了人工监控冗余，大大缩短了故障响应和处理时间；三是通过了 ISO9001 认证，实现了气象观测业务质量管理体系的规范管理，优化了流程、提升了效率。省级技术保障赴台站现场抢修连续五年呈下降趋势，业务质量连续五年位列全国前列。

完成省级维修测试平台建设。在全省 10 个地市打造标准化维修保障平台，设计定制了移动保障平台，建成标准化自动站实训平台，极大地提高了省市县三级维修保障能力和效率。

2.1.5.2 气象物资供应

建成 2800 m^2 的国家气象应急物资储备库，以及具有电子商务功能的气象物资储备调配供应业务平台。国家气象应急物资储备库面向全国气象部门开展气象物资储备业务，主要业务包括经费预算编报、应急物资的采购计划、采购、入库、出库、物资保管维护、加电测试、送检、盘库、质量反馈、业务报表统计和上报，库区安全等工作，并按照中国气象局要求，合理规划和实现应急物资的储备标准。

2016 年省级气象装备动态管理信息系统投入业务运行，通过对气象探测设备规范化编码，实现了全省气象装备保障部门运用二维码识别技术、射频技术对设备进行全寿命跟踪与管理，能够将设备所有的状态变更、设备流转等信息进行记录、展示，从而实现对设备跟踪与管理，提升了全省气象部门气象装备储备供应管理信息化水平。

2017 年通过西安国家级气象应急物资储备库升级改造，完成了高位承重式货架、帐篷专用货架、密集柜货架、储备库电力增容、电路改造、地面防尘处理、消防系统、货运电梯、安防监控系统、温湿控制系统、储备库多功能检测室、气象应急物资管理信息系统建设及电动叉车的采购，仓储标准化、信息化、规范化水平明显提升。截至 2019 年年底，已储备气象应急物资（含北京移交、陕西采购）共计 5 类 129 种设备 6741 件（套），主要包括地面、探空、大气成分、通用设备、地面人工等，天气雷达国家级备件 194 种 278 件（套）。业务运行以来，西安国家级气象应急物资储备库在湖北省气象局抗洪救灾、福建省气象局台风救灾、榆林市特大暴雨救灾、汉中市暴雨救灾等工作中发挥了重要作用，为气象应急保障提供了强有力的支持。

2019 年开发了“气象应急物资查询微信小程序”，着力为全国应急和重大气象服务提供“掌上物资信息”。提供库存物资查询、发货状态、物流信息等功能。开发了“西安储备库信息系统”，显示物资吞吐量、库存量、调拨信息、储备库各层各货架虚拟图，以热力图方式直观显示架上信息等功能，为日常业务和决策提供数据服务，提高应急物资储备信息覆盖的广度和深度以及全国应急物资周转率，提升了储备库信息化水平。

各类气象探测设备的备品备件储备逐步完善。全省各地市自动站、自动土壤水分站配备达到基本站、基准站 1 ： 1，一般站各市气象局 1 套的标准，天气雷达和探空雷达的省级储备数量大幅提升，分别达到 96% 和 100%。新型自动站主要传感器备件已经配到市气象局或台站，完全满足各站传感器计量检定的撤换工作，大大提升了装备保障工作的能力。备品备件储备率的上升，极大缩短了陕西气象综合观测系统设备的故障维修时间，为陕西气象综合观测系统观测质量的提升奠定了基础，更好地支撑了预报预测服务业务。

2.1.5.3　气象仪器计量检定

陕西气象计量检定业务范围已经覆盖能源、航天、电力、水利、地震、环境、民航、部队、环境等多部门。承担全省 99 个县区 200 余套自动气象站的实验室检定和现场校准工作，包括人工仪器的检定和校准。

建成了国家级气象计量实验室（含 90 m/s 风洞），恢复到国家空气流速的最高标准，以保证我国空气流速量值的准确传递。较为明显地提升国家级气象计量平台的能力，覆盖范围充分、标准序列完善、技术冗余合理、技术手段先进，为气象行业提供更为出色的计量服务，促进观测数据质量的进一步提升，具有比较明显的社会经济效益。

自动站计量业务实行省市两级管理，省市县三级业务布局，明确业务管理部门和业务单位职责及分工。由省级计量业务部门大包大揽的工作模式转变为省、市两级联合联动运行模式，资源共享、数据共享、技术共享，极大地提高了工作效率，为国家级自动气象站的准确、稳定运行提供了有力的保障。

初步建立具有全国气象部门先进水平、西部领先的省级气象仪器计量实验室，为陕西省气象观测系统提供高质量、精准化的气象计量服务。在已完成的省级计量检定能力建设的基础上，进一步更新和改造计量标准设备，形成覆盖范围充分，技术冗余合理，性能科学准确的计量标准体系。持续提升省级实验室温度、湿度、气压、风速、雨量等检定校准的标准等级和自动化水平，提高省级气象计量工作的覆盖范围和工作质量。基本形成观测要素计量的"全覆盖"。

依托陕西省气象计量业务系统，3MS 自动检定系统将全省计量数据录入统一的数据库，包括国家级自动气象站、区域自动气象站数据，实现记录、报告、证书的实时查询。同时制定相应的管理办法，加强监督检查。加强对计量人员的培训，确保所有人员具备自动站现场校准的基础理论与实际操作能力。

截至 2019 年年底，全省建成 9 套市级移动计量系统。地市级气象部门逐步建立自动气象站移动现场校准、核查系统。经国家立项、由中国气象局组织实施的"山洪地质灾害防治气象保障工程"中建设地（市）级移动计量系统，建设内容包括自动气象站雨量、气压、气温、地温、湿度、风速、风向传感器的现场校准，同时兼顾自动气象站现场基本维修，为所辖区域内的自动气象站的计量保障提供较为完善的计量技术保障。

图 2-6　陕西泾河国家级风洞实验室

2.1.5.4 探测新技术探索

陕西省大气探测技术保障中心研发了“新一代天气雷达估测降水系统”，开展了“新一代天气雷达反演高分辨率降雨量产品技术及应用”研究，质量控制算法更加完善，不仅可以实现雷达估测降水数值实时订正，还可以提供可供二次开发的雷达原始降水数据，提供更加准确的数据和产品选型，积极探索天气雷达观测产品预处理技术及产品应用。该项目完成在国家科技成果登记系统上应用技术类登记，并在全省各地市气象台、陕西省气象台、陕西省气象服务中心得到应用，拓展了雷达观测产品的应用领域。该研究获得 2018 年陕西省气象学会科技进步成果奖二等奖。

陕西省气象局获批中国气象局小型无人机气象观测应用示范系统项目，牵头实施无人机观测应用示范系统建设，联合汉中市气象局完成小型无人机选型、4 个观测示范站基础建设、飞行人员培训、建立观测业务流程，以及开展无人机观测数据应用，在全国率先建立无人机气象观测示范网。通过开展小型无人机低空综合气象观测试验，扩展了气象探测新领域，积极探索无人机气象观测在气象观测业务中的应用，编写了《小型无人机气象观测系统建设指南》等技术文件，相关研究成果参加 2019 年全国气象观测会议交流，并现场飞行演示，为全国推广提供示范。获批中国气象局政策法规司气象行业标准预研究项目“小型无人机气象观测规范”项目，形成我国首个小型多旋翼无人机气象方面的预研究标准。在国内率先开展天气雷达无人机标校试验，从根源上给出更科学的标定方法和天气雷达回波准确性答案。获批中国气象局基于无人机假目标体新一代天气雷达机外整体标校试验项目。完成全省天气雷达数据流传输及产品提升改造。

2.1.5.5 升级更新建设气象应急保障车

全新的气象应急保障车包括两部分，是对应急保障车探测技术、通信技术、预报服务技术等方面的全新升级和扩充。通过全面技术升级和扩充，大幅提升应急保障车的现场气象保障服务能力，从而满足新形势下重大灾情、突发社会公共安全事件、重大活动等对现场气象保障服务的需求。

应急保障车（探测车）配备车载式气象观测设备（常规 6 要素及能见度、天气现象）、便携式 8 要素自动气象站、手持式 6 要素自动气象站、空气质量监测仪、大气负离子监测仪、超声波雪深监测仪及无人机气象探测系统，可为各种情况下的现场气象应急保障提供实时数据、图像；配备 4G 通信系统及便携式卫星通信系统，实现现场观测数据的实时上传；可与现有的移动 X 波段雷达车、移动风廓线雷达车组网，组成陕西省气象局移动探测系统；可实现应急、重大活动现场水平、垂直气象观测。

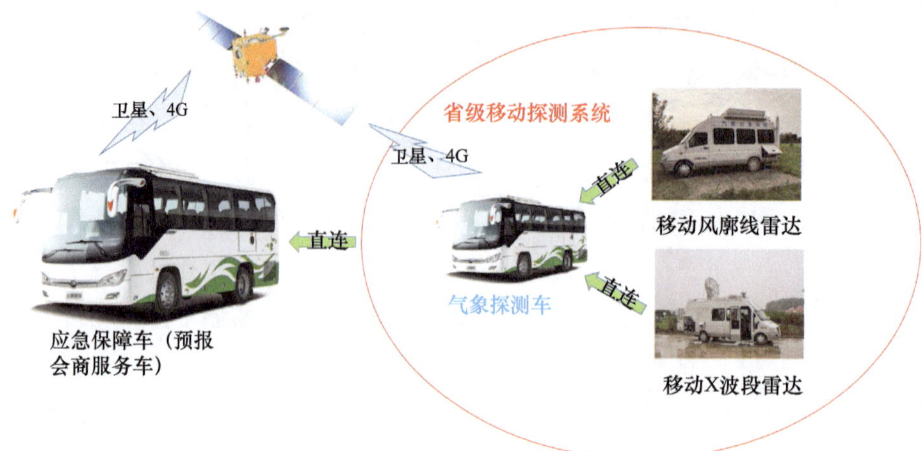

图 2-7　气象应急探测系统示意图

应急保障车（服务车）配备各类数据接口，可快速接入各类便携式气象探测设备，并显示现场探测数据。配备的卫星通信系统，与现有气象固定通信系统的规范和标准一致，在任何地点能通过卫星通信建立通信链路，再经过地面气象专网实现国家、省、市、县气象局指挥中心相连，同时配备 4G 通信系统，通过 4G 公网实现应急保障车与指挥中心相连，这些通信通道均可进行数据、图像传输，配备天气视频会商系统和现场天气分析与服务系统，可开展气象预报预测分析、天气视频会商等。同时应急保障车配备固定、移动式显示系统，可实现实时定点、不定点显示现场气象数据、预报服务等产品。与移动探测系统组合，形成完整的现场气象应急保障系统。

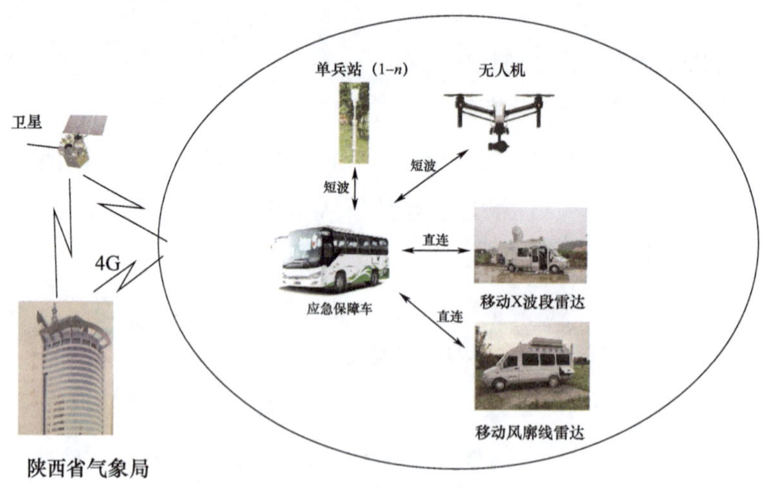

图 2-8　现场气象应急保障系统

图 2-9 应急保障车（服务车）外侧图

2.2 提升气象信息业务能力

陕西省气象局加快推进气象信息化建设，网络传输能力持续提升，基础资源池性能日益增强，各部门数据共享快速推进，数据资源集约化环境不断发展，气象信息化水平不断提高。

2.2.1 优化气象通信网络

陕西省气象局按照分步适度提升气象地面网络带宽、满足业务和管理信息传输要求的思路，信息网络建设取得了显著成效。在此基础上通过优化通信网络结构，提升网络数据承载能力和气象观测数据收集能力。

市级广域网线路接入均为点到点线路（西安市气象局除外），实现双线路运行和流量按业务负载，带宽从 6 Mbps（电信）+2 Mbps（广电）提升到 6 Mbps（电信）+20 Mbps（广电）。西安市气象局线路接入为两条裸光纤，速率均达到 1000 Mbps。县级广域网线路接入也实现双线路接入运行，接入带宽从 2 Mbps（主）+2 Mbps（备）提升到 10 Mbps（主）+2 Mbps（备），其中主用线路为电信 MSTP 线路，备份线路为广电网络 MSTP 线路。

以西安大数据应用中心为核心，实现到其他节点的直连与高速通信。采用“双局向、双路由”方式，保证网络可靠性。建成省气象局至西安气象大数据应用中心 500 Mbps 专线，实现信息基础资源“物理分离，逻辑统一”架构布局。建成西安气象大数据应用中心至国家卫星气象中心 240 Mbps 专线，建设西安气象大数据应用中心至国家气象信息中心 1000 Mbps 专线。

陕西省气象局 2013 年建成了双核心骨干万兆、接入千兆的高速高可用局域网。网络按照功能划分为外联区、互联网接入区、办公区、家属区、数据中心区（服务器区），以及核心交换区等，并配备了终端准入和网管平台。省级互联网同样租用了两家不同通信运营商的专线实现负载分担。其中电信接入带宽 200 Mbps，联通接入带宽 100 Mbps。

完成气象通信系统 2.0（CTS2.0）陕西分系统业务运行，实现国家级地面站、天气雷达标准格式数据流传输，数据传输时效达到秒级。逐步开展天气雷达基数据、PUP 产品和拼图产品在省级集中生成试验、业务试验、业务运行。

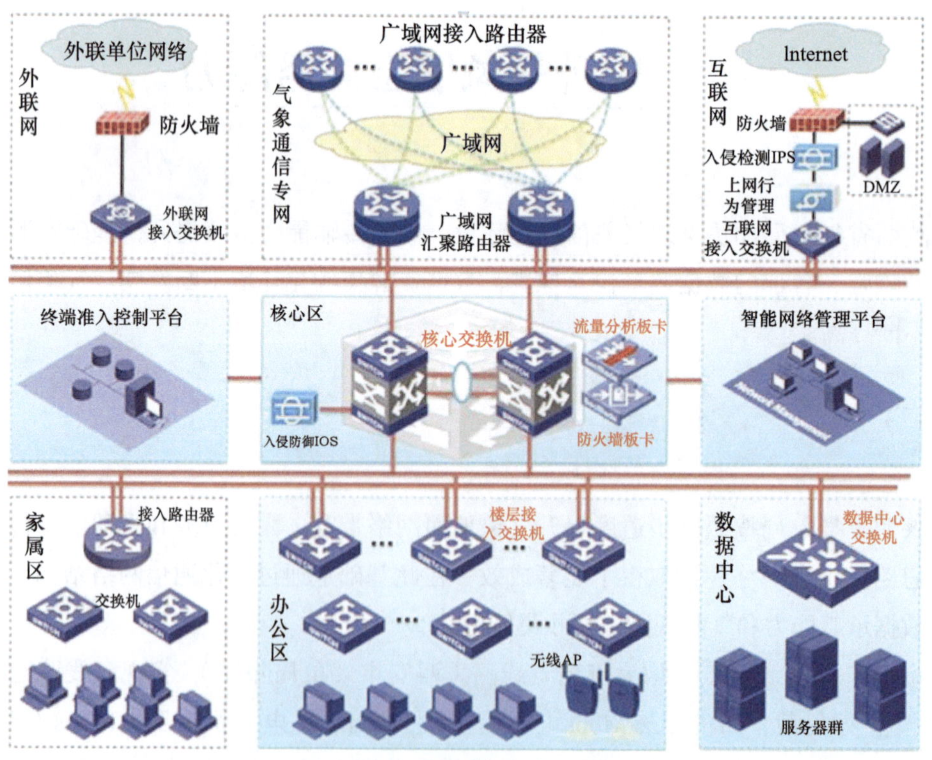

图 2-10　陕西省气象宽带广域网拓扑图

2.2.2 建设云计算平台

陕西省气象局建设集约弹性共享的基础设施资源池，实现了全省硬件资源及应用系统的集约化管理。以大规模、大范围虚拟化和多种类资源池建设为主要内容的数据中心建设，有效提高了 IT 资源的利用率和交付速度，以及数据中心各层面的标准化水平和自动化操作水平，降低数据中心的总体运行成本。

编制了《陕西省气象部门基础设施资源池建设技术规范》和《陕西省气象基础设施资源池运行使用管理规定（初稿）》，加强了基础设施资源池架构顶层设计，规范管理各单位资源申请。

建成陕西省气象基础设施资源池云管平台，使陕西实现服务器虚拟化—网络虚拟化—平台运营监控—门户自助服务的纵向体系，实现从用户申请到最终用户使用全程自动化部署；部署了虚拟分布式存储，为精细化格点预报等大型应用提供支撑保障；实现了省级直属单位服务器的集约化，系统迁移入池，效率显著提升。

陕西省气象局基础设施资源池已有物理服务器 40 台，配置虚拟服务器 340 台，存储扩充至 721 TB，内存达 10 TB，资源池集群 CPU 日常使用率 50%，资源池集群内存日常使用率 60%，资源池集群存储使用率 40%。资源池整合比达到 1:8.5，节省省级业务中服务器支出约 2400 万元，每年节省机房用电量约 640 万 kW · h，节省机房空间约 300 m^2。通过云计算技术，终端用户操作简单，数据资源搜索时间大幅缩短，相同检索用例检索性能提高 10 倍以上。以检索某时次所有站全要素为例，传统业务系统需耗时 6190 ms，采用云计算的分布式系统仅需 537 ms。

2.2.3 提高气象数据服务供给能力

陕西省气象局依托全国综合气象信息共享平台（CIMISS），建立了集约化的气象数据环境，以此为基础，不断推进数据的共享、服务和应用。搭建陕西省智能网格预报数据环境，为智能网格预报业务的顺利开展提供强有力的数据支撑。同时，积极筹划、探索搭建气象大数据平台，为行业 + 多源数据的融合分析与应用奠定基础。

CIMISS 系统于 2016 年 12 月正式实现业务化运行。以 CIMISS 为基础，陕西省气象局又先后接入非考核区域站、秦岭剖面站、农田小气候站、大气负离子站、交通气象站、预警信号等本地数据产品，在扩大数据覆盖范围的同时，逐步形成具有陕西本地化特色的数据环境。同时“历史数据序列补足”“资料到预报员桌面时效提升”等专项工作的开展，提升了数据环境中各类资料的数据完整性、及时性和正确性。

2016 年度，CIMISS 气象数据统一服务接口（MUSIC）总检索次数约 2.13 亿次，数据服务总量 15.04 TB；2017 年度总检索次数约 2.55 亿次，数据服务总量 35.53 TB；2018 年度总检索次数约 3.78 亿次，数据服务总量 111.79 TB；2019 年度总检索次数约 3.79 亿次，数据服务总量 154.92 TB，数据调用及服务总量逐年递增，稳居全国前列。截至 2019 年年底，陕西省 MUSIC 接口注册账户 202 个，涵盖科研、业务系统研发、资料服务等不同用途。陕西省智能网格预报系统（简称“秦智”系统）、陕西省气象数据共享网、汾渭平原环境气象共享平台、陕西省决策气象服务网、陕西省专业气象服务一体化平台、县级综合观测业务集成平台、智慧农业 App、秦云工程气象云、咸阳智慧气象、渭南市气象防灾减灾作战指挥系统、商洛气象局综合业务平台、榆林市数据中心气象资料查询系统等一批本地化特色应用，实现了与 CIMISS 系统的数据对接。

为支撑智能网格预报技术攻关及业务运行，陕西省气象局搭建了以 CIMISS 数据环境为基础，国家级数值预报云、CIMISS–MICAPS 4 分布式数据环境、自研发的 GFE 格点订正数据环境相补充的智能网格预报数据支撑环境，有效支撑了智能网格气象预报业务的顺利开展。依托虚拟化基础设施资源池，引入分布式存储技术，搭建了陕西智能网格气象预报数据环境的基础平台，有效提高了陕西智能网格气象预报系统后台数据处理效率。

在大数据技术预研与应用方面，陕西省气象局率先提出“合作共赢，引入外智”的指导思想，积极与曙光、华为、联想等公司对接合作，于 2016 年起逐步探索气象大数据平台原型系统的搭建。建立曙光气象大数据测试平台，实现中国地面逐小时资料近 13 亿条数据记录的汇聚，完成 14 类数据检索和统计的应用场景测试，与 CIMISS 进行对比分析，实现任意时段数据统计模型的毫秒级响应，为通过大数据技术解决传统气象数据统计分析效率问题开辟了新思路。

在大数据技术预研与应用方面，设计并研发陕西省气象大数据资源目录服务系统及陕西省气象大数据应用系统。梳理了地面小时数据、离线雷达数据、省际雷达数据及遥感中心苹果产品数据，完成数据存储和接口研发。构建了气象大数据资源的在线查询、申请、审核与发布流程。持续开展行业共享数据汇交，包括环保数据、测绘 GPS/MET 及公安厅视频数据，均已实现数据存储及服务。其中公安视频数据可实现 2000 路视频站点图片的在线查看及数据集下载。积极开展行业数据融合应用，基于公安视频数据，研发了天气现象智能识别系统，目前已完成晴、雪、雨的天气现象识别，准确率达 80% 以上。

图 2-11　全国综合气象信息共享平台

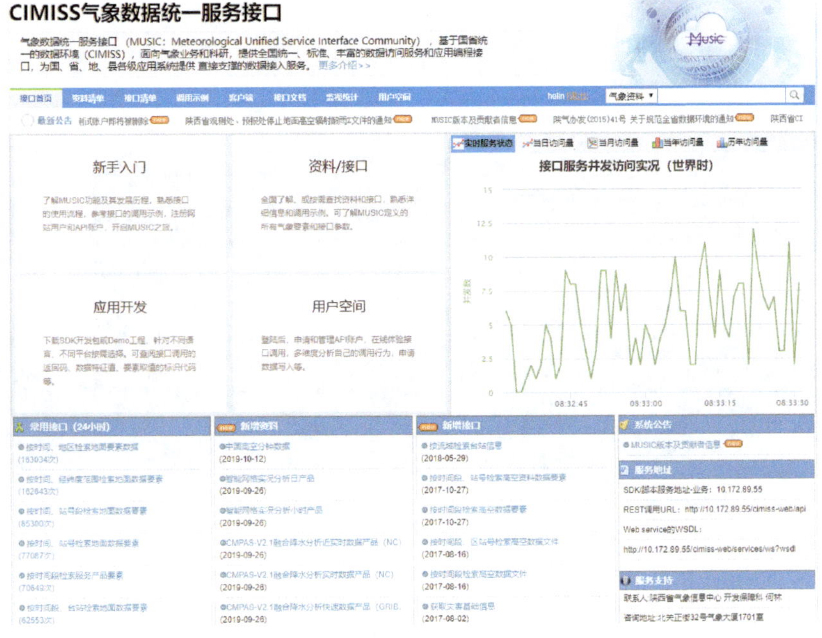

图 2-12　气象数据统一服务接口平台

图 2-13　陕西省气象大数据资源目录服务系统

图 2-14　陕西省气象大数据平台

图 2-15　天气现象智能识别系统

2.2.4　提升并行计算能力

陕西省气象局在西安气象大数据应用中心建成新一代高性能计算机系统，为陕西区域数值预报模式计算、秦岭和黄土高原生态环境气象重点实验室研究、研究型业务等提供算力支撑。该系统双精度浮点计算能力达 126 Tflops，存储裸容量达到 950 TB，计算交互区达到 162 TB，历史数据存储到 532 TB。

陕西高性能计算机系统由计算子系统、存储子系统、网络子系统、基础软件环境和管理软件等部分组成，包括 20 个刀片计算节点，4 台前后处理节点，4 台管理、登录节点。存储子系统采用分布式并行存储系统，配置高速 SSD 存储和中低速 SAS、NL_SAS 存储空间，提供充足的聚合带宽，具有高性能、易扩展、高可靠和易管理等特点。

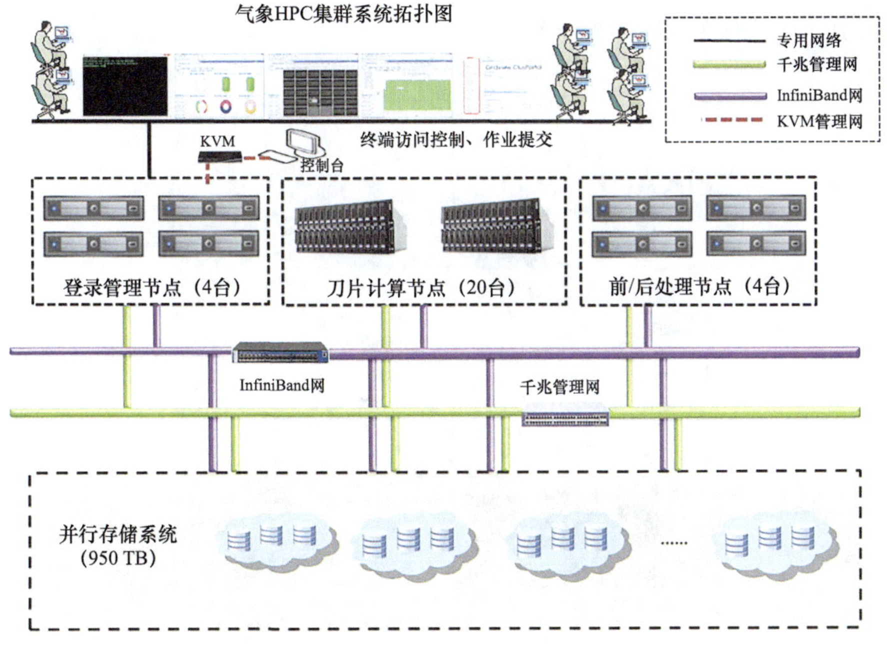

图 2-16　陕西新一代高性能计算机系统拓扑图

陕西高性能计算机系统采用新一代 Purley 平台的刀片作为计算资源，存储系统采用分布式并行存储，支持容量海量扩展和性能线性扩展，单节点性能达到 5 Gbps。高性能计算网络采用 100 Gbps InfiniBand 高速网络，实现了全线速互联低延迟。高性能集群监控管理系统提供集群部署、监控、告警、管理、统计、报表、作业调度等，作业调度系统提供高性能计算软件的 Web 封装，大大降低用户的使用门槛。陕西高性能计算机系统还为用户提供了并行计算基础软件环境，包括最新的稳定的编译器、调试器、MPI 环境以及优化函数库、常用数据处理工具库等。

2.3 推进气象预报预测转型发展

2.3.1 建设集约化预报业务平台

预报业务平台布局科学、设施先进、保障有力。依托“十三五”省部合作项目，陕西省气象局建成了集约化预报业务平台，总面积约 1000 m^2，采用分布式控制技术，实现了以首席预报员为中心的综合信息展示、纵向横向联合会商、预报预测业务调度、智能网格预报系统应用、无纸化办公等功能，突出岗位职能，建成了预报预测、可视会商、气候应用、决策服务、环境预报、精细预报、中试研发及技术交流等 8 个功能区域，提升了陕西气象预报预测业务平台水平。

图 2–17　陕西省气象预报预测业务平台

2.3.2 建立无缝隙预报业务

预报业务统筹集约，服务效能提升，智能网格预报应用全覆盖。2016年，中国气象局印发《现代气象预报业务发展规划》，陕西省气象局全力推进无缝隙智能网格预报业务体系建设。经过三年努力，初步建成0时刻到10天的无缝隙智能网格预报业务体系。“陕西气象监测预报预警大数据平台”为预报服务人员提供天气实况及影响风险的综合实时监测信息，进一步强化了天气实况及影响风险综合实时监测分析能力。在中国气象局网格预报0时刻实况分析指导产品本地化应用的基础上，实现实况和中短期网格预报无缝隙衔接。陕西省短时临近智能预报服务系统（NIFS）业务化运行，对省市县三级行政区实现了“责任区—警戒区—监视区”三圈灾害性天气自动监测，提供客观化短临预报产品和实时信息共享功能，有效加强了基层灾害性天气监测预警的技术支撑，推动了省市县三级业务流程的集约化、扁平化。1～10天智能网格预报业务实现了时间分辨率1 h、空间分辨率3 km的精细化预报产品，气象要素达12类，通过了中国气象局业务化准入评估，陕西成为全国首批获得业务化运行批准的省份。市—县气象局完成了网格预报业务应用流程重建，完善了岗位设置，重新梳理了产品清单，开发形成了各自特色服务产品、气象服务App，在近年来的历次重大天气过程服务和重大活动气象保障中取得了良好的成效。基层预报服务效能明显提高，监测预警耗时缩短15 min，每日文字预报编辑时间缩短约2 h。

2.3.3 推进气候预测业务客观化定量化

气候业务日趋规范化、客观化和定量化。2015年以来，陕西省气象局致力于健全气候业务规范，不断提高气候预测准确率。制定了陕西特色化的监测指标，完成了春季第一场透雨、冷空气等6项气候监测指标，4项下发全省应用；申报4项地方标准和2项行业标准，完善了气候业务规范。依托“十三五”预报预测能力提升工程项目，初步搭建了气候一体化业务系统。建成了暴雨、高温、透雨、汛雨等18个气候事件监测模块，实现事前预评估、事中跟踪、事后评估；搭建无缝隙监测、报警平台；完成气候预测诊断分析、模式解释应用和一键式产品制作分发等功能，解决了气候模式产品手动查找、下载、应用等耗时、耗力难题；实现陕西98个县区52天气温、降水逐日预报功能；建立了5个气候特色事件和3个气候灾害预测模型；采用动力降尺度方法对3个气候模式产品进行解释应用，建立形式多样的模式解释产品。针对暴雪、寒潮、初夏汛雨、暴雨、高温、连阴雨、华西秋雨、四季进程等气候事件开展预测，发布《重要气候信息》148期，监测报告10期，组织开展暴雨发生范围、强度、排位等预评估工作，不断强化极端气候事件监测预测能力。围绕陕西降水预测准确率相较于气温预测准确率较低的短板，加强了气候模式产品对比检验分析评估，开展预测方法研发，不断提升气候预测准确率。2017 年降水预测评分 62.1，气温预测评分 85.6；2018 年，降水预测评分 71.23 分，气温预测评分 76.75；2019 年降水预测评分 60.5，气温预测评分 77.9。

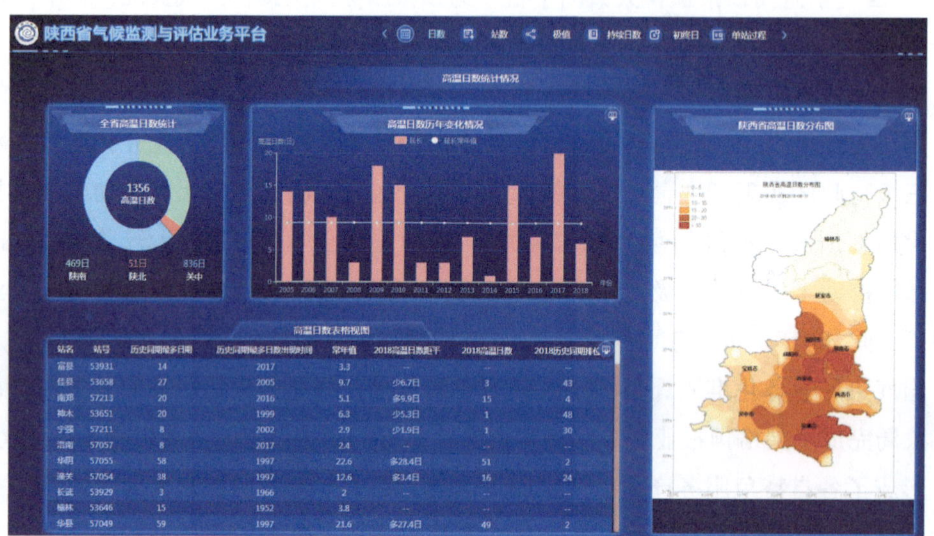

图 2–18　气候监测评估业务系统

图 2–19　极端气候事件监测报警系统

图 2–20　陕西省气候预测系统

2.4　加快基层气象台站建设

陕西省共有基层气象台站 102 个，它们是陕西气象事业发展的重要基础，是气象现代化建设的重要组成部分，是公共气象服务的最前沿，也是县域经济和社会发展的重要支撑和保障，是气象部门职工工作生活的主要场所。“十二五”以来，陕西省气象局把加强基层台站基础设施建设作为全面推进气象现代化建设的一项战略任务，致力改善台站的工作、生活环境，开展区域站大型装备布点和升级改造建设、信息化建设、观测业务质量管理体系建设，提升农村气象灾害防御体系和农业气象服务能力建设，推进气象大数据、预测预报能力提升、智慧气象服务、人工影响天气保障等工作，全面推进现代化台站基础设施建设，取得了阶段性成果。

2.4.1 注重科学规划

陕西省气象局将加强“一流台站”建设列为《陕西省“十三五”气象事业发展规划》重点任务之一，规划要求按照“一流台站”建设标准，以提高基层气象台站基本业务和防灾减灾能力，为地方经济发展提供气象保障水平和工作生活条件为出发点，加强基层气象台站综合能力建设，完善基础配套设施，改善台站探测环境。到“十三五”末，使全省基层气象台站基础设施得到全面改善，业务用房基本满足业务运行、气象服务、防灾减灾工作需求，建成艰苦气象台站（二类）生活基地，台站职工餐厅、值班公寓、水电路等附属设施基本完善，台站文体设施、文化环境等得到明显改善，有 80% 基层台站基础设施标准达到“一流台站”要求。着力打造全国一流的新中国气象事业发源地暨延安精神教育基地。建设陕西气象文化华山展示中心。加大气象文化基础设施建设，创新气象文化建设载体，形成富有活力的气象文化管理体制和机制，基本满足广大气象职工日益增长的精神文化需求。

同时规划建设《陕西基层气象台站基础设施改善工程》项目，按照中国气象局指导意见标准，统筹考虑陕西基层公共服务、预报预测、综合观测和技术保障等各项业务建设的需求，优化业务配置，达到业务和服务标准需求，符合县级综合气象业务改革和气象现代化的要求。按照突出重点、分步实施的原则，确定建设重点，优先安排贫困地区和艰苦气象台站综合改造项目，加快三类以上艰苦气象台站值班用房建设。实施 50 个基层气象台站基础设施综合改善，加大地方政府对台站基础设施的投入。落实国家对西部地区和艰苦气象台站的相关政策，全面提升基层气象台站软硬件和基础配套设施，有序、有效地推进基层气象台站业务用房及路、水、电、暖等配套设施综合改善，实现台站综合现代化，逐步达到一站多用和一站多能，促进基层气象台站的全面、协调和可持续发展，满足气象现代化基础保障需求，项目设计到 2020 年末，全省 85% 的基层台站达到“一流台站”建设标准。

坚持规划引领和省部合作机制，以合作项目带动规划落实。2015 年中国气象局与陕西省政府本着紧密合作、优先保障、共同发展的原则，签订了“共同推进陕西气象现代化建设”省部合作协议，协议确定建设《陕西基层气象台站基础设施改善工程》，通过实施 50 个基层气象台站基础设施综合改善工程，完善业务布局和功能配套，满足气象现代化基础保障需求。中国气象局在基层台站基本建设项目中加大投入，提高陕西基层气象台站基本业务、防灾减灾和为地方经济发展气象服务保障水平。陕西省政府在基层台站基础设施建设给予配套支持，加强气象探测环境保护，提升气象基础保障能力和职工生活条件。

按照中国气象局的部署，2013 年制定了《陕西省气象部门一流台站基础设施建设方案（2013—2015 年）》，2014 年完成《陕西省气象部门台站规划建设方案》，对全省所属台站建设内容、建设规模、时间安排、投资需求、设计理念、文化特色进行了详细的规划。省部合作协议签订后，2015—2016 全省开展了大规模的基础设施建设摸底调研，形成了《陕西省气象部门基层台站基础设施建设情况调研报告》，得到中国气象局计划财务司及陕西省发改委的肯定和支持，2017 年对陕西未改造的 61 个台站进行了现代化建设改造规划，并完成规划实施方案。同年，中国气象局下发了《关于同意实施陕西“十三五”基层气象台站基础设施建设规划的函》（气计函〔2017〕193 号），批复要求结合中国气象局“十三五”基层气象台站建设总体思路，于 2020 年前完成 61 个基层气象台站基础设施综合改造，完善业务布局和功能配套，满足气象现代化发展和防灾减灾需求。

2.4.2 强化功能布局

按照陕西省气象局基层台站基础设施建设“满足业务需求、布局合理现代、功能设计齐全、投资概算准确”的思路，强化基层台站基础设施功能设计和布局。

台站功能更加齐全。统筹考虑公共服务、预报预测、综合观测和保障等各项业务建设的需求，压缩办公和其他用房面积，业务功能和布局得到优化，注重大空间、开放和一体化业务平台设计，全部采用框架结构，符合抗震、消防、疏散、防雷等安全要求，供电、供暖、空调、通信、给排水系统配套齐全，业务配置更加齐全，达到台站现代化业务和服务标准需求，符合县级综改和现代化的要求，气象基础设施保障能力明显增强。

台站面貌整体改观。台站建设规划设计要求，在探测环境有效保护的基础上，整体考虑基础设施、业务平台、职工的工作生活的综合配套。既要建成现代化的业务用房和业务平台，也要充分体现现代气息和地域特色，按照综合改造建设的思路，通盘设计院内道路、围墙、护坡堡坎，绿化、硬化和亮化，达到美化了办公生活环境，增强了职工的舒适感，提升气象保障能力，发挥公共气象服务，满足了基层现代化发展需求的目的。

台站文化建设彰显。基层台站建成了绿树成荫、花草葱郁、空气洁净、环境优雅园林式的文明气象台站。完善基层台站多功能厅、局史馆、图书室、室内外健身场所、职工活动室、职工餐厅、值班公寓等，为职工提供了良好的文体活动环境，极大地丰富了职工的精神、文化生活。打造台站精神，凝练台站文化，实现气象元素、地域文化、地理地貌相统一的设计理念和文化特色。

2.4.3 精心组织实施

坚持统筹中央和地方建设资金，优化陕北、关中、陕南功能性投入配置，着力针对台站发展不平衡、地方经济差异的特点，突出重点、分步实施。按照“贫困地区托底，艰苦台站倾斜，革命老区优先”的投资原则，分类分批推进。根据陕西各地发展、地方支持力度和原有设施等条件，在推进整体规划基础上，通过全力推进一批，积极储备一批，重点扶持一批，对具备建设条件的台站，严格执行项目评审、建设用地审批、地方配套资金书面承诺、项目可行性、规划和初步设计编制等工作。加强对项目执行过程监督监管力度，严格按照《气象部门基本建设管理办法》推进项目实施。严格做好项目建议书、可行性研究报告、实施方案、设计方案编制。将各子项目纳入项目库管理、下达项目计划、预算。做好实施过程中的勘察、设计、监理等环节。完备建设用地规划许可证、开工许可证等手续。强化工程竣工验收、结算审计、固定资产移交、资料整理归档、绩效考评或后评价等工作。

截至2019年年底，完成全省97%的台站立项入库，91%的台站开展现代化建设改造。中央、省、市、县共投入财政资金2.88亿元，其中，中央投资1.92亿元，省级投资0.16亿元，市县配套资金0.80亿元。“十三五”的61个台站建设任务已竣工验收项目32个，在建项目21个，列入投资计划项目8个。

截至2019年年底，全省气象部门建设总用地219.8 hm^2，其中基层台站用地185.75 hm^2，市级用地22 hm^2，省级用地12.05 hm^2。2013—2019年新增建设用地55.2 hm^2，其中省级2.13 hm^2，市级2.67 hm^2，县级50.4 hm^2。

全省气象部门总建筑面积442266 m^2，其中台站建筑面积178202 m^2，市级98156 m^2，省级165908 m^2。2013—2019年新增建筑面积138380.8 m^2，其中台站新增建筑面积47943 m^2，市级14307.8 m^2，省级76130 m^2。

全省业务用房面积166294 m^2，行政用房44110 m^2，辅助用房123104 m^2，职工住宅用房108757 m^2。其中业务用房新增面积82654 m^2，行政用房新增6063 m^2，辅助用房新增6658 m^2，业务平台新增1656 m^2。所有单位新建了职工食堂；91个台站新建了值班公寓；63个台站开辟了职工室内外活动场所。

2.4.4 面貌焕然一新

全省有52个台站规划原址建设改造，占50.9%。安康市紫阳县气象局占地面积0.9 hm^2，原业务用房建于2002年，建筑面积195 m^2。2016年，投资471万元，新建业务用房985 m^2。配套解决了城市供水、供电、供暖、道路、通信线路，改造建设了职工值班公寓、食堂等，台站面貌焕然一新。

图 2-21　安康市紫阳县气象业务用房

在西安市临潼区气象局台站基础设施建设中，中央财政累计投资 658.5 万元。现有土地面积 1.17 hm^2（2017 年原址新增 0.534 hm^2），建筑面积 1756 m^2，其中新增了业务用房 840 m^2，辅助用房 316 m^2，新增职工公寓 180 m^2。新增绿化面积 5000 m^2，新建大门 1 座，围墙 300 m，建成高压变供电站 1 座，实现市政集中供暖。

图 2-22　西安市临潼区气象观测场（上）和气象监测预警业务平台（下）

全省有 32 个台站分离建设，占 31.4%。2013 年至 2017 年中央、地方财政累计投资西安市鄠邑区气象局台站基础设施建设 647 万元。观测站占地 1.434 hm^2，总建筑面积 2473 m^2，其中购置和新建行政业务用房总计 1153 m^2，观测站业务用房 1100 m^2，辅助房屋 220 m^2。新建大门、围墙、道路，改造观测站环境，台站面貌大为改观。

图 2-23　西安市鄠邑区气象观测场（上）、院落（中）和业务平台（下）

渭南市华阴市气象局新址位于华阴市城区东环路中段，交通便利，环境优美，2017 年 9 月投入使用。项目总投资 700 余万元，台站总占地面积 1.63 hm^2，总建筑面积 1602 m^2，其中业务用房面积 1182 m^2，辅助用房面积 220 m^2，观测站用房 200 m^2。水电暖信接入到位，值班室、职工餐厅一应俱全，同步投入使用。

图 2-24 渭南市华阴市气象业务用房（上）、业务平台（中）和气象观测站（下）

全省整体搬迁台站 16 个，占 15.6%。宝鸡市凤县气象站由中央预算投资 480 万元，县政府落实配套建设用地。占地 1.25 hm^2，建筑面积 1934 m^2，包括业务用户及值班公寓等辅助用房，整个项目还包括气象观测场以及院供排水绿化硬化等相应的配套设施。凤县气象局业务用房建设，使该局长期以来租用他人办公场地的问题得以解决，大开间的业务用房功能布局，满足了气象现代化建设需要，局史馆建设，填补了凤县气象科普场所的空白，职工宿舍、食堂、职工活动室为职工提供了优美的生活环境，四周开阔的观测场保证了气象观测数据的准确性和代表性。凤县气象局业务服务、行政办公和职工生活环境条件得到了极大改观，优美的环境已成为凤县东大门一道亮丽的风景，凤县气象局被评为省级卫生先进单位、市级文明单位、市级园林式单位，正在创建省级文明单位。

图 2-25　宝鸡市凤县气象观测场（上）、业务用房（中）和业务平台（下）

榆林市神木市气象局建站于 1957 年，原址占地 0.6 hm^2，2002 年中央投资 30 万元，建设业务用房 470 m^2。2012 年启动局站整体搬迁项目，新征土地 2.4 hm^2，2015 年全面完成项目建设，新建建筑面积 3560 m^2，其中业务用房 1880 m^2，职工公寓及附属用房（含职工食堂等）1680 m^2，项目总投资 2257.37 万元，其中中央投资 200 万元，地方投资 1622 万元，自筹资金 435.37 万元，已建成设施完善、功能齐备的现代化气象台站和一流的气象科普基地。近年来，通过台站建设带动业务整体全面快速发展，分别被榆林市、神木市科协授予“科普教育基地”称号，被陕西省气象局评为“十强县局”“最美台站”称号，被陕西省总工会授予“工人先锋号”称号。

图 2-26　榆林市神木市气象台站面貌（上）和业务平台（下）

全省新建台站 2 个，占 2%。在台站建设改造中，陕西省气象局多措并举，充分沟通协调，得到中国气象局和陕西省、市、县各级政府的理解和倾力支持。特别是解决了延安市黄陵县多年来全国唯一“楼顶气象站”的问题。

2017 年新建黄陵县气象站项目立项，2018 年完成建设任务。

图 2-27　延安市黄陵县气象站旧站（上）和崭新的气象业务用房（下）

图 2-28　延安市黄陵县良好的气象探测设施保护（上）和舒适的工作环境（下）

3

增强气象防灾减灾服务能力

3.1 健全气象防灾减灾体系

陕西省气象局紧紧围绕保障公共安全，不断深化省市县三级应急联动机制，气象防灾减灾能力得到全面加强。基层气象防灾减灾组织管理体系基本建立。省市县三级气象灾害应急指挥部常态化开展工作，“党委领导、政府主导、部门联动、社会参与”的省、市、县、镇、村五级气象防灾减灾组织管理体系逐步健全，气象信息服务站、气象协理员、气象信息员实现镇村全覆盖。省市县三级政府修订或出台了气象灾害预警应急预案、气象灾害防御规划及气象灾害应急准备认证管理办法等规章性文件。编制气象部门各级各单位责任清单和服务清单，全面落实三个叫应制度和气象防灾减灾全程留痕管理制度。实现了基层气象服务“一张图、一张网”。通过启动“智慧气象服务行动计划”，陕西气象、智慧农业等 App 实现基于位置、个性定制、按需推送，智慧气象服务发挥明显成效，取得显著的社会效益。陕西气象防灾减灾能力位于同期全国和西部省份气象部门上游水平。

3.1.1 加强气象防灾减灾组织管理

纵向到底的气象防灾减灾组织管理体系基本建立。省、市、县（区）政府全部成立气象灾害应急指挥部。所有镇（街办）成立气象工作站。建立共享村级气象信息服务站 18726 个，村级覆盖率达 75%。气象协理员、信息员实现镇村全覆盖。省级、4 个市、25 个县（区）成立突发事件预警信息发布机构，或在原地方机构中明确突发事件预警信息发布职责。所有市政府和 89% 的县（区）政府在镇村综合改革实施方案中确立了镇办“气象公共服务与灾害防御”职能，40% 的县政府细化了气象职责并列入镇办“三定方案”，87% 的县（区）将气象防灾减灾和人影工作纳入年度考核，镇（办）气象职能法定“三化一到位”和镇村气象工作有序推进。所有县（区）出台本地气象灾害防御规划，所有县（区）、镇（办）政府出台气象灾害应急预案，15470 个行政村制定气象灾害应急计划（预案），6384 个行政村、重点单位通过气象灾害应急准备认证。全省基本实现气象灾害防御规划到县、组织机构到镇、应急预案到村、预警信息到户、灾害防御责任到人，气象防灾减灾救灾组织管理水平不断提高，全省 24 个镇（街）通过全国标准化气象灾害防御乡（镇）认定。

图 3-1　陕西省气象灾害应急指挥部会议（上）和镇办气象防灾减灾工作站（下）

横向到边的气象防灾减灾部门联动机制不断完善。各级气象部门普遍与政府各有关部门建立了有效的气象灾害信息共享和工作协调机制。省、市级实现气象灾害信息双向共享部门达到 268 个，部门双向共享实现率达到 82.6%，其中有 5 个市级单位实现了气象灾害信息 100% 双向共享。省级及所有市、县级气象部门与政府应急管理部门、国土、环保、水利等部门合作，开展气象灾害趋势研判，推动建立多部门联合会商、联合制作、联合发布制度，共同提升综合防灾减灾能力。省级、所有市级、82 个县级气象部门突发事件预警信息发布系统实现与 10 个以上部门网络对接和预警信息统一接入。省级、所有市级、96个县级气象部门与国土部门联合发布地质灾害等级预报。各级气象部门与广电、农业、通信等部门共享基层公共服务资源，共建综合信息服务站，共享农村大喇叭，与民政部门联合推进气象防灾减灾纳入城乡社区网格化管理体系建设，联合创建综合防灾减灾示范社区。

图 3-2　气象灾害应急演练

3.1.2　强化气象防灾减灾技术支撑

气象防灾减灾决策服务更加精准智能。依托最新信息技术，推动决策服务、预警发布等工作从零散化、纸质化向集约化、现代化发展，开发了省市级气象灾害应急指挥信息系统和“陕西气象（决策版）”手机App，融合了各类气象监测、预警、服务信息，在地方政府和各级气象灾害应急指挥部成员单位部署运行。2019年，全省各级气象部门向地方党委政府和相关部门提供决策气象服务产品总量达到1.6万余期。其中，省级报送决策服务材料近700期，获得省委、省政府领导批示50件次，市级决策材料获地方政府领导批示180余件次。

气象灾害预警信息发布能力持续增强。国家突发事件预警信息基本实现全网发布。建成省、市、县级突发事件预警信息发布系统，集成网站、手机短信、微博、微信、电子显示屏等多种信息发布手段，实现多部门的平台互联互通、信息实时共享及突发事件预警信息的分级、分类、分区域、分受众的精准发布。气象灾害预警信息传播渠道进一步拓宽。建成涵盖传统媒体和新媒体的多样化预警信息发布手段，全省气象灾害预警信息覆盖率超98%。2019年，手机短信“绿色通道”发布192次，受众1.19亿人次；每天在地方电视频道播出气象节目81档；400热线受理量66394次，为上年同期的2倍，继续位列全国省级热线排名首位；12121呼入量188.3万次；陕西气象微博粉丝数近120万人，陕西气象官方微信号关注人数近1.6万人，省、市、县三级官方微博粉丝数达611.5万人，官方微信号关注人数达54.6万人，公众服务App使用人数达 5 万多人；20360 名气象信息员在全国智慧信息员平台完成注册，覆盖率达 54.52%，活跃人数达 4262 人，预警查看分发 388712 人次，累计反馈灾情信息 940 条。

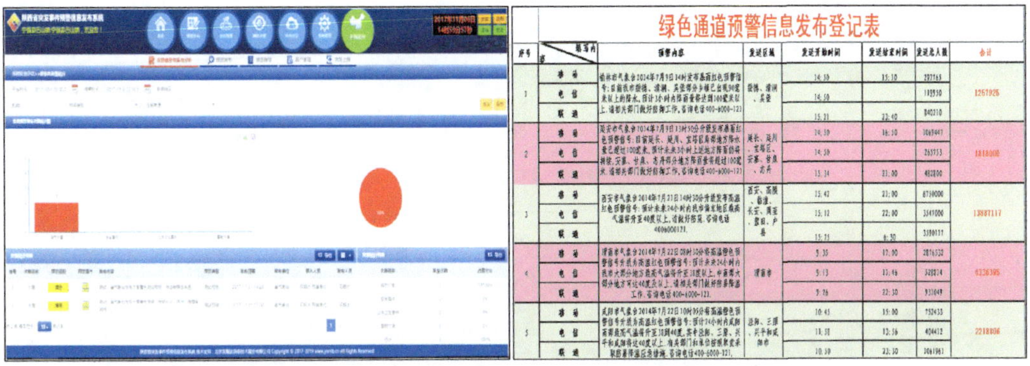

图 3-3　陕西省突发事件预警信息发布系统（左）和手机短信“绿色通道”发布登记（右）

3.1.3　取得显著社会经济成效

近年陕西灾害性天气频发，在防灾减灾救灾服务中，各级气象部门通过较为健全的气象防灾减灾组织管理体系，依靠气象科技最新成果，建立了气象防灾减灾部门联动机制，上下协同、全程跟踪，全力以赴做好防灾减灾气象服务。努力提高预报预警精细化水平和预警提前量，积极开展决策气象服务，每日上报《气象信息快报》，适时上报《气象信息专报》，常态化向四大班子主要领导发送决策短信，落实重大天气过程叫应机制。以气象灾害应急指挥部为纽带，强化部门合作，推进信息共享和应急联动，灾前和灾害发生过程中积极下发指挥部文件，组织协调灾害性天气过程的防御工作，最大限度减轻灾害损失。充分利用国家突发事件预警信息发布系统、短信“绿色通道”以及微博、微信、App 等多种发布手段，及时发布气象预警信息，扩大信息接收覆盖面。

陕西气象部门及时有效的服务获得了省委、省政府领导和社会公众的一致好评，省长评价“气象部门准确的预报和服务为地方防灾减灾赢得了主动、赢得了时间”。近年来（2014—2019 年）陕西公众气象服务满意度稳步提升，依次为 88.3%、87.2%、88.6%、89.3%、90.6%、91.7%。近十年（2009—2018 年）陕西因气象灾害造成的死亡人数由上一个十年（1999—2008 年）的年均 71 人降低到现在的 37 人左右，气象灾害经济损失占 GDP 的比例由上一个十年的年均 2.4% 下降到 0.9%。

图 3-4　陕西省因气象灾害造成的死亡人数逐年下降

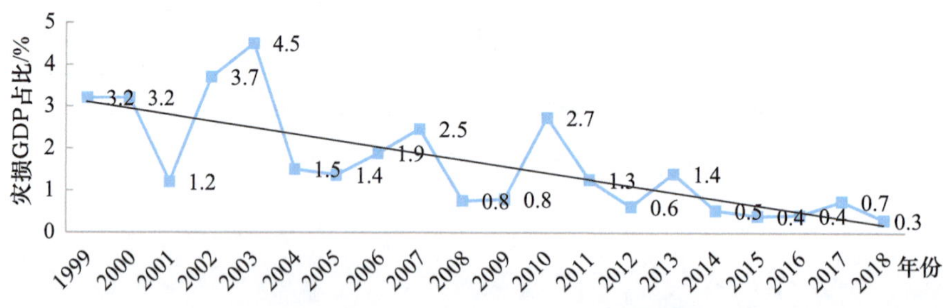

图 3-5　陕西省因气象灾害造成的灾损 GDP 占比逐年下降

3.2. 强化公共气象服务

3.2.1 发展公众气象服务

陕西省气象局始终坚持公共气象服务发展方向，把公众气象服务放在重要位置。适应移动互联网技术发展，积极推动基于移动端的新媒体信息发布渠道建设，研发注重用户体验与参与、基于位置、按需推送的气象服务新业务，开设“随身气象站”、精细化预报、交通预报、景区预报、天气管家、预警订阅等功能。全省开通气象部门官方微博 128 个、微信 24 个，关注人数达 611.5 万人，抖音粉丝 7473 人。2018 年“陕西气象”官方微博第三季度排名跃升至全国气象部门第 9，荣获第十届全国气象科普评选“优秀气象科普自媒体”奖。陕西省气象局及部分市县局开发了满足不同用户需求的决策气象服务 App，公众气象服务 App，农业气象服务 App，镇办气象工作 App，各类气象 App 注册用户超过 20 万人。

图 3-6　电视、电话、手机、网络等公众气象服务

创新气象影视服务模式，继续发挥影视传媒作用，建成高清气象节目系统，提高气象影视节目质量，拓展网络宣传渠道。全省电视气象服务节目达 198 档，每天累计播出时间接近 11 h；中国气象频道受众 600 余万户；开展连线直播和户外电视直播，策划了气象小主播、抖音情景剧等新的服务形式，搭载优酷、爱奇艺、腾讯企鹅号等新的服务渠道，契合公众喜闻乐见、参与度高的热点传媒，社会反馈良好，浏览量近 90 万次。持续开展网络、声讯电话、定制短信服务。中国天气网陕西站年浏览量达 1.2 亿人次；声讯电话年拨打 188 余万人次；外呼 1.2 万余人次；年发送手机气象短信 5.6 亿余条。与通信部门和运营商共建重大气象灾害手机短信“绿色通道”，2013 年至 2017 年底共计启动手机短信“绿色通道”626 次，年均发布 9931 万人次。自建及共享农村大喇叭和电子显示屏 5480 余套，年均发送气象信息 149 余万条次。开播“一带一路”天气预报，通过电视、微信、微博、网站等形式播报丝路沿线各国主要城市、景区天气预报，受到中央电视台、《光明日报》、新华网、新加坡《联合早报》等 270 余家国内外媒体报道，吉尔吉斯斯坦国家文化部部长对节目高度赞赏。公众气象服务综合覆盖率达 98.1%。通过向公众发布及时有效的权威天气信息，为公众日常生产生活提供了便利，有效提升了政府公共服务公信力。

3.2.2 强化决策气象服务

陕西省气象局历来高度重视决策气象服务工作。近年来，陕西省气象局不断健全“小实体·大网络”的运行机制，丰富决策气象服务产品，强化技术支撑，积极组织、主动服务，决策服务产品质量不断提高，服务预见性逐步增强，在气象防灾减灾、农业安全生产、生态环境保护和应对气候变化中发挥了重要作用。决策气象服务成为省委、省政府科学防灾减灾救灾和推进生态文明建设的重要决策支撑和依据，为陕西实现“三强一富一美”西部强省目标做出了积极贡献。2013—2019 年，共向省委、省政府、指挥部各成员单位报送《重大气象信息专报》1300 余期,《气象信息快报》2200 余期、发送决策特服短信 6.88 万人次，向省委、省政府和中国气象局报送专题文件及会议材料 130 余件，获得省委书记、省长等领导批示 150 余件次。连续 10 年开展决策、公众和专业专项气象服务评估工作，近三年决策气象服务的满意度稳定在 91%以上。

研发“陕西省决策气象服务支持系统”及“陕西省气象灾害应急指挥信息系统”省市版本，并取得国家软件著作权 2 项，有力支撑了全省决策和应急气象服务工作的开展。

2014 年报送的《陕西省气象局关于陕西省生态环境监测评估情况的报告》在省内外产生强烈反响，省委书记及副省长均作出重要批示，省环保厅、省林业厅等单位组织专题学习,《陕西日报》全文刊发报告。陕北优质苹果种植区可适当北扩等特色农业产业方面的决策气象服务材料对于指导苹果、柑橘、茶叶、红枣、猕猴桃、设施农业等地方特色产业的发展提供了科学依据，政府相关部门根据建议采取了相应的产业结构调整。城市热岛效应、雷电灾害防护、生态环境遥感监测、气溶胶监测等方面的决策气象服务为经济社会可持续发展献计献策，受到了政府领导高度重视和肯定。中国气象局矫梅燕副局长和沈晓农副局长也分别对陕西决策气象服务工作给予批示和肯定。

应对气候变化决策服务。2015—2019 年，陕西气象部门向地方政府提交《国家南水北调水源涵养地（安康）水资源变化研究及建议》《陕西 2000—2014 年生态环境监测评估报告》《商洛市二〇一四年气候变化影响决策报告》《陕西苹果产业发展的气候区位优势全国第一》《2017 年 1—7 月陕西大气污染气象影响条件分析评估报告》《陕西省植被固碳能力提升速度全国第一》《监测显示气候变暖对秦岭生态环境产生显著影响》《监测显示气候变暖致秦岭高山林线波动上升》《近 50 年来关中地区气候暖干化特征明显 旱涝分布年代际差异显著 未来 5 年关中地区降水仍将增加气温仍将升高》《近 56 年来秦岭山区积雪显著减少 气候变暖是造成积雪减少的最主要原因》《卫星遥感监测显示：近五年陕西空气质量显著改善》《我省植被固碳释氧生态效益创历史》《延安苹果北扩的气候评估》《宝鸡重度霾形成的气象条件分析及启示》《气候变暖对渭南市的影响及对策》等应对气候变化决策服务材料126份，获省政府主要领导批示41份，成效显著。

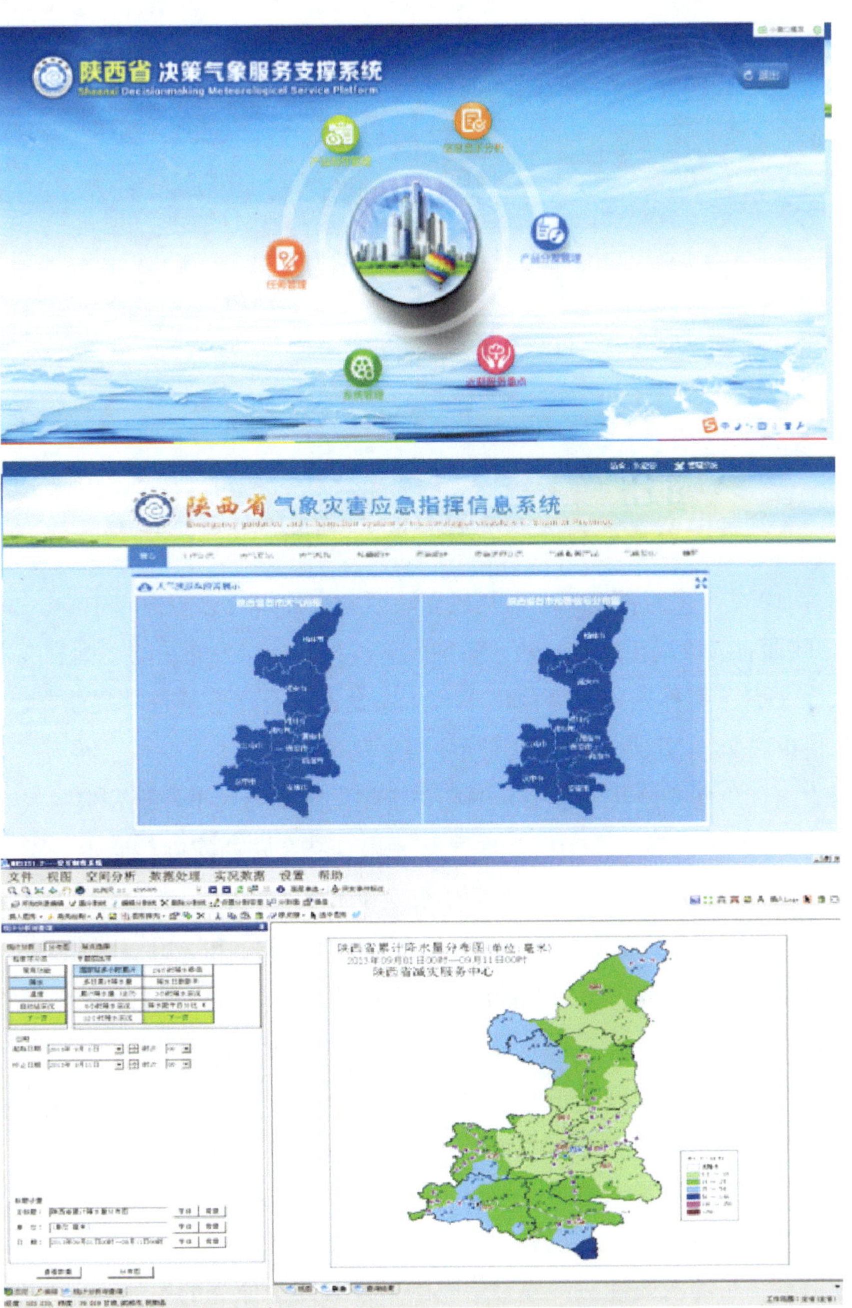

图3-7 陕西省决策及应急气象服务支撑系统

3.2.3 建立突发事件预警信息发布中心

陕西省突发事件预警信息发布中心主要承担陕西省突发事件预警信息发布业务，于2014年1月11日业务试运行，2015年1月11日正式运行。实行专人专岗、7×24 h值班制度，负责省级预警信息发布工作，同时监控全省预警信息发布情况，在防灾减灾气象服务中发挥了积极作用。

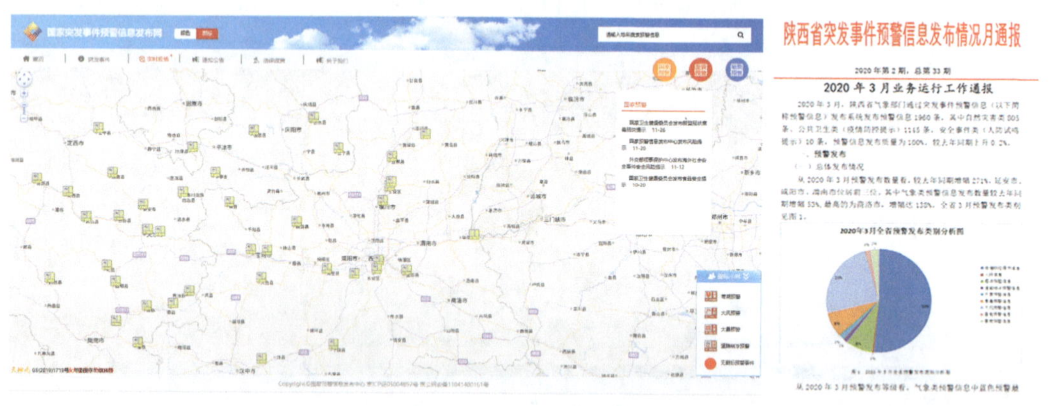

图3-8　突发事件预警信息发布页面和信息发布业务情况通报

2016年10月，陕西省委编办批复成立陕西省突发事件预警发布中心，2017年11月19日，陕西省气象局正式成立陕西省突发事件预警信息发布中心。国家突发事件预警信息发布平台（简称国突预警信息平台）在全省所有市、县部署完毕，已有西安、咸阳等5地市和25个县成立突发事件预警信息发布中心。

根据中国气象局《公共气象服务中心关于印发国家突发事件预警信息发布系统业务运行实施方案》（公气函〔2015〕38号）要求，结合陕西实际，制定下发了《陕西省国家突发事件预警信息发布系统业务运行实施方案》，从2015年5月1日起，国家突发公共事件预警信息发布系统统一对外发布，实现了省、市、县三级业务化运行。

开发完成的陕西省突发事件预警信息发布系统（以下简称省突系统）在省、市两级正式运行，并实现与秦智系统对接，可自动发布预警信息。2019年3月19日，榆林市气象台通过短时临近智能预报服务系统一键式自动成功发布寒潮蓝色预警信号，标志着省突系统和NIFS系统对接自动发布预警信息成功。

省突系统具有三大显著优势：一是实现了预警信号在制作、采集、发布等自动快速运行；二是减少基层发布工作量和人为失误，提高预警信息发布质量；三是提高了预警信息发布的时效性，将预警信息的下发时间由原先的5 min提到了2 min之内，实现向国家级系统备案同时将预警信息自动推送至陕西预警发布微博、微信、“12379”短信等渠道发布。

实现与“12379”对接。随着全国统一突发预警短信接入号码“12379”启用，陕西省气象局组织相关单位于2014年1月9日完成了“12379”码号备案申请工作，通过陕西省通信管理局审批，与移动、电信、联通三家省级运营商签订合作协议，并租赁专用通信线路，实现了全省预警信息在“12379”短信和网站发布。配合国家预警中心部署了“12379”短信发布系统双机热备，实现了手机短信、电子显示屏、大喇叭、微博、微信等手段的一键式发布。建立了省、市、县三级突发事件预警信息发布专用微博、微信224个。

梳理完成各级政府领导和应急联动部门、重要行业应急责任人及气象信息员共43210人资料，并导入预警发布系统，实现了适应不同人群、多手段、多样化的预警信息发布能力。

《“十三五”陕西省突发事件应急体系建设规划》(陕政办发〔2016〕18号)中明确将陕西省突发事件预警信息发布平台（二期）作为陕西15个重点建设项目之一。2017年12月6日，陕西省政府投资评审中心通过了《陕西省突发事件预警信息发布平台(二期)可行性研究报告》评审。

《陕西省突发事件预警信息发布平台（二期）可行性研究报告》获省发改委批复后，已完成突发事件预警信息发布平台的业务功能区、装修风格、网络布局等设计工作，编写完成平台建设方案及方案论证。组织实施了省突发事件预警信息发布平台功能设计，平台建设正在稳步推进。

陕西省突发事件预警信息发布平台（二期）依托气象业务系统和气象预报信息发布系统，充分利用气象系统现有的通信网络传输各类预警信息，利用电视、广播、手机、固话、网站等国家公共媒体或基础通信设施向社会公众发布突发事件预警信息，能够满足应急工作的需求。

加强突发事件预警信息发布中心内部制度建设：

(1)制定《陕西省突发事件预警信息发布管理暂行办法》《陕西省突发事件预警信息发布流程》《陕西省突发事件预警信息发布系统运行管理办法》等，规范预警信息发布传播业务流程，明确了岗位职责。陕西省气象局与陕西省通信管理局联合建立气象灾害预警信息手机短信息发布“绿色通道”发布机制。

(2)《陕西省国家突发事件预警信息发布中心业务运行管理规范》中明确规定了陕西省突发事件预警信息发布系统运行维护、考核管理制度。

(3)《陕西省国家突发事件预警信息发布系统业务试运行方案》中明确了省、市、县三级预警信息发布职责分工。

图 3-9　陕西省突发事件预警信息发布系统

图 3-10　陕西省突发事件预警信息发布平台（二期）

2019 年全省各级气象部门通过突发事件预警信息发布系统发布各类预警信息 11341 条，预警信息质量合格率为 99.83%，其中省级发布预警信息 162 条，市级发布预警信息 1048 条，县级发布预警信息 10131 条。

2019 年 3—4 月，组织开展省级突发事件预警信息发布业务安全运行综合整治月活动，印发活动实施方案，对突发事件预警信息发布中的各项制度、业务流程及岗位职责等进行进一步梳理规范，排除隐患，保障突发事件预警信息发布业务安全稳定运行。

陕西省气象部门积极加大与外部门的沟通力度，加强外部门对接工作，依托气象部门纵向上贯通国家、省、市、县四级发布平台的互联互通和发布手段共享共用，横向上实现省、市、县三级政府应急管理部门、多个预警信息发布机构与突发事件应急处置部门之间发布手段共享共用和快速发布，初步搭建了一个全省多种预警信息统一发布的平台。省级气象系统外对接了国土、环保、交通、水利、农业、林业、旅游、地震、武警、卫健委、人防 11 家单位；市级对接 106 家单位；县级对接 578 家单位。

2018—2019 年，陕西省突发事件预警信息发布中心和陕西省人民防空办公室联合陕西 10 市及杨凌人防办、韩城市人防办通过突发系统向不同的对象发布人防爱国信息。信息发布渠道包括“12379”预警短信、“12379”网站、陕西气象微博、微信、陕西省气象局官网等。

突发事件预警信息发布中心效益显著。一是预警信息发布作为全社会应急联动工作机制的重要环节，在应急工作中充分发挥了“消息树”和“发令枪”的作用，全社会防灾减灾应急联动效率明显提升。预警发布系统自投入运行以来，“精准定位、靶向发布”各类气象灾害预警信息，防灾减灾救灾成效凸显，为各级政府及相关行业、社会公众适时适度采取防范措施提供了科学依据，最大限度减轻了突发事件造成的损失和影响。二是特大暴雨预警信息发布成效明显。2017 年 7 月 25 日—30 日，陕西省出现大范围的强降水天气，强降水主要位于陕北和关中北部地区，三个县日降水量突破历史极值，陕北区域性暴雨的综合强度为 1961 年以来最强，属特大暴雨过程。降雨期间，全省共发布暴雨预警信息 112 期。陕西省气象局 2017 年 7 月 25 日 15 时 30 分启动了重大气象灾害（暴雨）Ⅳ级应急响应，于 2017 年 7 月 26 日 16 时 30 分提升为Ⅲ级应急响应。应急期间，中国气象局、省、市、县四级上下联动，相关部门紧密部署，取得良好的社会效益，最大限度的避免了人员伤亡并减轻了经济损失。暴雨期间，陕西省、市、县三级气象部门通过显示屏、农村大喇叭成功发布信息 37573 次，陕西气象微博受众 5673 万余人、微信受众 216790 人；通过国突系统发布预警信号 19 次；通过手机短信发布气象信息 1082 万余人次，彩信 175859 人次，12121 声讯电话拨打 77996 人次；与 3320 名气象信息员连线互动，向预警落区气象信息员开展预警信息和防御指南告知。启用“绿色通道”发布各类预警信息 16 次，累计受众 1218 万人次。在中国气象报、中国气象局网站、陕西省气象局网站刊发稿件 23 篇；在中国气象频道视频播出 11 条；开设应急服务专题 2 个。在新华网陕西频道、《陕西日报》、腾讯网、西部网、《华商报》《三秦都市报》《西安日报》等社会主流媒体发布强降水天气稿件共计 50 余篇，其他媒体转载 80 余篇。同时，利用微信媒体群实时共享各类预报、预警信息 50 余条。在陕西电视台五个频道传播预警信号，连续 3 h 登播，每 30 min 游飞一次。与陕西电视台二套《都市快报》晚间版开展直播连线 1 次。

3.2.4 强化气象科普力度

全省气象部门全面落实中国气象局、陕西省人民政府《全民科学素质行动计划纲要实施方案》，传播公共气象服务信息，普及气象科学知识和弘扬气象文化精神，以防灾减灾和应对气候变化为重点，以提高全民科学素质和公共气象服务效益为目标，多措并举，充分利用“3・23”世界气象日、“科技之春”宣传月、防灾减灾日、科技活动周、全国科普日等重要时间节点，开展气象科普“进校园、进社区、进农村、进企事业”活动，为提高全民科学素质和防灾减灾能力贡献力量。近年来，形成了集广播、电视、网络、微博、微信、App 等于一体的气象信息传播体系，全省气象科普效益不断提升，气象防灾减灾和公共气象服务效益更加凸显。

3.2.4.1 加强气象新闻宣传

注重宣传党的政策和气象部门的决策部署。全省气象部门旗帜鲜明宣讲党中央、国务院一系列重大方针政策，广泛宣传了省委、省政府和中国气象局一系列决策部署和落实成效。围绕气象防灾减灾救灾、服务保障生态文明建设、脱贫攻坚、乡村振兴、“一带一路”建设等重大战略，年均策划 10 多个宣传活动。借助省政府新闻办公室新闻发布平台和各级新闻发布渠道强化新闻发布。每年组织中央和省级主流媒体深入气象服务一线采访报道。

展示陕西气象现代化建设和应用成果。2015 年陕西省气象局被中国气象局确定为基本实现气象现代化的西部试点省，并于 2018 年基本建成“满足需求、注重技术、惠及民生、富有特色”的陕西气象现代化体系，综合水平西部领先。为了更好地服务陕西“五新”战略和“三个经济”发展，陕西省气象局大力推进气象业务现代化，着力推进精细化气象预报业务，气象监测预报能力、气象防灾减灾和公共气象服务能力和效益不断提高科技创新、人才支撑、基层气象事业综合实力显著增强。各级气象部门采取多种形式、不同载体展示了预报服务工作和良好部门形象，使党委政府更加信任，各级部门更加信赖，人民群众更加满意，为气象事业更好发展营造了良好的外部环境。

提升气象防灾减灾和公共气象服务效益。陕西省气象局高度重视气象信息传播的及时性、覆盖面，不断加强和媒体的合作，先后与新华社陕西分社、陕西日报社、陕西广播电视台、西部网签署了合作协议，立足于气象更好满足人民美好生活需要，致力于提高气象服务能力和效益做好气象信息的传播工作。各级气象部门通过对重大气象灾害应对防御、重大活动和重大事件气象服务保障的宣传，提升了气象防灾减灾效益，公众服务满意度不断提高，2019 年达到 91.47%。

强化电视气象节目服务人民群众的作用。在陕西省广播电视台的大力支持下，从 1992 年底陕西第一档天气预报节目正式开播，到 2013 年在 6 个频道播出 19 档气象类节目，内容涉及农业、交通、环境、旅游、森林防火和地质灾害等行业领域，成为与百姓生产生活密切相关并受到广泛欢迎的电视节目。2015 年在全国率先开播《“一带一路”天气预报》节目。电视气象节目逐步发展成为公共气象服务的重要窗口，在气象防灾减灾、气象信息传播和气象科普宣传中发挥了重要作用。

3.2.4.2 构建网络化科普体系

通过建设气象科普教育基地、科普馆、科普示范社区、校园气象站、气象工作站，构建省、市、县、乡镇、村网络化气象科普体系，实现科普活动广覆盖。截至 2019 年，全省气象部门共建设科普基地 32 个，其中国家级命名 9 个，省级 12 个，地市级 11 个。建设校园气象站 113 个，普及气象科学知识。建设气象科普示范社区 107 个，通过气象科普宣传栏及电子显示屏传播信息。建设乡镇气象工作站 1315 个，村级气象信息服务站 18726 个，推进基层气象防灾减灾、农业气象信息服务和气象科普宣传等工作。

建设开放、互动学习平台，陕西省气象局 2019 年举办气象大讲堂 13 期（从总第 90 讲到第 102 讲），不断创新气象部门复合型人才培养机制。

表 3–1　2019 年陕西省气象局举办的 13 期气象大讲堂

第 90 讲	主 讲 人：来向武，西北大学新闻传播学院副院长，副教授，清华大学博士后，中国人民大学博士； 姜鹏，西北大学新闻传播学院副教授，博士。 主讲题目：新闻发布与危机传播；新闻发布基本流程和注意事项。 主讲内容：（1）从公共突发事件的新闻发布和媒体传播，媒体播报特征，危机传播的新策略等方面，对突发事件和重大事项的新闻发布和危机应对提供了重要方法；（2）介绍新闻发布会的准备（跟踪信源、分析舆情、确定时机、人选、邀请记者、准备材料、准备口径），具体流程（登台亮相、介绍成员、致主发布词、记者提问、控制场面时间、议程设置、划定底线、答记者问）等具体环节；（3）组织了现场实战模拟。 时　　间：2019 年 5 月

续表

第91讲	主 讲 人：牛钧，省纪委第十二纪检监察室主任。 主讲题目：全面从严治党和反腐败工作态势介绍。 主讲内容：（1）以坚决做到"两个维护"是纪检监察机关的政治责任入题，详细解读了党章对于纪检机关的职责定位和任务要求；（2）深入阐述了党的十八大以来，全面从严治党和反腐败斗争态势的演变趋势，以及纪检工作职责和工作重点的演进过程；（3）聚焦纪检机关监督执纪问责主责主业，结合长期工作体会和鲜活的案例，讲述了纪检干部如何担当尽责、做党的忠诚卫士。 时　　间：2019 年 5 月
第92讲	主 讲 人：余毅，省扶贫办社会扶贫办副主任。 主讲题目：干部驻村联户扶贫和群众工作。 主讲内容：从驻村联户扶贫的重要性、驻村帮扶的内容和方法、群众工作的重要性和方法、驻村帮扶中的群众工作、关于当前工作的几个要点六个方面，全面解读国家、省、市、县四个层面的扶贫政策和群众工作方法。 时　　间：2019 年 6 月
第93讲	主 讲 人：薛明，教授，美国风暴分析预报中心主任。 主讲题目：对流尺度冰雹预报。 主讲内容：（1）介绍国际现有的冰雹预报方法及其存在的问题；（2）分析多参数微物理方案和 ARPS 模式在冰雹预报中的特性、对我国冰雹过程的适用性，应用该方案构建一维冰雹预报模式的技术思路；（3）ARPS 模式在美国国家强天气预报中心的应用情况。 时　　间：2019 年 6 月
第94讲	主 讲 人：鲍艳松，南京信息工程大学大气物理学院教授，江苏省"六大人才高峰"高层次人才。 主讲题目：气象遥感探测及资料同化。 主讲内容：（1）关于生态环境卫星监测，利用风云卫星数据反演地表温度、土壤水分等要素，开展了水土、火灾、雾和霾、作物长势估产等应用；（2）关于大气参数遥感探测，使用极轨和静止卫星数据反演了大气温湿压阔线、气溶胶和污染气体参数，给出台风、雾和霾监测应用的个例；（3）关于卫星资料模式应用，介绍卫星载荷数据同化进天气和环境模式后，对预报精度的提升。 时　　间：2019 年 7 月
第95讲	主 讲 人：康芳民，教授，硕士生导师，陕西省委党校经济学教研部教授，陕西省经济学会副秘书长。 主讲题目："一带一路"倡议：背景、实施与前景。 主讲内容：从为什么提出"一带一路"倡议、什么是"一带一路"、如何实施"一带一路"、"一带一路"面临的挑战与前景等方面介绍了"一带一路"倡议的相关知识，针对目前存在的问题提出对策建议，阐述了中国为将"一带一路"打造为和平之路、繁荣之路、开放之路、绿色之路、创新之路、文明之路、廉洁之路，最终实现和平、和谐与繁荣等做出的积极努力。 时　　间：2019 年 7 月

续表

第96讲	主讲人：曾　沁，国家气象信息中心副主任，正研级高工； 师春香，国家气象信息中心多源资料融合与同化分析首席专家，研究员。 主讲题目：从WMO改革看国省气象信息化发展；多源数据融合网格实况产品需求、现状与发展计划。 主讲内容： 第一部分：从WMO组织机构改革和地球系统方法、地球系统对气象信息化的几点启示以及大数据时代气象信息化两个热点讨论等方面，解读了WMO治理结构的全面改革为气象事业的发展带来怎么样的变化。 第二部分：从多源数据融合网格实况与再分析需求、发展现状、发展过程及发展计划等多个方面，详细地介绍了再分析产品在全国气象领域的广泛应用和重要作用。 时　　间：2019年9月
第97讲	主讲人：沈学顺，国家气象中心数值预报中心副主任，研究员； 房小怡，中国气象科学研究院工程气象研究中心主任，研究员。 主讲题目：国家级数值预报的现状和发展；生态文明背景下国土空间规划体系构建中的若干气象问题。 主讲内容： 第一部分：阐述了中国气象局业务数值预报体系以及我国数值天气预报自主发展的历史和现状，指出未来我国数值天气预报发展的方向。 第二部分：从天人合一和古代风水理论的角度出发，阐述了现代城市空间布局存在的问题，指出城市规划要整体着眼了解城市区域所具有的环境与气候资源，有效地控制城市空间与形态的透风度。 时　　间：2019年9月
第98讲	主讲人：张立生，国家气象中心气象服务室主任，高工； 张永恒，国家气象中心气象服务室，高工。 主讲题目：气象灾害影响预报与决策服务；气象灾害评估与大数据的初步研究与试用。 主讲内容： 第一部分：介绍了中国气象局气象服务室的基本情况、国家级决策气象服务机构设置和主要业务产品，阐述了国家气象中心气象服务室主要影响预评估产品，详细介绍了暴雨、台风灾害性天气影响预评估取得的进展。 第二部分：简述了气象灾害评估的内容、方法，以及用不同方法进行气象灾害评估的业务实践，介绍了气象灾害评估中存在的瓶颈以及灾害评估对大数据的需求。 时　　间：2019年9月
第99讲	主讲人：黄新波，博士后，二级教授，陕西省工业与信息化厅副厅长，“十四运”筹委会信息技术部驻会副会长，西安电子科技大学博士生导师。 主讲题目：智慧陕西与智慧全运。 主讲内容：从“数字陕西”全面推进、“秦云工程”扎实推进、“智慧全运”盛装起航三个方面对陕西数字经济发展、陕西信息化和智慧城市建设，特别是对十四运智慧服务保障大数据平台的建设理念、规划设计、核心技术及可持续发展等进行了全面系统的讲解。 时　　间：2019年9月

续表

第100讲	主 讲 人：许小峰，理学博士，正研级高工，博士生导师，中国气象局原党组副书记、副局长。现任中国气象局事业发展咨询委员会常务副主任，中国气象学会科普委员会主任，中国应急管理学会常务理事，《气象科技进展》杂志主编，《地球科学前沿》杂志副主编。 主讲题目：现代气象观测业务需求与走向。 主讲内容：（1）从国外、国内两个层面对现代观测业务需求演变和发展特征进行了总结，内容丰富、信息量大；（2）面向科技进步和不断增长的需求，从发达国家和我国综合观测体系布局两个维度，从综合系统设计、全球覆盖建网、精细时空结构、多源智能非标等方面，对综合观测体系发展走向进行了全面系统的解读。 时　　间：2019 年 9 月
第101讲	主 讲 人：沈坚，阿里巴巴云计算与大数据高级专家，阿里政务行业云首席架构师。 主讲题目：数据智能驱动新一代数字化转型。 主讲内容：（1）从近 20 年来技术的飞速发展引入大数据、云计算的概念；（2）数字技术驱动人类社会进入智慧时代；（3）网络协同与创新的辩证关系；（4）阿里云的建设与气象融合等。 时　　间：2019 年 11 月
第102讲	主 讲 人：田文平，陕西省人大常委会法工委法规三处处长，第五届、第六届省法学会理事，省立法学研究会副会长，省法律文化研究会副会长，2017 CCTV 法制年度人物候选人，陕西省“十大法治人物”。 主讲题目：《陕西省秦岭生态环境保护条例》解读。 主讲内容：从条例修订背景、立法过程、法规内容三方面进行了解读。内容涵盖了秦岭生态环境面临的严峻形势、立法坚持党的领导、确定和完善立法修订后的指导思想、秦岭保护范围、管理体制、生态补偿制度等方面。 时　　间：2019 年 12 月

3.2.4.3　打造系列化科普载体

建设科普网站、数字科普馆，编辑出版科普手册课本、气象明白卡、果园历书，拍摄微电影及系列培训影像资料，通过电视、大喇叭、显示屏、微博微信等新媒体，打造系列化气象科普载体。近年来，组织编写了《陕西气象灾害防御科普手册》《大美三秦 气象万千》等科普图书。面向社会举办“气象小主播”体验活动。举办了四届全省气象科普知识讲解大赛。建设全省 18799 个大喇叭、3549 个电子显示屏向农村普及气象知识和防灾避险知识。

3.2.4.4　开展常态化科普宣传

面向未成年人，各级气象部门借助气象夏令营、气象科普进校园、气象科普基地等载体，提升了气象科普的科学性、互动性、趣味性。面向农业农村，通过“科技之春宣传月”“气象科技下乡”“气象大篷车”等活动，使得科普活动更加多样，更有针对性。面向城镇居民，依托“世界气象日”、社区气象科普，使得气象科普覆盖面持续扩大。策划制作播出“气象科普惠民”电视系列讲座。联合陕西省科技馆开展“珍爱我们的地球”主题展。与陕西省科协联合承办全国《农业与气象论坛》。举办了中央媒体“应对气候变化·记录中国”“绿镜头·发现中国”“壮丽70年 奋斗新时代”进陕西宣传活动。

图 3-11　2015 年 3 月新华小记者走进陕西省气象科普教育基地

3.2.4.5　开展融入式气象科普服务

重点针对陕西特色农业发展需求，为农民脱贫致富开展系列化气象科普服务。面向广大农民、农技人员、城镇公众等重点对象进行气象科普知识宣传。陕西省市气象部门联合电视台制作播出《农业气象》电视节目。气象专家为全省20多个县区的葡萄、猕猴桃产业带头人、地区果协理事、技术人员等举办科普讲座。为农村特色试验田安装小气候自动站和实景监测仪器。定期对全省气象信息员、气象协理员开展培训。针对精准扶贫工作，开展气象科普进帮扶村活动，以气象科普助力科技扶贫。

3.3　保障重大经济社会活动

近几年，陕西省气象局组织开展了第十一届中国艺术节、2016年央视春晚秋晚西安会场、西安欧亚经济论坛、西安国际马拉松赛、丝绸之路国际电影节、G20 妇女会议、“习莫会”、陕西庆祝新中国成立 70 周年升国旗仪式、中国国际通用航空大会等多项国家级重大活动和历年（届）春节春运、高考、国庆长假、汉中油菜花节、西安农民节、杨凌农高会等重大活动气象保障服务，并积极筹备第十四届全运会气象保障工作。

为确保气象服务保障效果，凸显气象服务效益，在历次重大活动气象保障服务中，陕西省气象局强化组织管理，相关市、县气象局及陕西省气象局直属单位积极落实，较好地完成了服务保障任务。制定完善规章制度和工作方案，不断推进重大活动气象保障服务规范化、科学化。出台《陕西省气象局气象服务保障特别工作状态预案》《重大活动气象服务保障组织实施工作指南》，完善重大活动气象保障服务工作流程和标准规程。以陕西省气象局重大活动气象保障服务任务单形式明确各单位任务分工，根据需要，制定重大活动气象保障服务实施方案，编写服务手册，派驻工作人员及应急保障车辆，开展人工消减雨作业。积极开展决策服务，及时上报服务材料、发送决策短信，为重大活动的举办提供决策支撑。

3.3.1 2013 年重大社会经济活动保障服务

周至县森林火险应急服务。2013 年 4 月 18 日，周至县厚畛子林场大蟒河林业站附近林区发生森林火灾。周至县委县政府要求周至县气象局全力以赴做好人工增雨工作，利用 18—19 日人工影响天气（以下简称人影）作业有利时机，开展人工增雨作业，协助扑火工作。

省、市、县三级联动迅速部署开展人影作业。西安市气象局一方面通过陕西省人工影响天气办公室（以下简称人影办）紧急协调民航西北空管中心，在周至县森林火场附近增设临时增雨作业点，省人影办和民航西北空管中心急事特办，在临时增雨作业点设置和空域申请等方面给予了大力支持。另一方面于 18 日 16 时紧急启动森林火险气象保障Ⅳ级应急响应，协调长安、临潼移动火箭发射架赶赴周至，同时成立“周至县 4·18 人工增雨作业森林防火现场应急领导小组”。从 19 日 00 时 30 分开始，西安市气象局先后组织了 7 轮火箭增雨作业，到 06 时 35 分，火灾现场临时增雨作业点共发射火箭 38 枚，省人影办飞机在西安及上游地区开展飞机增雨作业。到 19 日 12 时，全市共发射火箭弹 90 枚，燃烧烟条 20 根，增雨飞机于 8 时 58 分开始在西安及上游地区飞行作业 2 h。火场附近区域出现 6 ～ 10 mm 的降水，森林火情得到有效控制，现场明火基本扑灭。

针对此次森林火灾发布《森林火险气象服务专报》3 期、《人影简报》1 期；累计发布手机短信1600余条，电子显示屏预警信息150条；向周至县委、县政府领导汇报天气信息、人影作业情况、雨情信息等6次，得到充分肯定和感谢。

感 谢 信

西安市气象局：

天干物燥，林火逞凶情势险；英雄问天，人工增雨护青山。

4月16日，周至县厚畛子镇殷家坪村发生森林火灾，贵局接到周至县请求增雨作业支援报告后，市气象局罗慧局长高度重视，周密部署，立即启动了森林火险气象保障IV级应急响应，成立了以市气象局石明生副局长为组长，相关专业技术首席和临潼、长安、周至人影指挥作业22人为成员的周至人工增雨现场应急领导小组，调运火箭弹60枚，移动火箭装备3副，移动气象灾害监测设备1套等装备赴厚畛子镇开展立体和区域协同增雨作业，并积极联系省人影办、西北空管中心，在周至厚畛子地区开展飞机增雨作业。贵局作业的领导和同志深入秦岭深山，不畏道路颠簸，整夜严阵以待，一夜未眠，这种吃苦、敬业的精神值得我们学习。19日0-8时，共发射火箭弹54枚，燃烧烟条20根，19日8-12时飞机增雨2架次。在人工增雨作业的影响下，我县普降小雨，南部山区局地中雨，平均降雨量4.1mm，较大雨量为厚畛子12.0mm，降雨对控制森林火情，缓解当前旱情，改善生态环境起到了非常重要的作用。

厚畛子镇殷家坪村火灾的成功扑灭，得益于贵局的悉心指导和鼎力支持，凝聚着贵局的智慧和心血。你们顾全大局、心系周至，周至县67.4万人民将铭记在心。对此，中共周至县委、县人民政府谨向市气象局和参加人工降雨作业的全体同志致以崇高的敬意！对市气象局多年来给予周至工作的大力支持表示衷心的感谢！

当前，周至正处于跨越式发展的关键时期，气象在全县经济社会发展中具有重要的作用，我们将更加重视气象工作，在人、财、物等方面给予大力支持，主动加强同省、市气象部门的联系，推动我县气象工作再上新台阶。

最后，祝各位领导和各位同志身体健康，工作顺利，万事如意！

中共周至县委
周至县人民政府
2013年4月26日

图3-12　周至县委、县政府给西安市气象局的感谢信

3.3.2　2014年重大社会经济活动保障服务

甲午年公祭轩辕黄帝典礼气象服务保障。2014年4月5日，甲午年公祭轩辕黄帝典礼（以下简称公祭典礼）在延安市黄陵县桥山黄帝陵祭祀广场举行，来自海内外的万余中华儿女代表参加。延安市气象局提早谋划、认真部署、周密安排、全力保障，圆满完成了公祭典礼各项气象保障服务工作。

延安市气象局成立“公祭典礼气象保障服务领导小组”，设立“公祭典礼气象保障服务领导小组办公室”，多次召开专题会议研究部署有关气象保障服务工作，明确提出要以高度的政治敏锐性，高标准、高质量做好公祭典礼气象保障服务工作。制定了《甲午年公祭轩辕黄帝典礼气象保障服务方案》，成立了预报服务、技术保障、人工影响天气、宣传报道和后勤保障五个小组，明确了各组职责、任务分工和工作要求。

从4月1日开始，每天8时、17时两次制作气象专题预报材料，报送黄陵县接待办。从4月5日7时至4月5日17时，每隔3个小时，通过手机短信发送实时气象资料，包括气温、降水、湿度、风向、风速等。4日下午制作服务材料，重点预测5日8时至12时天气状况。累计发布《公祭典礼气象服务专报》12期，向领导发送短信6条，为公众发送手机短信2万余条。启动了12个固定高炮点、3个固定火箭点，调集了2辆流动火箭车，储备了1000发高炮弹、200余枚火箭弹，在活动保护区的上游设立了两道防线，做好开展地面火箭人工消减雨作业的一切准备工作。公祭典礼气象服务做到了全过程、递进式、针对性服务，有力地保障了活动的顺利进行。

3.3.3 2015年重大社会经济活动保障服务

陕西省首个A类赛事——2015本香杨凌农科城马拉松赛于4月26日在杨凌举行。杨凌气象局负责此次比赛实时气象服务保障，提供前期及当日天气预报，陕西省气象台做好比赛期间天气预报指导、随时组织天气会商、及时做好活动现场的精细化预报指导和短临预报预警。陕西省应急移动气象台于4月25日赶赴现场，开展活动现场综合气象探测和气象服务技术支持，实现活动现场组网、资料和视频信息的汇集，完成与杨凌气象局之间的资料和信息交换及视频互通，实时发布气象信息和天气预报。

印度总理莫迪访问西安气象保障。2015年5月13—14日印度总理莫迪访问西安市。陕西省气象局接到气象保障工作任务后，5月9日16时进入重大活动气象服务应急保障状态。陕西省气象台成立重大气象服务预报专家组，按服务需求制作活动期间天气预报预警；陕西省人工影响天气办公室制作活动期间人工影响天气服务实施方案，在14日下午进行飞机和地面作业；西安市气象局负责向市政府的决策服务，并及时向陕西省气象局上报预报服务情况；陕西省气象局科技与预报处制定与中央气象台开展专项天气会商方案，安排组织活动期间与中央气象台的会商；陕西省气象局应急与减灾处及时向中国气象局应急减灾与公共服务司汇报重大活动气象服务情况。经多方共同努力，圆满完成保障任务。

图 3-13 预报专家在杨凌农科城马拉松赛现场的应急气象台进行天气分析

山阳山体滑坡救援气象保障。2015 年 8 月 12 日凌晨 30 分许，位于陕西省商洛市山阳县中村镇碾家沟村的陕西五洲矿业股份有限公司山阳分公司生活区发生一起突发性山体滑坡，造成职工宿舍 15 间和民房 3 间被埋，14 人生还，另有 64 人失踪。

山体滑坡灾害发生后，12 日 3 时 30 分山阳县气象局参加了县政府的紧急会议，并连夜随县政府工作组前往现场，气象服务人员列入现场应急队伍序列，针对搜救工作提供气象保障服务；当天 5 时山阳县气象局启动重大突发事件气象保障Ⅲ级应急响应；6 时 30 分陕西省气象局、商洛市气象局、山阳县气象局进入重大突发事件气象保障服务特别工作状态，陕西省气象局立即召开专题会议安排有关预报服务和应急保障工作；7 时 10 分山阳县气象局向现场救援指挥部提供了第 1 期专题气象服务材料；8 时商洛市气象局向市委、市政府、市国土资源局及现场指挥部提供《重要气象信息》（山阳中村前期降雨情况及近期天气趋势预测）；12 时 30 分商洛市气象局启动重大突发事件气象保障服务Ⅱ级应急响应；15 时 30 分商洛市气象局、山阳县气象局组成事故现场气象服务专家团队，赴中村事故一线调查情况，并在滑坡点附近紧急建成中村现场气象应急服务站。

8 月 13 日上午，陕西省气象局再次召开紧急会议，安排部署应急气象保障服务工作，并成立“8・12”陕西山阳山体滑坡应急气象保障服务领导小组。14 日 14 时 30 分陕西省气象局启动“山阳 8・12 山体滑坡”突发事件气象保障服务Ⅱ级应急响应，16 时 30 分陕西省气象局分管副局长带领应急减灾处、科技与预报处、陕西省气象台等单位负责人紧急赶赴山阳中村滑坡现场，协调指挥气象应急保障服务工作。15 日在距离中村滑坡现场 400 米左右选址安装六要素自动站 1 套，22 时完成安装调试，监测数据正常传输入库，保证了滑坡点周边的应急气象服务工作。在中村镇现场救援指挥部旁成立市、县联合气象应急保障服务站，安装了电脑、打印机和预报业务系统及服务系统，可实现与灾害现场救援指挥部“面对面”的直接服务；每天逐小时通报滑坡点天气实况，现场制作气象信息，雨情信息、天气预报等，直接送至五洲矿业院内救援指挥部。

8月18日8时中国气象局局长听取了陕西省气象局关于《商洛山阳8.12山体滑坡气象保障服务情况》汇报。16—18日省市气象局加密可视会商4次，电话会商4次；陕西省气象台针对山阳滑坡救援现场区域制作与发布专题天气预报34期，为省应急办、省军区等部门部署救援工作提供逐小时精细化气象服务；陕西省气候中心制作发布《重要气候信息》（山阳7—9月气候特征及后期趋势预测）1期；商洛市气象局每日组织召开专题会议安排部署应急服务保障工作，并及时向市长专题汇报应急气象服务工作，共制作发布《山阳县专题天气预报》42期及其他应急服务材料4期，山阳县气象局共制作发布《中村滑坡专题预报》和《气象信息》48期。

此次预报服务过程中，通过“陕西气象”官方微信、微博发布“山阳8·12山体滑坡”突发事件气象保障服务Ⅱ级应急响应”相关消息5条，受众超过200万人次。通过社会主流媒体发布气象应急宣传稿件20余篇。在中国天气网陕西站制作“山阳8·12山体滑坡”突发事件气象保障服务Ⅱ级应急响应专题并开设4个专栏。与陕西电视台开展直播连线2次。

应急服务期间，省、市、县三级确保气象热线畅通，及时更新山阳救援现场区域的预报信息，主动做好山体滑坡防御措施的科普宣传及安全出行提醒，气象服务热线受理咨询1571人次。每日通过新浪、腾讯、人民网、新华网、“陕西气象”官方微博第一时间向公众传递救灾现场天气情况，“陕西气象”官方微博增加“山阳气象服务保障”专题栏目，受众133万人。通过微博平台发布“中国气象频道山阳灾害报道”“山阳山体滑坡报道”视频共2则，视频均上传至土豆、优酷视频网站；发布山阳气象服务保障新闻通稿2篇。通过“陕西气象”官方微信发布图文消息2组、发布视频2则，受众6895人。指导山阳县气象局开展微信服务，通过“山阳气象”官方微信发布图文消息5条。在中国天气网陕西站制作“山阳8·12山体滑坡”突发事件气象保障服务Ⅱ级应急响应专题并推送上线，上传新闻25篇。接受《三秦都市报》等媒体采访3次，每天定时为山阳县订制用户发送手机短信，共计1800条。商洛市气象局每日通过腾讯、新浪、人民网、“商洛气象”微博发送《山阳专题预报》12期，并与“商洛发布”等开展互动；“商洛气象”微信推送2期。

3.3.4 2016年重大社会经济活动保障服务

猴年央视春晚直播气象保障。2016年古城西安成为猴年春晚四个分会场中最重头、面积最大的一个分会场。为了对本次晚会提供良好的气象保障，陕西省气象局及早安排部署，专门成立了专题气象服务领导小组和协调保障组，自 1 月 28 日起至 2 月 7 日开展气象服务保障工作，每天 11 时、14 时、17 时 3 次向活动领导小组及下设各分组和央视导演组提供西安城区天气实况、未来 6 h 逐时天气预报及次日至 2 月 7 日逐日滚动天气预报。2 月 5 日早 8 点与中央气象台进行天气会商。演出时西安地区天气以晴好为主，空气质量良好，非常适合户外演出。

日期	时间	天气现象	温度（℃）	风力	风向
7	20:00	晴天间多云	5	1-2	偏西
7	21:00	晴天间多云	4	1-2	偏西
7	22:00	晴天间多云	3	1-2	偏西
7	23:00	晴天间多云	2	1-2	偏西
7	24:00	晴天间多云	1	1-2	偏西
8	01:00	晴天间多云	1	1-2	偏西

图 3–14　2016 年央视春晚西安分会场（左）及专题天气预报（右）

全国青少年阳光体育大会气象保障。5 月 4 日，2016 全国青少年“未来之星”阳光体育大会启动仪式在陕西省渭南市体育中心开幕。陕西省气象局针对阳光运动会气象服务需求，派应急移动气象台进驻现场，与渭南市气象局共同保障会场气象服务工作，为此次全国青少年阳光体育大会的顺利开幕保驾护航。

央视中秋晚会（简称秋晚）气象保障。陕西省气象局于 6 月正式启动“两节两会”的气象服务保障工作，省、市气象局专门成立了气象保障服务领导小组，明确了省、市气象局主要工作任务。陕西省气象局党组三次召开专题会议研究部署有关气象保障服务工作，提出要以提升西安城市影响力、塑造城市文化品牌形象、树立丝路起点城市文化龙头地位、增强广大市民自信心和自豪感为契机，高标准、高质量做好央视秋晚气象保障服务工作。9 月 7 日陕西省气象局下发《关于做好 2016 年央视中秋晚会等活动气象服务保障工作的通知》，制定了《央视中秋晚会气象保障服务工作方案》等专项方案，成立了预报服务组、气象应急监测组、人工影响天气组、宣传策划组、后勤保障组等五个工作组。9 月 13—15 日陕西省气象局主要负责人多次到晚会活动现场，指导开展气象保障服务工作。

9 月 5 日，在大唐芙蓉园晚会现场（紫云楼）安装应急自动气象站 1 套，13 日移动气象台（车）部署在大唐芙蓉园九天门，形成了紫云楼、移动气象台、大明宫、钟楼、南门、大雁塔、小寨、陕西宾馆等 8 个自动站组成的央视秋晚地面加密监测网。9 月 13 日西安新一代天气雷达和移动应急雷达实现双备份组网运行，并保持 24 h 不间断加密观测。针对中秋晚上西安降水概率较大的情况，省、市气象局分别在6月和8月向政府部门报送了《西安市中秋前后天气气候分析及2016年中秋气候预测》等专题报告2期，建议组委会提早做好降雨天气应急预案。9月1日开始，每天向组委会及工作人员推送未来三天定点专题预报手机短信共计450条。9月5日开始，每天向组委会提供央视秋晚气象专题预报共计15期。9月7日准确预报出13—15日的西安有明显降雨天气过程，建议组委会提前启动应急预案，制定有效防雨措施，并建议将晚会彩排提早到9月12日之前，组委会完全采纳了气象部门建议。9月12—15日，增加制作精细化专题预报产品频次，包括晚会现场气象实时监测和逐小时气象预报。在服务方式上，除了原有的专报、短信外，专门建立了“央视秋晚西安工作组气象服务群”和“西安天气”（央视秋晚导演核心群）微信群，共计推送专题气象服务信息26条。组织召开央视秋晚气象服务保障新闻发布会1次，省、市气象网站开通“央视中秋晚会气象服务网页”专题页面，实时提供紫云楼、大明宫、钟楼、南门、大雁塔、小寨、陕西宾馆等地的逐小时气象实况等信息。针对9月13—15日晚会活动现场有较明显降雨过程的情况，组织开展大范围立体协同人工影响天气作业，分三道防线开展针对晚会现场的人工消减雨作业。统计数据显示，13—15日陕南和关中西部地区普降小到中雨，局地大雨，西安城区周边的周至、户县部分地方出现中雨，有效缓解了前期干旱区域的旱情，而央视秋晚现场（大唐芙蓉园）同时段的降雨量仅为0.3 mm。

精准预报和精细化服务为晚会活动的顺利举行提供了坚强保障，得到各级领导及组委会的充分肯定，陕西省人民政府副省长专门致电陕西省气象局，对本次气象保障服务工作给予肯定，指出陕西省气象局在本次重大活动气象服务保障中组织严密，预报准确，服务及时，人影得力，希望气象部门再接再厉，在重大社会活动气象保障中再立新功。同时，西安市政府也给予高度评价，西安市市长指出，央视秋晚气象保障服务非常好。

3.3.5 2017年重大社会经济活动保障服务

2017年安康白河山体滑塌救援气象保障。2017年4月17日安康白河山体滑塌事件发生后，陕西省气象台及时跟踪灾情、收集信息，指导安康市气象局和白河县气象局制作专题气象预报、开展气象服务，报送重大突发事件报告4件次。中国气象局副局长矫梅燕3次批示，要求中国气象局相关单位和陕西省气象局全力做好气象应急服务工作。

中国渭南黄河金三角协作区首届风筝大赛气象保障。2017中国渭南黄河金三角协作区首届风筝大赛活动于 5 月 17—19 日在渭南市潼关县举行，为做好现场气象保障服务工作，应渭南市气象局请求，陕西省应急移动气象台赴潼关县开展现场应急气象服务工作。应急移动气象台于 5 月 17 日 16 时到达现场并调试完成，18 日为大赛提供现场服务，包括：开展活动现场综合气象探测，实现活动现场组网、资料和视频信息的汇集，完成与陕西省气象局、渭南市气象局之间的信息交换及视频互通，实时发布气象信息和天气预报等。

3.3.6 2018 年重大社会经济活动保障服务

2018 年汉中中秋晚会气象保障。9 月 15 日 2018 汉中中秋文艺晚会录播，为保障活动顺利进行，陕西省人影办于 13 日制定了《汉中市 2018 年中秋录播晚会人影保障飞机作业方案》，设置人影保障地面作业防线，为火箭等地面装备配备了充足的作业弹药，联合甘肃、四川两省气象局于 9 月 14—15 日积极组织实施跨区域多省的联合作业。在人工影响和自然降雨共同作用下，15 日 14 时汉中市降水逐渐减弱，18—22 时的降水对晚会录制现场影响较小，作业效果明显，圆满完成了汉中市中秋晚会的天气保障任务。

陕西省第十六届运动会气象保障。2018 年 7—8 月，陕西省第十六届运动会（以下简称“省十六运”）在咸阳市举行。咸阳市气象局高度重视、精心安排、周密部署，于 2017 年 5 月制定《陕西省第十六届运动会气象服务保障方案》和《咸阳市筹委会环境保障部气象工作实施方案》，成立了以咸阳市气象局局长为组长的气象保障服务领导小组和预报服务小组；同年 8 月，组织召开“省十六运”气象服务保障协调会，对省、市、县三级密切配合进行了安排部署。积极开展精细化预报服务和宣传工作，为“省十六运”顺利进行提供了强有力的气象服务保障，取得了很好的服务效果。咸阳市气象局和职工获得了“省十六运”筹办工作先进集体和先进个人的表彰。

2017 年 5 月，咸阳市气象局组建专家团队，利用智能网格预报，提供时间分辨率为 1 h 和空间分辨率为 3 km × 3 km 的气象要素格点预报和灾害性天气落区格点预报。升级完善咸阳智慧气象平台，实现了“省十六运”决策服务产品自动化制作和产品一键式分发等功能，制作产品所需时间由 50 min 缩短到 10 min，研发了基于微信平台的服务模块，并将气象服务模块融入“智慧省运”App 和微信公众号，实现了“可视、直观、精细、自动”的掌上服务。咸阳市气象局向筹委会报送了第 1 期《陕西省第十六届运动会气象服务保障专题材料》。随后，根据进度安排，先后针对一周年倒计时活动、倒计时 100 天文艺表演活动、旬邑马栏圣火采集、火炬传递起跑仪式、开闭幕式以及各类赛事，为“省十六运”提供全程跟进式服务。期间累计发布《陕西省第十六届运动会气象服务保障专题材料》32 期，手机短信预报 9 万余条次。

2018 年 8 月 16 日，“省十六运”举行隆重的开幕式。为了确保开幕式演出效果，咸阳市气象局服务人员与陕西省气象信息中心、陕西省大气探测技术保障中心的业务技术骨干组成开幕式现场气象保障组，在咸阳奥体中心现场设立移动气象台，负责现场天气的实时监测及精细化天气预报的现场发布。8 月 16 日 12 时，现场服务小组携移动气象台到达预定位置，陕西省气象局派出的专家与咸阳市气象台首席预报员组成移动气象台，开展天气会商，密切监视咸阳市区和奥体中心及周边的天气实况，及时将预报结论向开幕式总指挥办公室汇报，建议其做好相关应对准备。通过微博、微信、赛场周边电子显示屏等渠道发布逐小时的精细化天气预报，直至开幕式演出顺利结束。

3.3.7 2019 年重大社会经济活动保障服务

2019 春季森林火险扑救气象保障。2019 年 3 月以来陕西气温异常偏高、降水异常偏少，陕北关中大部地区森林火险等级维持高位，4 月 5 日以来，陕西渭南、铜川、榆林多地突发森林火灾，防火救火形势严峻。

针对此次森林火灾气象服务，中国气象局高度重视、余勇副局长亲自部署安排，应急减灾与公共服务司、国家气象中心、中国气象局人工影响天气中心和国家卫星气象中心大力支持，及时为防灭火提供气象预报、遥感监测和人工增雨等技术指导。按照陕西省委、省政府和中国气象局领导要求，4 月 6 日起，陕西省气象局和陕北、关中所有地市气象部门进入Ⅲ级应急状态，陕西省气象局领导多次向省委、省政府领导汇报天气形势及卫星遥感火点监测等信息，组织召开应急工作部署会议 5 次，安排预报专家分赴铜川、渭南火灾现场进行技术指导和预报服务，应急移动气象台前往铜川开展火场气象服务保障。及时通过气象卫星监测火点火情，并向陕西省应急管理厅防火办提供专题服务产品。渭南、铜川两市气象部门派出应急小组奔赴火场一线，现场提供逐小时天气监测预报信息。共发布突发事件报告 3 期，《气象信息快报》3 期，《重大气象服务专报》4 期，《森林火灾气象服务保障专题天气预报》7 期，为中央气象台提供森林火险预报 11 期；就森林火险事件，中国气象局领导批示 1 次，陕西省人民政府领导批示 3 次。

根据天气预报，8—9 日陕西大部将出现一次小雨天气。陕西省气象局提早部署、加密监测，重点关注渭南、铜川、榆林等火点火情发生区域。4 月 6 日下发《关于做好 4 月 8—10 日人影作业的通知》，7 日制定《增雨作业条件潜力预报和作业预案》报告省政府，省政府紧急向中国气象局致函请求支援。中国气象局及时协调内蒙古自治区气象局、山西省气象局和陕西共 3 架增雨飞机抓住有利时机协助开展跨境防灭火人工增雨作业。此次人工增雨作业为陕西首次开展夜航增雨作业，首次针对森林火灾发生区域开展地面和多架次飞机联合协同立体人影作业。在自然降水和人工增雨共同作用下，全省普降小到中雨，全省森林火险等级明显下降，渭南、铜川、榆林等地火点火情得到有效控制，陕北关中等地旱情得到一定程度的缓解。

欧亚经济论坛气象保障。2019 欧亚经济论坛（以下简称论坛）于 9 月 10—12 日在西安举办，中共中央政治局委员、国务院副总理胡春华出席开幕式并发表主旨演讲，本次论坛规格高、重要活动多、影响力大，气象保障服务工作要求高、任务重，中国气象局、陕西省气象局和西安市委、市政府各级领导高度重视，中国气象局副局长余勇、陕西省气象局局长、西安市人民政府副市长等中省市领导亲自指导气象保障和气象分会的筹备。9 月 5 日陕西省气象局成立“2019 欧亚经济论坛气象服务领导小组”和设立“2019 欧亚经济论坛气象服务领导小组办公室”，9 月 6 日 16 时 30 分启动 2019 欧亚经济论坛气象保障服务特别工作状态，省市领导小组各成员单位建立关键岗位值班制度，各保障服务联系人手机 24 h 保持畅通。陕西省气象局和西安市气象局分别制定了《2019 欧亚经济论坛气象服务保障实施方案》，明确了组织机构、工作职责、任务分工和工作要求。陕西省气象局各直属单位、西安市气象局分别制定了《2019 欧亚经济论坛气象保障服务工作方案》《2019 欧亚经济论坛人工影响天气作业保障实施方案》等专项方案。

9 月 6 日省、市气象部门联合组建应急移动气象台，在欧亚经济论坛主会场西安锦江国际酒店安装了一套便携式 6 要素应急气象站，并实现组网和资料入库；7 日搭建了陕西省气象台、西安市气象台、移动气象台、活动现场多方应急视频会商系统。8 日下午欧亚论坛组委会同志专程赴陕西省气象局对接研讨气象保障服务事宜。9—10 日应急移动气象台先后开赴永宁门、锦江国际酒店、沣西新城国际会议中心等地开展现场气象保障服务。陕西省气象台、西安市气象台保持每日会商，并多次连线国家气象中心进行会商，提供精细气象服务产品。活动期间，陕西省气象局向省委、省政府以及相关部门报送《重大气象信息专报》6 期、《气象信息快报》7 期、《2019 欧亚经济论坛气象服务专报》9 期，向各级领导发送手机短信 19 条。

9 月 9 日晚 20 时 30 分至 21 时 30 分在永宁门举办 2019 欧亚经济论坛迎宾入城式。为保障入城式顺利举行，陕西省气象局密切监测天气形势，提前做好保障准备，积极组织宝鸡、咸阳和西安地区开展空—地联合、多防线、立体式人影作业。9 日 11 时 33 分，驻咸阳机场飞机第一架次起飞，在第一道防线宝鸡市陇县、太白一线开展飞机作业。截至 9 日 19 时，驻咸阳人影飞机在第一道防线区域作业 1 架次，飞行 3 h 15 min。在扶风、永寿一线作业 1 架次，飞行 2 h 20 min。宝鸡、咸阳、西安 3 市共开展 6 轮次地面作业，共发射炮弹 194 发，火箭弹 185 枚。

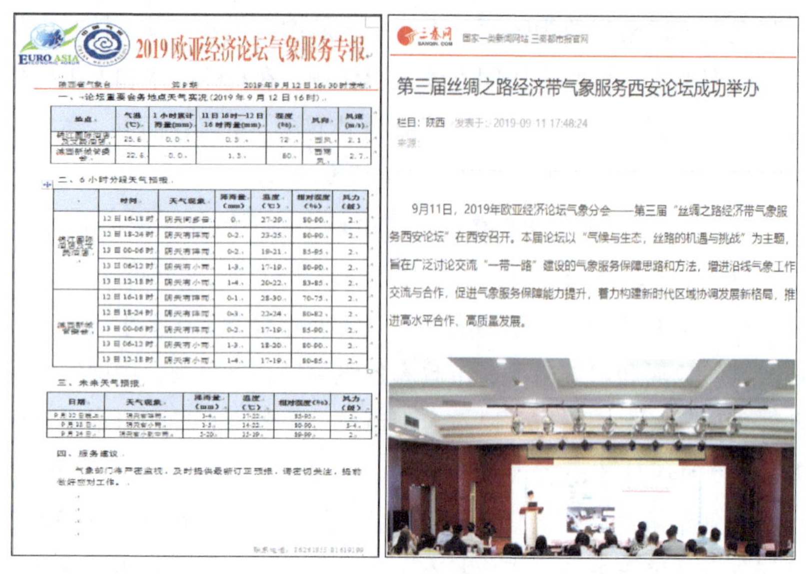

2019欧亚经济论坛气象服务专报

陕西省气象台　　第9期　　2019年9月12日16:30时发布

一、论坛重要会务地点天气实况（2019年9月12日16时）

地点	气温（℃）	1小时累计雨量(mm)	11日16时—12日16时雨量(mm)	湿度(%)	风向	风速(m/s)
[illegible]	25.6	0.0	0.3	72	西风	2.1
[illegible]	22.6	0.0	1.3	80	西南风	2.7

二、6小时分段天气预报

	时间	天气现象	降雨量（mm）	温度（℃）	相对湿度（%）	风力（级）
[illegible]	12日16-18时	阴天间多云	0	27-29	80-90	2
	12日18-24时	阴天有阵雨	0-2	23-25	80-90	2
	13日00-06时	阴天有阵雨	0-2	19-21	85-95	2
	13日06-12时	阴天有小雨	1-3	17-19	80-90	2
	13日12-18时	阴天有小雨	1-4	20-22	83-85	2
[illegible]	12日16-18时	阴天有阵雨	0-1	28-30	70-75	2
	12日18-24时	阴天有阵雨	0-3	22-24	80-82	2
	13日00-06时	阴天有阵雨	0-2	17-19	85-90	2
	13日06-12时	阴天有小雨	1-3	18-20	80-90	2
	13日12-18时	阴天有小雨	1-4	17-19	80-85	2

三、未来天气预报

日期	天气现象	降雨量（mm）	温度（℃）	相对湿度（%）	风力（级）
9月22日晚上	阴天有阵雨	3-4	17-22	85-95	2
9月23日	阴天有小雨	3-5	14-22	80-90	3-4
9月24日	阴天有小到中雨	5-20	15-19	89-99	2

四、服务建议

气象部门将严密监视，及时提供最新订正预报，请密切关注，提前做好应对工作。

联系电话：[illegible]

三秦网 SANQIN.COM 国家一类新闻网站 三秦都市报官网

第三届丝绸之路经济带气象服务西安论坛成功举办

栏目：陕西　发表于：2019-09-11 17:48:24

来源：

9月11日，2019年欧亚经济论坛气象分会——第三届“丝绸之路经济带气象服务西安论坛”在西安召开。本届论坛以“气候与生态，丝路的机遇与挑战”为主题，旨在广泛讨论交流“一带一路”建设的气象服务保障思路和方法，增进沿线气象工作交流与合作，促进气象服务保障能力提升，着力构建新时代区域协调发展新格局，推进高水平合作、高质量发展。

图 3–15　2019 欧亚经济论坛气象服务专报（左）和宣传报道截图（右）

2019 年国庆活动气象服务保障。10 月 1 日，陕西省庆祝新中国成立 70 周年升国旗仪式在西安市新城广场隆重举行。陕西省气象局高度重视新中国成立 70 周年庆祝活动气象保障服务工作，成立了以主要负责人为组长的气象服务领导小组，按照省委、省政府和陕西省庆祝中华人民共和国成立 70 周年升国旗仪式专项工作小组要求，制定《陕西省气象局陕西省庆祝中华人民共和国成立 70 周年升国旗仪式气象保障实施方案》《国庆重大活动人工影响天气作业实施方案》，明确陕西省气象局负责整体组织协调、预报服务技术支撑及组织实施人工影响天气作业，西安市气象局主要负责现场气象服务保障工作，并设预报服务协调组、现场保障服务组，提前安排、周密部署保障服务活动，陕西省气象局分管局领导担任活动场地组副组长，及时入驻新城广场。9 月 29 日省市气象局及时启动国庆重大活动气象保障服务特别工作状态，做到“人员、职责、制度、设备、技术、保障”六到位。

9 月 18 日起，省、市气象台每天 7 时 30 分、11 时和 17 时发布《国庆专题天气预报服务》专题产品，并随时加密；每天 3 次向省委、省政府和专项工作小组报送新城广场天气实况、未来 6 h 逐时天气预报及次日至 10 月 1 日逐日专题天气预报，并向专项工作小组各级领导发送决策特服短信。9 月 29 日起，省、市气象台每天 3 次提供当前时次到 10 月 1 日 10 时的逐小时天气预报和决策特服短信。期间累计发布专题预报产品 44 期，发送决策特服短信 2772 人次，做到了全过程、递进式、针对性、精细化服务。

9 月 17 日 17 时在陕西省人民政府大院安装 6 要素便携式应急自动气象站 1 套，并将移动气象台车载探测设备、通信和视频会议系统全部调试到位。10 月 1 日凌晨 4 点，保障人员到达政府大院开启设备，进行现场气象服务保障，提供了及时准确的现场实时气象信息，10 月 1 日 7 时 30 分保障任务结束，圆满完成国庆重大活动 3 次应急演练和 10 月 1 日新城广场升旗仪式现场气象服务保障。

为了保证人工消减雨作业安全、有效、有序进行，陕西省气象局及时向省政府报送《陕西省气象局关于陕西省庆祝中华人民共和国成立 70 周年升国旗仪式气象服务保障有关问题的请示》。得到省政府办公厅秘书长的批示和支持，得到中国人民解放军某部队的大力协助，积极配合做好跨管制分区飞机和地面消减雨作业空域保障。在陕西省委办公厅副秘书长和省政府办公厅副秘书长直接指挥下，9 月 29 日陕西省气象局及时协调甘肃省启动跨西北区域人影联合作业，发布西北区域人影中心联合作业指令，在保护区上游设立三道防线进行拦截作业。甘肃天水、平凉，陕西宝鸡、咸阳、西安地区 102 个作业点进入作业待发状态，近千名一线作业人员 24 h 在岗值守。同时中飞通航公司为活动保障人影作业服务开辟了“绿色通道”。9 月 30 日西安市气象局积极组织周至、鄠邑、长安等区县气象局参与人工影响天气作业保障。9 月 30 日 21 时 45 分起，人影飞机和地面作业点先后开展作业，共开展飞机作业 2 架次，飞行 431 min，地面作业发射火箭弹 189 枚。在人工影响和自然降水共同作用下，到 10 月 1 日上午 7 时，保护区上游地区出现明显降水，新城广场上空为阴天天气。活动结束后，新城广场出现零星小雨，整体活动未受影响，人工消减雨作业效果明显。

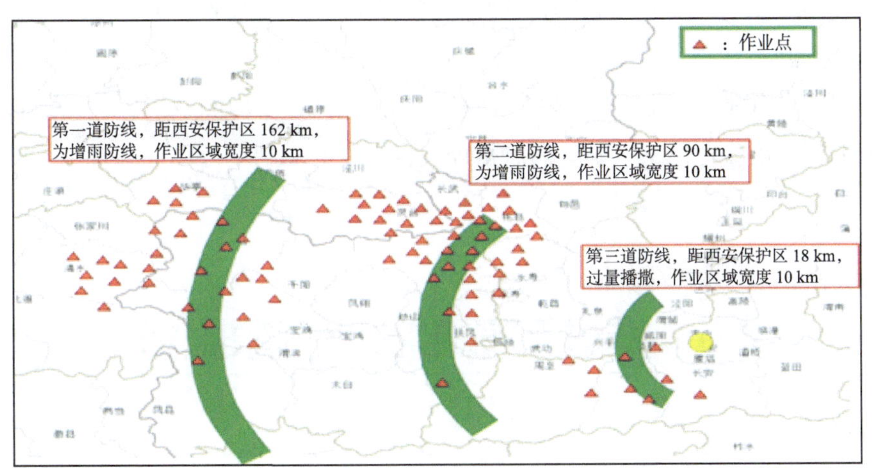

图 3–16　2019 年国庆活动人影保障地面作业点三道防线布设图

中国国际通用航空大会气象保障。2019 中国国际通用航空大会于 10 月 17—21 日在陕西省西安市、渭南市同期举办。中国气象局、陕西省气象局领导高度重视这次大会的气象服务保障工作，中国气象局副局长、陕西省气象局局长等领导亲自指导气象保障工作，成立以陕西省气象局副局长为组长的气象服务领导小组，按照省委、省政府和通航大会专项工作小组要求，制定《陕西省 2019 年中国国际通用航空大会气象服务保障实施方案》，并设预报服务协调组、现场保障服务组。根据陕西省气象局安排部署，陕西省气象台、陕西省大气探测技术保障中心、陕西省气象信息中心、陕西省人工影响天气中心、西安市气象局、渭南市气象局、阎良区气象局、蒲城县气象局均启动通航重大活动气象保障服务特别工作状态。这是陕西省气象局首次开展中国气象局、省气象局、市气象局、区（县）气象局四级气象部门联合保障，各方密切配合，圆满完成了此次大会气象服务保障工作。

陕西省气象台自 10 月 9 日每日滚动发布专题天气预报，并联合西安、渭南市气象局及蒲城县气象局为此次通航大会提供精细化气象保障服务，内容涵盖天气现象、温度、风力、风向、水平能见度等要素预报。10 月 16—21 日，每天三次（7 时 30 分、11 时、17 时 30 分）发布中英双语版气象专报，为国际友人提供更好的气象服务体验。移动气象台于 10 月 16 日下午抵达渭南市蒲城县内府机场，安装了便携式区域自动站，开展温湿度及风向风速实时监测，实现现场组网及资料传输，并实现了与陕西省气象台和渭南市气象局的视频会商。

陕西人影作业飞机首次参展并做飞行表演。调用驻咸阳机场运 –12 作业飞机 1 架，与中飞通航公司共同署名，以陕西省人工影响天气增雨飞机的名义，参加大会飞行表演。为切实做好 2019 中国国际通用航空大会渭南分会场人工影响天气气象服务保障工作，渭南市人影办 10 月 18 日组织 6 辆车载移动火箭发射装置、调集 200 枚火箭弹，在蒲城县内府机场天气系统的上游，富平县的中合、南川、华朱、王寮及临渭区的下邽、官道等 6 个作业点布设作业装备，做到人员、装备、弹药集结待命，做好降水天气过程的人工消雨作业准备，确保内府机场飞行表演的顺利举行。

3.4 推进智慧化农业气象服务

陕西省气象局紧紧围绕陕西 3+X 现代特色农业产业发展需求，大力推进农业气象服务集约化、专业化发展。依托“十三五”省部协议中“陕西省现代农业气象保障工程”“陕西水源涵养地人工影响天气工程”等项目建设，持续加大农业气象智慧化服务能力建设，农业气象监测站网布局持续优化，试验示范能力明显增强，农业气象服务的科技内涵和智慧化水平显著提升。

3.4.1 优化农业气象业务布局

陕西省气象局紧紧围绕陕西现代农业发展需求，积极推进农业气象集约化、专业化、智慧化发展，整合原来陕西省农业遥感信息中心和陕西省经济作物气象服务台人才和技术资源，合并并重新组建了陕西省农业遥感与经济作物气象服务中心。该中心重点围绕粮食安全以及果茶菜畜等特色农产品发展需求，优化业务布局、推进流程再造，省级所有农业气象服务产品精细制作到县，分发到市、县。市级农业气象服务单位研发制作本区域精细到县乡的小众经济作物和面向农业园区特色种植等服务产品，县级利用省市下发的服务产品，开展精细化、直通式为农气象服务。

2015 年，陕西省气象局联合西北农林科技大学联合建设苹果试验站 1 个，联合开展烟雾、水雾、风机防霜冻试验。2017 年以来，先后建设了咸阳大宗粮食、洛川苹果、紫阳和西乡茶叶、蒲城酥梨、大荔冬枣、眉县猕猴桃等农业气象试验站，建成大宗粮食、苹果、茶叶、酥梨等农业气象实验室 5 个。

图 3–17　2019 年 10 月，中国气象局副局长余勇（右一）调研指导洛川苹果农业气象试验站

3.4.2 强化农业气象科技支撑能力

打造陕西农业气象服务平台。陕西省气象局建成了农业卫星遥感监测平台、无人

机航空遥感监测系统，全省建设自动土壤水分观测、农业气象观测、实景观测站共 142 个，形成较为完整的农业气象观测网络。完成 3 类粮油作物、12 类经济林果作物物候期和病虫害及 22 类农事活动的气象指标库建设。先后建立陕西省林果气象科技公共服务平台、陕西省粮食安全气象保障服务系统、陕西省农作物气象灾害监测预警系统、智慧农业气象 App，有效提升农业气象服务科技支撑能力。

试验推广农业气象适用技术。开展了黄土高原苹果园双覆盖调水节水技术、苹果花期冻害防御技术、人工防霜冻技术、苹果病虫害预报技术、大棚樱桃休眠期需冷量调控技术、红枣套种高产技术等 32 种适用技术试验、示范和推广。联合陕西省果业局对各项成熟技术进行广泛推广，推广面积累计超过 333500 hm^2。

开展面向作物生育期全过程系列化服务。建立省市农业气象会商制度，每月组织会商。开展农业生产主要农事活动气象适宜度预报和关键生育期生长气象适宜度预报，定期发布农用天气预报，农用天气预报综合符合率 76%。重点围绕 4 类苹果气象灾害，开展灾害发生概率指数预报，为农业政策性保险提供预测指数准确率均达 83% 以上。开展粮食作物、苹果产量预测业务，预测准确率达 93% 以上。开展设施大棚、地膜玉米面积遥感估测试验，准确率达 96% 以上。

图 3-18　农业气象适用技术推广和作物生育期全过程气象服务

3.4.3 共建苹果气象服务中心

联合山东、河北、甘肃、山西、河南、新疆等省（自治区）气象局，共同创建国家级苹果气象服务中心，2017 年获中国气象局、农业农村部联合认定。苹果气象服务中心运行以来，整合各成员单位的优势技术资源，研发中国苹果主产区苹果气象服务技术，建成了全国苹果气象服务业务系统。编制了全国苹果种植气候适宜区划和农业气象灾害风险区划图集，确定了苹果种植气候适宜、敏感区，评估了气候变化对中国主要苹果产区品质的影响。围绕各地主栽品种，开展指标试验，发布了《富士系苹果花期冻害等级指标》行业标准，以及《花期冻害预警等级》《高温热害预警等级》地方标准，为各地开展果树关键期气象服务提供参考依据。承办了首届全国特色农业气象服务中心推进会。

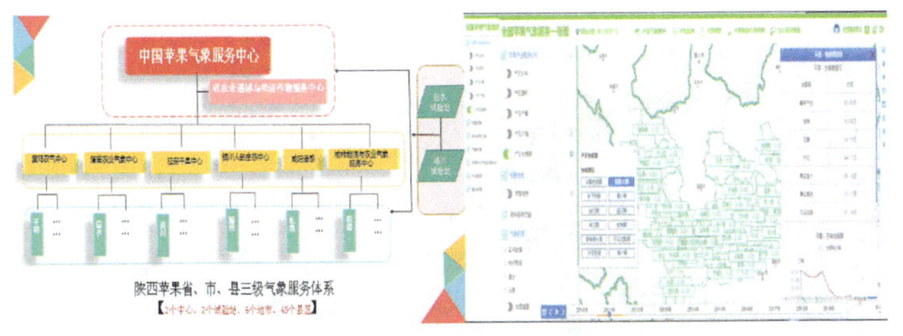

图 3-19　陕西苹果气象服务体系（左）和全国苹果气象服务一张图（右）

积极开展农业应对气候变化服务。完成了气候变化对陕西苹果、猕猴桃和制干红枣产业影响研究，揭示了黄土高原气候资源及物候期变化特征，编制苹果、核桃、梨、猕猴桃等 13 种经济林果及小麦、玉米、高粱的气候适应性区划与气象灾害风险区划。联合陕西省果业局，在全国率先开展果品气候品质认证工作，建立全省主栽果品的气候品质评价模型，累计完成 63 家果品企业和合作社认证工作。

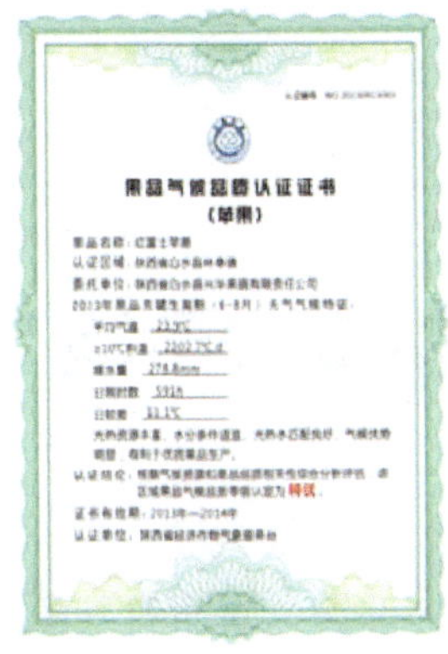

果品气候品质认证证书
（苹果）

果品气候品质认证证书
（猕猴桃）

图 3-20　果品气候品质认证

3.4.4 开展直通式智慧气象服务

与陕西省农业农村厅联合开展面向新型农业经营主体“直通式”气象服务，全省95个县（区）已与6847个种养大户、3239个农机大户、6228个农业合作社、1121个涉农企业、2589个家庭农场建立直通式服务机制。创新“为农服务直通车”，打造“陕西智慧农业气象”品牌，开展基于移动端的农业气象信息服务、农事提醒与指导等直通式气象服务。陕西省气象局与人保陕西分公司、中华保险、锦泰保险等签订了合作协议，围绕苹果、茶叶、花椒等特色农业合作开展政策性农业保险，构建“气象＋保险”的为农服务新模式。

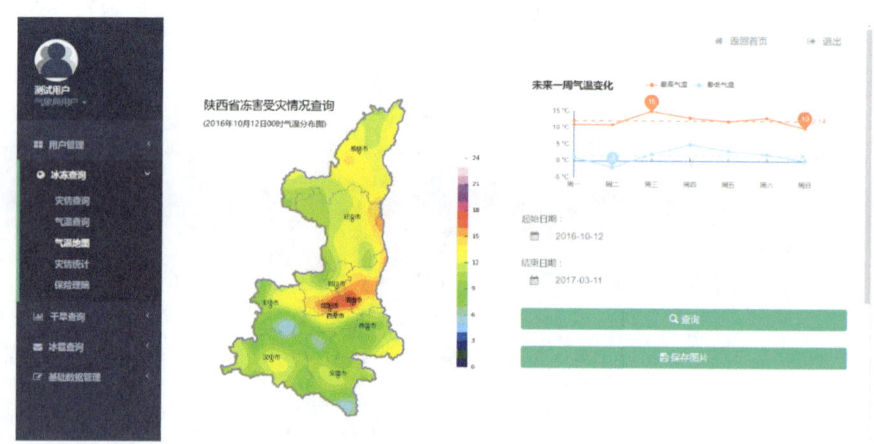

图3–21　农业气象灾评估与在线理赔系统

农业气象服务成效显著。陕西省全省因气象灾害造成的经济损失占GDP的比例从20世纪80年代4%下降到目前2%。据陕西省果业局评估，各类气象服务有效提升全省苹果优果率3%～7%，提升猕猴桃优果率12%，果品气候品质认证使果品的市场附加值平均提高15%以上，果区农民每年每亩地的收入提升约800元。2013年以来气象为农服务满意度均在93%以上。

3.5 强化防雷减灾避险

按照中国气象局关于防雷减灾体制改革的部署，陕西省气象局统一思想，找准定位，按照“明晰职责、优化业务、科技支撑、市场竞争、加强监管”的原则，依法调整防雷行政管理、基本业务、技术支撑、市场化服务四大块机构，优化防雷业务布局，突出公益性质；强化防雷减灾工作事中事后监管的技术支撑；健全防雷服务市场准入规则，支持多元主体按照市场规则公平竞争；简政放权，加强事前指导和事中事后监管，推进防雷服务行业自律管理，促进防雷减灾工作转型发展，为陕西经济社会发展和人民生命财产安全提供了有力保障。

3.5.1 构建防雷减灾安全责任体系

按照《国务院关于优化建设工程防雷许可的决定》（国发〔2016〕39号）的要求，明确防雷管理相关职责由各级气象法制机构和执法机构承担；明确雷电监测、预报预警和决策服务纳入气象基本业务，坚持属地管理，密切沟通协作，落实雷电灾害防御相关责任，共同做好防雷减灾工作。陕西省人民政府印发《关于调整优化建设工程防雷许可的通知》，将防雷减灾工作纳入各级政府安全生产监管体系和目标考核体系，强化政府监管责任。加强对雷电灾害防御工作的组织管理，做好雷电监测、预报预警、雷电灾害调查鉴定和防雷科普宣传，划分雷电易发区域及其防范等级并及时向社会公布。落实防雷安全管理部门联席会议制度，厘清气象、住建、应急的监管职责，强化部门主管责任。省、市、县三级成立了防雷安全监督管理办公室，承担防雷安全监管职责，建立防雷安全监管网上服务平台与陕西省气象局官网链接，对外公布防雷装置检测单位、防雷安全重点单位信息，与防雷安全重点单位签订责任书，落实企业主体责任。全省集中开展防雷安全专项检查，强化企业防雷安全主体责任。

3.5.2 依法开展防雷行政审批

陕西省气象部门强化责任意识，严格依法进行行政审批，坚持多年来已推进的“一个窗口”受理和网上审批，按照“五统一”要求，进一步简化审批程序，优化审批流程，提高行政审批实效。各市气象局已全部进驻当地政务大厅，3个市气象局的服务窗口获得当地政府授予“文明窗口”或“先进个人”称号。按照国务院和中国气象局关于防雷改革的相关要求，下发了《关于做好第二批清理规范行政审批中介服务事项的通知》等一系列规范防雷行政审批文件，要求各单位落实取消“外地防雷工程专业资质备案核准”“防雷产品备案核准”“防雷工程专业设计、施工资质年检”非行政许可审批事项；落实取消“防雷工程专业设计、施工资质”许可项目；落实取消雷电灾害风险评估行政审批中介服务；调整新改扩建工程防雷装置设计技术评价和防雷装置检测2项服务为行政审批受理后的技术性服务。加强涉企收费管理，按照“谁审批、谁委托、谁付费”的原则，坚决杜绝违规收费，营造公平竞争市场环境。

3.5.3 强化防雷安全监管

调整防雷机构、职责，省、市气象局防雷管理职责统一由气象法制机构承担，取消省、市防雷办。按照“谁审批、谁负责、谁监管”的原则，厘清与住建、公路、水路、铁路、民航、水利、电力、核电、通信等各专业部门的许可范围，明晰各相关部门监管职责，消除职责交叉和监管空白。全省行政执法人员持证上岗。多年来，全省各级气象部门已建立了一整套完整的执法管理制度体系。西安、咸阳等地气象局在行政许可执法案卷评查等工作中获得了当地政府的表彰。在抓好气象执法队伍建设的同时，各级气象部门转变管理方式，加强事中事后监管，强化统一监管和信息共享。与省安监局联合下发了《关于进一步强化气象相关安全生产工作的实施意见》。会同应急、工商等部门进行防雷安全专项检查。建立防雷企业信息公开制度，推进“双随机一公开”监管工作，加强监管信息化建设，建立省防雷安全监管网，对外公布防雷管理的法律法规、防雷市场主体及重点单位名单，每年与省安监局联合开展防雷安全执法检查，结合年度防雷管理重点，单独组织若干次专项检查、巡查。省、市气象局与应急、教育、文物等相关部门已建立了经常性工作机制，气象部门与应急等部门已就防雷安全联合发文十余件，实现了信息共享，监管联动。强制使用防雷安全监管行业标准，实现多元化防雷技术服务统一管理。2015 年，陕西省防雷协会已经省民政厅批准成立。协会正式运行后，承担了引导全省防雷从业单位加强自身建设，协助各级防雷管理机构促进防雷减灾法律法规、技术标准等的普及和推广等职责。

3.5.4 提升防雷减灾业务能力和服务水平

陕西省气象局高度重视防雷减灾业务和防雷专业服务。按照防雷体制改革要求，明确了雷电检测、预报预警和决策服务的具体承担单位及归口管理处室。在陕北能源基地、长庆油田、西安地铁等设立防雷工作站，对用户提供雷电监测、预报预警、防雷装置安装维护、人员培训等一揽子防雷专业服务，得到中国气象局、政府有关部门和用户的高度评价。

全省建成 37 套大气电场仪和 2 套闪电定位仪，开展面向政府和有关部门的防雷减灾决策服务，向社会公众发布 24 h、12 h、6 h 雷电预报预警信息服务。完成《大气电场资料在雷电预报预警中的应用项目》《陕西省雷电灾害评价》《雷电规律及雷击灾害的研究》《陕西省雷电监测预报评估系统》《陕西省防雷中心网络信息业务平台建设》等一批科研课题。此外，在长安大气科学实验基地专门组建了雷电防护实验室，开展雷电基础理论研究和实验。在华山之巅建立雷电监测站，实时观测雷电活动情况，开展科研工作。

3.6 发展专业专项气象服务

陕西省气象局大力发展面向行业用户的专业气象服务，与交通、旅游、电力、林业、能源等 13 个行业 100 多家单位开展合作。依托项目带动专业气象服务技术发展，不断建立完善各类专业服务系统，跟进研发各类专业服务产品，积极推进精细化专业气象服务发展。面对传统信息服务业务发展下滑形势，创新专业气象服务发展的激励机制，积极拓展重点行业的重大气象用户和行业用户气象服务市场。

3.6.1 交通气象服务

依托“丝绸之路经济带西北五省区公路交通和风能太阳能气象保障服务工程”和“丝绸之路经济带陕西气象防灾减灾工程”项目，重点开展交通气象服务能力建设，在西汉、连霍高速（G30）陕西段、包茂高速（G65）陕西段、机场专线等高速公路和部分国、省道建成了 45 套交通气象观测站；完成陕西境内重点路段公路交通气象灾害普查和风险区划，建立了高速公路道路结冰、降水等不同灾害类型风险区划模型，开展了汉江航道立体交通气象灾害风险普查工作。建成了西北区域公路交通气象预报预警系统、西安交通气象灾害监测预警应急服务平台、榆林交通气象服务系统、交通气象服务共享平台、交通气象 App 等服务系统，交通气象服务精细化水平和服务效果均得到了显著提升。

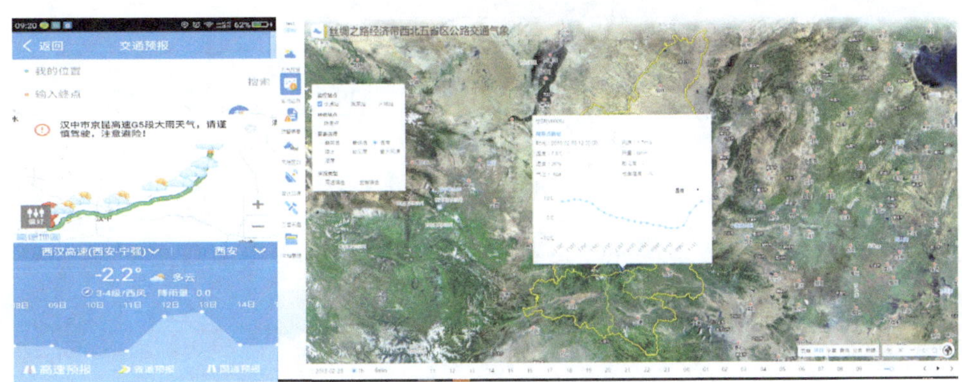

图 3-22　交通气象服务业务系统

3.6.2 森林防灭火气象保障服务

依托陕西省林业厅“陕西省森林火险预警项目建设项目”，建立了集“监测、预报、服务”于一体的陕西省林业气象服务体系。建成森林火险监测站 103 个，森林火险因子采集站 31 个，手持火险监测仪 300 部，基本覆盖全省林区，实现对林区和火灾发生地的气象信息的实时监测，以及林区可燃物和物候的观测。研发了陕西省森林火险预警服务系统，建立了陕西省森林火险等级预报模型，以林区监测站为基础，结合智能网格预报，实现林区森林火险等级预报，开展了林业气象灾害风险调查、服务效益评估等工作。

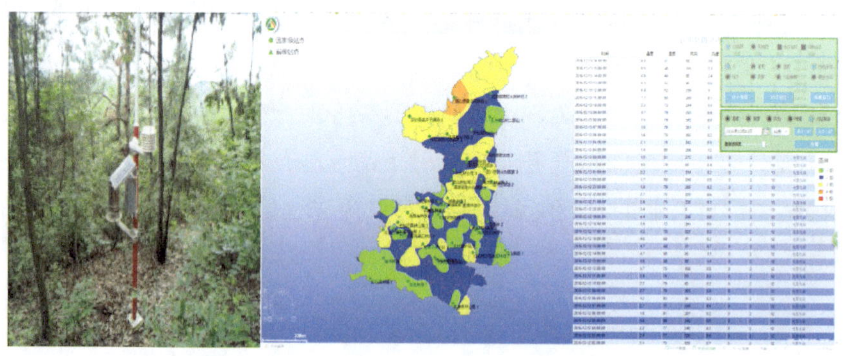

图 3–23 林业气象服务业务系统

3.6.3 电力气象服务

面向西北电网等重点用户，研发了陕西电网短期区域精细化气象预报服务系统、安康水文气象服务系统、羊毛湾水库流域雨水情预警系统等专业服务系统，开展气温、降水、风光资源预测等服务和输电线路覆冰、火电厂空冷机组设计等评估服务。针对西北电网一体化安全管控体系建设项目陕西试点开展专业气象服务。

图 3–24 电力气象服务业务系统

3.6.4 能源气象服务

面向长庆石油等重点用户，研发了长庆油田气象监测预报服务系统，开展精细化专业服务。建成风能太阳能气象服务业务平台和风电功率短期预测系统，参与了政府风能、太阳能开发利用发展规划编制工作，开展了全省风电场、太阳能电站选址、评估和运行保障气象服务，为全省光伏扶贫项目 3000 余个建设点开展气候评估。

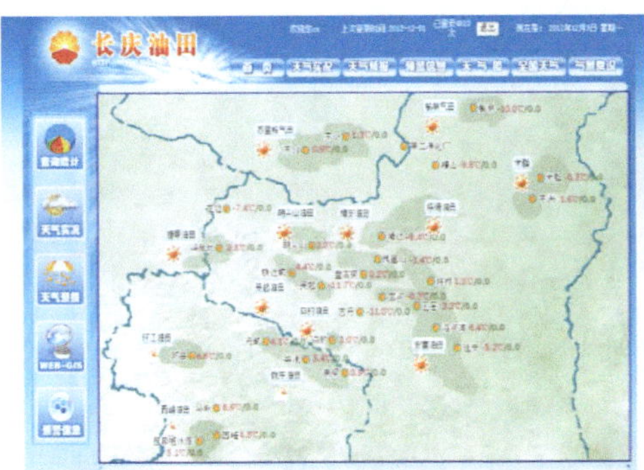

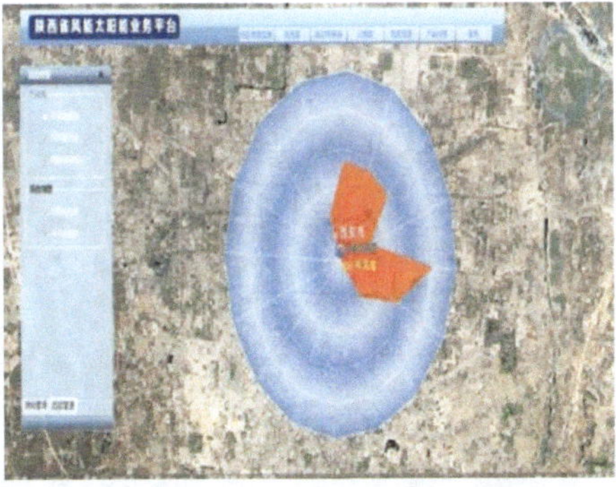

图 3–25　能源气象服务业务系统

3.6.5 旅游气象服务

服务陕西全域旅游发展，建成旅游景区自动气象站 18 个、负氧离子监测站 33 个。依托山岳型景区旅游气象服务示范建设项目，渭南市气象局研发了华山旅游气象服务系统，服务效益显著。宝鸡市气象局研发了大水川景区智慧旅游气象服务平台，开展旅游出行线路智能推送，提供气象景观预报、旅游气象安全风险防范等服务，并对未来景区客流量、农家乐就餐率、土特产销量进行预测。

图 3–26　旅游气象服务业务系统

3.6.6 其他专业气象服务

建成了陕西专业气象服务“一体化”平台，基于“秦智”网格预报，面向不同行业开发多种精细化专业气象服务产品，不断强化专业气象服务技术支撑。为引汉济渭工程开发了区域精细化预报预警微信程序，制作了网页版预报预警产品展示界面。开发了陕西气象行业专享微信公众号，为西安铁路局、陕西水务集团、陕西铁塔公司、陕西东庄水库工程建设公司等重点合作单位开展服务。

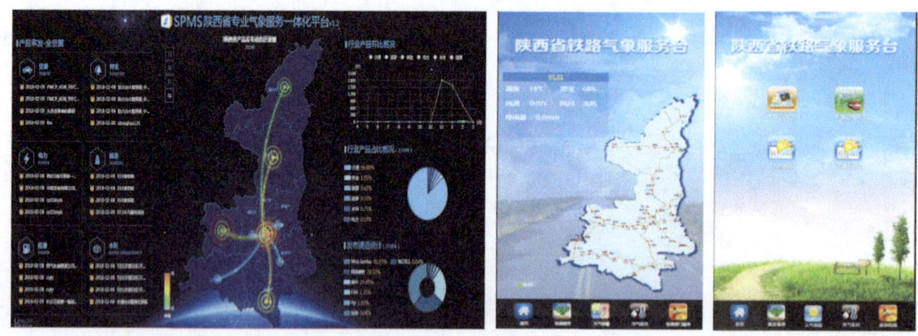

图 3–27　其他专业气象服务系统

4

政府主导推进防灾减灾救灾工作

陕西省人民政府加强防灾减灾救灾决策，统一调度指挥，2013—2019 年共下发文件 75 份（2013 年 12 份、2014 年 15 份、2015 年 14 份、2016 年 11 份、2017 年 11 份、2018 年 6 份、2019 年 6 份），指导全省防灾减灾救灾工作。

陕西省气象灾害应急指挥部充分发挥气象防灾减灾第一道防线作用，指导省级成员单位和市县级政府履行气象灾害防御职责，发挥“党委领导、政府主导、部门联动、社会参与”的气象灾害防御优势，2013—2019 年，陕西省气象灾害应急指挥部共发布各类文件 163 期（2013 年 7 期、2014 年 7 期、2015 年 8 期、2016 年 21 期、2017 年 39 期、2018 年 39 期、2019 年 42 期），陕西省气象局累计启动应急 93 次 363 天（2013 年 11 次 52 天、2014 年 2 次 17 天、2015 年 5 次 22 天、2016 年 12 次 46 天、2017 年 21 次 70 天、2018 年 20 次 72 天、2019 年 22 次 84 天）。

4.1 2013 年度防灾减灾救灾

4.1.1 2013 年灾情概述

2013 年是陕西省灾情较重年份，经历了干旱、低温冷冻、大风冰雹、暴雨洪涝等多种气象灾害和滑坡、泥石流、山体崩塌等地质灾害。特别是从 2012 年秋播到 2013 年 6 月的旱灾、4 月的低温冷冻灾害、6—8 月的强降雨引发的洪涝灾害，给人民群众生命财产造成重大损失。全年全省 11 市（区）101 个县（市、区）受灾，受灾人口 1446.79 万人，紧急转移安置 90.87 万人，因灾死亡 75 人；农作物受灾面积 153.86 万 hm^2，绝收面积 17.88 万 hm^2；因灾死亡羊只 1.49 万头，因灾死亡大牲畜 5600 多头；因灾倒塌和严重损坏房屋 23.83 万间，一般损坏房屋 27.69 万间（其中农房 10.16 万户 25.77 万间）；7 条高速公路（在建 3 条、运营 4 条），27 条国、省道，3000 多条农村公路不同程度受损。直接经济损失 231.42 亿元，其中农业损失 116.76 亿元、工矿企业损失 21.05 亿元、基础设施损失 45.07 亿元、公益设施损失 5.35 亿元、家庭财产损失 38.46 亿元，其他损失 4.73 亿元。

4.1.2 2013 年省政府防灾抗灾救灾重大决策

《陕西省人民政府关于支持延安市防灾救灾和灾后重建的意见》

《陕西省人民政府关于印发城市空气重污染日应急方案（暂行）的通知》

《陕西省人民政府关于印发省“治污降霾·保卫蓝天”五年行动计划（2013—2017年）的通知》

《陕西省人民政府办公厅关于进一步加强人工影响天气工作的实施意见》

《陕西省人民政府办公厅关于加强山洪灾害防治非工程措施建设管理工作的通知》

《陕西省人民政府办公厅关于印发省“治污降霾·保卫蓝天”行动计划（2013年）的通知》

《陕西省人民政府办公厅关于进一步加强农村气象防灾减灾体系建设的意见》

《陕西省人民政府办公厅关于印发〈陕西省突发事件预警信息发布管理暂行办法〉的通知》

《陕西省人民政府办公厅关于切实抓好冬春农田灌溉和田间管理工作的紧急通知》

《陕西省人民政府办公厅关于我省近期森林火灾情况的通报》

《陕西省人民政府办公厅关于进一步做好汛期灾害防范应对工作的紧急通知》

《陕西省人民政府办公厅关于做好2013年度地震应急准备工作的通知》

4.1.3 2013年省气象灾害应急指挥部决策

陕气应指办函〔2013〕1号《陕西省气象灾害应急指挥部办公室关于做好寒潮天气防范工作的紧急通知 关于做好霜冻防御工作的紧急通知》

陕气应指办函〔2013〕2号《陕西省气象灾害应急指挥部办公室关于做好当前森林防火气象服务工作的紧急通知》

陕气应指办函〔2013〕3号《关于召开“2013年陕西省气象灾害应急指挥部联络员会议”的通知》

陕气应指办函〔2013〕4号《2013年陕西省气象灾害应急指挥工作要点》

陕气应指办函〔2013〕5号《关于做好果业和设施农业冻害防御工作的紧急通知》

陕气应指办函〔2013〕6号《关于做好高温天气应对防范工作的通知》

陕气应指办函〔2013〕7号《陕西省气象灾害应急指挥部办公室关于贯彻落实〈陕西省人民政府办公厅关于加强农村气象防灾减灾体系建设的意见〉的实施意见》

4.1.4 2013 年省政府部门防灾抗灾救灾举措

陕西省气象局：认真贯彻落实中国气象局和陕西省政府各项部署，按照“一年四季不放松，每次过程不放过”的要求，精心组织，周密部署，准确及时预警，积极主动服务，有力、有序、有效地开展气象服务工作，为各级政府防汛抗洪提供科学依据，为撤离灾区群众赢得了宝贵时间，得到中国气象局和陕西省委、省政府的高度重视和评价。一是强化组织领导，精心安排部署，确保汛期气象服务到位有序；二是强化灾害性天气监测预警；三是应急响应迅速及时；四是做好中小河流洪水气象风险预警；五是开展周到及时的汛期决策气象服务；六是全力做好精细化公众服务；七是加强抗旱人工增雨和防雹工作；八是强化气象为农“两个体系”建设；九是加强气象服务工作宣传。

陕西省民政厅：广泛动员各方力量，全力开展救灾工作和恢复重建工作。一是加强领导，研判形势，认真部署；二是健全机制，完善预案，积极开展防灾演练；三是及时发布灾害预警预报，启动应急响应，开展救灾工作；四是加强应急队伍建设，加大资金物资投入。

陕西省财政厅：确保落实资金投入，加快支出进度，确保了各项救灾工作的顺利开展。一是加大灾后应急恢复重建资金投入，中央、省级基建用于灾后应急恢复重建资金共计 19880 万元；二是水毁公路建设资金投入，共安排延安、汉中等 5 市公路水毁抢修保通中央、省级资金 2800 万元；三是防汛、抗旱、林业、农业等救灾补助资金投入，防汛救灾资金 27980 万元，抗旱救灾资金 11468 万元，林业救灾资金 16390 万元，农业灾害救助资金 17573 万元；四是社保救灾资金投入，中、省财政对灾民生活安排和农村受灾民房重建修缮投入 72050 万元。

陕西省国土资源厅：一是制定《陕西省 2013 年度地质灾害防治方案》；二是制定值班手册、加强汛期值班工作；三是做好地质灾害气象预报预警工作；四是加强突发地质灾害应急演练。

陕西省环境保护厅：一是做好极端自然灾害下预警工作；二是扎实开展环境执法检查，先后开展“三河一区”专项环境检查，开展沿渭河、汉江化工企业有机污染物隐患排查，开展环境安全大检查，开展“治污降霾·保卫蓝天”执法活动；三是积极推进风险源管理。

陕西省水利厅：一是扎实细致备汛，强化落实防汛抗洪措施；二是打牢基础根基，加强防洪工程设施建设；三是强化宣传教育，依法加强江河安全整治；四是强化预报预警，缜密会商提供决策支撑；五是果断启动预案，主动防御暴雨洪水灾害；六是上下同心协力，战胜延安特大暴雨灾害。

陕西省农业厅：各级农业部门及时建立了灾情信息调查统计日报制度，并加强与防汛、民政、气象等相关部门的衔接和沟通，保证了灾情信息及时传递，为指导抢险救灾工作提供了准确依据。一是农业防灾减灾工作，加强灾情调查统计工作，全力指导灾后生产自救工作，落实救灾资金；二是植物保护，提高病虫预报水平，加强病虫综合防治防控，推进专业化统防统治工作，深化绿色防控技术，严格疫情监测防控工作，推进新农药械的试验示范与推广工作，服务果业提质增效工程，服务百万亩设施蔬菜工程。

陕西省林业厅：一是加强森林防火工作，领导高度重视并专题部署防火工作；加强应急值守和火险预警监测工作，借助媒体平台进一步加大宣传力度，不断健全和完善森林防火工作机制，编制森林防火专项规划并正式实施，开展森林防火工作座谈调研沟通会。二是森林病虫害防治。积极开展和加强松材线虫病防治、胡蜂应急防治、美国白蛾监测防控、松扁叶蜂飞机防治、林地鼠（兔）害防治、松大小蠹虫综合治理、杨树病虫害治理和经济林病虫害防治。

陕西省卫生和计划生育委员会：全省卫生系统坚持预防与应急并重、常态与非常态相结合的原则，建立健全组织指挥体系，加强监测预警和风险评估工作，及时有效处置各类突发事件，全面加强卫生应急队伍建设，积极开展应急演练，着力提升有效防范和应对各类突发事件的卫生应急能力。一是加强卫生应急组织指挥体系建设；二是推进卫生应急队伍建设；三是加强监测预警，开展突发公共卫生事件风险评估工作；四是科学处置多起突发事件。

陕西省地震局：坚持融合发展方式，突出震情和应急，切实加强社会管理和公共服务，不断提升“3+1”体系支撑能力，防震减灾各项工作取得新进展。一是震情跟踪监视工作扎实有效；二是震害防御基础不断强化；三是地震应急救援能力不断增强；四是地震科技支撑能力不断提高；五是重点项目顺利实施。

国家能源局西北监管局：突出电网安全风险管控，持续提升电力企业应急管理能力，强化电力突发事件应对处置。一是西北监管局迅速反应，加大抗灾保电工作指导协调；二是相关供电企业采取有力措施，积极开展抗灾保电；三是国网、地电加强沟通，团结一致，妥善处置宜川县大范围停电；四是及时向政府汇报沟通，为电力抢修恢复创造良好条件。

中国保险监督管理委员会陕西监管局：积极参与各类防灾救灾工作，利用保险机制预防和分散灾害风险并提供灾后损失补偿，做好保险业赔付，在保障人民生产生活正常运行、减轻人民生命财产损失和充当社会稳定器方面发挥了重要作用。

陕西省公安消防总队：全省全年未发生较大以上火灾事故，火灾形势保持持续稳定，为经济社会发展和社会和谐安定创造了良好的消防安全环境。一是消防安全责任制有效落实；二是消防安全管理创新深入推进；三是社会消防安全环境明显改善；四是公众消防安全意识大大增强；五是部队攻坚打赢能力显著提升；六是应急救援和专职消防队建设实现新的跨越；七是消防信息化服务警务勤务作用明显；八是部队综合保障能力大幅提升。

4.2 2014 年度防灾减灾救灾

4.2.1 2014 年灾情概述

2014 年，陕西省极端灾害性天气事件频发，灾多面广，多地重复受灾，先后发生了干旱、暴雨洪涝、低温冻害、大风冰雹等多种气象灾害和滑坡、山体崩塌等地质灾害。特别是冬春连旱和夏伏旱、9 月暴雨洪涝灾害给人民群众生命财产造成严重损失。与 2003 年以来灾情比较，2014 年属灾情较轻年。全年全省 11 个市（区）103 个县（区、市）1214 个乡（镇）受灾，受灾人口 1177.39 万人，紧急转移安置 23.92 万人，因灾死亡 37 人；农作物受灾面积 118.55 万 hm^2，其中绝收面积 16.75 万 hm^2；倒塌房屋 1.87 万间（其中农房 1.83 万间），严重损坏房屋 2.87 万间（其中农房 2.77 万间），一般损坏房屋 8.02 万间（其中农房 7.68 万间）；3 条 5 段高速公路、7 条国道、20 条省道和 2000 多条农村公路不同程度受损；冲毁路基 386.5 万 m^3，冲毁路面 261.3 万 m^2，冲毁挡墙 82.4 万 m^3，冲毁护坡 18.6 万 m^2，损坏桥梁 2593 延米 /89 座，损坏涵洞 3031 道，塌方 584.8 万 m^3，累计基础设施损失 10.54 亿元。全年因灾直接经济损失 93.85 亿元，其中农业损失 73.1 亿元。

4.2.2 2014 年省政府防灾抗灾救灾重大决策

《陕西省人民政府关于印发省重污染天气应急预案的通知》

《陕西省人民政府办公厅关于切实做好冬春抗旱灌溉和森林防火工作的紧急通知》

《陕西省人民政府办公厅转发〈国务院办公厅关于切实做好春季防火工作的紧急通知〉的通知》

《陕西省人民政府办公厅关于 2013 年度全省防震减灾工作目标任务完成情况的通报》

《陕西省人民政府办公厅关于做好重污染天气应对工作的通知》

《陕西省人民政府办公厅关于做好高温天气应对工作的紧急通知》

《陕西省人民政府办公厅关于建立疾病应急救助制度的实施意见（试行）》

《陕西省人民政府办公厅关于进一步做好艾滋病防治工作的指导意见》

《陕西省人民政府办公厅关于印发省突发事件应急预案管理办法的通知》

《陕西省人民政府办公厅关于印发〈陕西省地震灾情上报管理办法〉的通知》

《陕西省人民政府办公厅转发省国土资源厅关于 2014 年地质灾害防治方案的通知》

《陕西省人民政府办公厅关于印发省“治污降霾·保卫蓝天”2014 年工作方案的通知》

《陕西省人民政府办公厅关于加强林业有害生物防治工作的实施意见》

《陕西省人民政府办公厅关于印发省抗旱应急预案的通知》

《陕西省人民政府办公厅关于印发省防汛应急预案的通知》

4.2.3 2014 年省气象灾害应急指挥部决策

陕气应指办函〔2014〕1 号《关于表彰 2012—2013 年度陕西省气象灾害应急工作先进集体和先进个人的决定》

陕气应指办函〔2014〕2 号《关于做好寒潮、雨雪天气过程防御工作的通知》

陕气应指办函〔2014〕3 号《关于召开 2014 年陕西省气象灾害应急指挥部联络员会议的通知》

陕气应指办函〔2014〕4 号《2014 年陕西省气象灾害应急工作要点》

陕气应指办函〔2014〕5 号《关于做好寒潮天气防御工作的紧急通知》

陕气应指办函〔2014〕6 号《关于做好雨雪、降温天气防御工作的紧急通知》

陕气应指办函〔2014〕7 号《关于做好寒潮天气防御工作的紧急通知》

4.2.4 2014 年省政府部门防灾抗灾救灾举措

陕西省气象局：认真贯彻落实中国气象局和陕西省政府各项部署，面对汛期复杂、异常的天气情况，全省各级气象部门高度重视，全力以赴做好各项气象服务工作。由于预报准确，预警发布迅速，服务部署到位，为政府组织抗灾救灾工作提供科学决策依据，有效减轻了灾害损失。一是强化组织领导，精心安排部署，确保汛期气象服务到位有序；二是强化灾害性天气监测预警；三是应急响应迅速及时；四是开展周到及时的汛期决策气象服务；五是全力做好精细化公众服务；六是全力做好农业气象服务，拓展气象服务民生新领域；七是积极运用全媒体气象服务宣传模式提升宣传效果。

陕西省民政厅：主要领导亲自安排，深入一线靠前指挥，切实履行防汛第一责任人的职责，全力组织干部群众抢险救灾。一是加强领导，研判形势，认真部署；二是健全机制，完善预案，积极开展防灾演练；三是及时发布灾害预警预报，启动应急响应，开展救灾工作；四是加强应急队伍建设，加大资金物资投入。

陕西省财政厅：高度重视救灾工作，在确保落实资金投入的同时，加快支出进度，确保了各项救灾工作的顺利开展。一是支持地质灾害防治资金投入；二是加大水毁公路资金投入；三是抓好防汛、抗旱、林业、农业等救灾补助资金投入；四是加大社保救灾资金投入。

陕西省国土资源厅：一是制定《陕西省 2014 年度地质灾害防治方案》；二是制定值班手册、加强汛期值班工作；三是做好地质灾害气象预报预警工作；四是加强远程视频会商专项训练和突发地质灾害应急演练；五是积极开展地质灾害应急调查工作；六是大力开展地质灾害防治宣传活动；七是积极推进地质灾害防治高标准“十有县”建设，取得了重大成效；八是加强了地质灾害应急管理机构建设；九是完成了榆林市 10 个县（区）和铜川市宜君县的地质灾害详查。

陕西省环境保护厅：全省共发生 82 起突发环境事件，省环境保护厅直接参与处置 26 起污染事件。一是妥善应对各类突发环境事件；二是深入推进环境应急管理工作；三是全面拓展应急管理新思路。

陕西省交通运输厅：紧急启动抢修预案，夯实责任，分级负责，发扬“6·8”抗洪抢险精神，按照“先通后畅，即堵即抢，即抢即通”的原则，领导靠前指挥，加强抢险保通，确保了汛期全省各条干线公路的安全畅通。一是提前部署，落实各项防汛措施；二是精心组织，加强汛期公路养护；三是迅速反应，第一时间处理重大险情；四是积极协调，最大限度提供安全畅通的道路通行条件；五是及时安排，开展水毁公路修复工作。

陕西省水利厅：一是各级领导高度重视，领导指挥组织得力；二是细化明确目标任务，夯实防汛抗洪责任；三是提早扎实细致备汛，落实防汛抗洪措施；四是加强防洪工程建设，依法清除行洪障碍；五是广泛开展宣传教育，打牢防汛抗洪基础；六是加强预报会商研判，严密防范暴雨洪水；七是果断决策科学调度，全力以赴抢险救灾。

陕西省农业厅：一是积极响应，争取技术支持；二是联合相关部门，合力推动抗旱减灾工作；三是加强工作督导和技术指导；四是强化信息调度；五是科学防灾减灾；

六是狠抓“防虫保粮”，确保粮食生产安全；七是加强政府购买服务，提升植保服务能力。

陕西省林业厅：一是领导高度重视，周密安排部署；二是强化宣传教育，营造浓厚氛围；三是采取有效措施，做好火灾防范；四是加强火险预警，做好值班备勤；五是做好扑火准备，提升处置能力；六是加强防火培训，提高指挥能力；七是全力做好松材线虫病防治；八是加强胡蜂应急防控工作，开展松叶蜂飞机防治。

陕西省卫生和计划生育委员会：一是加强卫生应急组织指挥体系建设；二是推进卫生应急队伍建设；三是不断完善预案体系；四是加强监测预警，开展突发公共卫生事件风险评估工作；五是科学处置多起突发事件。

陕西省地震局：坚持融合发展，积极主动作为，扎实推进震情跟踪、应急戒备以及城乡抗震设防、防震减灾宣传教育等工作，取得显著成效。一是震情跟踪监视工作扎实有效；二是震害防御基础不断强化；三是地震应急救援能力不断增强；四是地震科技支撑能力不断提高；五是省部合作共建项目全面推进。

国家能源局西北监管局：一是依法履行电力安全监管职责，指导协调电力企业做好抗灾救灾工作；二是深入开展安全生产隐患排查治理，及时消除安全风险。三是加强对电力企业应急工作的指导，提升电力突发事件应急处置能力；四是积极应对各种自然灾害，指导协调电力企业抗灾保电工作。

中国保险监督管理委员会陕西监管局：陕西保险业充分发挥在防灾减灾救灾工作中的专业优势，积极参与各类防灾减灾救灾工作，利用保险机制预防和分散灾害风险并提供灾后损失补偿，在保障人民生产生活正常运行、减轻人民生命财产损失和充当社会稳定器方面发挥了重要作用。加强政策支持，进一步发挥保险业在防灾减灾救灾体系中的作用。

陕西省公安消防总队：全力打造“现代化三秦公安消防铁军”，圆满完成了以防火、灭火和抢险救援为中心的各项工作任务。一是消防安全责任制有效落实；二是社会消防安全综合治理成效凸显；三是社会消防安全环境显著改善；四是消防监督执法不断规范；五是公众消防安全意识全面增强；六是灭火攻坚能力持续提升。

4.3 2015 年度防灾减灾救灾

4.3.1 2015 年灾情概述

2015 年，全省发生暴雨洪涝、干旱、大风冰雹、低温冻害、山体崩塌、滑坡等 6 类自然灾害 315 次，涉及 10 个市 97 个县（区）1005 个镇（街办）。特别是“8・12”山阳特大滑坡和 6 月汉中暴雨洪涝等重特大自然灾害、陕北和渭北地区持续干旱及大风冰雹等较大自然灾害，给灾区经济社会发展和人民群众生命财产安全造成严重影响。各类自然灾害共造成全省 586.32 万人次受灾，103 人因灾死亡和失踪，紧急转移安置和紧急生活救助受灾群众 9.08 万人次，因旱生活救助 14.43 万人；农作物受灾面积 92.2 万 hm^2，绝收面积 14.7 万 hm^2；倒塌和严重损坏房屋 1 万多间，一般损坏房屋 2 万多间；37 条国省道、1572 条农村公路不同程度受损；电力、通信等基础设施也遭到损毁，直接经济损失 72.8 亿元。

4.3.2 2015 年省政府防灾抗灾救灾的重大决策

《陕西省实施〈中华人民共和国抗旱条例〉细则》

《陕西省社会救助办法》

《陕西省人民政府关于进一步完善临时救助制度的通知》

《陕西省人民政府关于建立地质灾害防治工作省级联席会议制度的批复》

《陕西省人民政府办公厅关于进一步做好重点传染病防控工作的通知》

《陕西省人民政府办公厅关于印发“治污降霾・保卫蓝天”2015 年工作方案的通知》

《陕西省人民政府办公厅关于切实做好冬春季防火工作的紧急通知》

《陕西省人民政府办公厅关于在全省开展地质灾害隐患排查工作的紧急通知》

《陕西省人民政府办公厅关于 2014 年度全省防震减灾工作目标任务完成情况的

通报》

《陕西省人民政府办公厅关于印发省突发环境事件应急预案的通知》

《陕西省人民政府办公厅关于做好今冬明春火灾防控工作的通知》

《陕西省人民政府办公厅关于做好今冬明春大气污染防治工作的通知》

《陕西省人民政府办公厅转发省地震局关于开展防震减灾示范县（区、市）创建活动实施意见的通知》

《陕西省人民政府办公厅关于做好2015年突发事件应对工作总结评估的通知》

4.3.3 2015年省气象灾害应急指挥部决策

陕气应指办函〔2015〕1号《关于做好连阴雨（雪）、降温天气防御工作的紧急通知 关于表彰2014年度陕西省气象灾害应急工作先进的决定》

陕气应指办函〔2015〕2号《关于推荐2014年度陕西省气象灾害应急先进的通知》

陕气应指办函〔2015〕3号《关于召开2015年陕西省气象灾害应急指挥部联络员会议的通知》

陕气应指办函〔2015〕4号《2015年陕西省气象灾害应急工作要点》

陕气应指办函〔2015〕5号《关于做好强降雨、大风天气防御工作的紧急通知》

陕气应指办函〔2015〕6号《关于更新陕西省气象灾害应急指挥部成员单位相关人员名单的通知》

陕气应指办函〔2015〕7号《关于召开气象灾害应急指挥信息系统培训暨减灾服务中心成立五周年座谈会的通知》

陕气应指办函〔2015〕8号《关于做好寒潮大风天气防御工作的紧急通知》

4.3.4 2015年省政府部门防灾抗灾救灾举措

陕西省气象局：认真贯彻落实中国气象局和陕西省政府各项部署，精心组织，周密部署，以高度的责任意识和敬业精神，密切监视天气气候变化，做好各种灾害性天气的监测预报预警，及时启动应急响应，气象服务工作取得了显著成效，为全省防灾减灾救灾工作提供了有力保障。一是组织领导有力有序，汛前准备充分到位；二是监测预报准确精细；三是预警发布广泛及时；四是气象服务主动作为；五是人影工作成效显著。

陕西省民政厅：一是加强领导，研判形势，认真部署；二是健全机制，完善预案，积极开展防灾宣传和减灾示范社区创建工作；三是及时发布灾害预警预报，启动应急响应，开展救灾工作；四是加强应急队伍建设，加大资金物资投入。

陕西省财政厅：高度重视、全力以赴做好救灾工作，及时拨付救灾资金，确保了各项救灾工作的顺利进行。下达了地质灾害防治资金，地质灾害避灾移民搬迁资金，公路保通修复重建资金和支农资金，投入抗灾救灾资金、农业救灾资金、社保救灾资金。

陕西省国土资源厅：全年消除地质灾害隐患点401处，成功预报地质灾害11起，避免了262人的伤亡和908万元的直接经济损失。一是制定《陕西省2015年度地质灾害防治方案》；二是制定值班手册、加强汛期值班工作；三是做好地质灾害气象预报预警工作；四是加强远程视频会商专项训练和突发地质灾害应急演练；五是积极开展地质灾害应急调查工作；六是大力开展地质灾害防治宣传活动。

陕西省环境保护厅：一是妥善应对各类突发环境事件；二是深入推进环境应急管理工作，开展陕北地区原油管道泄漏专项整治，深入开展环境保护大检查，修订陕西省突发环境事件应急预案。

陕西省交通运输厅：全力开展抢通保通，及时进行恢复重建，确保全省公路安全畅通。一是开展防汛应急演练；二是建立健全各级防汛组织机构，完善公路防汛预案；三是开展汛前公路安全隐患排查和治理；四是及时开展水毁修复。

陕西省水利厅：以确保人民群众生命财产安全为首要目标，依法、科学、从严组织开展防汛抗洪工作，最大限度地减轻洪涝灾害损失，为全省经济社会发展提供有力保障。一是未雨绸缪，从早从细落实防汛抗灾措施；二是严密值守，及时高效防范暴雨洪水灾害；三是以人为本，全力确保人民群众生命安全；四是科学防抗，最大努力减轻洪涝灾害损失。

陕西省农业厅：各级农业部门积极配合，救灾应急工作做到了预警信息及时，技术预案科学，应对措施得当，督导有力有效，降低了因灾损失，确保了全年农业生产取得丰收。一是积极响应，争取技术支持；二是联合相关部门，合力推动抗旱减灾工作；三是强化信息调度；四是科学防灾减灾。

陕西省林业厅：一是领导重视，落实责任；二是未雨绸缪，精心部署；三是开展演练，实战检验；四是加强值班，积极备战；五是协同联动，尽职尽责；六是多措并举，做好防范；七是注重宣传，营造氛围；八是项目引领，夯实基础。

陕西省卫生和计划生育委员会：推动“一案三制”建设，完善各项应急准备，加强监测预警和风险评估，积极开展应急演练，及时科学应对了多起突发公共卫生事件，完成了各类突发事件的医疗卫生救援任务。一是加大精准防控力度，积极落实重点传染病专病专防策略；二是夯实免疫规划基础，规范疫苗接种工作；三是加强卫生应急组织体系建设；四是推进卫生应急队伍建设；五是完善各类卫生应急物资装备；六是加强监测预警及突发公共卫生事件风险评估；七是科学处置多起突发事件。

陕西省地震局：坚持融合发展，积极主动作为，扎实推进震情跟踪、应急戒备以及城乡抗震设防、防震减灾宣传教育等工作。一是震情跟踪监视，工作扎实有效；二是震害防御基础不断强化；三是地震应急救援能力不断增强；四是地震科技支撑能力不断提高；五是"十二五"重点建设项目有力推进。

国家能源局西北监管局：一是依法依规加强电力安全监管，指导协调电力企业做好抗灾救灾工作；二是强化隐患排查治理，扎实做好日常安全监管工作；三是加强对电力应急工作的指导协调，提升突发事件应对能力；四是积极应对各类自然灾害，指导协调电力企业抗灾保电工作。

中国保险监督管理委员会陕西监管局：一是加强政策支持，提升保险业防灾减灾救灾作用；二是推动农险"提标增品扩面"，积极服务"三农"发展；三是提供风险保障，为实体经济发展保驾护航；四是大力发展责任保险，参与社会公共管理；五是积极参与全省精准扶贫工作。

陕西省公安消防总队：全省连续保持 18 年未发生群死群伤火灾事故，部、省领导先后 35 次批示肯定全省消防工作成效。一是消防安全责任制有效落实；二是社会消防安全综合治理扎实推进；三是消防安全环境显著改善；四是执法规范化建设水平日趋规范。

4.4 2016 年度防灾减灾救灾

4.4.1 2016 年灾情概述

2016 年，全省发生暴雨洪涝、干旱、大风冰雹、低温冷冻、雪灾、滑坡、山体崩塌、生物灾害 8 类自然灾害 428 次，10 个市 102 个县（区、市）1028 个乡（镇、街办）559.89 万人次受灾，25 人因灾死亡，紧急转移和紧急救助群众 5.77 万人次，因旱救助群众 20.86 万人次；农作物受灾面积 65.92 万 hm^2，绝收 8.09 万 hm^2；倒塌和严重损坏房屋 9400 多间，一般损坏房屋 3.35 万间。直接经济损失 79.51 亿元。与 2015 年相比，除直接经济损失增加 9.2% 外，总体灾情有所减轻，特别是因灾死亡人口减少了 75.2%。与 2006 年以来灾情相比，受灾人口、因灾死亡人口、农作物受灾面积和倒损房屋数量等灾情指标最小，其中除直接经济损失指标外，其他指标减小幅度都超过了50%。

4.4.2 2016 年省政府防灾抗灾救灾的重大决策

《陕西省消防水源管理规定》

《陕西省实施〈自然灾害救助条例〉办法》

《陕西省人民政府关于印发〈陕西省消防能力建设提振计划〉的通知》

《陕西省人民政府关于调整优化建设工程防雷许可的通知》

《陕西省人民政府办公厅关于进一步加强传染病防治人员安全防护的实施意见》

《陕西省人民政府办公厅关于印发〈陕西省应急物资保障管理办法（暂行）〉的通知》

《陕西省人民政府办公厅关于印发"治污降霾·保卫蓝天"2016 年工作方案的通知》

《陕西省人民政府办公厅关于转发省国土资源厅 2016 年地质灾害防治方案的通知》

《陕西省人民政府办公厅关于 2015 年度防震减灾工作目标任务完成情况的通报》

《陕西省人民政府办公厅关于做好今冬明春火灾防控工作的通知》

《陕西省人民政府办公厅关于印发省自然灾害救助应急预案的通知》

4.4.3 2016 年省气象灾害应急指挥部决策

陕气应指办函〔2016〕1 号《关于做好雨雪降温天气防御工作的紧急通知》

陕气应指办函〔2016〕2 号《关于推荐 2015 年度陕西省气象灾害应急先进的通知》

陕气应指办函〔2016〕3 号《关于表彰 2015 年度陕西省气象灾害应急工作先进的决定》

陕气应指办函〔2016〕4 号《关于做好雨雪降温天气防御工作的紧急通知》

陕气应指办函〔2016〕5 号《关于召开 2016 年指挥部联络员会议的通知》

陕气应指办函〔2016〕6 号《关于核对更新省气象灾害应急指挥部各成员单位应急联系人信息的通知》

陕气应指办函〔2016〕7 号《关于做好降温、降水灾害性天气防御工作的紧急通知》

陕气应指办函〔2016〕8 号《2016 年陕西省气象灾害应急工作要点》

陕气应指办函〔2016〕9 号《关于做好强降雨天气防御工作的紧急通知》

陕气应指办函〔2016〕10 号《关于做好 7—9 日暴雨天气防御工作的紧急通知》

陕气应指办函〔2016〕11 号《关于做好 13—14 日暴雨天气防御工作的紧急通知》

陕气应指办函〔2016〕12 号《关于做好 18—19 日暴雨天气防御工作的紧急通知

陕气应指办函〔2016〕13 号《关于做好 23—25 日高温、暴雨天气防御工作的紧急通知》

陕气应指办函〔2016〕14 号《关于做好高温天气防御工作的紧急通知》

陕气应指办函〔2016〕15 号《关于征求气象信息服务意见的函》

陕气应指办函〔2016〕16 号《关于做好近期暴雨强对流天气防御工作的紧急通知》

陕气应指办函〔2016〕17 号《关于做好近期高温天气防御工作的通知》

陕气应指办函〔2016〕18 号《关于气象服务需求及气象服务满意度调查的函》

陕气应指办函〔2016〕19 号《关于做好近期降温天气防御工作的通知》

陕气应指办函〔2016〕20 号《关于做好降温、雨雪天气防御工作的通知》

陕气应指办函〔2016〕21 号《关于做好雨雪冰冻天气防御工作的紧急通知》

4.4.4 2016 年省政府部门防灾抗灾救灾举措

陕西省气象局：全省气象部门按照中国气象局和陕西省委、省政府的总体部署和要求，坚持依法防灾、科学减灾，强化组织领导，狠抓工作落实，开展优质高效、形式多样的气象服务。针对干旱、暴雨、冰雹等气象灾害频发，重大社会活动气象保障服务工作频繁的严峻形势，积极开展气象灾害防御和应急响应。由于预报准确，预警发布迅速，服务部署到位，为政府组织抗灾救灾工作提供科学决策依据，有效减轻了气象及其次生灾害造成的人员伤亡和财产损失，有力保障了各类重大社会活动的顺利举行。一是狠抓汛前准备，强化组织领导，确保汛期气象服务有序到位；二是圆满完成汛期各项气象服务工作，预报准确，预警及时，应急迅速，决策服务主动到位，公众服务覆盖面广，专业服务广受好评，重大活动保障有力，大力开展人影作业。

陕西省民政厅：一是加强领导，研判形势，认真部署；二是健全机制，完善预案，积极开展防灾宣传和演练；三是及时发布灾害预警预报，启动应急响应，开展救灾工作；四是加强应急队伍建设，加大资金物资投入。

陕西省财政厅：全力以赴做好救灾工作，及时拨付救灾资金，确保了各项救灾工作的顺利进行。省财政下达地质灾害项目资金 4985 万元，支持地质灾害避灾移民搬迁，共筹集避灾生态移民搬迁资金 23 亿元，补助避灾生态搬迁户 5.21 万户。其中，陕南地区 16.93 亿元，搬迁 3.67 万户 13.35 万人；陕北、关中地区 6.07 亿元，搬迁 1.54 万户。支持公路救灾，争取中央车辆购置税收入补助地方资金 400 万元，专项用于公路灾损抢修保通。同时，省交通专项资金安排水毁抢通工程 1650 万元。社保救灾资金投入情况，中、省财政对灾民生活安排和农村受灾民房重建修缮投入为 27220 万元。

陕西省国土资源厅：一是制定《陕西省 2016 年度地质灾害防治方案》；二是加强应急值守与应急调查工作；三是做好地质灾害预报预警工作；四是加强远程视频会商专项训练和突发地质灾害应急演练；五是完成 9 个县（区）地质灾害详查；六是加大推进地质灾害防治高标准“十有县”建设；七是落实“平战结合”技术支撑体系；八是加快推进陕西省地质灾害防治法治建设；九是加大地质灾害应急装备建设。

陕西省环境保护厅：陕西省共发生突发环境事件 45 起，与上年同期相比减少 13 起。一是加强信息报送和信息公开工作；二是开展陕北地区原油管道泄漏专项整治督查；三是开展尾矿库环境安全隐患排查；四是科学制定预案，开展培训演练；五是完善应急物资储备体系。

陕西省交通运输厅：一是认真做好汛前准备工作；二是措施有力，汛期抗灾抢险工作开展顺利；三是及时开展水毁修复。

陕西省水利厅：一是各级领导高度重视，组织指挥督导有力；二是提前部署提早行动，防汛准备有的放矢；三是工程设施建管并重，清障整治富有成效；四是完善思路注重创新，综合能力不断提升；五是严密值守科学防御，抗洪抢险有力有效；六是加强会商科学研判，超前部署有力防抗；七是全力保障人饮安全，确保粮食稳产增收。

陕西省农业厅：一是建立完善防灾减灾工作体系；二是及时调查评估灾害损失；三是强化防灾减灾技术措施落实；四是苹果蠹蛾监测阻截措施得力；五是农药减量控害示范取得实效；六是绿色防控集成示范应用广泛。

陕西省林业厅：一是领导重视抓落实；二是多措并举促防范；三是各单位尽职尽责；四是省防火办善作为；五是突出目标责任落实；六是突出新技术推广应用；七是加强检疫监管；八是抓好机制创新。

陕西省卫生和计划生育委员会：一是扎实推进卫生应急组织指挥体系建设；二是开展卫生应急队伍生存拉练和能力培训；三是完善各类卫生应急物资储备；四是加强监测预警及突发公共卫生事件风险评估；五是科学处置多起突发事件；六是积极组织开展卫生应急相关科普宣传。

陕西省地震局：一是震情跟踪监视工作扎实有效；二是震害防御基础不断强化；三是地震应急戒备和处置能力不断提升；四是地震科技支撑能力不断提高；五是“十三五”规划和重点项目建设扎实推进。

国家能源局西北监管局：一是扎实开展电力安全监管工作，及时督促消除安全隐患；二是加强对电力应急工作的指导协调，提升突发事件应对处置能力；三是指导协调电力企业做好抗灾保电工作，积极应对各种自然灾害。

中国保险监督管理委员会陕西监管局：一是服务保障和改善民生，减轻政府救灾压力；二是服务社会公共管理，发挥保险保障作用；三是建立保险示范区，积极助推脱贫攻坚；四是推动巨灾保险制度落地实施，发挥保险灾后重建作用。

陕西省公安消防总队：一是消防责任体系更加健全；二是社会消防安全综合治理扎实推进；三是消防安全环境显著改善；四是执法规范化建设水平日趋提升；五是公众消防安全意识全面增强；六是部队作战打赢能力显著提升；七是政府专职消防力量不断壮大。

4.5 2017 年度防灾减灾救灾

4.5.1 2017 年灾情概述

2017 年，全省发生洪涝、干旱、大风冰雹等 9 类自然灾害 439 次，10 个市 99 个县（区、市）1028 个乡（镇、街办）的 689 万人次受灾，69 人因灾死亡和失踪，紧急转移安置 19 万人次，紧急生活救助 13.5 万人次，因旱需生活救助 22 万人次；农作物受灾 73.38 万 hm^2，绝收 10.64 万 hm^2；因灾死亡大牲畜 778 只，死亡羊 1.6 万只；倒塌和严重损坏房屋 2.5 万间，一般损坏房屋 4.08 万间。直接经济损失 162.93 亿元。与 2016 年相比，2017 年灾情较重，各项灾情指标都有所增加，特别是因灾死亡人口、紧急转移安置人口和倒损房屋增加比例较大。

4.5.2 2017 年省政府防灾抗灾救灾的重大决策

《陕西省人工影响天气管理办法》

《陕西省工程建设活动引发地质灾害防治办法》

《陕西省人民政府关于支持榆林市救灾和灾后恢复重建的意见》

《陕西省人民政府关于印发省重污染天气应急预案的通知》

《陕西省人民政府办公厅关于印发〈陕西省消防安全责任制管理规定〉的通知》

《陕西省人民政府办公厅关于印发省综合防灾减灾规划的通知》

《陕西省人民政府办公厅关于 2016 年度防震减灾工作目标任务完成情况的通报》

《陕西省人民政府办公厅关于同意建立省重点流域水污染防治联合调度会议制度的函》

《陕西省人民政府办公厅关于做好夏季消防安全检查工作的通知》

《陕西省人民政府办公厅关于印发省突发地质灾害应急预案的通知》

《陕西省人民政府办公厅关于开展高层建筑消防安全专项整治的紧急通知》

4.5.3 2017 年省气象灾害应急指挥部决策

陕气应指办函〔2017〕1 号《关于印发陕西省气象灾害应急工作先进集体和先进个人表彰办法的通知》

陕气应指办函〔2017〕2 号《关于推荐 2016 年度陕西省气象灾害应急工作先进的通知》

陕气应指办函〔2017〕3 号《关于做好寒潮暴雪天气防御工作的紧急通知》

陕气应指办函〔2017〕4 号《关于做好 12—15 日雨雪降温大风天气防御工作的通知》

陕气应指办函〔2017〕5 号《关于做好秦岭山区暴雪天气防御工作的紧急通知》

陕气应指办函〔2017〕6 号《关于核对更新省气象灾害应急指挥部各成员单位应急联系信息的通知》

陕气应指办函〔2017〕7 号《关于报送〈关于做好 12—15 日雨雪降温大风天气防御工作的通知〉〈关于做好秦岭山区暴雪天气防御工作的紧急通知〉两份文件落实情况的函》

陕气应指办函〔2017〕8 号《关于召开 2017 年指挥部联络员会议的通知》

陕气应指办函〔2017〕9 号《陕西省气象灾害应急指挥部办公室关于 3 月 11—14 日雨雪降温过程气象灾害防御工作情况的通报》

陕气应指办函〔2017〕10 号《关于表彰 2016 年度陕西省气象灾害应急工作先进的决定》

陕气应指办函〔2017〕11 号《关于做好 21—22 日强降水天气防御工作的紧急通知》

陕气应指办函〔2017〕12 号《关于做好 4—5 日强降水天气防御工作的紧急通知》

陕气应指办函〔2017〕13 号《关于报送〈关于做好 4—5 日强降水天气防御工作的紧急通知〉落实情况的函》

陕气应指办函〔2017〕14 号《关于做好 8—9 日暴雨天气防御工作的紧急通知》

陕气应指办函〔2017〕15号《关于做好陕南暴雨天气防御工作的紧急通知》

陕气应指办函〔2017〕16号《关于做好近期高温天气防御工作的通知》

陕气应指办函〔2017〕17号《关于切实做好持续性高温天气防御工作的通知》

陕气应指办函〔2017〕18号《关于做好陕北强降水天气防御工作的紧急通知》

陕气应指办函〔2017〕19号《关于做好近期高温天气防御工作的通知》

陕气应指办函〔2017〕20号《关于进一步做好高温天气应对工作的通知》

陕气应指办函〔2017〕21号《关于做好8月3—5日高温天气防御工作的通知》

陕气应指办函〔2017〕22号《关于做好抗震救灾及汛期气象服务的通知》

陕气应指办函〔2017〕23号《关于做好20—22日强降水天气防御工作的通知》

陕气应指办函〔2017〕24号《关于做好21—23日强降水天气防御工作的通知》

陕气应指办函〔2017〕25号《关于做好近期强降水天气防御工作的通知》

陕气应指办函〔2017〕26号《关于做好9月1—5日连阴雨天气防御工作的通知》

陕气应指办函〔2017〕27号《关于做好9月8—9日暴雨天气防御工作的通知》

陕气应指办函〔2017〕28号《关于做好9月23—26日连阴雨、暴雨天气防御工作的通知》

陕气应指办函〔2017〕29号《关于做好国庆假日期间连阴雨、暴雨天气防御工作的通知》

陕气应指办函〔2017〕30号《关于做好6—12日连阴雨、暴雨和强降温天气防御工作的通知》

陕气应指办函〔2017〕31号《关于做好13—17日连阴雨天气防御工作的通知》

陕气应指办函〔2017〕32号《关于做好27—29日降温天气防御工作的通知》

陕气应指办函〔2017〕33号《关于做好寒潮天气防御工作的通知》

陕气应指办函〔2017〕34号《关于做好降温天气防御工作的通知》

陕气应指办函〔2017〕35号《关于做好雨雪降温天气防御工作的通知》

陕气应指办函〔2017〕36号《关于气象服务需求及气象服务满意度调查的函》

陕气应指办函〔2017〕37号《关于做好雨雪降温天气防御工作的通知》

陕气应指办函〔2017〕38号《关于做好沙尘暴天气防御工作的通知》

陕气应指办函〔2017〕39号《关于做好强雨雪天气防御工作的通知》

4.5.4 2017年省政府部门防灾抗灾救灾举措

陕西省气象局：紧紧围绕气象防灾减灾工作重心，牢固树立服务宗旨，精心安排，周密策划，不断强化气象服务支撑能力，着力提高气象预报预警准确率和及时性，开展优质高效、形式多样的气象保障服务。一是高度重视，周密部署汛期各项工作；二是注重技术支撑，强化灾害性天气监测预报；三是及时主动，做好汛期决策和应急气象服务；四是高效快捷，全力做好预警信息发布；五是聚焦重大过程，做好极端气象灾害气象保障服务；六是尽职履责，强化部门协作形成应急合力；七是立足三农需求，深入推进农业气象服务和人影作业服务；八是全渠道发声，积极建立融媒体服务宣传格局。

陕西省民政厅：一是加强领导，研判形势，认真部署；二是健全机制，完善预案，积极开展防灾宣传和演练；三是及时发布灾害预警预报，启动应急响应，开展救灾工作；四是加强应急队伍建设，加大资金物资投入。

陕西省财政厅：高度重视，全力以赴做好救灾工作，及时拨付救灾资金，确保了各项救灾工作的顺利进行。下达地质灾害项目资金 5000 万元，支持避灾生态移民搬迁，中、省财政安排避灾生态移民搬迁补助资金 12.07 亿元。支持公路救灾省级安排 5650 万元，专项用于公路灾损抢修保通工作。投入防汛救灾共计 14900 万元，抗旱救灾共计 4996 万元，林业救灾共计 4080 万元，支农资金 26416.9 万元，社保救灾资金投入中央补助陕西省救灾资金 10000 万元。

陕西省国土资源厅：一是制定《陕西省 2017 年度地质灾害防治方案》；二是制定值班手册、加强汛期值班工作；三是做好地质灾害气象预报预警工作；四是加强远程视频会商专项训练和突发地质灾害应急演练；五是积极开展地质灾害应急调查工作；六是大力开展地质灾害防治宣传活动；七是开展重大地质灾害隐患点勘查评估示范工作；八是积极推进地质灾害防治高标准“十有县”建设；九是打造“平战结合”地质灾害防治技术体系；十是加快推进陕西省地质灾害防治法治建设。

陕西省环境保护厅：一是做好预测预警和信息公开；二是保障党的十九大期间环境安全；三是开展环境风险排查与整治；四是加强环境应急预案管理；五是成立环境应急抢险救援队。

陕西省交通运输厅：一是加强汛前防范，细致做好各项准备工作；二是加强监管，全力做好水毁抢通工作；三是有序组织开展水毁工程修复。

陕西省水利厅：一是提早部署，逆周期做好防汛抗旱准备；二是以防为主，强化会商研判、预警、撤离；三是关口前移，着力减轻洪旱灾害风险；四是众志成城，全力以赴抗洪抢险救灾；五是科学会商研判，防抗部署有力；六是确保人饮安全，粮食稳产增收。

陕西省农业厅：分管领导先后在“三夏”期间和伏旱、洪涝灾害发生后深入一线组织指导抗灾救灾工作。陕南强秋淋致灾后，省委常委、常务副省长作出重要批示，并召开防灾减灾专题视频会议，及时部署抢险救灾和恢复重建工作。省农业厅及时启动应急预案，采取有效措施，严密组织各级农业部门全力应对，努力降低灾害损失。

陕西省林业厅：一是以地方各级政府行政首长负责制为核心，落实森林防火管理责任；二是以“预防为主、积极消灭”工作方针为牵引，落实森林火灾预防责任；三是以“以人为本、科学扑救”底线思维为原则，落实森林火灾扑救责任；四是全力开展松材线虫病防控工作；五是抓好常发和突发性病虫害治理；六是加强植物检疫，严防疫情传播。

陕西省卫生和计划生育委员会：一是将传染病疫情防控与健康脱贫攻坚工作相融合；二是全力完成传染病疫情防控工作任务；三是努力改进传染病疫情防控工作方式方法；四是分片规划，建立全省域范围内卫生应急区域联动机制；五是深入基层，推进卫生应急工作规范化建设；六是关口前移，加强突发公共卫生事件监测预警及风险评估；七是多措并举，着重加强紧急医学救援能力建设。

陕西省地震局：全省各级地震部门以年度地震危险区为重点，制定并实施了年度震情跟踪方案，完成震情跟踪研判、震情监测、信息网络等 3 个方面 22 项专题任务、24 项跟踪措施。深化震情会商机制改革，建立滚动会商机制。

中国保险监督管理委员会陕西监管局：一是参与社会治理和改善民生，减轻政府救灾压力；二是推进责任保险发展，有效化解社会矛盾纠纷；三是扩大三农保险领域，积极助推脱贫攻坚；四是创新保险产品和服务，保障经济稳定运行。

陕西省公安消防总队：一是健全消防安全责任体系；二是推动消防安全综合治理；三是大力改善消防安全环境；四是全面增强公众消防安全意识；五是部队攻坚作战能力大幅提升；六是灭火救援消防力量不断壮大；七是科技信息技术作用明显；八是部队始终保持安全稳定；九是综合服务保障能力全面提升。

4.6 2018 年度防灾减灾救灾

4.6.1 2018 年灾情概述

2018 年，全省发生洪涝、大风冰雹、低温冷冻和雪灾等 8 类自然灾害 338 次，10 个市 99 个县（区、市）945 个乡（镇）330.76 万人次受灾，因灾死亡和失踪 15 人，紧急转移安置 52167 人；倒塌和严重损坏房屋 7000 余间，一般损坏房屋 2 万余间；农作物受灾面积 38.24 万 hm^2，绝收 7.01 万 hm^2。直接经济损失 64 亿元。

4.6.2 2018 年省政府防灾抗灾救灾的重大决策

《陕西省地震预警管理办法》

《陕西省人民政府关于印发铁腕治霾打赢蓝天保卫战三年行动方案（2018—2020 年）（修订版）的通知》

《陕西省人民政府办公厅关于印发〈陕西省消防安全责任制实施办法〉的通知》

《陕西省人民政府办公厅关于印发铁腕治霾打赢蓝天保卫战 2018 年工作要点的通知》

《陕西省人民政府办公厅关于做好暴雪灾害防御工作的紧急通知》

《陕西省地质灾害防治条例》

4.6.3 2018 年陕西省气象灾害应急指挥部决策

陕气应指办函〔2018〕1 号《关于做好暴雪天气防御工作的紧急通知》

陕气应指办函〔2018〕2 号《关于做好低温冰冻灾害防御和信息报送工作的通知》

陕气应指办函〔2018〕3 号《陕西省气象灾害应急指挥部办公室关于 1 月 2—7 日暴雪低温冰冻灾害防御情况的通报》

陕气应指办函〔2018〕4 号《关于做好大雪及持续低温天气防御工作的通知》

陕气应指办函〔2018〕5 号《关于做好大雪及持续低温天气信息报送工作的通知》

陕气应指办函〔2018〕6 号《陕西省气象灾害应急指挥部办公室关于 1 月 23—26 日大雪低温冰冻灾害防御情况的通报》

陕气应指办函〔2018〕7 号《关于推荐 2017 年度陕西省气象灾害应急工作先进的通知》

陕气应指办函〔2018〕8 号《关于做好 15—19 日降温降雨天气应对工作的通知》

陕气应指办函〔2017〕9 号《关于填报省气象灾害应急指挥部各成员单位应急联系信息的通知》

陕气应指办函〔2018〕10 号《关于表彰 2017 年度陕西省气象灾害应急工作先进的决定》

陕气应指办函〔2018〕11 号《关于做好 4 月 2—4 日大风降温降水天气应对工作的紧急通知》

陕气应指办函〔2018〕12 号《关于做好 4 月 12—14 日降水降温天气应对工作的

通知》

陕气应指办函〔2018〕13 号《关于做好 19—24 日局地强降雨天气应对工作的通知》

陕气应指办函〔2018〕14 号《关于做好 18—19 日强降雨天气应对工作的通知》

陕气应指办函〔2018〕15 号《关于做好 24—25 日降水、大风和降温天气应对工作的通知》

陕气应指办函〔2018〕16 号《关于做好端午节假期气象灾害防御应对工作的通知》

陕气应指办函〔2018〕17 号《关于做好 6 月 18 日暴雨气象灾害防御工作的通知》

陕气应指办函〔2018〕18 号《关于做好当前强降雨天气防御工作的通知》

陕气应指办函〔2018〕19 号《关于做好近期暴雨天气防御工作的通知》

陕气应指办函〔2018〕20 号《关于做好 9—11 日强降雨天气防御工作的通知》

陕气应指办函〔2018〕21 号《关于召开 10—11 日我省暴雨局部大暴雨天气防御会商的紧急通知》

陕气应指办函〔2018〕22 号《关于做好 10—11 日我省暴雨局部大暴雨天气防御工作的紧急通知》

陕气应指办函〔2018〕23 号《关于做好 7 月 15—17 日我省降水及高温天气防御工作的通知》

陕气应指办函〔2018〕24 号《关于做好近期高温天气及局地短时强对流天气防御工作的通知》

陕气应指办函〔2018〕25 号《关于做好近期高温天气防御工作的通知》

陕气应指办函〔2018〕26 号《关于贯彻落实副省长调研省气象局讲话要求全力做好近期强降水及高温天气防御工作的通知》

陕气应指办函〔2018〕27 号《关于做好未来一周陕北及秦巴山区暴雨和局地强对流灾害性天气防御工作的紧急通知》

陕气应指办函〔2018〕28 号《关于做好 20—22 日暴雨天气应对工作的通知》

陕气应指办函〔2018〕29 号《关于做好 21—22 日陕北局部大暴雨天气应对工作的紧急通知》

陕气应指办函〔2018〕30 号《陕西省气象灾害应急指挥部办公室关于报送 8 月 20—22 日暴雨天气应对情况的函》

陕气应指办函〔2018〕31 号《陕西省气象灾害应急指挥部办公室关于 8 月 20—22 日暴雨天气防御情况的通报

陕气应指办函〔2018〕32 号《关于做好 8 月 29 日—9 月 2 日陕北强降雨天气应对工作的通知》

陕气应指办函〔2018〕33号《关于做好9月4—6日暴雨天气防御工作的通知》

陕气应指办函〔2018〕34号《关于做好9月14—19日连阴雨天气防御工作的通知》

陕气应指办函〔2018〕35号《关于做好当前暴雨天气防御工作的通知》

陕气应指办函〔2018〕36号《关于推荐2018年度陕西省气象灾害应急工作先进的通知》

陕气应指办函〔2018〕37号《关于做好16—17日雨雪天气防御工作的通知》

陕气应指办函〔2018〕38号《陕西省气象灾害应急指挥部办公室关于做好7—10日低温及降雪天气防御工作的通知》

陕气应指办函〔2018〕39号《陕西省气象灾害应急指挥部办公室关于做好27—29日降雪及降温天气防御工作的通知》

4.6.4 2018年省政府部门防灾抗灾救灾举措

陕西省气象局：围绕“两个坚持、三个转变”的新时期防灾减灾工作总体要求，认真贯彻落实习近平总书记、李克强总理关于防汛抢险救灾工作的重要指示精神和中国气象局局长刘雅鸣来陕汛前检查要求，积极开展气象服务工作。一是切实做好汛期各项准备工作。周密部署汛期各项工作，完善气象应急机制，提高业务支撑能力，确保措施落实到位。二是全力做好汛期气象服务工作。全力以赴，强化灾害性天气监测预报；高效快捷，做好气象灾害预警信息发布；加强合作，针对性开展决策和应急服务；主动服务，圆满完成重大活动气象保障工作；聚焦重大过程，积极开展应急气象服务；强化安全管理，积极开展人影作业；精心谋划，广泛开展气象防灾减灾科普宣传。

陕西省民政厅：一是围绕救灾工作，下发《陕西省民政厅关于加强低温雨雪天气救助管理工作的紧急通知》；二是城乡困难群众救助工作，不断加强低保规范化管理，持续推进农村低保制度与扶贫开发政策的有效衔接，全面落实特困人员救助供养制度，加强和改进临时救助工作，加强基层社会救助经办服务能力建设；三是加强辟新工作。

陕西省财政厅：地质灾害防治资金投入1亿元，支持避灾生态移民搬迁安排避灾生态移民搬迁补助资金20.26亿元，计划搬迁4.51万户。支持公路救灾共争取中央公路灾损抢修保通资金1000万元。中、省财政支农资金投入抗灾救灾，投入防汛救灾共计18500万元。投入抗旱救灾共计4800万元，投入林业救灾共计5790万元，农业救灾资金下达中央、省级资金4960万元。下拨救灾资金23605万元。

陕西省自然资源厅：一是制定《陕西省2018年度地质灾害防治方案》；二是做好

地质灾害应急值守工作；三是积极开展地质灾害应急调查工作；四是大力开展地质灾害宣传培训演练活动；五是圆满完成地质灾害防治高标准“十有县”建设；六是成功申报中央财政重点支持省份。

陕西省生态环境厅：一是做好预测预警和信息公开；二是开展尾矿库风险排查与整治；三是通报环境污染典型案例；四是加强环境应急培训与演练。

陕西省交通运输厅：一是关口前移，认真做好汛前准备工作；二是措施有力，汛期抗灾抢险工作开展顺利；三是快速响应，启动预案组织抗灾抢险；四是加强监督，及时开展汛中水毁修复工作。

陕西省水利厅：一是各级高度重视，领导组织指挥有力；二是提前部署安排，各项防御准备扎实；三是突出重点环节，防御能力有序提升；四是严密监视值守，防洪抢险应对有效；五是各级始终坚持以防为主、防抗救相结合的工作方针，气象、水文和防汛部门全天候监视雨水汛情变化，适时会商研判，及时预报预警，提前安排防范工作。

陕西省农业农村厅：一是提早监测预警，加强防范，加强组织协调工作指导，强化防灾减灾技术指导，注重部门协作合力抗灾。二是加强与财政、民政、水利、气象等部门协作，互通信息，合力抗灾。灾情发生后，及时调度报送灾情信息，争取上级支持，并积极协调财政筹集划拨救灾资金，增强了农业抗灾救灾和恢复生产的及时性、针对性和有效性；协调保险公司对参加保险试点的倒伏田块及时测产取证，尽快理赔，降低农户损失。

陕西省卫生健康委员会：以推进空地一体化紧急医学救援体系建设、强化院前急救系统信息实时传输能力、完善卫生应急区域联动机制、开展卫生应急工作规范化建设、组织卫生应急人员培训演练以及推进卫生应急知识“五进”试点等工作为重点，及时做好多起突发公共卫生事件防控应对和突发事件医疗卫生救援。

陕西省应急管理厅：努力提高队伍业务素质，不断强化防灾减灾救灾能力，有效应对各类突发自然灾害，有力维护了人民群众生命财产安全和社会稳定。一是及时下拨款物，妥善安排冬春受灾困难群众生活；二是强化应急处置，积极应对各类突发性自然灾害；三是深入基层群众，广泛开展防灾减灾知识宣传演练；四是精心组织实施，大力推进综合减灾示范社区创建；五是采取有力措施，不断强化防灾减灾救灾能力建设。

陕西省林业局：一是森林防火工作，强化组织领导，严格野外火源管控，深入开展宣传教育，及时跟进预警监测，持续加强应急值守；二是林业有害生物灾害防控方面，多方高位推动防控工作，全面开展松材线虫病防控工作，迅速应对美国白蛾疫情发生情况，努力遏制常发性病虫害高发态势。

陕西省地震局：一是防震减灾事业现代化建设稳步推进；二是防震减灾重点业务不断强化；三是社会治理和公共服务不断提升；四是积极做好宁强 5.3 级地震应急处置工作。

中国银行保险监督管理委员会陕西监管局：一是大力发展健康及养老保险，完善社会保障体系建设；二是推进责任保险发展，着力化解社会矛盾纠纷；三是完善灾害防救体系，运用保险提升治灾水平；四是发挥经济补偿职能，有效防止因灾致贫返贫；五是服务重点领域和行业，保障经济稳定运行。

陕西省消防救援总队：一是消防安全责任制有效落实；二是消防安全环境明显改善；三是消防监督执法不断规范；四是消防安全意识全面增强；五是队伍打赢能力不断提升；六是救援力量体系逐步完善；七是基础装备建设不断优化。

4.7 2019 年度防灾减灾救灾

4.7.1 2019 年灾情概述

2019 年，全省先后经历了暴雪、干旱、大风沙尘、暴雨、高温等灾害性天气，造成了一定程度的经济损失。1 月中上旬关中持续重度霾。2 月大范围雨雪冰冻，致使交通受到较大影响。3—4 月陕北寒潮大风、全省大部分出现中到重度气象干旱，5 月大风降温、沙尘，汛期出现高温、暴雨和强秋淋天气。全年气象灾害导致 18.2 万人受灾，农作物受灾面积 3.82 万 hm^2，绝收 0.99 万 hm^2。直接经济损失约 8.99 亿元。

4.7.2 2019 年省政府防灾抗灾救灾的重大决策

《陕西省人民政府 陕西省人民检察院关于建立联动机制打好污染防治攻坚战的通知》

《陕西省人民政府办公厅关于印发四大保卫战 2019 年工作方案的通知》

《陕西省人民政府办公厅关于印发关中地区散煤治理行动方案（2019—2020 年）的通知》

《陕西省人民政府办公厅关于加强非洲猪瘟防控工作的实施意见》

《陕西省人民政府办公厅关于调整成立省防灾减灾救灾工作委员会的通知》

《陕西省人民政府办公厅关于做好雨雪天气应对工作的紧急通知》

4.7.3 2019年陕西省气象灾害应急指挥部决策

陕气应指办函〔2019〕1号《陕西省气象灾害应急指挥部办公室关于做好2—4日霾及雨雪天气防御工作的通知》

陕气应指办函〔2019〕2号《陕西省气象灾害应急指挥部办公室关于做好8—10日降雪天气防御工作的通知》

陕气应指办函〔2019〕3号《关于做好29—30日雨雪降温天气应对工作的通知》

陕气应指办函〔2019〕4号《关于做好6—10日雨雪降温天气应对工作的通知》

陕气应指办函〔2019〕5号《关于填报省气象灾害应急指挥部成员单位成员及联络员名单的函》

陕气应指办函〔2019〕6号《关于进一步做好雨雪天气应对工作的通知》

陕气应指办函〔2019〕7号《关于做好16—18日雨雪天气防御工作的通知》

陕气应指办函〔2019〕8号《陕西省气象灾害应急指挥部办公室关于做好近期雨雪及霾天气防御工作的通知》

陕气应指办函〔2019〕9号《关于召开气象现代化建设联席会议暨气象灾害应急指挥部联络员会议的函》

陕气应指办函〔2019〕10号《陕西省气象灾害应急指挥部办公室关于做好近期雨雪及雾、霾天气防御工作的通知》

陕气应指办函〔2019〕11号《陕西省气象灾害应急指挥部办公室关于印发气象现代化建设联席会议暨气象灾害应急指挥部联络员会议工作报告的通知》

陕气应指办函〔2019〕12号《陕西省气象灾害应急指挥部办公室关于做好2月28日至3月2日雨雪天气防御工作的通知》

陕气应指办函〔2019〕13号《关于表彰2018年度陕西省气象灾害应急工作先进集体和先进个人的通知》

陕气应指办函〔2019〕14号《陕西省气象灾害应急指挥部办公室关于做好3月20—22日降温、大风和沙尘天气防御工作的通知》

陕气应指办函〔2019〕15号《陕西省气象灾害应急指挥部办公室关于做好3月28—30日大风、降温和浮尘天气防御工作的通知》

陕气应指办函〔2019〕16号《陕西省气象灾害应急指挥部办公室关于做好13—14日霜冻天气防御工作的通知》

陕气应指办函〔2019〕17 号《陕西省气象灾害应急指挥部办公室关于做好 18—20 日降水大风降温天气防御工作的通知》

陕气应指办函〔2019〕18 号《陕西省气象灾害应急指挥部办公室关于做好 26—28 日降水大风降温天气防御工作的通知》

陕气应指办函〔2019〕19 号《陕西省气象灾害应急指挥部办公室关于做好 5—7 日降水降温天气防御工作的通知》

陕气应指办函〔2019〕20 号《陕西省气象灾害应急指挥部办公室关于做好 11—12 日大风降温浮尘天气防御工作的通知》

陕气应指办函〔2019〕21 号《陕西省气象灾害应急指挥部办公室关于做好大风浮尘天气防御工作的通知》

陕气应指办函〔2019〕22 号《陕西省气象灾害应急指挥部办公室关于做好 18—19 日降水降温等天气防御工作的通知》

陕气应指办函〔2019〕23 号《陕西省气象灾害应急指挥部办公室关于做好 4—5 日强降水天气防御工作的通知》

陕气应指办函〔2019〕24 号《关于做好 19—21 日暴雨天气防御工作的通知》

陕气应指办函〔2019〕25 号《关于做好 26—28 日暴雨天气防御工作的通知》

陕气应指办函〔2019〕26 号《关于做好 15—18 日暴雨天气防御工作的通知》

陕气应指办函〔2019〕27 号《关于做好 21—22 日暴雨天气防御工作的通知》

陕气应指办函〔2019〕28 号《关于做好 28—30 日暴雨灾害天气防御工作的通知》

陕气应指办函〔2019〕29 号《关于做好 2—5 日暴雨天气防御工作的通知》

陕气应指办函〔2019〕30 号《关于做好 8—9 日暴雨天气防御工作的通知》

陕气应指办函〔2019〕31 号《关于做好 19—21 日强降水天气防御工作的通知》

陕气应指办函〔2019〕32 号《关于做好 22—26 日强降水天气防御工作的通知》

陕气应指办函〔2019〕33 号《关于做好 9—11 日强降水天气防御工作的通知》

陕气应指办函〔2019〕34 号《关于做好 9 月 9—15 日连阴雨天气防御工作的通知》

陕气应指办函〔2019〕35 号《关于切实做好连阴雨和暴雨天气防御工作的通知》

陕气应指办函〔2019〕36 号《关于做好国庆假日期间连阴雨天气防范工作的通知》

陕气应指办函〔2019〕37 号《关于进一步做好国庆假日期间连阴雨天气防范工作的通知》

陕气应指办函〔2019〕38 号《关于做好 7—11 日关中、陕南连阴雨天气防范工作的通知》

陕气应指办函〔2019〕39 号《关于做好 14—15 日降水降温天气防御工作的通知》

陕气应指办函〔2019〕40号《关于做好21—25日阴雨降温大风天气防御工作的通知》

陕气应指办函〔2019〕41号《陕西省气象灾害应急指挥部办公室关于结束2019年汛期的通知》

陕气应指办函〔2019〕42号《关于做好霜冻灾害天气防御工作的通知》

陕气应指办函〔2019〕43号《关于做好秋冬季气象灾害防御工作的通知》

陕气应指办函〔2019〕44号《关于做好12—13日大风降温浮尘天气防御工作的通知》

陕气应指办函〔2019〕45号《关于做好17—18日大风降温浮尘天气防御工作的通知》

陕气应指办函〔2019〕46号《陕西省气象灾害应急指挥部办公室关于做好近期霾天气防御工作的通知》

陕气应指办函〔2019〕47号《关于做好23—25日大风降温降水天气防御工作的通知》

陕气应指办函〔2019〕48号《关于做好14—16日大风降温降水（雪）天气防御工作的通知》

4.7.4 2019年省政府部门防灾抗灾救灾举措

陕西省气象局：深入学习贯彻落实习近平总书记、李克强总理对防汛救灾工作的系列重要指示批示和讲话精神，认真落实陕西省防汛救灾工作的部署要求，坚持“人民至上、生命至上”宗旨，坚持预防预备和应急处突相结合，按照全国汛期气象服务动员会、再动员会议和汛期气象服务检查组指导要求，把握“一个定位”，落实“两个要求”，注重“三个融入”，突出“四个重点”，努力做到重大灾害性天气监测无漏网、预报无失误、预警无盲区、服务无疏漏，筑牢气象防灾减灾第一道防线。一是防灾减灾救灾气象服务准确及时；二是公共气象服务满意度持续提高；三是重大活动气象服务保障有力有效。

陕西省财政厅：高度重视，全力以赴做好救灾工作，及时拨付救灾资金，确保了各项救灾工作的顺利进行。落实地质灾害防治配套资金2.34亿元。支持避灾生态移民搬迁补助资金6.13亿元，计划搬迁3.49万户。支持公路救灾抢修保通资金900万元。筹措资金13895万元，支持各地市开展防汛抗旱防灾减灾。积极落实应急救灾资金，拨付4300万元支持汉中、安康、榆林做好暴雨洪涝灾害救助，下达36790万元支持受灾群众安全、温暖过冬，帮助各地统筹解决好受灾群众冬春生活困难。

陕西省自然资源厅：一是开展年度地质灾害趋势预测；二是制定《陕西省2019年度地质灾害防治方案》；三是做好地质灾害应急值守和气象预报预警；四是积极开展地质灾害应急调查和督导检查；五是加大地质灾害宣传培训演练；六是稳步推进地质灾害综合防治体系建设。

陕西省生态环境厅：一是加强预测预警，做好处置突发事件准备；二是严格责任追究，妥善处置突发环境事件；三是加强隐患排查，及时消除环境安全隐患；四是加强基础建设，坚决防范重特大事件发生。

陕西省交通运输厅：一是关口前移，认真做好汛前准备工作；二是加强巡查，切实做好汛中公路养护及应急处置工作；三是措施有力，汛期抗灾抢险工作开展顺利；四是加强监督，及时开展汛中水毁修复工作。

陕西省农业农村厅：围绕农业防灾减灾应对工作，及时启动应急预案，组织各级农业农村部门积极应对，全力降低灾害损失。一是高度重视，提早安排部署；二是畅通信息，加强监测预警；三是分类指导，落实防灾减灾技术；四是强化服务，提升救灾保障能力。围绕植物保护，采取有力防控措施。一是加强重大病虫监测预警及时准确性；二是扩大病虫害专业化统防统治面积；三是加速绿色防控集成技术应用；四是加大病虫害防控技术宣传力度。

陕西省卫生健康委员会：关口前移，加强传染病监测和源头管控，以“强机制、提能力、促规范”为重点加强卫生应急体系建设，坚持平急结合，及时做好多起突发公共卫生事件防控应对和突发事件医疗卫生救援。一是突出精准防控，狠抓工作措施落实；二是强化检查考核，督促落实措施；三是做好传染病疫情信息发布，加大传染病防治宣传力度；四是加强卫生应急工作体系和机制建设；五是加强突发急性传染病、突发公共卫生事件监测预警及风险评估，全面提升突发公共卫生事件应对能力；六是组织开展培训演练；七是及时、有效处置各类突发事件；八是推动市级紧急医学救援基地建设；九是做好全省卫生健康系统防灾减灾、安全生产及反恐维稳工作。

陕西省应急管理厅：以习近平总书记关于防灾减灾救灾工作的重要论述为引领，按照省委、省政府的统一安排部署，努力提高业务素质，不断强化救灾工作能力，积极应对各类突发自然灾害，有力维护了人民群众生命财产安全和社会和谐稳定。一是狠抓学习提升素质；二是建章立制推进工作；三是周密部署冬春救助；四是稳步推进灾情管理；五是应对灾害积极施救；六是突出重点强化保障。

陕西省林业局：一是森林防火工作坚持高位推动，周密安排部署，突出重点区域，强化督导检查，坚持预防为主，狠抓宣传教育，坚守安全底线，科学处置火情；二是林业有害生物灾害防控采取多种综合措施防治松材线虫病、美国白蛾、鼠兔害、松蛀干害虫、松食叶害虫、阔叶树干部害虫、阔叶树食叶害虫、经济林病虫害等重大危险性林业有害生物，防治面积 28.7 万 hm^2，无公害防治面积 26.8 万 hm^2。

陕西省地震局：一是防震减灾重点业务稳步推进；二是防震减灾事业现代化建设步伐加快；三是重点项目推进顺利，科学谋划“十四五”事业发展。

中国银行保险监督管理委员会陕西监管局：围绕服务地方经济社会发展大局，充分发挥保险业防灾减灾专业优势，利用保险机制预防和分散灾害风险并提供灾后损失补偿，积极参与各类防灾救灾工作，在保障人民生产生活正常运行、减轻人民生命财产损失和充当社会稳定器方面发挥了重要作用。一是参与社会治理建设；二是推进重点领域责任保险发展；三是发挥经济补偿职能；四是保障经济稳定运行。

陕西省消防救援总队：紧紧围绕火灾防控和队伍管理“两个稳定”工作目标，圆满完成了以防火灭火和应急救援为中心的各项任务。一是消防安全责任逐级压实；二是火灾隐患整治持续有力；三是消防执法改革不断深化；四是公众消防安全意识全面增强；五是队伍攻坚打赢能力稳步提升；六是战勤保障能力不断增强。

5

气象现代化助力重大灾害性天气服务

2013—2019年，陕西天气气候总体较为复杂，其中2014—2016年受超强厄尔尼诺事件影响，全省灾害性天气多发，极端性强，暴雨洪涝、高温干旱、寒潮暴雪等灾害性天气影响巨大。全省气象部门注重发挥气象现代化建设成效，紧盯每一次灾害性天气过程，强化技术支撑，密切会商研判，精准预报预警，细化服务保障，出色完成了各类灾害性天气的预报服务工作，充分发挥了气象“消息树”“发令枪”的作用，最大限度地减轻了气象灾害损失，为全省经济社会高质量发展做出了重要贡献。

本章系统总结了2013—2019年历年的主要天气气候特点，每年选取1～2次重要灾害性天气个例，详细记述了这些重大灾害性天气的气象服务和应对处置情况。考虑到灾害性天气个例的自身特点和气象预报服务侧重不同，共选取了13次灾害性天气服务案例进行详细描述，包括：2013年4月5—10日强倒春寒和5月24—26日前汛期强降水，2014年7月28—8月6日持续干旱和9月6—18日连阴雨，2015年8月2—5日暴雨，2016年11月20—24日寒潮和12月7—21日大范围霾天气，2017年8月3—6日高温和7月25—30日陕北特大暴雨，2018年1月2—8日暴雪和12月27—28日暴雪冰冻，2019年4月6—10日高等级森林火险和9月9—20日秋淋天气。

5.1 2013 年度重大天气过程服务

5.1.1 2013 年天气气候特点

2013 年，陕西天气气候异常多变，经历了持续性低温寒潮、降雪、大雾、冰雹、大风、雷电、干旱、高温、暴雨等多种气象灾害，尤以低温寒潮、暴雨灾害影响最为严重。4 月上旬陕西连续发生两次较强寒潮天气过程，出现近 10 年（2004—2013 年）来最严重的春季低温冻害。汛期高温、暴雨、强对流天气频发，全省汛期平均降水量较常年同期偏多 10.3%，汛期全省累计暴雨日数为 134 d，陕北中南部、关中西部和陕南中西部共出现 9 次强降水天气过程。全省出现暴雨 116 站次，较历年同期偏多 37.6 站次，是仅次于 1981 年、1998 年、2010 年的第四多年。其中榆林南部和延安地区 7 月降水量达到同期平均值的 4 倍，为 1961 年以来同期最多，出现 33 站次暴雨，是历年同期平均暴雨站次的 8 倍。延安市 9 个县（区）日降水量或连续降水量突破历史极值，其中宜川、延长、富县日降水量达到历史极端最大值，志丹、吴起、安塞、延安、延川、延长县的连续降水量达到了历史极端最大值，暴雨给多个地区特别延安地区造成了严重灾害损失。12 月全省共出现霾 51 站 314 站日，主要出现在关中地区，其中 12 月 16—25 日，关中发生一次大范围、持续性霾天气。汛期，汉江、渭河、黄河流域及其支流出现洪水，黄河、渭河、汉江干支流累计出现 19 站次超警戒水位。

5.1.2 2013 年重大天气个例 1（强倒春寒）

2013 年 4 月 5—10 日，陕西省出现两次较强倒春寒天气，最低气温出现在 6 日、9 日凌晨，两次低温霜冻对苹果、猕猴桃、核桃等主栽经济林果区造成较大影响，灾害造成延安、宝鸡、铜川、渭南、咸阳等 6 市 15 个县（区、市）96 万人受灾；农作物受灾面积 13.77 万 hm^2，其中绝收 2.56 万 hm^2；直接经济损失 22.8 亿元，为 2004—2013

年间春季低温霜冻损失最重的一次灾害。

5.1.2.1　4 月 5—10 日两次倒春寒天气特点

（1）3 月 1 日—4 月 10 日气温总体偏高，气温波动幅度大。3 月 1 日—4 月 10 日陕西省平均气温 11.0 ℃，较常年同期偏高 1.9 ℃，为 1961 年以来历史同期最高年。3 月第 1 侯—4 月第 1 侯，全省气温持续偏高，其中 3 月第 2、4 候分别偏高 7.4 ℃和 5.6 ℃，而 4 月第 2 候气温偏低 2.3 ℃。

（2）4 月 5—7 日寒潮天气过程，日平均气温陕北下降 8 ～ 11 ℃，关中、陕南 6 ～ 8 ℃。最低气温出现在 6 日凌晨，全省 46 个站日最低气温低于 0 ℃。6 日最低气温陕北大部为 −8 ～ −4 ℃，陕北东部、渭北大部为 −4 ～ −2 ℃，关中局部 −2 ～ 0 ℃，关中大部、陕南大部分地区为 0 ～ 3 ℃，陕南中南部地区为 3 ～ 6 ℃，5—7 日低于零度小时数陕北大部大于 9 h，关中北部 3 ～ 6 h，关中南部 0—3 h。6 日 39 个苹果县中有 32 个县出现 0 ℃以下低温，最低吴起为 −8.1 ℃；9 个核桃基地县中有 5 个出现 0 ℃以下低温，最低为黄龙 −5.9 ℃；7 个花椒县中有 3 个出现了 0 ℃以下低温，最低为宜川 −3.8 ℃；11 个猕猴桃基地县全部出现低于 10 ℃的展叶期适宜气温，其中周至、长安和华县出现低于 2 ℃低温。以上各地低温冷冻持续时间均在 3 ～ 5 h 左右。

（3）4 月 8—10 日寒潮天气过程，最低温主要出现在 9 日凌晨，0 ℃以下主要位于陕北地区，陕北大部低于 0 ℃小时数超过 9 h。39 个苹果县中有 12 个县出现 0 ℃以下低温，最低为吴起 −9.7 ℃，持续时间为 5 h 左右。

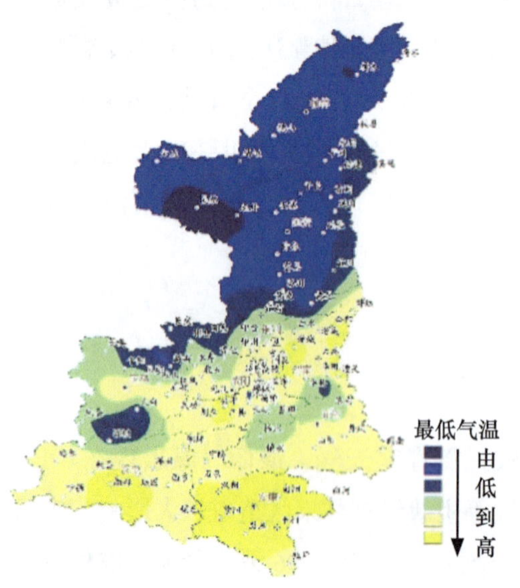

图 5-1　陕西省 2013 年 4 月 6 日最低气温分布图

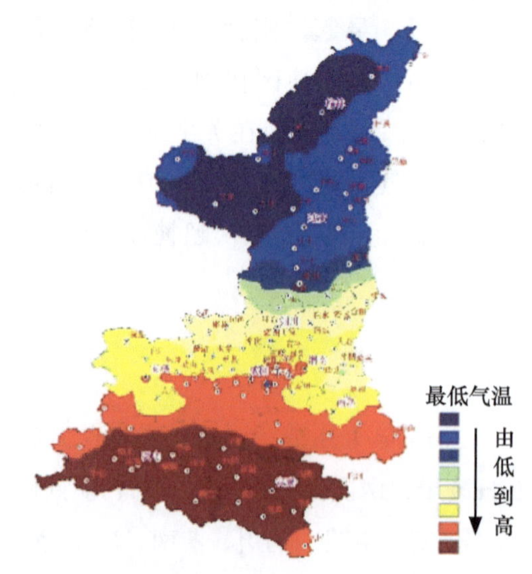

图 5-2　陕西省 2013 年 4 月 9 日最低气温分布图

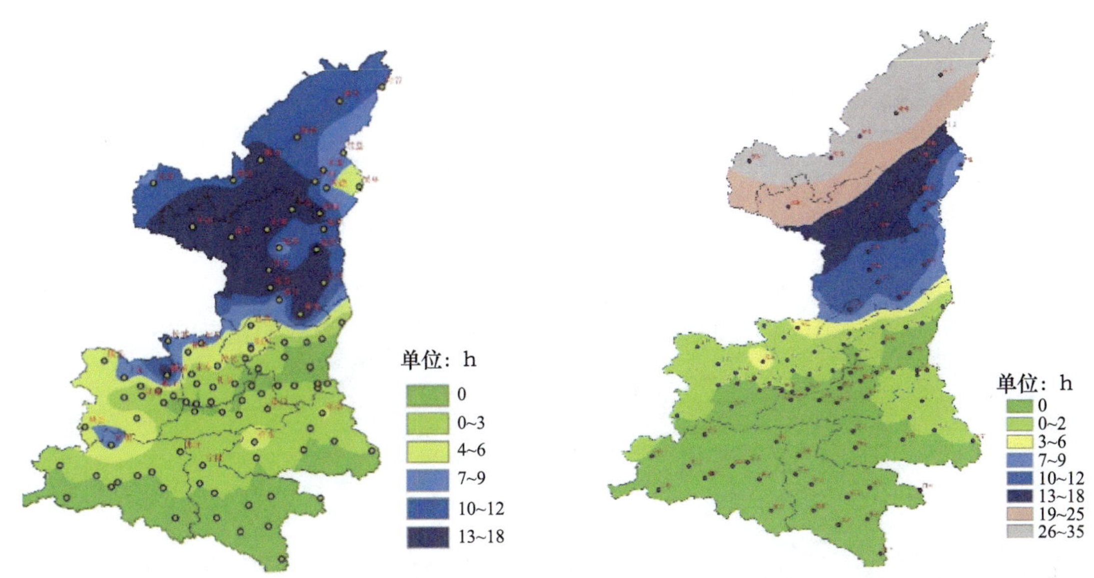

图 5-3 陕西省 2013 年 4 月 5—7 日低于 0 ℃小时数　图 5-4 陕西省 2013 年 4 月 8—10 日低于 0 ℃小时数

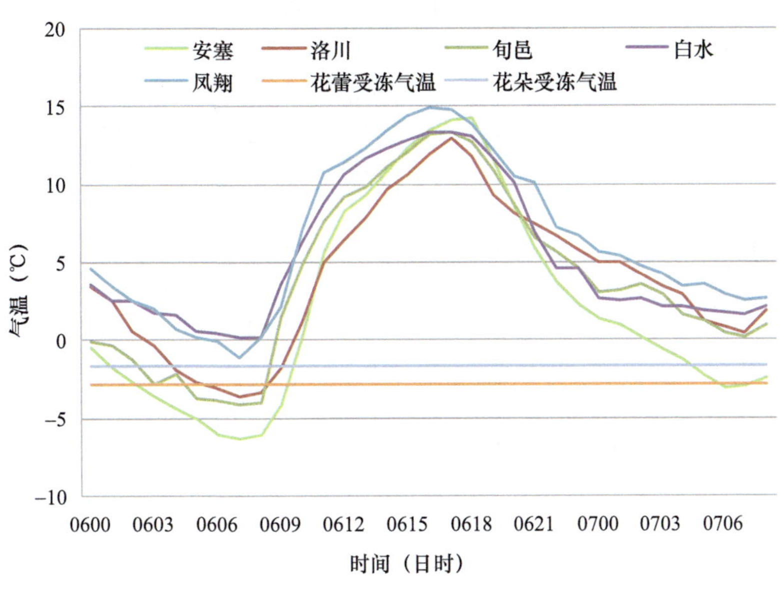

图 5-5 陕西主要苹果基地县 2013 年 4 月 6—7 日气温实况

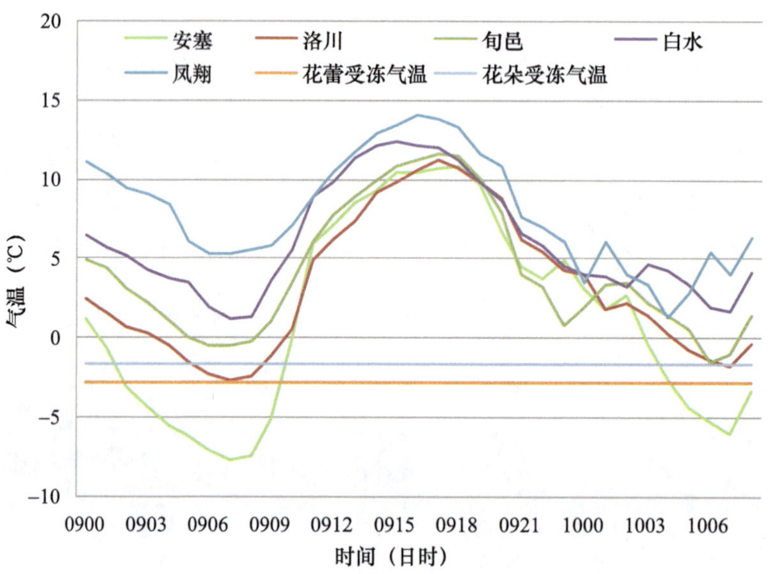

图 5-6　陕西主要苹果基地县 2013 年 4 月 9—10 日气温实况

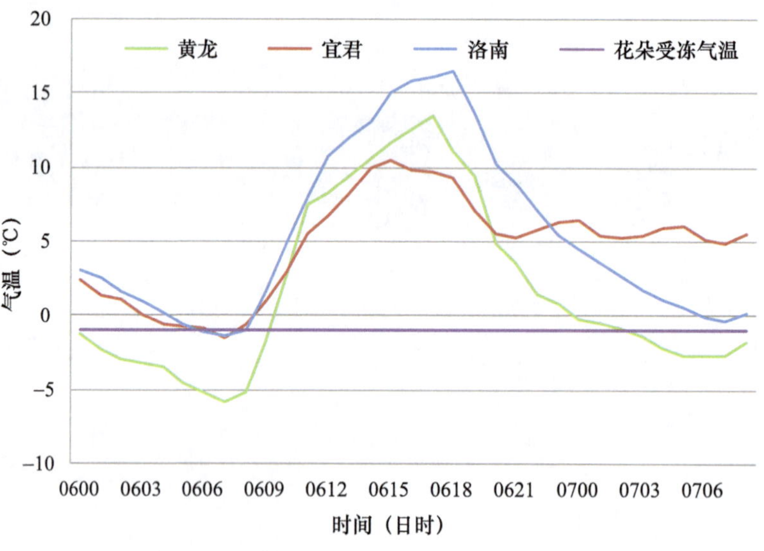

图 5-7　陕西主要核桃基地县 2013 年 4 月 6—7 日气温实况

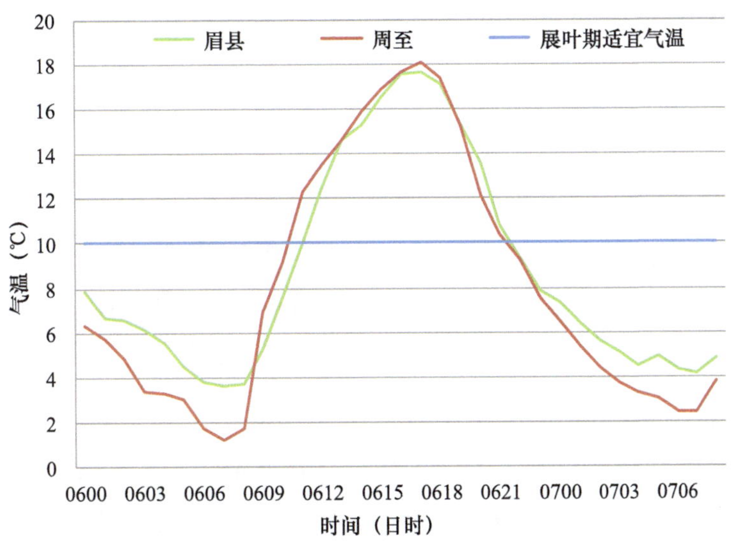

图 5-8　陕西主要猕猴桃基地县 2013 年 4 月 6—7 日气温实况

5.1.2.2　灾情影响及评估

（1）灾害损失近 10 年最重

据陕西省民政厅灾情报告，截至 4 月 12 日 09 时，两次低温冷冻灾害造成延安、宝鸡、铜川、渭南、咸阳等 6 市 15 个县（区、市）96 万人受灾；农作物受灾面积 13.77 万 hm^2，其中绝收 2.56 万 hm^2；直接经济损失 22.8 亿元。据气象灾情调查，渭北西部苹果区花絮受冻率约 65.7%，花朵受冻率约 44.7%；延安南部苹果区花絮受冻率约 87.8%，花朵受冻率约 57.8%；延安北部及以北苹果区正处于现蕾期，花蕾受冻率达 80% 以上；关中苹果区和渭北东部果区有轻度花期冻害，表现为部分花瓣边缘出现干枯变色。此外，陕北、陕南核桃产区均遭受严重影响，其中宜君、黄龙以及商洛中北部、汉中北部山区处于开花期的核桃大面积受冻，核桃花序变黑、落花，部分嫩叶被冻坏，多数核桃园基本绝收。周至县地势低洼处展叶期的猕猴桃幼苗近地面幼叶受冻较重。另外，部分地区蔬菜大棚受损，花椒受损。据历史资料分析结果表明，这两次倒春寒天气造成的灾害损失是 2004—2013 年间最严重的一次。

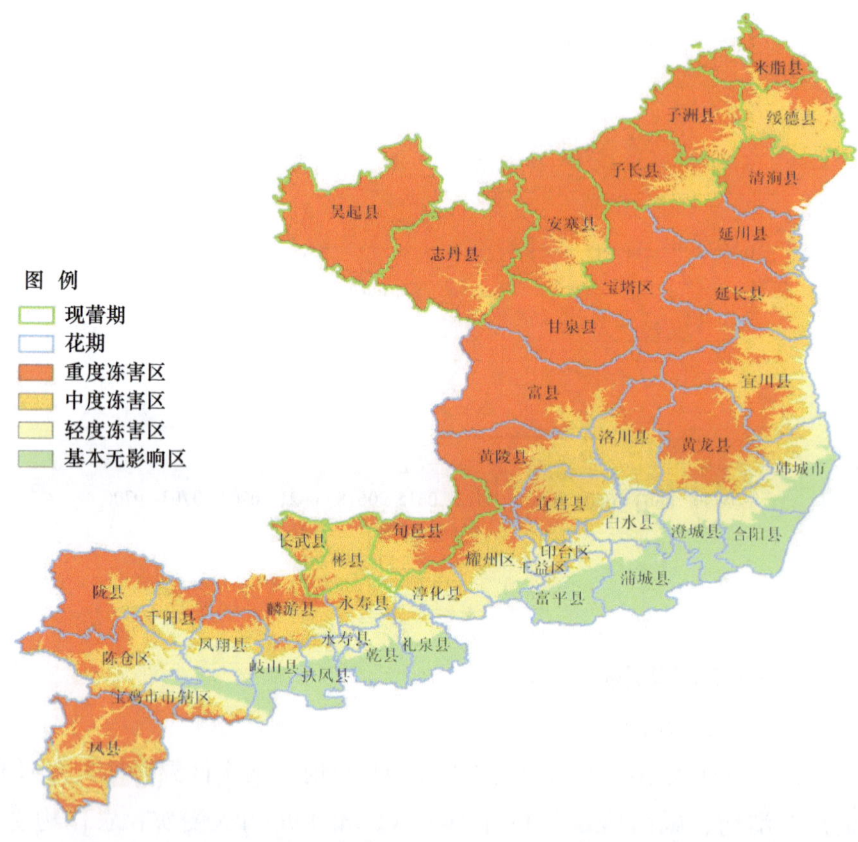

图 5-9　2013 年 4 月倒春寒天气过程中陕西苹果种植区冻害评估图

图 5-10　苹果受冻与未受冻花朵对比（旬邑）

图 5-11　苹果受冻花朵（旬邑）

图 5-12　霜冻前花椒（凤县）

图 5-13　霜冻后花椒（凤县）

图 5-14　霜冻前苹果果园花瓣（凤翔县）

图 5-15　霜冻后的苹果花瓣（凤翔县）

图 5-16　受冻的猕猴桃花蕾（眉县）

图 5-17　商州核桃受冻情况

图 5-18　柞水核桃受冻情况

图 5-19　受冻大棚西葫芦

（2）致灾因子分析

冬春连旱。土壤湿度小，大部果区 0 ～ 50 cm 平均土壤相对湿度在 60% 以下，旱情严重地方在 40% 以下；由于清明期间的降水量小，并没有解除旱情，没有灌溉条件的果区果树树势普遍较差。

花期提前。春季回暖快，果区大部气温较常年同期偏高 3 ～ 5 ℃，部分果区创 1961 年以来同期最高纪录。异常偏高的气温致使杏、李子、桃、梨、苹果等经济林果萌动提前 1 ～ 2 周，4 月上旬已经开花或处于花蕾期。

冻害持续时间长，范围广。由于 4 月 5 日、6 日、9 日、10 日和 11 日大多数果区先后出现了 4 ～ 5 天的严重花期冻害，低温出现时间集中，花期冻害发生范围广，霜冻导致苹果花朵枯萎，花蕊近乎黑色。

沙尘天气多。果区均出现扬沙、浮尘天气。这些不利的气象因素对林果树授粉、受精影响大，落花落果情况比较严重，后期易出现大量畸形果。

5.1.2.3 预报准确率 100%，应急指挥组织高效

（1）全省预报提前量 72 ～ 24 h，预报准确率 100%

针对第一次寒潮天气过程，4 月 1 日，陕西省气象台在中期周预报中发布：4 月 5 日陕北多云间晴天，关中、陕南阴天转多云，陕南部分地方有小雨。陕北、关中北部部分地方有 6 级偏北风，关中南部、商洛部分地方有 4 ～ 5 级偏北风，日平均气温：陕北下降 8 ～ 10 ℃，关中、陕南下降 6 ～ 8 ℃。预报提前量达到 5 天。随后，陕西省气象台在 24 ～ 72 h 的预报中对该次过程进行了滚动跟踪预报服务。4 月 3 日 11 时发布重要天气报告——寒潮消息：受新疆较强冷空气影响，4 月 4 日到 5 日我省自北向南有一次寒潮天气过程。预计日平均气温陕北下降 8 ～ 10 ℃，关中、陕南下降 6 ～ 8 ℃，极端最低气温将出现在 6 日或 7 日早晨，陕北 –6 ～ –4 ℃，关中北部 –2 ～ 0 ℃，关中南部和商洛 2 ～ 4 ℃，汉中、安康 3 ～ 5 ℃。陕北部分地方有 6 级偏北风，陕北有扬沙，关中有浮尘。同时，全省大部分地方有一次降水天气过程，预计，陕北、关中大部分地方有小雨，陕南有小到中雨。4 月 6 日 17 时发布了霜冻蓝色预警信号。

针对第二次寒潮天气，陕西省气象台 4 月 8 日 12 时、9 日 12 时和 10 日 12 时连续三次发布霜冻蓝色预警。两次寒潮霜冻过程中，全省气象部门共发布各类霜冻预警 91 个（含解除），其中霜冻蓝色预警 36 个、霜冻黄色预警 3 个。预警信号发布命中率 100%，准确率 100%，空报率 0%，漏报率 0%。预报预警准确率高。各地市气象局也提前 72 ～ 24 h 发布了霜冻预警，预报准确率 100%。

（2）各级气象灾害应急指挥部在服务中指挥高效

4 月 3 日，陕西省气象灾害应急指挥部办公室发出《关于做好果业和设施农业冻害防御工作的紧急通知》，要求重点抓好各大果区的花期冻害服务。陕西省气象灾害应急指挥部 4 月 8 日再次紧急发出《关于做好霜冻防御工作的紧急通知》。要求省气象灾害应急指挥部相关成员单位按照《陕西省气象灾害应急预案》规定，切实履行职责，做好果业、设施农业霜冻灾害防御指导。4 月 1 日 11 时陕西省气象局已启动重大气象灾害（干旱）Ⅲ级应急响应，全省各级气象部门均以Ⅲ级应急状态开展低温寒潮的气象保障和服务工作。各相关地市气象局也第一时间下发了《关于切实做好低温霜冻天气防范工作的紧急通知》。

5.1.2.4 气象服务效益分析

（1）决策气象服务及时跟进

各级气象部门密切监视天气变化，加强会商，并以《重要信息专报》《气象信息快报》等形式，及时滚动向省委、省政府和气象灾害应急指挥部各成员单位通报霜冻监

测等信息。共向省委、省政府报送有关低温寒潮的《重要信息专报》2 期、《重要天气报告》2 期、《气象信息快报》10 期，4 月 5—10 日通过气象短（彩）信平台为决策用户发布省气象台的霜冻蓝色预警信号 1 次、霜冻蓝色预警 3 次、解除霜冻蓝色预警信号 1 次，累计受众为 5085 人次。为省政府应急办、气象灾害应急指挥部 MAS 短信发送共计 2276 条，成功率 100%。

（2）预警服务受众人数广，绿色通道发挥巨大作用

陕西省气象局高度重视本次霜冻气象服务，在此次寒潮来临之前通过传真、电台广播、短信平台、电视、报纸、网站等渠道，向果业管理部门、各地市气象局和广大果农提供果区低温预测、最低温度实况和相关防御措施等，提醒广大果农通过各种措施防御冻害，减少损失。向中国气象频道传输《陕西春季高温少雨 果农择时灌溉推迟花期》等低温冻害新闻 3 条；在中国气象频道陕西本地插播节目中以游飞字幕的形式实时滚动播出低温冻害气象信息 60 余条。

及时与冻害发生区县气象信息员电话连线。陕西省气象服务中心与 120 位气象信息员连线，106 位表示及时收到了霜冻预警信息，14 位表示未收到预警信息，预警发布成功率 88.33%。120 位信息员中，大部分反映收到预警信息后及时采取了防御措施，防御手段主要包括防风、防冻、熏烟等措施，部分地区还采取加盖塑料薄膜和喷洒防冻药的方法防范蔬菜冻害的发生。另外还借助农村大喇叭通知预警信息，宣传霜冻防范知识，及时发放相关物资和药品。

4 月 9 日 23 时 40 分，陕西省气象服务中心接到延安市气象局发布的霜冻橙色预警信号后，迅速启动预警信息手机短信发布“绿色通道”，及时联系省通信管理局、移动、联通、电信三大运营商，向延安富县共 55.5 万手机用户发布霜冻橙色预警信号。

及时更新“12121”预警信号语音信箱，4 月 5—10 日总拨打量 110180 次。针对寒潮、霜冻天气，为农信通用户发送农事预报和农业预报气象短（彩）信，灾前和灾后在短、彩信中编辑了相关的农业农事提示和建议，提醒各部门及农民朋友采取措施，做好寒潮、霜冻的防御工作，在此期间，农信通发送总量 630 万。腾讯、新浪、人民网、新华网微博受众累计 225.6 万人次。

（3）预报预警得到各级政府高度重视，政府积极组织防御

4 月 8 日陕西省分管副省长在《霜冻蓝色预警》上做出批示，要求将《霜冻蓝色预警》传各地市并作好防范。各地市气象局及时开展信息服务，大部分区县主管领导及时批转并紧急部署防灾工作。陕西省农业与遥感经济作物气象服务中心联合陕西省果业局派出 4 组专家第一时间奔赴铜川、延安、渭南、咸阳四地市宜君、黄陵、洛川、白水等县核桃园、苹果园开展大范围田间灾情调查并部署补救措施；陕西省人影办在

安塞开展了苹果花期的烟雾防霜冻实验，有效减轻了霜冻灾害的损失。

延安：3 月 21 日发布了《苹果花期将提前遭遇冻害风险大》的重大气象信息专报，延安市分管副市长在服务材料上批示“市气象局关于当前天气形势的分析及建议做好苹果花期冻害防御工作的建议很好，请传各县区政府、果业、农业部门认真阅读，并及早安排，采取有效措施，做好苹果花期防冻工作”。黄龙县政府主管领导收到预警信息后，立即做出了批示，责成各乡镇和相关部门采取措施，强化预防；富县分管副县长批示“农业、果业、烟草、蔬菜及各乡镇、社区服务中心迅速组织群众采取有效防范措施，确保将灾害损失降到最低，富县气象局加大气象监测密度，随时报告天气变化情况，为农业生产提供可靠、准确气象预报”。黄陵县政府 4 月 5 日召集县农业局、林业局、果业局、民政局、气象局、防火办等部门和各乡镇召开了专题会议，对预防低温冻害工作进行了专题部署。延长县委、县政府主管领导在县气象局报送的《重要天气报告》上批示“请气象局将气象情况尽快传各乡镇，请县政府办通知果业局搞好全县果树防冻各项措施，确保将灾害降到最低”。宜川县政府分管领导接到寒潮降温预警信息后，电话询问近期温度变化情况，在县气象局报送的服务材料上批示“请转发各乡镇，做好霜冻防御工作”；果业农业部门收到县气象局的服务材料和短信后，及时派技术人员下乡镇农村指导防冻工作。

宝鸡：市委、市政府高度重视低温霜冻预警信息，及时作出批示，安排部署防冻减灾工作。宝鸡市政府办公室以明传电报形式发出《关于切实做好低温霜冻天气防范工作的紧急通知》。宝鸡市分管副市长批示：请气象局通过电视、广播、报纸、手机短信等形式及时发布霜冻预警信息，请农业（果业）局、林业局督促指导有关县区做好低温冻害防范工作。陕西省人影办联合宝鸡市气象局、凤县气象局提前安装气象要素对比观测站点和自动烟雾发生装置，组织开展花椒防霜冻试验。各县区、各部门迅速安排部署，层层落实责任，全力抓好花期果树、蔬菜、林木种苗等农作物低温霜冻灾害预防工作。农业、林业、气象部门深入生产一线，查苗情、查灾情、查墒情、查病虫情，积极做好霜后管理，努力减轻灾害损失。

渭南：渭南市气象台提前发布《大风降温、降水消息》《大风蓝色预警信号》《寒潮蓝色预警信号》，并通过多种渠道广泛传播。制作《农业气象专题服务》材料，向政府和涉农部门发送传真，并通过短信、媒体向广大设施种植户开展了相关服务。第一时间通过手机短信向市县各级领导发布风情、降温、雨情天气实况。

咸阳：提前预警，为冻害防御工作提供指导。3 月 28 日以《送阅件》的形式向政府及社会公众发布 4 月上旬冷空气活动频繁，冻害发生概率较大的气象信息预警，4 月 3 日在咸阳电视台、咸阳日报、今日咸阳上同时发布冻害防御指南。4 日和 5 日连续发布了《寒潮蓝色预警信号》和《霜冻蓝色预警信号》，提醒相关部门和公众积极做好防御准备，4月5日夜间，指导各县开展冻害防御工作，果树花期的灾害损失降到了最小程度，市政府领导批示给予肯定。

商洛：市政府秘书长在《商洛核桃花期冻害预报》上作出批示，4月3日16时商洛市气象防灾减灾指挥部发布了《关于做好果树花期冻害防御工作的通知》，要求各县区政府、各县区林业局、核桃研究所等单位，提示有关部门做好核桃花期冻害预防工作。

铜川：分管副市长对各级气象、果业等部门前期低温预警及防御工作表示肯定，多次就果树关键期低温冻害防御工作进行批示，要求由铜川市气象局牵头、相关部门配合，在低温发生时，尽快告知果农采取防范措施，避免冻害发生，请各区（县）相关部门对防冻害工作进行科学指导。

5.1.3 2013年重大天气个例2（前汛期强降水）

2013年5月24—26日，陕西出现当年首场区域性暴雨天气过程，范围广、区域性强、强度大。

5.1.3.1 天气实况

2013年5月24日08时—26日08时，陕西出现当年首场区域性暴雨天气过程，暴雨区主要分布在渭河沿线与陕南东部。其中，5月25日08时—26日08时，全省共16站日降水量突破1961年以来5月历史极值。县区站累计雨量超过50 mm共31站，其中周至(107.8 mm)、杨凌(101.3 mm)、兴平(104.9 mm)、武功（130.5 mm）4站超过100 mm。

5.1.3.2 灾情及影响

安康市白河县5月25日08时—26日08时出现大到暴雨降水天气过程，部分地方达暴雨。据县防汛办报告，城关镇1处滑坡点出现险情，4户房屋出现险情，22人撤离；仓上镇冲毁道路1条，转移家庭1户。暴雨导致西安秦岭沣峪口发生塌方，道路中断3 h，未造成人员伤亡。此次降水天气过程解除了全省大部分地方旱情，特别是渭南地区，也净化了空气，但阴雨天气对夏收造成不利。

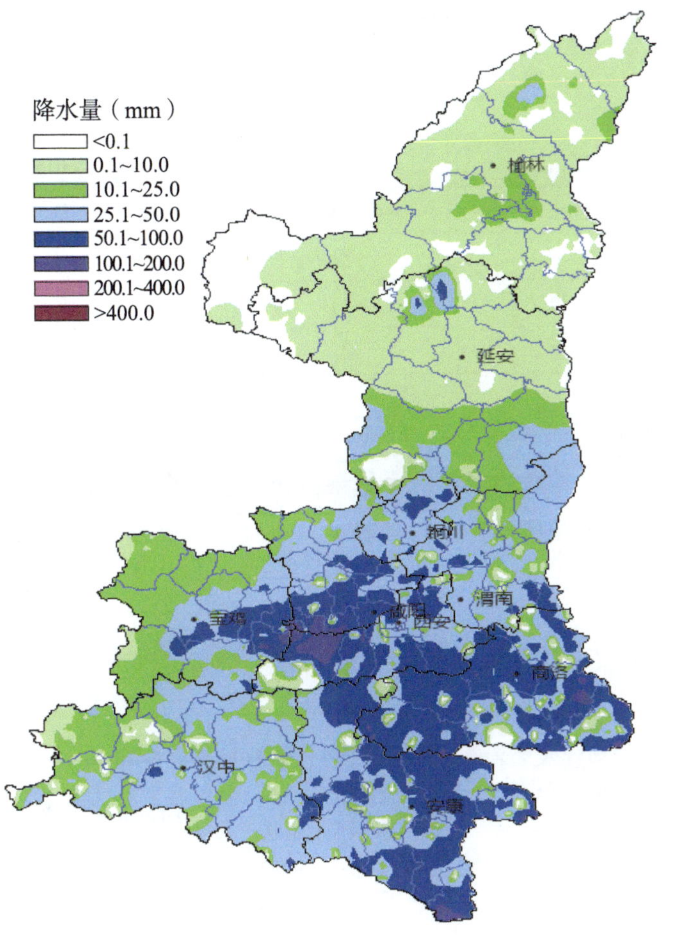

图 5-20　2013 年 5 月 24 日 08 时—26 日 08 时陕西省降水分布图

表 5-1　2013 年月 5 月 25 日 08 时—26 日 08 时各站降水量

站点	降水量（mm）	5 月历史排位（极值，mm）	站点	降水量（mm）	5 月历史排位（极值，mm）
户县	67.3	历史第二（80.9）	杨凌	96.0	无历史记录可比
长安	57.0	历史第二（66.6）	武功	123.9	历史极值
西安	66.5	历史极值	白河	69.8	历史极值
临潼	43.3	历史第二（80.8）	汉阴	59.1	历史第三（91.2）
周至	101.7	历史极值	镇坪	56.0	历史第三（88.0）
蓝田	50.7	历史第二（88.1）	商南	88.7	历史第二（90.0）
泾河	75.3	无历史记录可比	商州	79.6	历史极值

续表

站点	降水量（mm）	5 月历史排位（极值，mm）	站点	降水量（mm）	5 月历史排位（极值，mm）
眉县	93.2	历史极值	柞水	69.9	历史极值
扶风	89.6	历史极值	山阳	58.2	历史极值
兴平	99.8	历史极值	洛南	57.5	历史第二（62.5）
咸阳	51.4	历史极值	丹凤	77.5	历史极值
礼泉	59.3	历史极值	镇安	60.0	历史极值

5.1.3.3 预报预警发布情况

陕西省气象台 5 月 23 日 20 时发布当年首个暴雨黄色预警。全省共发布预警及预警信号 15 期（不含解除），各类预报预警及时准确，省市气象台预报、预警信号准确率达 100%，各县级气象台也达到 90% 以上。

表 5-2 陕西省 5 月 23—25 日暴雨过程预警及预警信号发布统计表

发布地区（机构）	发布时间	预警及等级	发布地区（机构）	发布时间	预警及等级
省气象台	23 日 20 时 31 分	暴雨黄色预警	安康市白河县	25 日 10 时 11 分	暴雨蓝色预警信号
安康市	25 日 07 时 33 分	暴雨蓝色预警信号	商洛市商南县	25 日 10 时 42 分	暴雨蓝色预警信号
安康市镇坪县	25 日 08 时 04 分	暴雨蓝色预警信号	杨凌区	25 日 13 时 09 分	暴雨蓝色预警信号
安康市旬阳县	25 日 08 时 35 分	暴雨蓝色预警信号	西安市户县	25 日 13 时 09 分	暴雨蓝色预警信号
商洛市	25 日 09 时 12 分	暴雨蓝色预警信号	咸阳市兴平市	25 日 18 时 10 分	暴雨蓝色预警信号
商洛市镇安县	25 日 09 时 22 分	暴雨蓝色预警信号	西安市	25 日 21 时 05 分	暴雨蓝色预警信号
商洛市山阳县	25 日 09 时 51 分	暴雨蓝色预警信号	铜川市	25 日 22 时 00 分	暴雨蓝色预警信号
安康市汉阴县	25 日 10 时 07 分	暴雨蓝色预警信号			

5.1.3.4 应急情况

陕西省气象台发布暴雨黄色预警后，陕西省气象局同时启动重大气象灾害（暴雨）Ⅲ级应急响应，要求相关单位和部门立即进入重大气象灾害Ⅲ级应急响应状态，按照应急预案要求各自做好应急管理和服务工作，其他相关各地市气象局根据天气形势适时启动应急响应或变更应急响应等级。安康、汉中、铜川、商洛、延安市气象局 23 日 20 时后相继启动重大气象灾害（暴雨）Ⅲ应急响应。宝鸡市气象局 23 日 22 时 30 分启动重大气象灾害（暴雨）Ⅳ级应急响应。杨凌气象局 24 日 12 时 00 分启动重大气象灾害（暴雨）Ⅲ级响应。西安市气象局 25 日 21 时 00 分启动重大气象灾害（暴雨）Ⅳ级应急响应。26 日 9 时 30 分陕西省气象局解除Ⅲ应急状态，全省相继解除应急状态。

5.1.3.5 气象服务情况及效益

（1）决策服务

陕西省气象局以传真、电话、电子邮件、NOTES 邮件等多种形式向省委、省政府以及相关部门发布暴雨黄色预警 1 期，报送《5 月 24—26 日强降水的紧急报告》1 期，《5 月 24—26 日暴雨过程预报情况通报》1 期，《强天气降水快报》7 期，通过企信通发布雨情短信 2 次，给省政府发送 24 h 雨情 3 份；与地质监测总站联合制作、发布陕西省地质灾害气象风险预警产品 1 期。安康市气象局局长多次向市委、市政府主要领导和主管领导当面汇报，23 日市防指紧急召开全市防汛电视电话会议，安排部署强降雨防汛工作。岚皋县气象局于第一时间向当地政府汇报雨情，县政府下发了《关于切实做好防汛防滑工作的通知》。5 月 24 日，铜川市市长、分管副市长就强降水过程作出重要批示，要求各级各部门要高度警惕，及早安排部署，切实做好迎汛工作。市应急办、市防汛办、市防滑办专门下发通知安排全市的防汛、防滑工作。5 月 24 日 16 时，商洛市气象局局长向市政府相关领导电话汇报强降水天气情况；市政府专门下发《关于做好应对强降雨工作的紧急通知》，就积极应对强降雨、做好防汛保安工作做紧急部署。5 月 23 日晚至 25 日晚，延安市气象局多次向市委、市政府领导做人工增雨汇报。25 日黄陵县发生滑坡灾害后，黄陵县气象局立即启动应急预案，要求值班员密切注意天气形势，随时向县政府办、应急办通报气象要素，积极配合做好抢险救灾和伤员救治工作。宝鸡市气象局应急响应期间，同市国土资源局、市水利局开展灾害电话会商 6 次，发布地质灾害气象风险预警 1 期。杨凌气象局 24 日 14 时制作《强降水天气消息》，报送示范区管委会及气象灾害应急指挥部各成员单位；25—26 日，通过手机短信发送雨情通报 5 次。西安市气象局于 24 日向市委、市政府和相关部门报送了《强降水消息》；西安市气象局局长多次向政府主要领导电话汇报最新天气情况及预报信息，分管副局长与市防汛抗旱指挥部通过视频会商系统 24 h 实时连线，西安市市长对气象服务给予充分肯定；25 日与国土资源部门联合发布地质灾害风险预警，向应急灾害指挥部成员单位负责人、市政及区县相关领导、市农委、市发改委、旅游部门负责人等发送预报预警、雨情等信息共计 6000 余条；各区县气象局均对强降水天气做出预报，并多次向当地政府主管领导进行汇报，及时报送重要气象信息、雨情通报、预报预警信息等。

（2）公众及专业气象服务

陕西省气象局24日10时召开新闻通气会，10余家社会媒体参与，陕西省气象台首席接受陕西省电视台一套等媒体记者采访多次，及时向公众传达天气实况与预报信息；23—25日，共发送手机短（彩）信1120万条，121121声讯拨打量20.5万次；向电力、交通、石油天然气、铁路等行业用户70余家用户发送暴雨黄色预警；陕西省气象局用户服务中心与汉中、安康、商洛共13个地区的735名气象信息员、协理员展开互动，有效沟通504人，获得有效反馈信息279条，86.1%的气象信息员表示及时收到了暴雨黄色预警信息，通过电话、大喇叭、短信、显示屏、敲锣、警报器等6种方式向当地群众推送预警信息。应急响应期间，省市气象微博上下联动，23日晚至26日上午，受众人数合计50.2万人。首次通过官方微信平台发布“陕西省气象局启动暴雨三级响应命令及预警信息情况”信息。

（3）宣传报道服务情况

在陕西电视台各档气象栏目和中国气象频道本地化插播节目中，以游飞字幕和主持人背景、语言的形式，及时发布预警信息、天气预报和次生灾害消息。与陕西电视台二套进行电视连线直播1次，发布暴雨黄色预警信息和地质灾害气象预报。截至5月26日10时，在《中国气象报》、中国气象局网站、《陕西日报》等社会主流媒体刊稿60余篇。在陕西省气象局网站开设《陕西重大气象灾害暴雨Ⅲ级应急响应服务专题》《陕西最新降水信息》2个专题栏目；刊发降水信息及服务信息稿件34条；在陕西省政府门户网站刊发降水及服务信息5条。24日9时，腾讯大秦网首次通过“QQ弹窗”的形式向广大网友推送暴雨黄色预警信息，并在要闻首条介绍陕西省气象部门应对重大气象灾害（暴雨）Ⅲ级响应情况，受众用户1800万左右。

5.1.3.6 经验启示

（1）领导重视，靠前指挥。陕西省气象局局长、副局长亲临预报一线指挥，亲自主持加密天气会商，果断启动应急。各级气象部门主管领导亲临一线指挥，周密安排。在应急过程中，各级领导坚守岗位，与大家一道并肩作战，并积极加强与地方政府领导的汇报沟通。

（2）预报准确、预警及时、服务主动。省市县三级气象台站严密监测天气，提前24 h发布暴雨消息，滚动发布各类预报预警信息，果断发布暴雨预警信息，所有预警信息均在第一时间通过指挥部、电视、电话、传真、手机短信、网络、微博、电台、电子显示屏等多种手段传递出去，为领导决策和群众防灾避险提供了科学依据，提前对此次防汛工作进行了安排部署，将灾害带来的损失降到了最低。

（3）政府重视，各方紧密配合。各级政府部门依据气象信息，紧急部署防汛工作，严密组织，部门间协作配合默契，应对措施科学、高效，各项措施得力，防汛准备及时。

5.2 2014 年度重大天气过程服务

5.2.1 2014 年天气气候特点

2014 年，陕西经历了雾、霾、风雹、雷电、高温、干旱、秋淋暴雨等多种气象灾害，尤以高温干旱、秋淋暴雨灾害影响最为严重。其中，75 个县（区）出现高温天气，7 月 22 日、7 月 30 日 19 个县（区）日最高气温刷新 7 月历史极值，柞水、镇安、山阳日最高气温突破建站以来历史极值。6—8 月高温少雨导致渭河流域及商洛出现严重旱情，旱区中度以上气象干旱持续日数超过 18 d，综合气象干旱强度为 1997 年以来最重，干旱导致全省 486 万人受灾，直接经济损失 21.7 亿元。全省出现 23 个暴雨日，暴雨 57 站次，其中 9 月 6—18 日，陕西中南部出现连续 13 天中等偏强秋淋暴雨天气，汉中、安康、商洛、宝鸡、西安、渭南、咸阳、延安等 8 市 20 个县（区）494 个乡镇降暴雨，31 个乡镇降大暴雨或特大暴雨，镇巴永乐乡过程累计降水量达 870.5 mm，秋淋暴雨引发多地洪涝及泥石流灾害。

5.2.2 2014 年重大天气个例 1（干旱）

2014 年 7 月以来，陕西关中陕南地区降水持续偏少，平均降水量 43 mm，为 1961 年以来第 2 偏少年，16 个县区的降水量较常年同期偏少 8 ～ 9 成。同时，关中、陕南温度持续偏高，平均最高气温是 1961 年以来最高年，是 2005—2014 年间高温范围最广和持续时间最久的一次高温天气过程。截至 8 月 7 日，干旱已造成陕西 486.1 万人受灾，46.19 万 hm^2 农作物受灾，直接经济损失 21.7 亿元。在应对干旱灾害气象服务过程中，全省气象部门预报预警及时，陕西省气象局领导亲临一线指挥，果断启动Ⅲ级应急响应，各部门高度重视、防抗有力。

5.2.2.1 干旱监测情况

汛期（2014 年 6 月 1 日—8 月 5 日）关中及商洛旱区平均降水量 96.8 mm，较常年同期偏少 5 成。特别是 7 月后，商洛、宝鸡、咸阳、西安的部分县区降水量达 1961 年来极低值。关中及商洛旱区平均气温 25.7 ℃，较历年同期偏高 1.6 ℃。入汛后，旱区共出现大于 35 ℃的高温天气 998 县次，其中 19 个县区最高气温刷新了历史同期极值，3 县突破建站以来的历史极值（7 月 22 日柞水 39.1 ℃，7 月 30 日镇安 41.2 ℃、山阳 40.1 ℃）。

根据 8 月 5 日综合气象干旱指数判别标准，宝鸡、咸阳大部、西安西部、商洛西部、安康北部局地有重度以上气象干旱。从 20 cm 土壤相对湿度来看，汉中大部、安康中北部、商洛大部、西安大部、渭南大部、延安东南部局地、榆林西北部局地土壤相对湿度在 31% ～ 40%，属于重旱；关中部分地区低于 30%，属于特旱；榆林西部大部地区、延安西南部、咸阳北部、宝鸡南部、汉中西部、安康、商洛 41% ～ 60%，大部地区中旱，局地轻旱。

此次干旱天气有两个特点。一是持续时间久。7 月 1 日—8 月 5 日关中和商洛旱区发生中度以上气象干旱持续日数达 18 天，中度以上气象干旱的天数仅次于 1997 年、1995 年、1982 年和 2004 年。二是过程强度强。分析之前 33 年旱区气象干旱综合指数显示，7 月 1 日—8 月 4 日，关中和商洛旱区的综合气象干旱指数累积强度达到 −35.96，综合干旱强度为 1997 年以来最重，1995 年以来第二重，1982 年以来第三重。

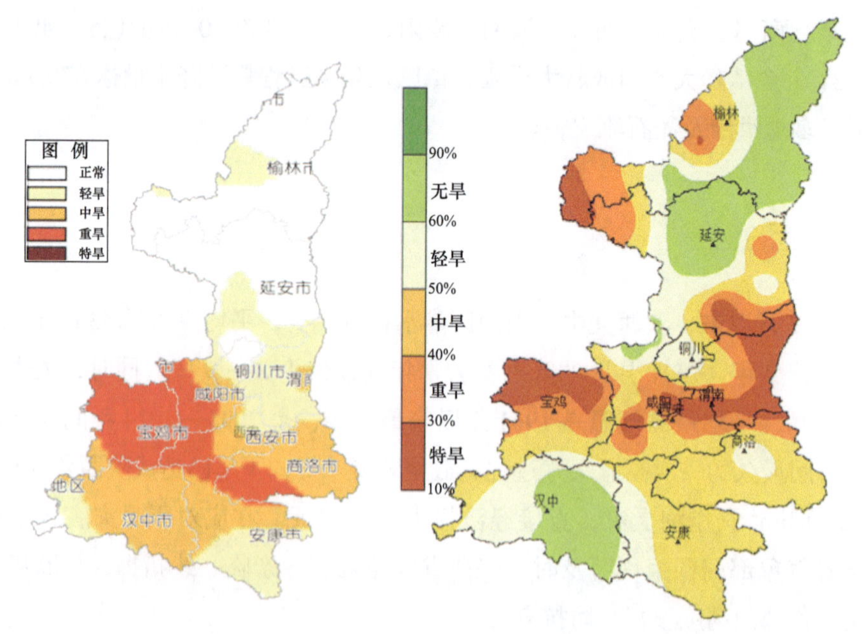

图 5-21 2014 年 8 月 5 日陕西气象干旱（左）和 20 cm 土壤相对湿度（右）分布图

5.2.2.2 灾情及影响

据陕西省民政厅报告，截至 8 月 7 日 09 时统计，商洛、宝鸡、西安、咸阳、渭南、汉中等 8 市 63 个县（市、区）486.1 万人受灾，56.2 万人因受旱需要生活救助，其中因旱饮水困难需救助 37.5 万人；6.4 万头（只）大牲畜饮水困难；农作物受灾面积 46.19 万 hm^2，其中绝收 5.38 万 hm^2；直接经济损失 21.7 亿元。

旱情已严重影响秋粮作物正常生长和秋粮产量，秋粮安全生产形势不容乐观。渭南、咸阳两市旱情严重，渭北北部塬区，未灌溉的春玉米及地膜春玉米均因旱干枯死亡或接近死亡，处于绝收状态；未灌溉的夏玉米长势较差，已不能正常成熟，面临绝收。渭北东部的白水、蒲城，渭北西部的千阳、淳化、永寿，关中西部的礼泉和凤翔等地苹果园旱情较重。户县、长安、周至、临渭区等地猕猴桃受灾较重。

5.2.2.3 预报预警发布情况

陕西省气象台 7 月 28 日 15 时发布干旱黄色预警至 8 月 8 日 17 时解除预警，全省各级气象部门共发布干旱预警及预警信号 4 期，其中，干旱黄色预警 1 期，干旱橙色预警信号 3 期；共发布高温预警信号 198 期，其中高温红色预警信号 3 期，高温橙色预警信号 135 期，高温黄色预警信号 60 期。

5.2.2.4 应急情况

陕西省气象局 7 月 28 日 17 时启动重大气象灾害（干旱）Ⅲ级应急响应；宝鸡市气象局同时启动干旱Ⅲ级应急响应；咸阳市、西安市、商洛市气象局分别于 17 时 10 分、17 时 30 分、19 时 16 分启动重大气象灾害（干旱）Ⅲ级应急响应；杨凌气象局 29 日 08 时启动重大气象灾害Ⅲ级应急响应；渭南市气象局 31 日 16 时 45 分启动重大气象灾害（干旱）Ⅲ级应急响应；铜川市气象局 31 日 17 时启动重大气象灾害（干旱）Ⅳ级应急响应；8 月 6 日 16 时 30 分陕西省气象局解除Ⅲ级应急状态，全省各地相继解除应急状态。

5.2.2.5 气象服务情况及效益

（1）决策气象服务

应急期间，陕西省气象局向省委、省政府等相关部门报送《气象信息快报》10 期、《气象信息专报》3 期、文件 1 期。向中国气象局应急办报告 2 期《重大突发事件报告》、2 次阶段性服务总结。制作与下发 2 期《重大气象灾害（干旱）Ⅲ级应急响应情况摘报》，得到陕西省分管副省长的批示。陕西省气象台每日 16 时以传真、电话、电子邮件、NOTES 邮件等多种形式向省委、省政府以及相关职能部门、联防部门发布干旱专题预报 9 期。同时，在常规天气预报中发布高温预报。发布《气象灾害预警信号》9 期（含解除），应急期间，共参加全国会商 6 次，地市气象局电话会商 25 次，全国干旱专题会商一次（8 月 1 日）。为省防汛办传真干旱专题预报 9 次，电话介绍干旱趋势一次，传真预报 2 次。西安市气象局局长等领导及时将干旱监测信息、天气预报预警信息、人工增雨作业信息通过电话、短信、书面等形式向市政府领导汇报；向市委市政府报《送阅件》2 期，制作报送《重大气象服务专报》2 期，动态发布人影作业通报 3 期，并积极加强与省人影办之间的组织协调。宝鸡市气象局向市委、市政府专门报送《关于入汛以来高温伏旱气候评估和气象服务情况的报告》，获得市长、副市长的好评；应急响应期间，市级共发布《防抗干旱气象服务专报》6 期、《气象专题报告》6 期、高温预警信号 4 次；县级气象局共发布高温预警信号 7 期、《抗旱气象服务专报》等产品 60 期。渭南市气象局向市委市政府、涉农部门报送了《重大气象信息专报》3 期；制作“渭南市旱情监测信息”以《送阅件》的形式报送市委市政府领导；渭南市农气中心派出“农气直通车”到旱情最为严重的澄城、蒲城、合阳等县市，调查旱情，实测田间墒情，并将调查信息及时向市委市政府进行报送。咸阳市气象局编发决策服务材料 48 期，其中县级领导批示 6 次；向市政府报送《送阅件》《重大气象信息专报》《应急工作报告》等决策服务材料 6 期。铜川市气象局局长、副局长向市政府主管副市长和秘书长当面、电话汇报高温干旱天气监测预报预警服务工作 5 次，分管副市长对气象服务工作给予充分肯定。商洛市气象局在应急响应期间，各相关县区气象局适时发布预警信号，其中高温 24 期、干旱 3 期；发布《重要气象信息》2 期，材料被主管市长批示并转发各县区人民政府；每周 2 次向市政府办农业科、市防汛办、市农业局提供全市墒情、苗情和旱情发展情况，共同探讨干旱防御措施；组织业务人员开展墒情、旱情调查 5 次。杨凌气象局制作发布《重大气象信息专报》2 期、《抗旱气象服务专报》2 期，得到杨陵常务副区长的批示 3 次，每周二向主管副区长当面汇报旱情及后期天气预报趋势，定期开展田间调查。

（2）人工增雨情况

8 月 5—8 日，陕西省人影办组织实施飞机增雨作业 8 架次，飞行作业时间达 20 h 28 min，消耗增雨烟条 160 根，作业影响面积 18.6 万 km^2。榆林、延安、宝鸡、咸阳、商洛、铜川、西安等 7 个市人影办，也积极组织干旱区 52 县 239 个地面人影作业点进行了火箭、高炮增雨作业。截至 8 日下午 16 时，共消耗三七炮弹 2086 发，火箭弹 380 枚，地面烟条 68 根，对于缓解旱情起到了积极的作用。

（3）公众气象服务

陕西省气象局通过 MAS 短信平台面、LED 电子显示屏、农村大喇叭、官方微博、邮件等手段传送发送预警多次，《气象信息专报》3 期，共计受众达 101.4 万人；通过腾讯官方微信发布“陕西省气象局启动重大气象灾害（干旱）Ⅲ级应急响应命令”，受众人数3756人；通过400-6000-121气象服务热线面向商洛、咸阳、西安3市10个县（区），与419名气象信息员、协理员开展气象预警信息互动及灾情调查。西安、铜川、咸阳、宝鸡、渭南、商洛市通过电视、广播、报纸、政府网站、手机短信、气象预警大喇叭、电子屏、微博、微信等媒体或载体向各级政府、部门、气象信息员和社会公众及时发布预报、预警信息。

（4）专业气象服务

通过邮箱、传真、商务领航等方式向电力、公路、铁路、天然气、油田等70余家用户发送雷电黄色预警信号2次，高温黄色预警信号1次，高温橙色预警信号6次。预警短信共计发送8000余条。为铁路、天然气、长庆油田、川庆钻探等单位制作《天气服务专题》，为行业用户发送天气快报5期20份。及时对网络传真系统、客户传真号码进行维护、检查、核对，发现传输不畅及时与用户联系更新；积极与行业用户联系，添加确认用户手机号码，确保预报预警信息准确到达；与设备维护人员建立联系机制，确保设备安全运行。

（5）宣传报道服务情况

通过省电视台各频道及各档天气预报栏目、广播、中国气象频道插播节目、陕西省气象局网站等媒体及时发布预警。中国气象频道以游飞形式发布“陕西省气象局启动重大气象灾害（干旱）Ⅲ级应急响应”消息，游飞字幕24 h滚动发布各类天气预报和预警消息。陕西电视台气象节目通过游飞字幕发布启动干旱应急消息，以主持人语言、游飞字幕及时发布预警、应急响应信息和最新天气预报。陕西省气象局外网发布服务稿件195条；陕西省气象局网站开设“陕西省气象部门干旱应急服务专题”。在中国气象频道、《三秦都市报》、《陕西日报》、《陕西晚报》、陕西传媒网、《中国气象报》、中国天气网、省政府门户网站、“视天气”微信公众号等社会主流媒体均发布陕西省气象局启动干旱三级应急响应及旱情通报等稿件133余篇。向陕西电视台新闻节目传递新闻2条，进行连线直播3次。撰写陕西省气象局启动Ⅲ级应急响应积极应对干旱预案；向社会媒体撰写《当前陕西旱情严重 秋粮生长受严重影响 近期高温伏旱仍将继续发展》通稿；联系央视就陕西高温采访陕西省气象台首席预报员和陕西省农业遥感信息中心专家；社会媒体召开陕西省气象局高温干旱通气会。

5.2.3 2014年重大天气个例2（连阴雨）

2014年9月6—18日，陕西省出现持续13天的连阴雨天气过程，降水主要集中在关中、陕南地区。此次降水过程具有持续时间长、范围广、雨量大的特征。全省83.4万人受灾，直接经济损失近8.7亿元。在强降水天气面前，陕西省气象局预报、预警及时，局领导亲临一线指挥，果断启动Ⅲ级应急气象服务，各级气象部门通力合作跟进应急服务，防灾减灾效益显著。

5.2.3.1 天气实况

此次降水过程全省平均降水量较常年同期偏多3倍多（异常偏多），与历年秋淋过程强度比较属中等偏强，是2014年入汛后最强降水过程。

降水主要集中在关中、陕南地区，过程降水量陕北30～170 mm，关中100～240 mm，陕南150～420 mm。据资料统计，这次持续降水天气全省有10天出现暴雨（19个县城、494个乡镇），7天出现大暴雨（1个县城、31个乡镇），最大镇巴永乐乡达855 mm，降水总体表现为雨量丰沛、南多北少。

5.2.3.2 灾情、汛情及影响

灾情：据民政部和陕西省民政厅信息，受持续强降雨及其带来的滑坡、泥石流等灾害影响，自9月6日开始的强秋淋天气过程造成陕西9人死亡、1人失踪，全省11市79个县（区）83.4万人受灾；农作物受灾面积5.96万 hm^2，其中绝收0.69万 hm^2；直接经济损失8.7亿元。

汛情：受强降雨影响，汉江支流漾家河、冷水河、西水河、子午河等多次出现超警戒流量洪峰。汉中市江河支流共发生起报流量以上洪水31场次，警戒流量以上洪水7场次，其中较大的有湑水河9月11日7时升仙村站最大流量1080 m^3/s（警戒流量1000 m^3/s），9月10日13时泾洋河堰口站最大流量1008 m^3/s（警戒流量1000 m^3/s）。石门水库11日17时开启一个大孔口泄洪，总泄量970 m^3/s，汉江汉中站11时22时洪峰流量2680 m^3/s。

影响：此次持续强降水导致陕南部分地区洪涝严重，河堤、道路等基础设施损毁较重，尤其是关中和陕南地区土壤含水量已经饱和，山洪地质灾害处于易发高发期，沟溪流域性洪水随时突发。但降水天气彻底解除了关中、陕南地区因前期持续高温少雨引发的旱情，对后期农作物生长有利，同时对净化空气、生态绿化、降低林区秋季森林火灾风险起到积极作用。

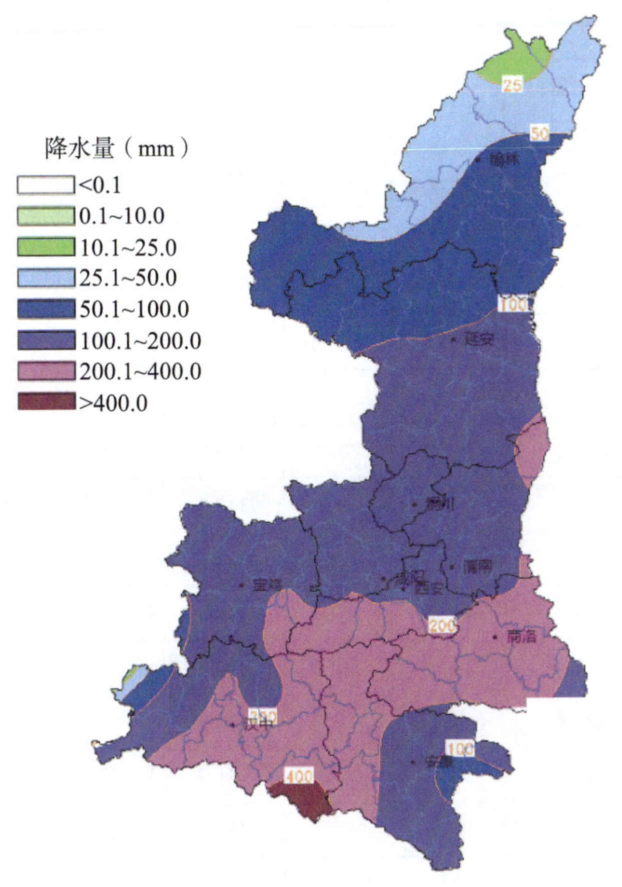

图 5–22　2014 年 9 月 6 日 08 时—18 日 08 时陕西降水分布

表 5–3　2014 年 9 月 6 日 08 时—18 日 08 时降水量≥ 300 mm 各县（区）汇总

县（区）	站点	降水量（mm）	县（区）	站点	降水量（mm）	县（区）	站点	降水量（mm）
镇巴	永乐	831.0	南郑	西河	372.8	南郑	黄官	330.7
镇巴	简池	684.9	镇巴	平安	369.5	佛坪	十亩地	329.3
西乡	骆家坝	637.1	城固	天明	369.5	宁陕	皇冠镇	325.2
镇安	杨泗	630.0	镇巴	盐场	364.2	西乡	马家湾	321.0
南郑	碑坝	624.9	城固	大盘	363.8	城固	付家院	320.5
镇巴	大池	565.6	南郑	黎坪村	358.9	镇安	木王	319.7
镇巴	青水	553.2	镇巴	麻柳滩	358.3	宁陕	旬阳坝	319.2

续表

县（区）	站点	降水量（mm）	县（区）	站点	降水量（mm）	县（区）	站点	降水量（mm）
南郑	回军坝	506.2	南郑	两河	357.5	留坝	石板店	317.8
佛坪	西岔河	482.9	洋县	铁河	355.1	南郑	红庙	317.7
镇巴	杨家河	473.5	洋县	黑峡	353.5	城固	月明	316.6
镇巴	陈家滩	447.9	佛坪	长角坝	350.6	镇巴	碾子	315.8
镇巴	白河	416.5	西乡	司上	350.0	城固	潮兴	315.2
镇巴	仁村	416.2	洋县	窑坪	345.7	城固	板凳	314.6
勉县	阜川	410.5	柞水	瓦房口	342.8	佛坪	大河坝	312.7
南郑	双地沟	409.9	汉滨	叶坪镇	341.1	镇巴	渔渡	311.6
南郑	喜神	407.4	西乡	高川	334.5	洋县	茅坪	309.6
南郑	法镇	404.3	城固	孙坪	334.0	商南	试马	309.1
镇巴	黎坝	395.8	南郑	牟家坝	333.9	西乡	峡口	306.9
南郑	塘口	393.8	西乡	堰口	331.9	洋县	古墓坪	305.3
镇巴	巴山	386.3	洋县	三联	331.1	洛南	陈耳	303.8
镇巴	镇巴	374.7	西乡	两河口	330.9	洋县	两河口	302.2

5.2.3.3 预报预警发布情况

应急期间，省市县级气象局共发布预警（信号）55 期，其中暴雨蓝色预警 2 期，暴雨蓝色预警信号 36 期，暴雨黄色预警 1 期，暴雨黄色预警信号 14 期，暴雨红色预警信号 1 期，雷电黄色预警信号 1 期。

5.2.3.4 应急情况

陕西省气象局 9 月 10 日 16 时 40 分启动重大气象灾害（暴雨）Ⅲ级应急响应。汉中市气象局 9 日 21 时 40 分启动重大气象灾害（暴雨）Ⅲ级应急响应；延安市气象局 10 日 17 时启动重大气象灾害（暴雨）Ⅲ级应急响应；宝鸡市气象局 10 日 17 时启动重大气象灾害（暴雨）Ⅳ级应急响应；榆林市气象局 10 日 17 时 10 分启动重大气象灾害（暴雨）Ⅲ级应急响应；西安市气象局 10 日 17 时 40 分启动重大气象灾害（暴雨）Ⅳ级应急响应；咸阳市气象局 10 日 17 时 35 分启动重大气象灾害（暴雨）Ⅲ级应急响应；铜川市气象局 10 日 18 时启动重大气象灾害（暴雨）Ⅲ级应急响应。陕西省气象局 12 日 16 时 30 分将Ⅲ级应急响应降级为Ⅳ级应急响应，并于 16 日 16 时 10 分解除应急。

5.2.3.5 监测联防

陕西省常务副省长、分管副省长分期赴汉中指导抗灾救灾工作。12 日 11 时，省政府根据《陕西省自然灾害救助应急预案》启动了二级应急响应，根据灾区需求及时调拨救灾物资和应急资金。省防总连续 2 次发出《关于切实做好强秋淋防范工作的紧急通知》。11 日 10 时，省防总再次组织对近期秋淋天气和雨水情趋势进行专题会商研判，并向西安、汉中、安康和商洛 4 市发出防汛预警。

陕西省国土资源厅与陕西省气象局联合发布地质灾害气象黄色预警 1 期。西安市气象台与西安市防汛抗旱指挥部开展阴雨天气影响评估会商 4 次，与国土资源局会商 2 次并联合发布了 2 期地质灾害三级预警。宝鸡市防汛指挥部下发《关于做好近期强降雨防范工作的通知》，市委书记等领导检查防汛工作，水利、防汛、国土等部门根据气象服务快速联动；部分县区政府主要领导和分管领导多次听取气象预报预警服务工作汇报，到县气象局检查指导工作；市县两级气象局与国土资源局联合发布地质灾害气象风险预警 19 次。咸阳市气象局与市应急办、防汛办、国土局下发应急命令，通知相关 6 县应急办做好地质及泾、渭河防汛应急工作准备。铜川市委、市政府办联合下发了《关于切实做好防汛防滑工作的紧急通知》，市气象台与市防汛办、市防滑办以及内涝办及时互动会商 5 次，联合发布预警信息。汉中市气象局主要负责人参加市政府召开的常务会议并做了汇报，市长、主管副市长分别就本次过程的防抗工作进行了安排；9 月 11 日 19 时，汉中市政府启动《汉中市自然灾害救助应急预案》Ⅳ级响应，12 日 14 时，提升为Ⅱ级应急响应；市委书记、市长分别带队前往灾情最严重的南郑、镇巴指导防抗工作，其他市领导纷纷奔赴包联县区督导落实防抗救灾措施；汉中市镇巴、南郑和佛坪 3 县启动山洪灾害预警 141 次，提前撤离受暴雨洪水威胁区群众 2191 人；市委书记对全市气象部门在本次强降水过程中的预报预警及积极主动的服务给予了肯定。安康市气象局与国土、水文、水利等有关部门进行天气形势分析会商 6 次，与国土局联合发布地质灾害气象风险预警，联合市农业局制作发布阴雨天气的影响与建议；石泉、宁陕、岚皋、旬阳县启动山洪灾害预警 51 次，提前撤离 1704 人，未出现人员伤亡。商洛市政府组织防汛、国土、农业、交通等部门在气象局召开防汛工作会议。延安市防汛抗旱指挥部发文《延安市防汛抗旱指挥部办公室关于切实做好应对本轮强降雨的紧急通知》（延市汛旱办发〔2014〕14 号）要求强化防汛意识，扎实做好当前防汛工作；分管副市长主持召开市防汛指挥部成员会议，对这次强降水天气过程专门进行了安排。榆林市气象局联合国土资源局发布提醒短信“预计未来将有一次强降水过程，请积极预防强降水引发的山体崩塌、滑坡、泥石流等灾害”。

5.2.3.6　气象服务情况及效益

（1）决策服务

陕西省分管副省长批示：“本次降雨过程是今年以来持续时间最长，最为严重，面积广，涉及陕北、关中、陕南。请防办根据适时的气象预报，提出相应应急预案。确保人员生命安全和财产安全，并重申纪律，落实责任！”陕西省政府副秘书长批示：“建议各地区面对持续降水，必须加强监测、防范。”陕西省气象局与中国气象局、地市气象局连续天气会商6次，向省委、省政府、省应急办发送《气象信息快报》和专报23期；向决策用户发送气象预警短信3317条。陕西省气象台与地质环境监测总站联合发布地质灾害预报6期，制作《安康水库流域精细化专题预报》1期、气象风险预警产品等材料97期。

铜川市气象局局长先后向市政府分管副市长等领导汇报暴雨天气预警及服务工作5次；市气象灾害应急指挥部及时发布暴雨、连阴雨天气预警及实况通报等信息，进一步加强气象灾害应急工作。榆林市、县两级气象局共向地方政府和相关部门发送决策服务材料100余份；发布决策短信1025人次；接受电视台及媒体采访5次。延安市气象局局长向市领导做专题汇报，副市长对这次强降水过程做了重要批示及具体的安排部署。汉中市、县两级气象局以多种形式向市委市政府及应急办、防汛办及气象灾害应急指挥部各成员单位发布预警信号等材料共212期，获批示9件。商洛市气象局连续13天向市委、市政府发布“雨情通报”，共发布《重要气象信息》等材料19期，向市政府领导汇报5次。西安市气象局向市政府及相关部门报送各类材料40期，向市防汛办、市国土资源局等气象灾害应急指挥部成员单位和各区县领导发布雨情、预报预警信息1.5万条。安康市气象台制作汉江流域防汛气象专报等决策服务材料24期，县局共制作发布各类决策服务材料187期，市县气象局发布预警信号10期。渭南市气象局向市委、市政府等决策部门发送各类材料15期，发布预警信息9条，接收人数2633人。

（2）公众气象服务

陕西省气象局通过气象官方微博发布暴雨预警8次、地质灾害气象预报6期，受众109.5万人。通过官方微信发布重要天气报告2期，受众4148人。通过“绿色通道”发送预警信息1次。在中国天气网陕西省级站制作上线了专题。气象服务热线受理咨询4043人次。通过LED电子显示屏和大喇叭共发送各类预警信息6656屏次。与1359名气象信息员、协理员开展气象预警信息互动及灾情调查，有效沟通879人，得到有效反馈信息441条。咸阳市气象局共发布短信14条受众147.51万人次，声讯电话拨打14.72万条次；官方微博、微信发布16条，受众15.182人次；MAS系统发布气象预警信息16次，受众6204人次；通过应急大喇叭发布信息66条；短信通知信息员做好雨情、汛情监测工作。铜川市气象局编发暴雨、大雾预警以及天气实况等信息56万条次，信息员互动67人次；微博更新24条次。榆林市气象局热线拨打量38659次，发布微博26条；各县区局通过手机短信平台等各种渠道发布预报信息，受众人数约100余万人次。延安市气象局通过手机短信向用户发布暴雨预报、预警1476条；电子显示屏、大喇叭发布预警消息5000余次，电话、传真发布重要天气报告等51期。汉中市气象局通过官方微博发布预警信号26条，受众113.1884万人次；电子显示屏和农村大喇叭发送各类预警信息一万余屏次；热线拨打量46万人次，与气象协理员、信息员互动595人次，反馈信息480条。西安市气象局共报送各类服务材料116期，发送服务短信33.2万条，电子显示屏、大喇叭2万余屏次，通过官方微博发布信息89条，受众达20余万人；西安电视台1～5套通过游飞字幕的方式插播各类预警信息。宝鸡市气象局在市电视台、市广播电台紧急播出预警信息7次，联合《宝鸡日报》连续一周开辟“全力以赴防秋淋”“秋淋面前看作风”专栏，通过气象预警显示屏、气象预警大喇叭、手机短信等手段，发送各类雨情和预警信息3.6万条次。安康市气象局向公众发布各类气象信息短信，受众超过250万人次；热线拨打量30余万次；与气象信息员互动50余人次。商洛市气象局通过新闻媒体发布连阴雨消息及最新天气实况，接受电视台采访3次。

（3）专业气象服务

为中石油煤层气公司制作灾害预警信号6期，给黑河水库、省地方电力公司手机用户发送预警短信，并通过各种手段给省公路局、西北电网、省电力公司等70余家用户发送了预警。告知重点用户天气情况，提醒用户提前采取防御措施。榆林市气象局向农、林、粮库、供电局等多个服务单位发布专项服务材料各3份；制作《土壤墒情监测报告》1期，提醒各部门根据实际情况，及时排除农田、果园积水，确保作物后期正常生长，提醒加强作物及果树病虫害的监测与防治。

5.3 2015 年度重大天气过程服务

5.3.1 2015 年天气气候特点

2015 年陕西天气气候相对平稳，经历干旱、低温雨雪、大风沙尘、雷电冰雹、高温、暴雨、雾和霾等多种灾害性天气，尤以暴雨、干旱、冰雹等气象灾害损失最重。全省平均气温偏高，年降水偏少，区域性暴雨偏早，局地暴雨强度大，突发性强，灾害损失重；夏季降水分布不均，阶段性高温干旱严重。总体上 2015 年气象灾害影响较轻，气象灾害灾情评估为一般年份。

5.3.2 2015 年重大天气个例（暴雨）

2015 年 8 月 2—5 日，陕西省出现了一次明显降水天气过程，强降水主要位于陕北南部、关中、陕南西部。在强降水天气面前，陕西省气象局预报准确、预警及时，领导亲临一线指挥，果断启动Ⅳ级应急气象服务，应急部署各项措施得力，省市县三级气象部门通力合作，防灾减灾效益显著。

5.3.2.1 天气实况

2015 年 8 月 2 日 08 时—5 日 08 时，全省 26 个市县降水量 25 ～ 50 mm，11 个市县降水量超过 50 mm，2 县超过 100 mm，均分布在西安（临潼 161.8 mm、高陵 104.3 mm）。据乡镇站监测，累计雨量超过 50 mm 的 209 站，主要分布在西安、延安、宝鸡、咸阳、渭南、汉中、商洛等地，超过 100 mm 的 26 站，最大西安临潼军区疗养院 162.9 mm。极端气候事件监测显示：临潼站 8 月 2 日—3 日 24 h 降水量 116.1 mm，突破历史极值（1991 年 7 月 28 日 100 mm），宝鸡、凤翔 2 站分别达到极端气候事件标准。

其中 8 月 2 日 08 时—3 日 08 时全省大部分地方出现分散性对流降水，明显降水主要出现在陕北南部和关中中西部，78 个市县降雨，6 市县暴雨，71 个乡镇站暴雨；8 月 3 日 08 时—4 日 08 时，全省 86 个市县降雨，2 县暴雨，3 个乡镇站大暴雨。

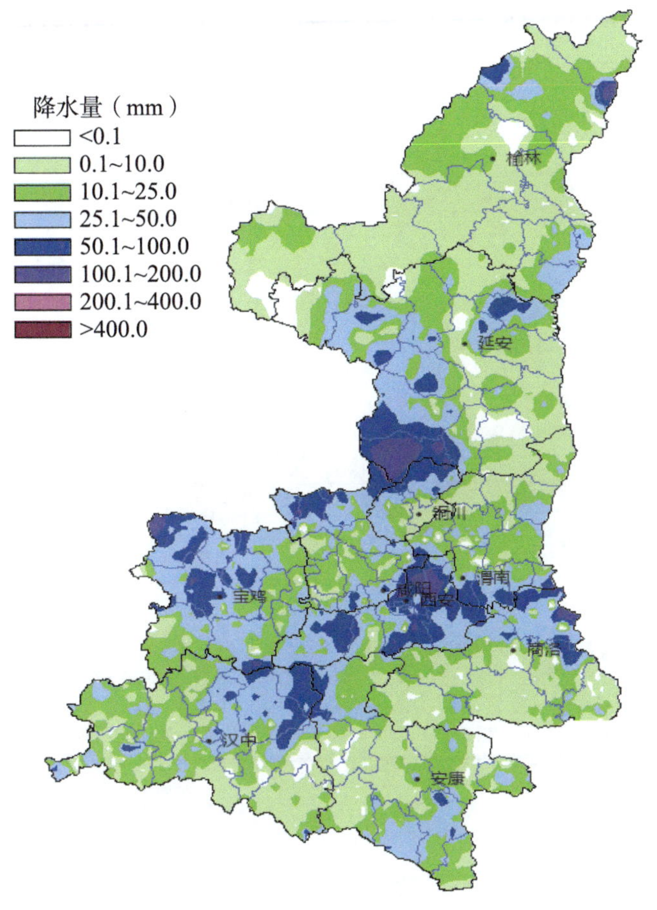

图 5–23　2015 年 8 月 2 日 08 时—5 日 08 时陕西降水分布

5.3.2.2　灾情及影响

灾情：受强对流天气影响，3 日下午西安市 2 区县个别河道出现了山洪。据省民政厅统计，截至 8 月 5 日 14 时，灾害共造成 19176 人受灾，10 人死亡（长安区 7 人，蓝田县 3 人），4 人失踪（长安区 2 人，蓝田县 2 人），紧急转移安置 1621 人；农作物受灾 1417.32 hm^2，其中农作物绝收面积 14.4 hm^2；669 间房屋不同程度损坏，直接经济损失 2960.57 万元。

影响：降雨缓解了陕西前期持续了 10 天的高温酷暑。同时关中大部、延安大部地区旱情明显减轻，关中区域及榆林地区重度气象干旱消失，中度气象干旱范围明显缩小。

5.3.2.3　预报预警情况

8 月 1 日 17 时陕西省气象台发布暴雨消息。2 日 07 时—5 日 08 时，全省各市区县共计发布 259 期预警及预警信号，其中省气象台发布暴雨蓝色预警 3 期，各地市区县发布暴雨红色预警信号 11 期、暴雨橙色预警信号 19 期、暴雨黄色预警信号 26 期、暴雨蓝色预警信号 61 期；大风蓝色预警信号 6 期；大雾橙色预警信号 6 期，大雾黄色预警信号 4 期；雷电黄色预警信号 120 期；冰雹橙色预警信号 4 期。

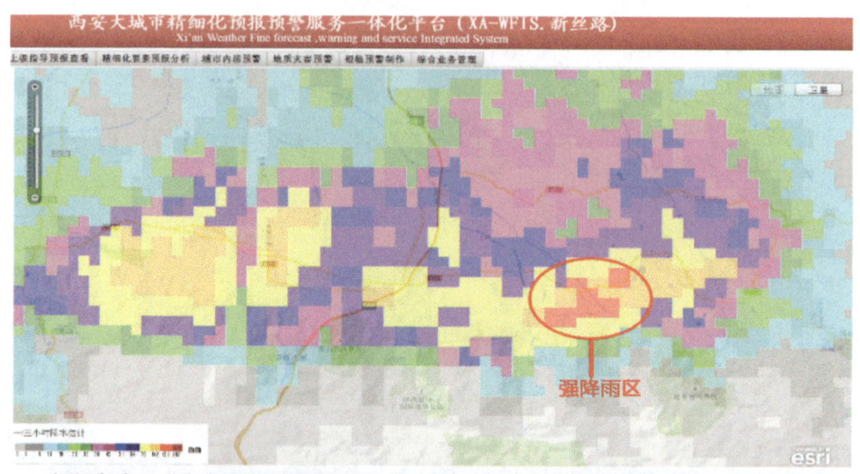

根据气象、水务部门降雨观测资料，8 月 3 日 16 时开始，长安区引镇、王莽、杨庄一带出现强降雨，1 h 最大降水量达到 86.3 mm。长安区王莽街办小峪 16—22 时降水量 145.7 mm，超过了长安区气象站 1981 年以来日降水量极值（122.7 mm，2004 年）。由于小峪上游山区为降雨监测盲区，根据新一代多普勒天气雷达降雨反演资料科学推算，8 月 3 日 16—19 时，长安区王莽街办小峪上游山区 3 h 降水量达到 155 mm 左右。

图 5-24　山洪事发地雷达反演降水量图

针对强降雨过程，陕西省气象局进行紧急部署与指导督促，西安市气象局及时发布短临预报与相应预警信号，区（县）气象局与市气象局同步发布各类预报预警产品，指导公众及时防范灾害。表 5-4 以山洪灾害发生较为严重的西安市 2 区（县）的预报预警提前量为例说明此次应急过程中基层预警信号发布及时。

5.3.2.4　应急响应情况

陕西省气象局 8 月 2 日 18 时 30 分启动重大气象灾害（暴雨）Ⅳ级应急响应。宝鸡市气象局 8 月 2 日 23 时 26 分启动重大气象灾害（暴雨）I 级应急响应，3 日 11 时调整为暴雨Ⅳ级应急响应。榆林市气象局 2 日 3 时 10 分、铜川市气象局 2 日 19 时分别启动重大气象灾害（暴雨）Ⅲ级应急响应。咸阳市气象局 2 日 17 时、延安市气象局和渭南市气象局均于 2 日 19 时 30 分、西安市气象局 3 日 16 时 30 分、汉中市气象局 3 日 17 时相继启动重大气象灾害（暴雨）Ⅳ级应急响应。5 日 10 时 30 分陕西省气象局解除重大气象灾害（暴雨）Ⅳ级应急响应，相关地市也相继解除应急命令。

表 5–4　8 月 3 日西安市、蓝田县、长安区气象部门预报预警提前量统计

<table>
<tr><th>发布机构</th><th>预警、预警信号及短时临近预报</th><th>发布时间</th><th>提前量</th><th>地点</th><th>观测时间</th><th>小时降雨量（mm）</th></tr>
<tr><td rowspan="7">西安市气象台</td><td rowspan="6">暴雨黄色预警信号</td><td rowspan="6">3 日 16 时 20 分</td><td>1 h 40 min</td><td>灞桥白鹿原</td><td>3 日 18 时</td><td>80.5</td></tr>
<tr><td>2 h 40 min</td><td>临潼军区疗养院</td><td>3 日 19 时</td><td>77.7</td></tr>
<tr><td>2 h 40 min</td><td>临潼</td><td>3 日 19 时</td><td>76.1</td></tr>
<tr><td>2 h 40 min</td><td>临潼兵马俑</td><td>3 日 19 时</td><td>73.5</td></tr>
<tr><td>2 h 40 min</td><td>临潼穆寨乡</td><td>3 日 19 时</td><td>68.0</td></tr>
<tr><td>2 h 40 min</td><td>临潼骊山</td><td>3 日 19 时</td><td>58.7</td></tr>
<tr><td>短时临近预报</td><td>3 日 15 时 00 分</td><td>2 h</td><td>周至、长安、蓝田</td><td>3 日 17 时</td><td></td></tr>
<tr><td rowspan="2">蓝田县气象台</td><td>短时临近预报</td><td>3 日 15 时 05 分</td><td>1 h 55 min</td><td>蓝田灞源乡</td><td>3 日 17 时</td><td>26.5</td></tr>
<tr><td>暴雨黄色预警信号</td><td>3 日 16 时 25 分</td><td>35 min</td><td>蓝田九间房</td><td>3 日 17 时</td><td>25.5</td></tr>
<tr><td rowspan="2">长安区气象台</td><td>短时临近预报</td><td>3 日 15 时 05 分</td><td>1 h 55 min</td><td rowspan="2">长安引镇大峪</td><td>3 日 18 时</td><td rowspan="2">86.3</td></tr>
<tr><td>暴雨黄色预警信号</td><td>3 日 16 时 30 分</td><td>1 h 30 min</td><td>3 日 18 时</td></tr>
</table>

5.3.2.5　监测联防

8 月 1 日，陕西省气象局根据与中央气象台降雨会商情况于 12 时前紧急下发了《关于做好 8 月 2—4 日我省强降水和强对流天气预报预警服务工作的通知》和《关于进一步做好国家突发事件预警信息发布工作的紧急通知》。8 月 2 日、3 日、4 日连续 3 天陕西省气象局科技与预报处对省市县预警信号进行跟踪督导与检验。2 日 20 时，陕西省气象局副局长紧急视频连线 7 地市气象局，要求全力做好山区山洪地质灾害易发、多发等重点区域地质灾害风险预警服务工作。3 日 8 时 40 分陕西省气象局与各地市气象局进行灾害性天气会商时，副局长再次强调重点关注滑坡、泥石流、崩塌等地质灾害和中小河流气象风险预警气象服务。3 日 11 时，副局长向省政府领导专题汇报本次强降水有关预报预警及服务开展情况。

陕西省气象台 8 月 1 日、3 日、4 日参加全国天气会商发言，全省视频会商 5 次，与地市电话会商 65 次，指导西安、榆林、安康、宝鸡、汉中等地区发布、升级预警信

号；发布中小河流、地质灾害、山洪沟气象灾害风险产品共19期。西安市气象灾害应急指挥部办公室下发了《关于加强短时强对流天气灾害防范的通知》，要求各成员单位高度重视此次强降雨天气的防范工作，加强气象监测预警应急联动，强化联合会商和信息共享，加强应急值守工作，切实做好暴雨及地质灾害、中小河流洪水以及城市内涝灾害的防御。西安市气象局与西安市水务局、西安市国土局、西安市市政公用局保持24 h视频连线。榆林市气象局所有预警信息均及时通过电话、传真、网络、手机短信等通知地方党政领导、防汛办、城防、国土、农业等相关部门。指导有关县区局进行气象服务。3日9时，咸阳市委、市政府紧急召开“一抗三防”工作电视电话会议，咸阳市气象局局长就近期天气作了专题汇报。渭南市气象局与市国土资源局联合会商并发布《地质灾害气象等级预报》1期。宝鸡市气象局联合市国土局发布地质灾害气象风险预警，同时发布中小河流洪水气象预警。汉中市、县两级气象局主动与四川、甘肃等周边县区局开展监测联防，互通雨情。积极与国土部门联合会商，与民政部门共享雨情、灾情，与相关部门会商共计8次，联合国土发布《地质灾害风险预警》9期。市气象台与省台加密会商，多次电话指导勉县、洋县等县局及时发布预警信号。

5.3.2.6 气象服务情况及效益

（1）决策服务

陕西省气象局以传真、电话、电子邮件、NOTES邮件等多种形式向省委、省政府以及相关部门发布暴雨蓝色预警3期，向省委、省政府、省应急办、省防汛办报送《气象信息专报》6期、《气象信息快报》4期。8月3日21时，分管副省长批示指出：“请西安市政府全力做好长安区失踪游客营救和善后工作，尽快解救蓝田县被困村民和游客，尽一切可能确保人民生命财产安全。”按照陕西省应急管理办公室要求，及时提供长安区雨量具体情况。陕西省气象台共发布中期滚动预报4期、短期指导预报8期、城镇报12期、短时6 h指导预报12期、短时12 h指导预报8期、分析指导预报4期、强对流潜势预报4期。向决策服务用户发布《重要天气报告》1期，暴雨蓝色预警3期，短时强对流、暴雨警报16期，《强降水天气快报》5期，《暴雨落区精细化预报》3期，《天气实况通报》1期，为省防办、省农业厅传真实况降水量3次。西安市气象局局长在第一时间将强降雨消息通过电话向市长、主管副市长等领导汇报，制作并发布各类重要天气报告、预警信息及服务材料79期，短信99310人次。榆林市气象局发布预警52期、《雨情通报》19期，发送雨情和预报预警短信25次，决策用户受众32000余人次。延安市气象局局长通过手机短信向市委、市政府、市人大的领导汇报了本次暴雨预报服务、人工增雨工作的安排部署情况，得到了各位市领导的短信回复，对气象部门的安排部署给予了充分肯定；各县（区）气象局负责人也及时向当地政府领导和有关部门汇报了降水预报服务情况。渭南市气象局发布预警信号 26 期，制作《雨情通报》24 期，中小河流洪水等级预报 1 次，灾害性天气警报 2 期。咸阳市气象局发布预警信息 24 期。宝鸡市气象局共发布《重要天气报告》1 期，《短时临近预报》1 期，《天气实况通报》4 期；全市累计发布预警信号 36 期，《地质灾害气象风险预警》7 期，《中小河流洪水气象预警》6 期；金台区区委书记在《地质灾害气象风险预警》上批示。汉中市县共发布预警信号 24 期。8 月 2 日 12 时 20 分，铜川市气象局党组副书记、副局长电话向副市长汇报气象监测预报预警情况，副市长指示：跟踪天气，精准预报，及时预警，灵通信息。8 月 2 日 18 时 30 分，铜川市应急办传达市长指示：要将暴雨预警信息即时通过电视、广播等媒体滚动插播。

（2）人影服务

铜川市气象局 8 月 2 日 15 时 20 分发布《人工防雹警报》；全市 14 个作业点开展防雹作业 22 轮，发射火箭弹 27 枚，高炮 40 发。宝鸡市人影办组织凤翔、凤县开展人工增雨作业 3 箭次，发射火箭弹 7 枚；组织陇县开展人工防雹作业 5 炮次，发射高炮炮弹 109 发。咸阳市长武、彬县、旬邑、淳化、永寿先后开展人工消雹作业，耗炮弹 1702 发，火箭弹 52 枚。

（3）公众气象服务

通过新浪、腾讯、人民网、新华网、“陕西气象”官方微博发布重要天气报告 1 期、暴雨蓝色预警 3 次、各类预警信号 13 次、短时暴雨警报 16 次、短时雷雨警报 1 次、短时强降水警报 5 次，受众 131.6 万人次。通过腾讯微信发布重要天气报告 1 期，受众 6811 人次。气象服务热线受理人数 4313 人次。通过邮件向省委组织部发送预警信息 8 次；向省应急办发送预警信息 21 次；通过 NOTES 发送预警信息 11 次，均通过电话通知工作人员。向广播电台发送传真 10 次。通过国家突发系统发送预警信息 11 次。通过 12379 短信向减灾中心决策用户和省政府应急办发送预警信息 4032 条。通过 LED 电子显示屏共发送预警信息 4861 屏次，通过农村大喇叭共发送预警信息 38977 屏次。与 935 名气象信息员、协理员开展气象预警信息互动及灾情调查。通过短（彩）信平台为决策用户发布陕西省气象台的暴雨蓝色预警 3 次，累计受众为 4188 人次；雷电黄色预警信号 2 次，累计受众为 3141 人次。全网用户发布绿色通道 9 次，受众 3212 万人次。接受采访 9 次；交通台录播 1 次。每日在《华商报》稿件和每日 3 次的交通电台广播稿中向公众发布降水实况、预报信息及防御注意事项。中国天气网推荐稿件 2 篇。西安市气象局通过国突预警信息平台、手机短信、电视、广播、LED 电子显示屏、微博、微信、网站、大喇叭等方式将预警信息及时向社会公众发送，电子显示屏发布 1986 屏次，气象预警大喇叭发布 3214 次；市、区（县）两级国突预警信息平台发布预警信号 27 次；“西安气象”官方微博、微信发布暴雨预警信息及相关科普知识 30 余条，受众 29.4 万人次；新增广播 106.1 频道，每半小时播出一次最新预报及天气实况，遇到预警信号随时插播；西安电视台 1 ～ 5 套通过游飞字幕的方式，每 20 分钟插播一次；及时向《西安晚报》提供强降雨消息、暴雨蓝色预警信号、雨情通报及气象稿件，扩大预警受众群。榆林市气象局通过国突系统平台发布预警信号 20 条；接听热线咨询电话 88 个；面向绥德、清涧气象协理员发布“暴雨红色预警”手机短信；通过电视节目发布“地质灾害黄色预警”；12121 拨打量达到 33726 次。延安市气象局通过手机短信向发布预警 2700 多条，通过腾讯、新浪、人民网气象微博发送了 9 条预警，通过微信向外发布了暴雨预警和预警信号。接受电视台采访 1 次，通过天气预报栏目播出天气预报，通过游飞字幕及时播出气象预警信息。渭南市气象局通过手机短信发布信息 5 期，受众 2673 人；12121 声讯电话拨打量 9 万余人次，400 热线及 12121 人工坐席接听量为 54 个，与广播电台直播连线 10 次；官方微博发送气象信息 20 条；通过电子显示屏、预警大喇叭播放预警信息 3 次。咸阳市气象局通过 12121 短信系统、微博、微信平台、网站发布预报预警，受众 24 万人次。宝鸡市气象局发布手机短信 2 万余条，通过农村应急广播网、气象预警大喇叭发送信息 1900 条，通过显示屏发送信息 1100 条，发布微博、微信 70 条，受众 6 万人，通过国突预警信息平台发布预警信息 69 条，与气象信息员互动 48 次。受理 400 热线 190 次，反馈用户疑问 100 余条。汉中市气象局通过“汉中气象”官方微博（新浪、腾讯、人民）、微信发布预警信号及防御信息 72 条，受众 525600 人次；通过电子显示屏发送各类预警信息 800 屏次；通过农村大喇叭发送各类预警信息 1200 屏次；12121 拨打量 69675 人次，400 热线呼入 35 次；与气象协理员、信息员互动 50 人次。

（4）专业气象服务

第一时间通过邮箱、传真、短信、商务领航分别向电力、省公路局、西安铁路局、长庆油田、川庆钻探等 70 余家行业用户发送预警信息。共发送手机预警短信 13398 条，通过微信发送地市县气象预警信息 64 次。并电话告知西安铁路局、省天然气等重点用户天气情况，提醒用户提前采取防御措施。为西安铁路局、西安工务段整理临潼区降水资料；为川庆钻探整理勘探区降水资料。向订制用户发送的气象短、彩信（包括农信通业务）、12121 声讯、“陕西天气”微博、微信中编辑了本次降水过程的相关信息，内容包括全省天气情况、预警信息、暴雨天气注意事项及防御知识等内容。在农信通短信中加入了相关农业农事提示与建议。榆林市气象局面向专业用户发布信息 23 条，受众人数 2000 多人。

（5）宣传报道情况

暴雨蓝色预警信息在新闻广播、陕广新闻、经济广播、交通广播、农村广播播报，每 30 分钟 1 次；在新闻综合频道、都市青春频道、家庭生活频道游飞，每 30 分钟 1

次，1 次 3 遍；在陕西电视台各档气象栏目中游飞滚动发布；在中国气象频道本地化插播节目中发布，并以游飞字幕的形式在频道中不间断滚动播出。陕西省气象局官网共发布服务相关稿件 53 条；开设“陕西重大气象灾害暴雨Ⅳ级应急响应服务”“陕西最新降水信息”专题 2 个；为省政府网站提供信息 7 条。在陕西电视台各档栏目中以主持人语言、游飞字幕的形式及时发布暴雨Ⅳ级应急响应信息，并通报暴雨消息、地质灾害预报和最新天气预报。与陕西电视台进行电视连线直播 3 次。组织暴雨新闻拍摄，向中国气象频道传输新闻 7 条。在中国气象频道本地化各档插播节目中播出预警信息、地质灾害预报和陕西气象部门启动Ⅳ级应急响应等消息。8 月 4 日晚，中央电视台《新闻 1+1》栏目对长安小峪山洪事件进行《占用河道的农家乐，乐不起来！》专题报道，其中对涉及的气象预报预警服务给予了正面报道。

5.4 2016 年度重大天气过程服务

5.4.1 2016 年天气气候特点

受超强厄尔尼诺事件影响，2016 年，陕西先后出现干旱、暴雨、雾、霾、高温、冰雹、寒潮等气象灾害，尤以暴雨、冰雹和干旱灾害影响最重。主要气候特点为：气温偏高，降水略偏少，但时空分布不均，陕北大部偏多，关中、陕南偏少。综合评估显示，2016 年陕西属气象灾害一般年份。

5.4.2 2016 年重大天气个例 1（寒潮）

2016 年 11 月 21—23 日，陕西出现一次寒潮降温、雨雪冰冻天气过程，主要影响区域位于关中及陕南地区。

5.4.2.1 天气实况

11 月 21 日开始陕西关中陕南大部喜迎初雪。21 日 08 时—23 日 08 时过程降水量：关中 0.2 ～ 23.5 mm，最大降水量出现在华阴；陕南 1.3 ～ 21.7 mm，最大降水量出现在西乡。关中大部为降雪，陕南大部为雨夹雪，安康中南部为降雨。23 日晨，关中大部、汉中局部、商洛监测有积雪，最大积雪深度出现在潼关，为 16 cm，其次为大荔，积雪深度 14.5 cm。此次寒潮过程陕北、关中最低气温下降 3 ～ 9 ℃，陕南最低气温下降 4 ～ 11 ℃。22—24 日，极端最低气温陕北 –14.4 ℃，关中 –9.6 ℃，陕南 –7.9 ℃。

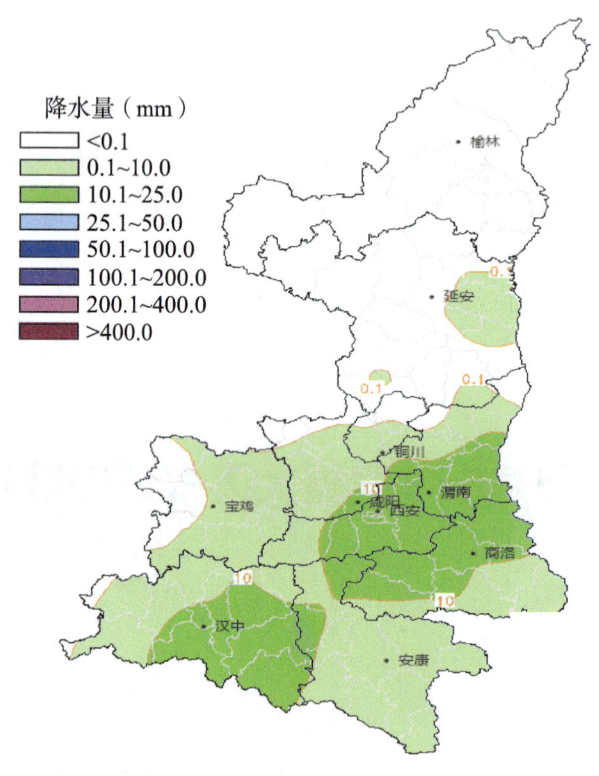

图 5-25　2016 年 11 月 21 日 08 时—23 日 08 时陕西降水分布

5.4.2.2　灾情及影响

据陕西省民政厅报告，截至 11 月 25 日 9 时统计，西安、渭南、商洛 3 市 8 个县（市、区）近 8900 余人受灾，农作物受灾面积 700 余 hm^2，直接经济损失近 2100 余万元。此次寒潮雨雪天气过程一方面净化了空气，消散了前期关中地区持续数日的霾天气与空气污染，对小麦油菜安全越冬和来年返青生长极为有利，且有利于减少害虫基数，增加果园墒情。另一方面低温雨雪对关中、陕南结构不够合理的设施拱棚造成了一定影响，暴雪及道路结冰使高速道路受阻，对陕西交通运输产生了一定影响。由于预警服务及时，加之前期旱情比较严重，此次雨雪天气，灾情损失不大，总体评估为利大于弊。

5.4.2.3　预报预警发布情况

陕西省气象台提前 3 天发布降温降水消息：受西北路冷空气东移南下影响，11

月 21—23 日，我省将有一次明显的降温、降水和吹风天气。预计主要降水时段出现在 21—22 日。陕北小雪，关中、陕南雨夹雪转中雪，其中关中南部山区、陕南东部部分地方大到暴雪。过程降温陕北、关中北部下降 10 ～ 12 ℃，关中南部、陕南下降 8 ～ 10 ℃；极端最低气温将出现在 23 日早晨，陕北 –12 ～ –10 ℃，关中北部 –9 ～ –7 ℃，关中南部、商洛 –7 ～ –5 ℃，汉中、安康 –3 ～ –1 ℃。并提示，此次天气过程是入冬以来我省最强的一次降温、雨雪过程，建议各地相关部门提前做好防御工作，特别要防范雨雪对交通安全及安全生产的影响。

20 日 08 时—24 日 08 时，全省共发布寒潮蓝色预警信息 100 期；道路结冰黄色预警信号 138 期；暴雪红色预警信号 2 期，暴雪橙色预警信号 7 期，暴雪黄色预警信号 16 期，暴雪蓝色预警信号 2 期。

5.4.2.4 应急响应情况

陕西省气象局于 20 日 17 时 20 分启动重大气象灾害（寒潮）Ⅳ级应急响应，22 日 10 时 30 分提升为重大气象灾害（寒潮）Ⅲ级应急响应，23 日 9 时 50 分变更为重大气象灾害（寒潮）Ⅳ级，24 日 16 时 40 分解除重大气象灾害（寒潮）Ⅳ级应急响应。

延安、宝鸡、西安、安康、咸阳、渭南、商洛、汉中、榆林市气象局相继启动寒潮应急响应。

5.4.2.5 气象服务情况及效益

（1）决策服务

陕西省气象局通过传真、短信、电子邮件、NOTES 邮件和国突预警信息平台等渠道向省委、省政府以及相关部门发布重要天气、预警信息共 13 期。通过 MAS 短信向各级党政领导、应急责任人、防汛责任人等发送手机短信 2508 人次；发布预警信号 3 次，受众 3099 人次。

西安市气象局在预警发布后，及时向政府主要领导和分管领导汇报，市长就应对雨雪天气对气象部门做出指示。咸阳、安康、商洛、延安、宝鸡市气象局积极向市委、市政府等有关部门报送预报预警信息、天气情况。渭南市气象局 17 日发布降水降温消息，并通过短信和电话向政府领导汇报此次降水过程预报预警服务情况。

（2）公众气象服务

陕西省气象局启用“绿色通道”发布预警信号 3 次，受众 515.7 万人次。通过国突预警信息平台发送预警信息 1 次；通过手机短信、电话、LED 显示屏、农村大喇叭、陕西气象微博、微信、邮件、传真等向相关部门和人员发布预报预警和天气情况。在 9 次交通电台广播稿和 4 次《华商报》稿件中向公众提示降水实况、预报信息及防御建议。

（3）专业气象服务

陕西省气象局向电力、交通、油田等行业用户群发送预警短信5000余条。通过“专业气象用户”“引汉济渭用户”等微信群向用户发送各类预警信号107条，受众约2万人次。

（4）宣传报道服务情况

陕西省气象局网站开设专题2个，发布稿件8篇，预警信息4条。省政府网站刊稿3篇。在《中国气象报》《陕西日报》《华商报》等社会主流媒体发布资讯及服务类稿件共20余篇。在陕西电视台各档栏目中以主持人语言、游飞字幕的形式及时发布寒潮应急响应信息，并通报最新天气预报。在中国气象频道本地化各档插播节目中播出预警信息和陕西气象部门启动寒潮应急响应等消息。

5.4.3 2016年重大天气个例2（霾）

2016年12月7—21日，陕西出现大范围霾天气过程，主要影响区域位于关中地区，陕西省气象局12月16日18时45分启动重大气象灾害（霾）Ⅳ级应急服务，18日15时15分提升为Ⅲ级应急响应，21日15时50分解除。

5.4.3.1 天气实况

2016年12月7—21日，陕西出现了持续15天的较大范围霾天气过程，共有666站次，涉及89个县（区），霾主要出现在关中地区。其中，12月11日有73个县（区）出现霾，影响范围为本次过程最大；19—20日陕西共101站次出现大范围霾灾害，霾主要发生在关中渭河河谷地带，关中大中城市均为重度及以上污染，西安最为严重，陕北、陕南大中城市均为轻度到中度污染。

20日晚全省出现雨雪天气，至21日降水量陕北0.8～6.6 mm，关中0.2～9.5 mm，陕南0.5～9.6 mm，降水对污染物的清除作用明显。21日陕西各地风速有所增大，陕北和关中地区日平均风速达2.1 m/s和2.2 m/s，全省各地空气质量得到明显缓解，关中大部空气质量为轻度到中度污染，仅永寿、凤县和留坝出现霾，陕北陕南各市为良到轻度污染。

FY-3气象卫星对霾的演变和覆盖范围监测表明，12月13—14日，关中大部分地区均被霾覆盖，范围达到2.8万km^2，15—17日霾略有减弱，18日霾再次加强，整个关中地区被灰白色霾全部覆盖，霾覆盖面积达到3.4万km^2，覆盖面积接近省域面积的20%。另外13日、16日、18日，陕南的汉中、安康和商洛也可清晰地看到霾。

图 5-26　2016 年 12 月 18 日 FY-3 气象卫星监测到的陕西霾分布及覆盖情况

5.4.3.2　影响情况

18 日 12 时，西安市重污染天气应急指挥部启动Ⅰ级应急响应，全市继续落实单双日限行和学校停课等各项重污染天气Ⅰ级应急响应措施。除地铁、消防等紧急工程外，全市有 1047 个建设工地停工。重污染天气Ⅰ级应急响应启动的第一天，在西安市确定的 8 家定点医院里，大部分呼吸科的门诊量较以往都有所增加，呼吸科门诊的门诊量和以往相比较约增加了 10% 以上。

5.4.3.3　预报预警

2016 年 12 月 16 日 18 时 00 分—2016 年 12 月 21 日 8 时 30 分全省共计发布霾预警信号 157 期，其中霾橙色预警信号 86 期，霾黄色预警信号 71 期。

5.4.3.4　应急响应

陕西省气象局 16 日 18 时 45 分启动重大气象灾害（霾）Ⅳ级应急响应，18 日 15

时15分提升重大气象灾害（霾）Ⅳ级为Ⅲ级应急响应，21日15时50分解除重大气象灾害（霾）Ⅲ级应急响应。宝鸡、咸阳、渭南市气象局相继启动Ⅳ级应急响应。随后，宝鸡、咸阳市气象局提升Ⅳ级应急响应为Ⅲ级，渭南市气象局提升Ⅳ级应急响应为Ⅱ级。西安市气象局11月29日9时30分启动重污染天气Ⅲ级应急响应，12月9日9时30分升级为Ⅱ级，18日13时30分升级为Ⅰ级应急响应，21日14时00分变更为Ⅲ级响应，23日10时30分解除重污染天气Ⅲ级应急响应。

5.4.3.5 监测联防

12月16日陕西省重污染天气应急指挥部办公室发布《关于进一步加强重污染天气应对工作的紧急通知》，要求各设区市人民政府和省级相关部门严格落实重污染天气应急预案要求，科学会商预警及时启动响应，加强重污染天气应急督查，积极做好信息发布。应急期间，陕西省气象台与环境监测中心会商2次，全省会商1次，多次与地市电话会商指导。18日上午，省市环保、气象、应急相关方面专家对西安市环境空气质量情况进行会商，西安市重污染天气应急指挥部于18日12时启动市重污染天气Ⅰ级应急响应，并向各主管部门、各区县下发减霾任务、监管对象，每日开展检查、抽查，上报具体工作。西安及周边各类化工企业、发电厂限产停产，西安全市实施限行，Ⅰ级应急响应期间限行50%，中小学停课，全市1047个建设工地停工。各区县、开发区建设管理部门督促辖区内建设工地和两类企业在严格执行Ⅰ级应急响应措施基础上，组织专人对场内裸露的砂石、堆土、渣土等易扬尘物料进行覆盖，对大风吹散的覆盖网及时进行修复，并配备保洁人员对现场及时进行保洁。同时根据空气污染情况及时调整公示牌响应等级。加大辖区内建设工地和两类企业落实Ⅰ级响应的检查力度，发现违规作业的，依据《西安市扬尘污染防治条例》进行高限处罚，并按照网格化管理对相关监管人员进行责任追究。咸阳市气象灾害应急指挥部办公室下发了《关于做好重污染灾害应急工作的紧急通知》，市气象局制定了《咸阳市气象局重污染天气应对工作方案》，报送陕西省气象局、市政府、市应急办、市治霾办；市治霾办、市气象局、市环保局建立了重污染天气预警工作交流会商群，每日11时、16时共同进行预警发布工作会商，联合发布重污染天气预警信息。宝鸡市政府办公室下发《关于进一步加强重污染天气应对的紧急通知》（宝政办函〔2016〕135号），要求做好近期可能出现的重污染天气应对工作；市重污染天气应急指挥部发布了《广大市民应加强健康防护措施》的提醒消息，市气象台每天与环保部门加密会商，市大气污染防治工作领导小组办公室下发了《关于做好我市重污染天气Ⅱ级预警准备工作的通知》。

5.4.3.6 气象服务情况及效益

（1）决策服务

应急期间，陕西省气象局通过国突预警信息平台、手机短信、电子邮件等渠道向省委、省政府以及相关部门报送6期《气象信息专报》、6期《气象信息快报》、5条决策短信、6期空气质量预报和12期空气污染气象条件预报。向省委、省政府、中国气象局报送决策文件《陕西省气象局关于近期我省严重污染气象条件分析的报告》和《陕西省霾过程气象服务情况》各1期。向各级党政领导、应急责任人、防汛责任人等决策领导发送手机短信418人次。西安市气象局领导多次参加市政府会议以及天气会商，向市政府有关领导及西安市重污染天气应急指挥部报告天气及人工影响天气情况；获得多位西安市委、市政府领导批示和肯定。咸阳市气象局通过电话或手机短信向市委、市政府主要领导、气象灾害应急指挥部主要成员单位领导汇报预警信息。渭南市气象局下发《关于做好近期雾、霾气象服务工作的通知》。

（2）人影作业

20—21日，西安、咸阳、宝鸡、铜川、渭南、延安和汉中等7市34县81个作业点开展人工增雨（雪）作业，发射炮弹64发，火箭弹220枚，燃烧碘化银烟条125根，作业及影响区普降小雨或小到中雪，对于促进霾湿沉降和改善空气质量起到了积极的作用。

（3）公众气象服务

陕西省气象局发送手机短信276万人次，彩信约5万人次，12121声讯电话拨打次数1.1万人次。通过国家突发系统发送预警信息1次；通过LED显示屏、农村大喇叭发布信息9176人次。通过“陕西气象”微博、微信发布相关信息，微博受众153万人，微信受众9692人。通过邮件向省应急办、省委组织部发送预警信息1次。及时在9次交通电台广播稿和3次《华商报稿》件中向公众提示雾和霾、$PM_{2.5}$的实况、霾的预报信息及防御建议。

（4）专业气象服务

向电力、交通、油田等行业用户群发送预警短信2300人次，发布各类预警信息4次。通过“专业气象用户”“引汉济渭用户”等微信群向用户发送预警信息83次，受众约2万人次。

5.5 2017 年度重大天气过程服务

5.5.1 2017 年天气气候特点

2017 年陕西先后经历了霾、雨雪、冰雹、大风、寒潮、高温、暴雨等多种灾害性天气过程，尤以暴雨、冰雹、高温和干旱灾害影响最重。夏季多历时短、强度大的极端强暴雨天气，7 月 25—27 日陕北特大暴雨，灾害损失严重；高温范围广、强度大、持续时间长，关中、陕南伏旱明显。秋季华西秋雨开始早，时间长，强度强，陕南秋汛灾害损失严重。冬季持续大范围雾、霾，关中大部空气质量较差。综合这些事件的极端性、灾害性以及影响等因素，2017 年属于灾害正常略偏重年份。

5.5.2 2017 年重大天气个例 1（高温）

2017 年 8 月 3—6 日，陕西关中、陕南和延安局部出现高温天气，汉中、安康部分地区出现 40℃以上高温。根据天气形势，陕西省气象局 3 日 15 时 30 分启动重大气象灾害（高温）Ⅲ级应急响应，6 日 23 时 00 分解除。

5.5.2.1 天气实况

8 月 3 日 08 时—7 日 08 时，陕西关中、陕南和延安局部出现大范围高温天气，超过 35 ℃高温达 197 站次，其中汉中、安康出现 40 ℃以上高温 18 站次，3 日 08 时—4 日 08 时，旬阳最高气温达 43.6 ℃。

5.5.2.2 预报预警情况

陕西省气象台分别在 3 日 09 时 00 分、4 日 09 时 00 分、5 日 09 时 00 分、6 日 09 时 00 分共发布高温橙色预警信号 4 期。8 月 3 日 08 时—7 日 08 时，全省各级气象部门共发布高温黄色预警信号 30 期、高温橙色预警信号 152 期、高温红色预警信号 20 期。

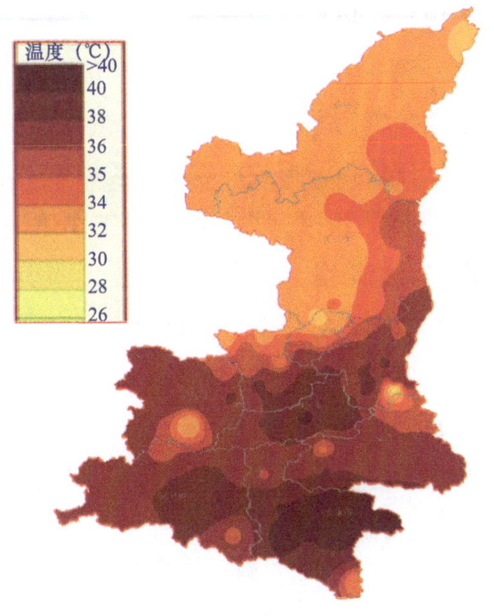

图 5-27　2017 年 8 月 3 日 08 时—7 日 08 时陕西省最高气温分布

5.5.2.3　应急响应情况

陕西省气象局 8 月 3 日 15 时 30 分启动重大气象灾害（高温）Ⅲ级应急响应。咸阳市气象局 3 日 15 时 50 分启动重大气象灾害（高温）Ⅲ级应急响应；杨凌气象局 3 日 16 时 10 分启动重大气象灾害（高温）Ⅲ级应急响应；渭南、安康市气象局 3 日 16 时 30 分启动重大气象灾害（高温）Ⅲ级应急响应；西安、汉中市气象局 16 时 40 分分别启动重大气象灾害（高温）Ⅲ级应急响应。8 月 6 日下午到晚上陕西省气象局及各地市气象局分别解除了重大气象灾害（高温）Ⅲ级应急响应。

5.5.2.4　监测联防

陕西省气象灾害应急指挥部办公室 3 日下发《关于做好 8 月 3—5 日高温天气防御工作的通知》，要求各地市人民政府、省级各部门要按照气象灾害应急预案的要求，提早部署落实防御工作。应急期间陕西省气象局参加中国气象局预报会商 2 次，组织全省会商 2 次。

5.5.2.5　气象服务情况及效益

（1）决策服务

应急期间陕西省气象局向省委、省政府及各相关单位发送《气象信息快报》4 期、《气象信息专报》4 期，发送决策短信 4 次，制作《果业气象报告》服务材料共 13 期。3—6 日应急期间通过短信向各级党政领导、应急责任人、防汛责任人等决策领导发送手机短信 704 人次。通过邮件向省主要党政部门发送 15 次高温预警信息。

汉中气象局通过传真、电话、短信、国突预警信息平台等传播渠道向市委、市政府等有关部门报送高温干旱专题气象呈阅件《重大气象信息专报》1 期、《生态与农业气候影响评价》1 份、高温类预警信号 20 期。安康市气象局共发布高温预警信号 10 期。西安市气象局每天以《天气快报》形式向省委常委、西安市委书记报送专题服务材料，对高温天气过程做了准确的预报，并提出应对工作建议。通过手机短信平台、传真等手段将预警信息向市政府值班室、相关部门发送。渭南市气象局通过电子邮件、传真、电话、短信向市委书记、市长、市委、市政府、市应急办、市防汛办等及时报送高温预警信号和天气情况。咸阳市气象局向市政府汇报预警 3 次，发布重要天气报告 1 期。杨凌气象局通过传真、邮件、手机短信形式向示范区管委会、杨陵区政府以及各相关部门发送了预报预警信息，报送重要天气报告 1 期，并及时将省气象灾害应急指挥部文件转发区指挥部成员单位。

（2）公众气象服务

陕西省气象局发布发送手机短信 615 万余人次，彩信 13.2 万余人次，声讯电话拨打次数 35846 人次；高温橙色预警信号 4 个，受众 226.7 万人次；通过 LED 显示屏、农村大喇叭信息发布信息 26933 次；陕西气象微博受众 650 万余人次、微信受众 45660 人次；通过邮件向省应急办发送 10 次、省委组织部 5 次；通过国突预警信息平台发布预警信号 4 次；通过 NOTES 邮件向气象灾害相关气象台发送预警信息 4 次。

（3）专业气象服务

应急期间向电力、交通、油田等行业用户共发送预警短信 6765 人次；通过“专业气象用户”“引汉济渭用户”“西安输油分公司”“西安用户群”等微信群向用户发送高温预警信息 106 次，受众约 41680 人次。

（4）宣传报道情况

应急期间，及时在 9 次交通电台广播稿和 3 次《华商报》稿件中向公众介绍此次高温过程的实况信息和预报信息，并针对高温落区及可能的影响进行提醒，同时给出气象防御建议。通过社会媒体联络微信群、QQ 群等方式向社会媒体共享各类预报服务信息 4 条；向中国气象频道传输新闻 2 条；在陕西电视台各档气象栏目中及时发布高温橙色预警信号；与陕西电视台二套《都市快报》晚间版开展直播连线 2 次，发布高温橙色预警信号及未来天气发展趋势等内容；在中国气象频道陕西本地插播发布高温橙色预警信号及陕西省启动气象灾害（高温）Ⅲ级应急响应等信息。

5.5.3 2017 年重大天气个例 2（特大暴雨）

2017 年 7 月 25—30 日，受弱冷空气和副热带高压外围偏南暖湿气流的共同影响，陕西北部地区出现一次强降水天气过程。陕西省气象局准确预报、及时预警，局领导亲临一线指挥，7 月 25 日 15 时 30 分果断启动重大气象灾害（暴雨）Ⅳ级应急响应，26 日 16 时 30 分提升为Ⅲ级应急响应。应急期间，省、市、县三级上下联动，相关部门紧密部署，取得良好的社会效益，最大限度避免了人员伤亡并减轻了经济损失。

5.5.3.1 天气实况

7 月 25 日 08 时—30 日 08 时，陕西出现大范围的强降水天气，强降水主要位于陕北和关中北部地区，横山、米脂、子洲日降水量突破历史极值，陕北区域性暴雨的综合强度为 1961 年以来最强，属特大暴雨过程。

25 日 08 时—30 日 08 时，全省共 9 个站降水量超过 200 mm，主要分布于榆林和延安，最大榆林吴堡 266.4 mm，116 个站降水量超过 100 mm；小时雨强大于 50 mm 的 24 站，最大 28 日 05—06 时山阳张家湾小学（原庙台村）70 mm。其中，25 日 08 时—26 日 08 时陕北出现大范围的强降水天气，榆林地区出现 52 站暴雨，30 站大暴雨；榆林大部日降水量 25 ～ 150 mm，子洲最大达 218.7 mm，其中横山（111.1 mm）、米脂（140.3 mm）、子洲（218.7 mm）日降水量突破历史极值；最大小时雨强为 26 日 03—04 时子长柏山寺 60.4 mm。26 日 08 时—27 日 08 时，延安地区出现 19 站暴雨，4 站大暴雨，最大富县 141.8 mm。27 日 08 时—28 日 08 时，榆林、延安、铜川、商洛、西安出现 114 站暴雨，1 站大暴雨，最大山阳张家湾小学 103.2 mm。

5.5.3.2 灾情汛情

灾害造成榆林市 9 县区 39.67 万人受灾；因灾死亡 12 人（绥德县 6 人、子洲县 6 人），失踪 1 人（子洲县）；紧急转移安置 8.41 万人，需紧急生活救助人口 5.11 万人；农作物受灾面积 5.16 万 hm^2，其中绝收面积 0.89 万 hm^2，毁坏耕地 126 hm^2，因灾死亡大牲畜 561 头，死亡羊只 3329 只；倒塌房屋 507 户 1083 间，严重损坏房屋 2242 户 6863 间，一般损坏房屋 4472 户 12218 间；直接经济损失 46.22 亿元(其中农业损失 3.83 亿元，工矿企业损失 6.89 亿元，基础设施损失 19.96 亿元，公益设施损失 3.56 亿元，家庭财产损失 11.98 亿元)。

无定河支流大理河青阳岔站 26 日 4 时洪峰流量 1840 m^3/s，为历史实测最大洪水；绥德站 26 日 5 时 5 分洪峰流量 3160 m^3/s，超过保证流量（1350 m^3/s），列 1960 年有实测资料以来第 1 位（历史次大流量 2450 m^3/s，1977 年 8 月）。暴雨洪涝灾害导致子洲、绥德两县城区严重进水，低洼地段房屋被淹，地下管网严重损毁，供水、供电、供气和交通、电力、广电全部中断，造成受灾群众基本生活严重困难。子洲县 2300 m 防洪洞淤积，6.6 km 排污管网报废，城区 7 km 道路严重损毁，13 个乡镇通信中断，城区低洼地段积水严重，街道淤泥厚度达 0.5 ～ 1 m。

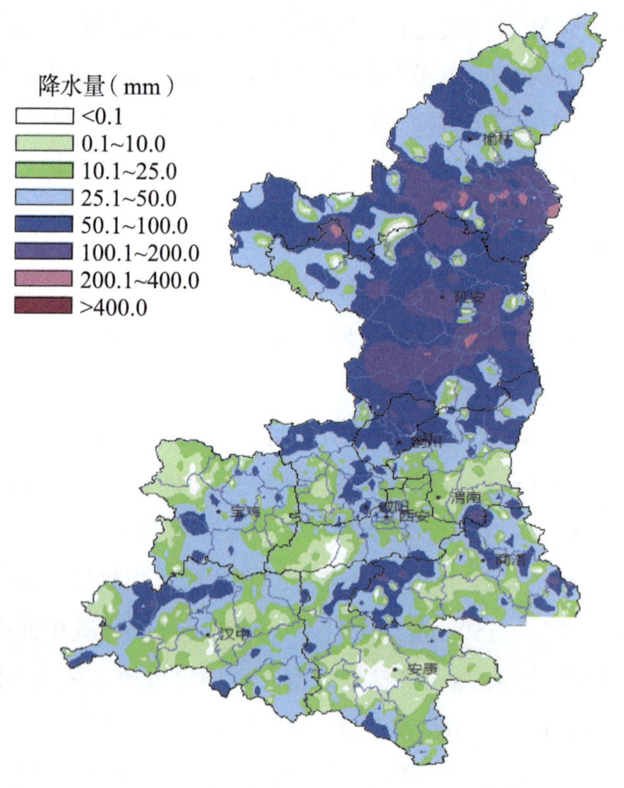

图 5-28　2017 年 26 日 08 时—27 日 08 时陕西降水分布

5.5.3.3　预报预警情况

陕西省气象台 25 日 10 时 30 分发布强降水消息：受弱冷空气和副热带高压外围偏南暖湿气流的共同影响，今天晚上到 27 日白天我省陕北有持续性的局地强降水天气过程。本次降水过程主要以分散性短时强降水为主，局地小时雨强可达 40 mm 以上，致灾性高。强降水主要出现在今晚到明天上午、26 日晚上到 27 日白天，陕北有小到中阵雨，部分地方有大雨，局地暴雨。过程总降水量陕北 20 ～ 100 mm，局地可达 130 mm。陕西省气象台 25 日 14 时 00 分至 27 日 21 时 50 分共发布暴雨黄色预警信号 6 期、冰雹橙色预警信号 1 期、暴雨蓝色预警信号 2 期。

榆林市气象台 25 日 11 时发布暴雨消息：受弱冷空气和副热带高压外围偏南暖湿气流的共同影响，今天晚上到 27 日白天我市有持续性的局地强降水天气过程。本次降水过程主要以分散性短时强降水为主，局地小时雨强可达 40 mm 以上，致灾性高。强降水主要出现在今晚到明天上午、26 日晚上到 27 日白天，全市有中到大雨，部分地方有暴雨。过程总降水量 30 ～ 100 mm，局地可达 160 mm。

25 日 08 时—30 日 08 时，全省共发布暴雨预警信息 112 期，其中暴雨蓝色预警信息 16 期、暴雨黄色预警信号 62 期、暴雨橙色预警信号 26 期、暴雨红色预警信号 8 期；冰雹橙色预警信号 4 期；大风蓝色预警信号 18 期；雷电黄色预警信号 164 期、雷电橙色预警信号 13 期。榆林市气象局共发布暴雨蓝色预警信号 2 期、暴雨黄色预警信号 4 期、暴雨橙色预警信号 7 期、暴雨红色预警信号 5 期、冰雹橙色预警信号 2 期、雷电黄色预警信号 30 期。其中绥德县气象局共发布暴雨黄色预警信号 1 期、暴雨橙色预警信号 1 期、暴雨红色预警信号 1 期、雷电黄色预警信号 3 期；子洲县气象局发布雷电黄色预警信号 2 期。

5.5.3.4 应急响应

陕西省气象局 7 月 25 日 15 时 30 分启动重大气象灾害（暴雨）Ⅳ级应急响应，26 日 16 时 30 分提升为Ⅲ级应急响应，28 日 18 时 50 分降至Ⅳ级响应；29 日 21 时 45 分解除重大气象灾害（暴雨）Ⅳ级应急响应。榆林市气象局 7 月 25 日 11 时 30 分启动重大气象灾害（暴雨）Ⅲ级应急响应，26 日 02 时 10 分提升为Ⅱ级应急响应，26 日 17 时 10 分为Ⅰ级应急响应。延安市气象局 7 月 25 日 16 时 50 分启动重大气象灾害（暴雨）Ⅳ级应急响应，26 日 17 时 30 分提升为Ⅲ级应急响应，28 日 18 时 50 分降至Ⅳ级响应。西安市气象局 7 月 27 日 20 时 00 分启动重大气象灾害（暴雨）Ⅱ级应急响应。渭南市气象局 7 月 27 日 17 时 50 分启动重大气象灾害（暴雨）Ⅲ级应急响应。铜川市气象局 7 月 27 日 17 时 55 分启动重大气象灾害（暴雨）Ⅲ级应急响应。商洛市气象局 28 日 10 时 00 分启动重大气象灾害（暴雨）Ⅲ级应急响应。降水过程结束后，各地市气象局相继解除应急响应。

5.5.3.5 监测联防

陕西省气象灾害应急指挥部办公室 25 日下发《关于做好陕北强降水天气防御工作的紧急通知》，要求榆林、延安市人民政府及各省级成员单位高度重视，切实做好气象灾害防抗工作。26 日下午，指挥部召开应对高温暴雨等极端天气专题会议，陕西省气象局副局长对近期高温暴雨等极端天气防御进行再部署、再安排，要求各单位切实按照《陕西省气象灾害应急预案》的要求履职尽责，最大程度减轻气象灾害造成的损失。

应急期间陕西省气象局参加中国气象局预报会商 5 次，组织全省会商 5 次。26 日 16 时 20 分陕西省国土资源厅与陕西省气象局联合发布地质灾害气象风险预警。

26 日陕西省气象局成立陕北暴雨应急气象保障服务及救灾指挥领导小组，派出应急保障工作组及移动气象台携带海事电话、便携观测设备等紧急赶赴榆林子洲，开展现场应急保障和服务。陕西省气象局局长亲赴榆林指导救援工作。

陕西省减灾委、民政厅于 7 月 26 日紧急启动省级自然灾害应急救助Ⅳ级响应，29 日将响应等级提升为Ⅲ级，向灾区紧急调拨 1.5 万条毛巾被和 5000 床棉被等省级救灾物资，派出多个工作组分赴榆林市绥德县、子洲县等重灾区，指导帮助受灾市县开展救灾工作。省财政厅安排下拨省级救灾资金 5000 万元（其中省级自然灾害生活救助资金 1000 万元）。

省防总 26 日 17 时启动陕北地区及黄河Ⅲ级防汛应急响应，同时派出防汛抢险专家组，连夜赴现场指导灾区应急供水、水库淤地坝抢险工作。

25 日 15 时 30 分，榆林市防汛抗旱指挥部在市气象局召开防抗部署会议及媒体通气会，榆林市气象局局长对 7 月 25—28 日暴雨过程预测情况及防御情况进行汇报，副市长出席会议并现场做出安排部署，要求各级各部门要高度重视全力做好此次暴雨过程的防汛工作，新闻媒体、网络做好正面引导，积极宣传政府各部门工作动态，及时让广大群众知晓，积极配合和应对好强降水过程，实现强大的社会力量对汛情的抵御和防范。

26 日 03 时 30 分榆林市防汛抗旱指挥部启动防汛Ⅱ级应急响应，子洲、绥德两县启动Ⅰ级应急响应，市民政部门启动Ⅳ级应急响应。榆林市委书记、市长先后坐镇市防汛抗旱指挥部，随后深入子洲县、绥德县检查指导防汛抗灾工作，强调做好群众撤离，并就道路、通信与供水等基础设施恢复保障和灾后重建工作进行布署，力争把自然灾害应对工作做得更加科学有序。

5.5.3.6 气象服务情况及效益

（1）决策服务

应急期间陕西省气象局向省委、省政府及各相关单位发送《气象信息快报》5 期、《气象信息专报》19 期，发送决策短信 7 次。编发陕气字文件《榆林、延安 7 月 25—27 日大暴雨天气汇报》，向中国气象局应急与减灾司汇报陕北强降雨气象服务情况。编发“陕西榆林出现极端降雨绥德子洲基础设施损毁严重”《重大突发事件报告》3 期。编发《启动Ⅲ级应急响应全力做好暴雨预报服务》专刊 2 期，相关报道 3 篇。7 月 25 日，陕西省委书记、省长等在《陕北强降水消息》及《陕北汛情灾情》上就陕北防汛抗洪救灾工作作出重要批示，要求全力做好防汛抗洪抢险救灾工作，确保群众生命安全，保障基本生活，尽最大努力减轻灾害损失。按照批示精神，陕西省委副书记带领有关部门负责同志到榆林，现场指挥防汛抗洪抢险救灾工作。中国气象局局长在陕西《重大突发事件报告》上批示“灾区降水还在继续，请陕西省气象局继续做好保障服务，请国家气象中心加强会商”。中国气象局几位副局长也分别做出批示，对陕西暴雨应对工作给予肯定，并要求继续加强预报预警和服务工作。

25—30 日应急期间通过短信向各级党政领导、应急责任人、防汛责任人等决策领导发送手机短信 1099 人次，通过邮件向党政重点部门发送 11 次。

榆林市气象局26日以《重要天气报告》的形式将本次强降水天气过程上报市委、市政府及相关部门。市政府副市长在报告上批示："请气象部门及时发布气象信息，保证精准预报，确保损失降到最低，无人员伤亡，并做好气象预报发布"。26日，榆林市市长到榆林市气象局检查指导暴雨气象应急工作，在详细了解气象预报预警信息发布渠道、气象精细化预报水平和气象应急等方面的情况后，充分肯定气象部门在气象监测、预报预警和防汛气象服务保障方面取得的成效。

（2）公众气象服务

陕西省气象局通过LED显示屏、农村大喇叭共成功发布信息37573次，陕西气象微博受众5673万余人、微信受众21.7万人；通过邮件向省应急办发送35次、省委组织部11次；通过传真向省广电发送9次；通过国突预警信息平台发布预警信号19次；通过NOTES邮件向气象灾害相关气象台发送预警信息20次；通过手机短信发布气象信息1082万余人次，彩信17.6万人次，12121声讯电话拨打次数7.8万人次；与3320名气象信息员连线互动，向预警落区气象信息员开展预警信息和防御指南告知。启用"绿色通道"发布各类预警信息16次，累计受众1218万人次。

（3）专业气象服务

应急期间向电力、交通、油田等行业用户共发送预警短信1.37万人次。通过"专业气象用户""引汉济渭用户""西安输油分公司""西安用户群"等微信群向用户发送各类预警信息358次，降水消息7次，受众约8万人次。

（4）宣传报道

陕西省气象局应急期间，及时在3次交通电台广播稿和1次《华商报》稿件中向公众介绍此次降水过程的实况信息和预报信息，并针对强降水落区可能发生交通安全和旅游安全事故进行提醒，同时给出气象防御建议。期间派出3名记者奔赴受灾一线，对榆林市县两级气象部门在这次暴雨天气过程中的气象服务、进行全面报道。在《中国气象报》、中国气象局网站、陕西省气象局网站刊发稿件23篇；向中国气象频道报送视频17条，播出11条；开设应急服务专题2个。在新华网陕西频道、《陕西日报》、腾讯网、西部网、《华商报》《三秦都市报》《西安日报》等社会主流媒体发布强降水天气稿件共计50余篇，其他媒体转载80余篇。同时，利用微信媒体群实时共享各类预报、预警信息50余条。在陕西电视台各档气象栏目中及时发布各类预警信号及降水实况信息。在陕西电视台5个频道播出各类预警信号，连续3 h登播，每30分钟游飞一次。与陕西电视台二套《都市快报》晚间版开展直播连线1次，发布各类预警信号、暴雨实况信息及未来天气发展趋势等内容。在中国气象频道本地插播一字屏发布各类预警信号、启动应急响应等信息。

5.6 2018 年度重大天气过程服务

5.6.1 2018 年天气气候特点

2018 年陕西经历暴雪、低温冷冻、暴雨洪涝、高温、寒潮、雾和霾等灾害性天气。其中，1 月 2—7 日暴雪冰冻天气、4 月 2—7 日强寒潮天气、6 月 17—18 日陕南大暴雨天气、6 月 29—7 月 4 日暴雨天气、7 月 9—12 日区域性暴雨天气、8 月 6—8 日榆林大暴雨过程、8 月 9—14 日大暴雨过程、8 月 20—22 日暴雨大暴雨天气过程、8 月 29—9 月 3 日陕北暴雨过程、夏季持续高温天气、11 月 13—15 日关中雾和霾天气过程、11 月 24—27 日关中霾、沙尘天气过程和 12 月 7—13 日全省低温雨雪天气等 13 次重大过程范围广、强度强、影响大，对全省工农业生产和经济社会发展影响最严重。全省气象部门对上述重要灾害性天气过程均做到了实时监测精细、预报预警准确，服务主动及时，充分发挥了气象预报预警的先导性和“消息树”的作用，气象预报预警成为防灾减灾的第一道防线，全省无因灾害性天气造成人员伤亡，气象防灾减灾效益显著。

5.6.2 2018 年重大天气个例 1（暴雪）

受高原槽前暖湿气流和低层偏东风回流共同影响，2018 年 1 月 2—4 日和 6—7 日陕西迎来当年入冬以来范围最广、强度最大，持续时间最长的两次雨雪降温天气过程，陕北南部、关中、陕南普降大到暴雪，给交通运输、农业生产及群众生产生活等造成严重影响。面对严峻的天气形势，陕西各级气象部门密切监视天气变化，提前 72h 发布降雪降温消息，陕西省气象局于 2 日 10 时 30 分启动重大气象灾害（暴雪）Ⅲ级应急响应。咸阳、汉中、商洛、安康、渭南、宝鸡、西安、延安、铜川、杨凌市区气象局随后启动（暴雪）Ⅲ级应急响应。整个降雪过程中，全省各级气象部门及时发布暴雪和道路结冰预警，通报雨情雪情实况，为各级各部门提供决策建议，党委领导，政府主导，部门联动，社会参与，有效减轻了雨雪冰冻天气的影响。

5.6.2.1 天气实况

（1）降水实况

1 月 2—7 日，陕北大部、关中、陕南大部地方出现两次大到暴雪天气过程，主要降雪时段为 1 月 2—4 日和 6—7 日。统计显示：2 日 08 时—8 日 08 时，全省共 100 个县区出现降雪天气。4 个区县降水量超过 25 mm，分别是永寿 28.0 mm、商南 26.0 mm、洛南 25.9 mm、麟游 25.8 mm；28 个区县降水量为 10 ～ 25 mm，主要分布于关中地区；23 个区县降水量为 0 ～ 10 mm；45 个区县出现微量降水。过程降水量接近 2008 年 1 月持续低温雨雪天气总降水量，其中，1 月 3 日全省 43 个区县出现暴雪、19 个区县大雪。

（2）积雪实况

截至 1 月 7 日 17 时，全省共 96 个区县监测有积雪，积雪雪深 0.2 ～ 23 cm，其中 35 个区县雪深超过 10 cm，最大华山、永寿为 23 cm，其次淳化 20 cm，西安泾河雪深 15 cm。1 月 8 日卫星遥感监测显示，陕西榆林、延安、西安、咸阳、铜川、渭南、宝鸡的大部分区域及秦岭、巴山的部分丘陵山区均有积雪覆盖，积雪覆盖面积约 10.82 万 km^2。

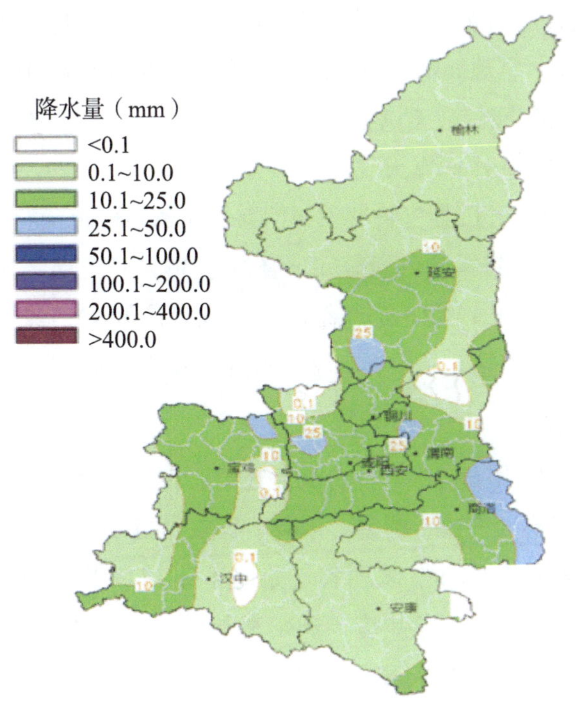

图 5-29　2018 年 1 月 2 日 08 时—8 日 08 时陕西降水分布

5.6.2.2 灾情及影响

受雨雪天气影响，陕西十余条高速公路临时封闭，高铁晚点，航班延误，地铁及公共交通严重拥堵，农业生产和群众生产生活受到严重影响。1 月 8 日陕西省民政厅灾情初步统计，西安、宝鸡、咸阳、渭南、铜川、商洛等 37 个县区 198 个镇（街办）发生雪灾，受灾人口 68237 人，倒塌和严重损坏房屋 17 间，一般损坏房屋 34 间，因灾死亡大牲畜 505 头，农作物受灾面积 4504.60 hm^2，其中，农作物成灾面积 3418.38 hm^2，农作物绝收面积 16.69 hm^2，直接经济损失 30572.22 万元，其中，农业损失高达 26796.91 万元。

5.6.2.3 预报预警发布情况

陕西省气象台 2017 年 12 月 31 日 10 时发布雨雪消息：1 月 2 日到 4 日将迎来入冬以来范围、强度最大，持续时间最长的一次雨雪天气过程；并于 1 月 2 日 10 时、3 日 17 时、3 日 20 时连续三次发布暴雪预警信息，指出 2 日至 4 日，宝鸡、咸阳、汉中、安康、商洛、西安、渭南、铜川、延安将出现大到暴雪，设施农业、交通、铁路、航空、电力等将受到影响。

陕西省气象台 2018 年 1 月 8 日 10 时 10 分发布重要天气报告：受前期降雪、降温和后期冷空气补充共同影响，预计今天到 11 日陕西省维持低温天气，最低气温陕北 −17 ～ −19 ℃，铜川、宝鸡北部、咸阳北部、渭南北部、秦岭山区 −13 ～ −15 ℃，宝鸡南部、杨凌、咸阳南部、西安、渭南南部、商洛 −7 ～ −9 ℃，汉中、安康 −5 ～ −7 ℃。另外，15 日陕西省还将有一次雨雪天气。

截至 1 月 8 日 08 时，省市县三级气象部门共发布暴雪橙色预警信号 2 期，暴雪黄色预警和预警信号 93 期，暴雪蓝色预警和预警信号 36 期；道路结冰红色预警信号 19 期，道路结冰橙色预警信号 49 期，道路结冰黄色预警信号 1055 期。所有预报预警信息均在第一时间发送给相关党政领导、基层防汛责任人及气象信息员。

5.6.2.4 应急响应情况

陕西省气象局于 2 日 10 时 30 分启动重大气象灾害（暴雪）Ⅲ级应急响应。除榆林外，咸阳、汉中、商洛、安康、渭南、宝鸡、西安、延安、铜川、杨凌市区气象局随后启动（暴雪）Ⅲ级应急响应。陕西省气象局 4 日 17 时起降至Ⅳ级应急响应；渭南、商洛、咸阳随后降至Ⅳ级应急响应，杨凌气象局 5 日 9 时降至Ⅳ级应急响应，安康气象局 5 日 10 时解除重大气象灾害（暴雪）Ⅲ级应急响应。

8 日 9 时 00 分陕西省气象局解除重大气象灾害（暴雪）Ⅳ级应急响应，商洛、咸阳、渭南、杨凌随后解除重大气象灾害（暴雪）Ⅳ级应急响应。同时，西安、宝鸡、延安、汉中解除重大气象灾害（暴雪）Ⅲ级应急响应。8 日 10 时 00 分铜川市气象局将重大气象灾害（暴雪）应急响应从Ⅲ级降至Ⅳ级，9 日 11 时 30 分解除应急响应。

5.6.2.5 气象服务情况及效益

（1）决策服务

1 月 5 日陕西省代省长在《气象信息专报》第 9 期上批示，要求各地、各有关部门要尽早安排部署，采取有效措施，做好防御应对工作。4 日陕西省副省长在《值班要情》上批示。应急期间陕西省气象局向省委、省政府以及相关部门报送《气象信息专报》15 期、《气象信息快报》7 期、发送决策短信 561 条。陕西省气象局向各级党政领导、应急责任人、防汛责任人等决策领导发送手机短信 4618 人次，向省应急办、省委组织部各发送邮件 18 次；通过 NOTES 邮件向气象灾害相关气象台发送预警信息 16 次。

西安、延安、宝鸡、渭南、铜川、汉中、安康、商洛市气象局以传真、短信、微信群等各种方式积极向当地市委、市政府及相关部门报送降雪降温预报预警信息，重要天气报告等决策材料，获政府领导批示和好评。杨凌气象局发布连阴雨雪，暴雪天气消息，降雪、降温消息 3 期。

（2）公众气象服务

向公众发布手机短信 919.4 万人次，彩信 16.8 万人次，12121 声讯电话拨打次数 58 万人次。启用“绿色通道”发布 1 次，受众 26.2 万人次。通过 LED 显示屏、农村大喇叭信息共成功发布信息 3 万次，陕西气象微博共发送省级微博 18 次，微博受众 334.2 万人次、微信受众 1.3 万人次，向广播电台发送传真 7 次。及时在 18 次交通电台广播稿和 6 次《华商报》稿件中向公众介绍此次降雪过程的实况信息和预报信息，并针对强降雪落区可能发生交通安全和旅游安全进行提醒，同时给出气象防御建议。

（3）专业气象服务

向电力、交通、油田等行业用户群发送预警短信 5028 人次，电话联系铁路、公路、天然气等重点用户询问预警接收情况，并提醒用户做好防范工作。通过“专业气象用户”“引汉济渭用户”等微信群向用户发送省、市、县预警信号 477 次；受众约 10 万人次。

（4）媒体宣传服务情况

在陕西电视台 3 个频道发布预警信号 16 次。在中国气象频道本地插播一字屏发布预警信号。通过社会媒体联络微信群、QQ 群等方式向社会媒体共享各类预报服务信息共计 37 条。《三秦都市报》、《华商报》、西部网等主流媒体发布气象新闻近 90 条。同时，在陕西省气象局网站开设暴雪应急服务专题及应急天气信息发布最新天气情况及应急服务情况信息 61 篇；视频报送共计 11 条，参与中国气象频道全国电视直播 1 次、中国天气网全国网络直播 1 次。中国天气网刊登高清图集 3 篇，联合直播 1 次。在中国气象报刊登稿件 1 篇，中国气象局网站刊登稿件 2 篇。在中国天气网陕西省级站推出国省联合直播专题《陕西、河南多条高速封闭 多省启动暴雪应急响应》。

5.6.3 2018 年重大天气个例 2（暴雪冰冻）

2018 年 12 月 27—28 日，陕西出现明显降雪、降温天气过程，主要影响区域位于关中、陕南以及秦岭山区。陕西省气象局 12 月 27 日 20 时 00 分启动重大气象灾害（暴雪冰冻）Ⅳ级应急响应。

5.6.3.1 天气实况

受冷空气和西南气流共同影响，从 12 月 27 日开始陕西出现了入冬以来最为明显降雪、降温天气过程，关中、陕南及秦岭山区大部普遍出现小到中雪，局地达到暴雪，关中南部和陕南出现雨雪冰冻天气。12 月 27 日 08 时—12 月 28 日 14 时，最大降水量周至达到 11.2 mm，其次凤县 10.3 mm。全省 37 个县出现不同程度积雪，积雪主要部分在宝鸡南部、咸阳西南部、西安大部、商洛北部、安康西部和南部、汉中西南部局地。过程期间最大积雪深度为周至 16 cm，其次为宁强 10 cm。伴随降雪过程，全省普遍降温 2 ～ 8 ℃，28 日最低气温陕北大部 −22 ～ −10 ℃，关中大部 −11 ～ −4 ℃，陕南大部 −7 ～ 1 ℃，西安城区 −3.9 ℃。

5.6.3.2 预报预警情况

陕西省气象台 2018 年 12 月 24 日 18 时发布降雪、降温消息：受西南暖湿气流和冷空气的共同影响，12 月 27 日到 29 日晚上，我省将有一次降雪、降温天气过程。预计关中北部有小到中雪，关中南部、陕南有中到大雪，秦巴山区有大雪，局地暴雪。过程降水量：关中北部 0 ～ 3 mm，关中南部 3 ～ 8 mm，陕南、秦巴山区 4 ～ 12 mm；27 日到 28 日全省有一次明显的降温天气过程，过程气温陕北下降 8 ～ 10 ℃，关中、陕南下降 6 ～ 8 ℃，27 日陕北有 4 ～ 5 级偏北风。预计 30 日最低气温陕北北部 −18 ～ −16 ℃，陕北南部 −13 ～ −11 ℃，关中、秦岭山区维持在 −9 ～ −7 ℃，陕南 −6 ～ −4 ℃。

26—29 日，全省共计发布大雾橙色预警信号 6 期，大雾黄色预警信号 12 期、道路结冰黄色预警信号 280 期，寒潮蓝色预警信号 78 期，大风蓝色预警信号 21 期，暴雪蓝色预警信号 1 期。

5.6.3.3 应急响应情况

陕西省气象局 12 月 27 日 20 时 00 分启动重大气象灾害（暴雪冰冻）Ⅳ级应急响

应，西安、汉中、宝鸡、杨凌、商洛、渭南市气象局相继启动（暴雪冰冻）Ⅳ级应急响应。28 日 17 时 30 分陕西省气象局解除重大气象灾害（暴雪冰冻）Ⅳ级应急响应，西安、汉中、宝鸡、杨凌、商洛、渭南市气象局相继解除（暴雪冰冻）Ⅳ级应急响应。

5.6.3.4 气象服务情况及效益

（1）决策服务

12 月 25 日，陕西省气象灾害应急指挥部办公室发出《关于做好 27—29 日降雪及降温天气防御工作的通知》，陕西省气象局以传真、电话、电子邮件、NOTES 邮件等多种形式向省委、省政府、省应急管理厅、省防汛办报送《重要信息专报》3 期、《气象信息快报》2 期、《农业气象服务专报》2 期，决策短信 93 条。西安市气象局局长先后 4 次召开冰雪灾害天气应急气象服务工作会议，12 月 25 日，应对冰雪灾害天气应急指挥部办公室发出《关于做好 12 月 27—30 日降雪降温天气防御工作的通知》。12 月 27 日西安市委书记做出重要批示："今日，我市开始降雪，做好降温降雪天气应对工作非常重要！要'以雪为令'，确保'雪停路净'，确保'市民工作生活不受影响'！"12 月 26 日，西安市常务副市长在重要天气报告上就降雪降温天气作出批示，分管副市长也就冰雪天气应对工作作出批示。延安市气象局以传真、电话、短信等形式向市委、市政府及相关联防部门发送预报预警信息共 8 期，向各级党政领导、应急责任人等决策领导发送手机短信 348 人次。汉中市气象局 25 日向市委、市政府领导汇报了本次雨雪降温天气消息，并特别提请关注雨雪冰冻天气对道路交通和群众生活的影响。市政府办迅速将《关于做好近期雨雪降温天气防御工作的通知》转发至全市各县区政府及市政府各部门、直属机构。宝鸡市气象局 26 日下发了《关于做好 27—30 日降雪及降温天气防御工作的通知》，加密向市委、市政府及市气象灾害应急指挥部成员单位发送《天气实况通报》1 期，发送道路结冰预警信号 4 期，共发送传真 180 份，向地方党政领导、应急责任人等决策领导发送手机短信 3320 条。杨凌气象局 24 日 11 时预报 27—28 日将出现明显雨雪天气过程，并及时发送至管委会办公室、杨凌时讯、电视台、示范区网等媒体单位；25 日制作发布了《重要天气报告》，28 日制作发布了《气象信息快报（雪情通报及后期天气预报）》，将 27 日降雪情况及时向管委会办公室、区政府办公室、防汛抗旱指挥办公室发布。商洛市气象局共制作发布《重要气象信息》5 期，道路结冰黄色预警信号 3 期（含解除），雪情通报 1 期；市气象局主要领导及时就本次降雪降温天气过程向市委市政府做了专题汇报。渭南市气象局局长第一时间向市长、副市长进行汇报；25 日市气象台提前将《降雪、降温消息》通过传真、电话、短信发送至市委、市政府领导、市防汛办、交通局和应急指挥部成员单位；渭南市气象灾害应急指挥部办公室下发了《关于做好 27—30 日降雪及降温天气防御工作的通知》，市农气中心发布了“积极防御冷空气危害设施农业”，并向市委市政府和农业部门通过传真进行了服务，同时通过微信、qq、微信群等新媒体手段向农户进行了传播。

（2）公众气象服务

通过国突预警信息平台发布预警信息共 2 条，向各级党政领导、应急责任人、防汛责任人等决策领导发送手机短信 352 条。手机短信受众 307.5 万人次，彩信 5.1 万人次，12121 声讯电话拨打 1.3 万人次。通过 LED 显示屏、农村大喇叭共发布气象信息 8978 次。陕西气象微博发送省级预警信息共 2 次，微信推送 1 次。

（3）专业气象服务

向电力、交通、油田等行业用户群发送预警短信 882 人次，电话联系铁路、公路、天然气等重点用户询问预警接收情况，并提醒用户做好防范工作。通过邮箱向行业用户及各单位发送预警信息 36 条，通过传真发送预警信息 106 次。通过“专业气象用户”“引汉济渭用户”等微信群向用户发送预警信号 112 次，受众约 20685 人次。

（4）宣传报道

在陕西省气象局网站开通应急专题并刊发稿件 4 篇；向中国气象局网站、《中国气象报》各推送应急稿件 1 篇；向省政府网站推送应急稿件 1 篇。同时，天气消息推送至省级媒体微信群共计 5 条，西部网、华商网、陕西传媒网等省内主流媒体均在网站刊发。

5.7 2019 年度重大天气过程服务

5.7.1 2019 年天气气候特点

2019 年以来，陕西天气总体复杂，先后经历了霾、雨雪冰冻、寒潮、干旱、区域性暴雨、大暴雨过程和夏季持续高温天气、秋季连阴雨天气。其中，3 月中旬至 4 月中旬，陕西气温高、降水少、相对湿度低。持续的温高少雨导致全省大部地区森林火险等级持续四级以上，部分地区长时间维持在五级极度危险状态，商洛、西安、渭南、宝鸡、铜川等多地发生森林火灾，其中商州、蓝田、韩城、富平、蒲城以及耀州等地林火灾害较重，影响较大。6 月 4—5 日全省暴雨天气，6 月 19—21 日陕南大暴雨天气，7 月 28—29 日全省暴雨天气，8 月 2—3 日全省暴雨天气，8 月 8—9 日关中、陕南暴雨天气，8 月 12—17 日持续高温过程，9 月 9—20 日连阴雨天气过程等 7 次重大灾害性天气过程范围广、强度强、影响大，对全省工农业生产和经济社会发展影响严重。

5.7.2 2019 年重大天气个例 1（高等级森林火险）

2019 年 3 月以来，陕西气温异常偏高、降水异常偏少，陕北关中大部地区森林火险等级维持高位。4 月 5 日以来，渭南、铜川、榆林多地突发森林火灾，防灭火形势严峻。陕西省气象局于 4 月 6 日启动了森林火灾气象应急服务，开展了人工增雨作业，效果显著。

5.7.2.1 天气实况

4 月 5—7 日陕西天气为晴，气温偏高，湿度偏低。8—10 日全省出现小到中雨天气过程，过程累计降水量：陕北 0 ～ 15.5 mm，关中 0 ～ 15.2 mm，陕南 0.5 ～ 26.4 mm。发生森林火灾的渭南、铜川普降小到中雨，其中韩城降水量 8.0 mm、富平 8.1 mm、蒲城 3.1 mm、耀州 4.3 mm。

5.7.2.2 预报预警

4 月 5—10 日，全省共发布各类预警信号 44 期。陕西省气象台制作火灾发生地预报《森林火灾气象保障专题预报》11 期，专题预报内容涵盖全省未来三天预报、全省森林火险气象等级预报、森林火灾点精细化气象要素预报，并提出影响及建议。

5.7.2.3 应急响应

针对此次森林火灾，陕西省气象局于 6 日 9 时 30 分迅速启动森林火灾气象服务保障Ⅳ级应急响应、7 日 9 时提升为Ⅲ级，9 日 16 时 30 分降至Ⅳ级、10 日 15 时 30 分解除。应急期间，渭南、铜川、宝鸡、榆林、延安、咸阳、商洛市处于Ⅳ或Ⅲ级应急响应状态。

5.7.2.4 服务情况

陕西省气象局高度重视此次森林火灾应急服务工作，应急期间，陕西省气象局组织召开应急工作部署会议 5 次，局领导多次向省委、省政府领导汇报天气形势及卫星遥感火点监测信息，向省委、省政府报送《重大气象信息专报》5 期、《气象信息快报》10 期，向中国气象局报送《重大突发事件报告》3 期，与国家气象中心专题会商 4 次，与中国气象局人工影响天气中心专题会商 1 次，及时向陕西省应急管理厅防火办提供全省森林火险等级预报，制作火灾发生地《森林火灾气象保障专题预报》11 期。陕西省气象局安排预报专家分赴铜川、渭南火灾现场进行技术指导和预报服务，出动应急移动气象台前往铜川开展火场气象服务保障，渭南、铜川两市气象部门派出应急小组奔赴火场一线，现场提供逐小时天气监测预报信息。

4 月 9 日陕西省气象局召开新闻发布会，对近期森林火灾气象服务保障、人工增雨作业情况，以及后期天气趋势进行通报。中央电视台新闻频道、陕西广播电视台、新华网陕西站、陕西新闻网和《华商报》等多家省级主流媒体参加了宣传报道。应急期间共在电视、广播、报纸、网站等主流媒体发布各类信息 80 余次，制作抖音短视频 1 条，发布 LED 显示屏、农村大喇叭信息 16707 次，手机短信 676.3 万人次、彩信 10 万人次，极大地提高预警信息覆盖面，提高了陕西气象形象。

5.7.2.5 人工增雨作业情况

7 日上午，陕西省气象局局长向省长作工作汇报，省长表示大力支持实施人工增雨作业。当日，省政府致函中国气象局协调飞机跨省作业。8 日上午，省委常委会上陕西省气象局做了森林防灭火人影作业准备和天气趋势情况汇报，省委书记要求气象部门全力做好人工增雨作业。8 日下午省政府常务会上省长要求根据人工增雨情况处置火场。中国气象局高度重视，局领导亲自安排部署，中国气象局应急减灾与公共服务司以及国家气象中心、卫星气象中心和人工影响天气中心等国家级业务单位大力支持，及时为森林防灭火提供气象预报、遥感监测和人工增雨等技术指导。

陕西省气象局重点关注渭南、铜川等地火点火情发生区域。针对4月8—9日陕西小雨天气过程，6日下发了《关于做好4月8—10日人影作业的通知》，7日制定了《增雨作业条件潜力预报和作业预案》报告省政府。中国气象局及时协调内蒙古自治区气象局、山西省气象局和陕西省气象局共3架增雨飞机抢抓有利时机协助开展跨境森林防灭火人工增雨作业。此次人工增雨作业是陕西首次开展夜航增雨作业，首次针对森林火灾发生区域开展地面和多架次飞机联合协同立体人影作业。

截至9日08时，共计3架增雨飞机作业4架次，累计作业时长14 h 30 min。其中，榆林增雨飞机（B3851）作业2架次，飞行区域为榆林、延安、铜川和渭南地区，作业飞行时间共7 h 21 min；内蒙古自治区高性能增雨飞机（B3726）在榆林市北部作业1架次，作业飞行时间3 h 29 min；山西省增雨飞机（B50CQ）专程为渭南韩城桑树坪火点开展增雨灭火任务，飞行1架次，飞行区域为渭南白水、澄城、合阳、韩城和延安黄龙，作业飞行3 h 40 min。同时，在榆林、延安、铜川、渭南、咸阳、宝鸡、西安、汉中和商洛共9市35个县区开展地面人工增雨作业，198个地面作业点发射高炮炮弹545发，火箭弹790枚，燃烧AgI烟条191根，作业影响面积3.45万km^2。

在自然降水和人工增雨共同作用下，全省普降小到中雨。渭南全市小雨，北部局地中雨，降水量0.5～19.4 mm，火灾点韩城桑树坪累计降水量10.3 mm，韩城王峰累计降水量10.4 mm；铜川全市小雨，南部局地中雨，降水量0.6～10.0 mm，火灾点耀州庙湾镇陈家山2.7 mm。据初步估计，本次人工增雨作业增加地面降水2200万t，降低了森林火险等级，有效控制了林火火情，缓解了旱情。

5.7.2.6 服务效果

此次人工增雨服务中，陕西省气象局提前谋划、积极组织、靠前服务，全省气象部门强化监测预报预警，充分发挥气象部门技术优势，紧密与各级政府、部门应急联动、成功应对，充分发挥气象防灾减灾“第一道防线”作用，为森林防灭火决策提供科学依据，防范化解重大风险赢得主动。抢抓有利时机开展地面和多架次飞机联合协同立体人影作业，效果显著。

在4月9日的陕西省政府常务会议上，省长对气象部门提出表扬。副省长在4月9日《重大气象信息专报》上批示：“本次人工影响天气活动省气象局做了大量有效工作，成绩值得肯定。也感谢中国气象局及兄弟省的大力支持，望再接再厉！”。在4月10日召开的全省春季农业生产工作电视电话会议上，副省长再次对气象部门提出表扬，并要求气象部门围绕春季农业生产继续做好人工影响天气作业和气象服务保障。省应急管理厅也对气象部门的精准作业表示感谢。

8 日夜间开展人工增雨作业后，铜川市委书记向铜川市气象局发来短信：“感谢省气象局的支持，感谢全市气象人员的勤奋工作！希望密切关注气象变化，适时进行人影作业，为全市防火、减灾做贡献。”渭南市、韩城市、富平县和蒲城县党委政府多位领导均对气象服务工作表示高度赞扬，韩城市委书记到人工增雨现场慰问作业人员。

5.7.3 2019 年重大天气个例 2（秋淋）

受华西秋雨影响，9 月 9—20 日，陕西省出现一次大范围强秋淋天气过程，强降雨主要集中于关中和陕南，期间有 7 个暴雨日。本次强秋淋雨量大、持续时间长、多暴雨、雨量超常年值，多地出现汛情和险情。陕西省气象局 9 日 16 时 00 分启动暴雨应急响应，20 日 9 时 20 分解除。

5.7.3.1 天气实况

9 月 9—20 日，陕西出现强秋淋天气，全省 98 个县区均出现降雨，强降雨主要集中于关中、陕南等地。9 日 08 时—20 日 08 时全省 1803 站出现降雨，29 站累计雨量超过 300 mm，其中 4 站超过 400 mm，最大镇巴星子山林场 430.1 mm；西安站 156.0 mm，西安城区最大 226.5 mm（高新一中国际部）。过程雨量分布：陕北 58.2 ～ 208.7 mm；关中 121.2 ～ 409.6 mm；陕南 40.2 ～ 430.1 mm。洋县、佛坪、石泉、宁陕、汉阴、城固、大荔等 7 站降雨量突破 9 月历史极值。

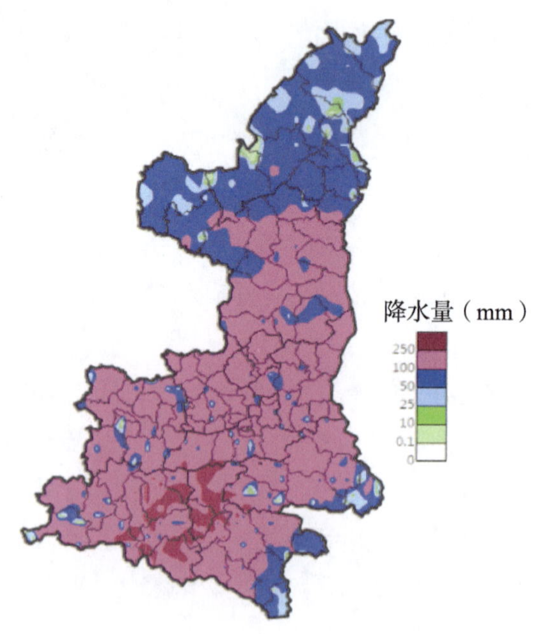

图 5–30　2019 年 9 月 9 日 08 时—20 日 08 时陕西累计降水量分布

过程期间出现 7 个暴雨日：9 日 08 时—10 日 08 时出现 81 站大暴雨（入汛来大暴雨站数最多）、215 站暴雨；10 日 08 时—11 日 08 时出现 16 站暴雨；12 日 08 时—13 日 08 时出现 14 站暴雨；13 日 08 时—14 日 08 时出现 1 站大暴雨、70 站暴雨；14 日 08 时—15 日 08 时出现 3 站大暴雨、520 站暴雨（入汛来暴雨站数最多）；15 日 08 时—16 日 08 时出现 49 站暴雨；17 日 08 时—18 日 08 时出现 1 站暴雨。

表 5–5　2019 年 9 月陕西部分观测站日降水量突破月历史极值一览表

县（区）	降水量（mm）	出现日期（08—08 时）	月历史极值（mm）	出现日期
洋县	137.1	9—10 日	83.2	1963–09–18
佛坪	116.1	9—10 日	93.2	1983–09–07
石泉	115.3	9—10 日	98.1	1987–09–10
宁陕	108.7	9—10 日	83.2	1974–09–13
汉阴	99.9	9—10 日	96.7	1986–09–09
城固	90.6	9—10 日	78.0	1980–09–14
大荔	66.7	14—15 日	65.5	1972–09–01

本次强秋淋有以下 4 个特点：一是雨量大。全省大部累计降水量达 100 mm 以上，与常年同期比较，全省大部降水异常偏多，除陕南南部局地偏多 1 成到 2 倍外，其余大部均偏多 3 倍以上。9 月，洋县（302.7 mm）、城固（268.0 mm）、兴平（208.3 mm）等 3 站连续累计降水量突破该站历史连续降水量极值。二是降雨持续时间长。9 日后，全省大部地区雨日达 6 ～ 11 d，尤其关中、陕南大部降水持续日数多在 8 d 以上。其中铜川、扶风、长安、大荔、临潼、略阳、勉县、洋县、镇安等 9 站连续降水日数达到连续降水日数极端事件标准。三是多暴雨。9 日后，全省出现 7 个暴雨日，54 个县区出现暴雨，共 67 站次。9—10 日、14—15 日两次大范围暴雨过程范围大、间隔短，其中镇巴、佛坪、洋县、蓝田、城固 5 县区出现 3 个暴雨日，且有 2 个暴雨日相连，降雨强度大，降水集中。四是秋雨雨量超常年值。2019 年陕西秋雨于 9 月 9 日开始，较常年偏早 2 d，这次降水过程为陕西当年秋雨第一个多雨期。截至 9 月 18 日，陕西秋雨监测区累计平均降水量达 162.4 mm，已超过常年秋雨总量（138.1 mm）。洋县、佛坪、汉阴、石泉、城固、留坝、勉县、凤县、略阳、蓝田、渭南、兴平、太白、陇县、宜君等 15 县区累计降水量突破秋雨季历史同期降水极值。

表 5–6　2019 年 9 月以来连续降水日数达到极端事件标准的测站信息

站名	日数（d）	极端阈值	历史极值（d）	历史极值出现时间
铜川	11	11	14	1992.9.24
扶风	11	11	17	1992.9.27
长安	12	12	17	1992.9.27
勉县	12	12	19	1975.10.5
洋县	12	12	19	1961.7.3
大荔	11	10	17	1992.9.27
临潼	11	11	17	1992.9.27
略阳	14	13	19	2007.10.14
镇安	12	11	20	1964.10.30

5.7.3.2　灾害情况

据陕西省减灾委会议通报，9 月 10—17 日陕西省发生洪涝、风雹、山体滑坡等灾害 11 起，其中洪涝 8 起、风雹 1 起、地质灾害 2 起，涉及 8 个市、36 个县。受灾人口共计 14.4 万人，因灾死亡 1 人（柞水县），失踪 4 人（城固县），紧急转移安置 14472 人，其中集中安置 2413 人，分散安置 12059 人；农作物受灾面积 0.81 万 hm^2，成灾面积 0.64 万 hm^2，绝收面积 0.21 万 hm^2，毁坏耕地 253 hm^2；倒塌房屋 132 户、290 间，严重损坏房屋 197 户、622 间，一般损坏房屋 545 户、1531 间；直接经济损失 3.9 亿元，其中农业损失 1.5 亿元、工矿企业损失 91.4 万元、基础设施损失 1.9 亿元、公益设施损失 5.4 万元、家庭财产损失 1811 万元。

5.7.3.3　预报预警发布情况

陕西省气象台 9 日 12 时发布《重要天气报告》：9—15 日我省维持阴雨相间天气。主要降水时段：9—11 日、13—15 日。过程降水量：陕北、关中北部 35 ～ 65 mm，关中南部、陕南西部 65 ～ 110 mm，陕南东部 25 ～ 45 mm。其中强降水落区：9—11 日主要出现在陕北、关中西部和陕南西部，以中到大雨为主，局地暴雨；13 日主要出现在关中西部和陕南西部，有中到大雨；14—15 日主要出现在关中大部和陕南西部，有中到大雨，局地有暴雨。

陕西省气象台 2019 年 9 月 13 日 17 时 30 分发布暴雨蓝色预警，14 日 13 时 00 分升级发布暴雨黄色预警，15 日 13 时 00 分继续发布暴雨黄色预警，16 日 13 时 00 分解除暴雨黄色预警。9 月 9—20 日，陕西省气象台发布暴雨蓝色预警信号 3 期、暴雨黄色预警信号 3 期、暴雨橙色预警信号 1 期。市县两级气象台共发布暴雨预警信息 180 多期。

5.7.3.4 应急响应

陕西省气象局于9日16时00分启动重大气象灾害（暴雨）Ⅳ级应急响应，10日06时50分提升为Ⅲ级应急响应，11日15时降级为Ⅳ级，14日13时55分再次提升为Ⅲ级应急响应，16日9时15分降级为Ⅳ级，20日9时20分解除。期间，汉中、商洛、安康、宝鸡、咸阳、西安、渭南、铜川、延安市气象局启动Ⅳ或Ⅲ级应急响应。

5.7.3.5 气象服务情况及效益

（1）决策服务

陕西省气象局向省委、省政府以及相关部门报送《重大气象信息专报》14期、《气象信息快报》14期，向各级党政领导、应急责任人、防汛责任人等决策领导发送手机短信3158条。参加全国会商12次、发言6次，组织全省会商13次。

汉中市气象局主要负责人以专题汇报、电话、短信等多种方式，第一时间向市级党政领导报告降水实况、气象服务开展情况及天气趋势分析；市级党政领导对气象服务工作高度认可，并多次做出重要批示。安康市气象局主要负责人向市防指总指挥长汇报天气趋势预测意见，随后又参加市防汛形势会商分析会；制作汉江流域防汛专题预报3期。商洛市气象局发布暴雨蓝色预警信号9期，雨情通报36期，地质灾害气象风险预警8期，短信5000余条。宝鸡市气象局第一时间向地方政府、市级相关部门发送气象预报预警信息14期，共发送传真770份，向党政领导、应急责任人、防汛责任人等决策领导发送手机短信2.5万条。咸阳市气象局向市委、市政府、市级各部门报送决策服务材料24期，市委书记、市政府市长、副市长先后做出批示。西安市气象局主要负责人每天多次向市委、市政府主要领导、分管领导汇报最新雨情实况和预报预警信息，并通过微信群向市级相关部门主要负责人通报，提请相关部门做好防御工作。渭南气象局制作了渭河流域气象情报2期、防汛专题天气预报2期、雨情通报13期，发布暴雨蓝色预警信号2期。铜川市气象局向市委书记汇报了连阴雨和暴雨气象监测预报预警服务工作，编发天气实况通报34期，地质灾害气象风险预警4期。延安市气象局第一时间通过短信、传真、微信等方式向市委市政府及相关联防部门发布预报信息，向各级党政领导、相关应急责任人等决策领导发送手机短信1028人次。

（2）公众气象服务

通过LED显示屏、农村大喇叭共发布气象信息5.0万次。陕西气象微博、微信发送省级预警信息17次，外呼预警落区的应急联系人和信息员1344人次。手机短信服务140.9万人次，彩信服务2.4万人次，12121声讯电话拨打6062人次。启用手机“绿色通道”发布暴雨橙色预警信号6个，覆盖汉中洋县、佛坪、汉台、南郑、城固、西乡6个县（区），受众210万人次；覆盖安康汉滨、汉阴、宁陕、石泉、旬阳5个县

（区），受众 163 万人次。

（3）专业气象服务

向电力、交通、油田等行业用户群发送预警短信 6368 人次，电话联系铁路、公路、天然气等重点用户询问预警接收情况，并提醒用户做好防范工作。通过邮箱向行业用户及各单位发送预警信息 238 次，通过传真发送预警信息 742 次。通过“专业气象用户”“引汉济渭用户”等微信群向用户发送省市县预警信号 268 次，受众 6.1 万人次。

（4）宣传报道服务情况

陕西省气象局向《中国气象报》、中国气象局网站投稿 3 篇，在陕西省气象局网站开通应急专题累计发稿 27 篇，向媒体群提供气象信息 28 条，通过抖音短视频平台推送小视频 12 条。及时在交通电台广播和《华商报》稿件中向公众介绍此次降水的实况信息和预报信息，并提供气象防御建议。

6

开展面向“一带一路”的气象服务

6.1 “一带一路”基本情况

2013年9月和10月，中国国家主席习近平在出访哈萨克斯坦和印尼西亚时先后提出共建“丝绸之路经济带”和“21世纪海上丝绸之路”(以下简称“一带一路”)的重大倡议，并得到国际社会高度关注和有关国家的积极响应。“一带一路”范围涵盖亚、欧、非三大洲横穿整个欧亚大陆的“一带”和途径东南亚、南亚、波斯湾、红海及印度洋西岸航线的“一路”，涉及65个国家、44亿人口，经济总量约21万亿美元，占全球经济总量的63%[1]。

“一带一路”贯穿亚、欧、非，所涉及的国家多、分布广，面临的气候复杂多样；沿线国家地质地貌、气候、生态等自然环境差异大，面临的自然灾害类型多样；沿线国家多数经济欠发达，灾害恢复力水平偏低，面临的灾害承载能力弱的现实问题。尤其全球气候变化背景下极端天气气候事件频发，暴雨洪涝、高温热浪、干旱、台风等高影响事件分布广泛、活动频繁、危害严重，是影响“一带一路”建设的重要因素。因此，为合理利用天气气候资源，规避灾害风险，气象服务需要主动参与到“一带一路”建设中[2]。

6.2 “一带一路”气象服务需求

“一带一路”涵盖亚、欧、非三个大洲，分别由两条陆路和一条海路经过沿线国

[1] 王维国，王丽萍，孙敏，等.“一带一路”建设气象服务能力分析[J].海洋气象学报，2017，37(4):19-24.

[2] 罗慧，徐军昶，唐世浩，等.气象助力“一带一路”建设的初步探索[C].2019欧亚经济论坛气象分会论文集.

家。中欧铁路专列到达欧洲的时间约需 2 ～ 3 周，走海路到达地中海沿岸的欧洲国家至少需要半个月或以上时间，沿线自然环境差异大，跨越多个气候带，亚洲季风性气候国家和欧美大洋沿岸国家气候变率大，天气气候状况复杂多样，突发灾害性天气频繁，气象灾害重，历史上都出现过极端性天气气候事件。陕西西安是新欧亚大陆桥重要枢纽，是“一带一路”重要的战略支点，具有承东启西、连接南北的鲜明区位优势和独特战略地位。2017 年 12 月，中国气象局出台的《气象“一带一路”发展规划（2017—2025 年）》明确提出，到 2025 年，面向“一带一路”建设的综合气象观测体系基本完善，卫星技术得到广泛应用，沿线重点区域观测站网基本建成。并从“加强政策沟通和衔接，完善政府间交流合作机制；促进资源共享互通，拓展气象站网、技术和数据优势；适应沿线国家民生和社会需求，强化面向全球的气象服务；推动科技联合业务融通，提升气象核心能力；助力贸易畅通，推动气象产业国际化发展”等五项主要任务。随着“一带一路”发展，能源、信息、产业园区等重大工程建设实施、双向旅游市场蓬勃繁荣、人员交流频繁、货物运输增量明显，陆、海、空交通运输受沿线复杂气象条件影响的风险极高。因此，气象服务在“一带一路”建设中，为中欧铁路运输、海上航运、重大工程建设、旅游市场安全等保驾护航，降低灾害风险，可为“一带一路”建设顺利实施提供有力保障，气象服务对于“一带一路”整体建设有着非常重要的作用。

6.3 “一带一路”气象服务保障着力点

在“一带一路”建设大背景下，“一带一路”沿线国家经济迎来新的发展机遇期，“一带一路”将从线形的运输通道变成产业和人口聚集的“经济走廊”，社会化进程加快，社会财富日益积累，人民群众更加注重生活质量、生态环境和幸福指数，对高质量气象服务需求更加多样化，保障“一带一路”经济社会发展和人民群众福祉安康，对气象工作提出了更高更新的要求。同时，“一带一路”建设致力于建立和加强沿线各国互联互通伙伴关系，促进政府、市场和社会多元主体参与，挖掘“一带一路”产业整体价值，构建全方位、多层次、复合型的互联互通网络，实现区域社会经济可持续发展。产业结构和经济发展方式转型对气象要素监测、预报、预警等公共服务信息提出更加精准的服务需求，“一带一路”沿线的支柱产业发展、重大建设项目对气象保障提出了新的需求，迫切需要加强国际气象交流合作，培育跨国际跨行业的气象合作新业态，建立满足“一带一路”各国经济发展格局、资源格局以及可持续发展格局需求的气象服务保障体系。

基础设施互联互通是“一带一路”建设的优先领域，在尊重相关国家主权和安全关切的前提下，将共同推进国际骨干通道、能源基础设施、跨境电力与输电通道等建设，逐步形成连接亚欧之间的基础设施网络。基础设施的互联互通，将会极大的促进“一带一路”商贸、旅游、文化交流，将会逐步完善“一带一路”沿线跨国商贸圈、物流网，涌现出一大批历史、生态、现代、民族文化旅游区，各国经济、文化交流更加紧密，对个性化、精细化的气象监测预报预警提出了更高要求。需要充分利用“一带一路”地缘和资源优势，统筹考虑整个“一带一路”气象服务保障能力现状，增加针对商贸、交通、旅游、文化等领域的气象预报预测及气象服务手段，构建独具特色的专业专项气象服务体系，进一步拓展气象服务领域，丰富气象服务内容，创新气象服务方式，提升行业专业气象服务能力，提高专业气象服务质量和效益。

“一带一路”沿线大部分国家生态脆弱，干旱、暴雨（雪）、冰雹、大风沙尘暴、寒潮强降温、低温冻害等灾害性天气多发频发，加之对自然资源的不合理开发，导致湖泊面积缩小，地下水位下降，水质恶化，土地盐碱化，自然植被面积减少，沙漠扩大，空气污染，沙尘暴频度上升等一系列生态环境危机，严重制约了经济社会发展。如何以不牺牲自然环境为代价，在加快发展的同时，加大对自然生态环境的保护，势必对生态环境气象保障和气候承载力评估以及应对气候变化政策的制定提出了更高更为迫切的要求，“一带一路”沿线国家加强在生态环境领域内的合作也显得更为突出。另外，“一带一路”沿线各国在发展农业、花、粮食、林果、畜牧、特色农产品和设施农业等重点产业中，传统的生态农业气象服务已不能满足新的需求，新型的生态农业生产需求向全程性、多时效、多目标、定量化的气象服务发展，气象保障任务艰巨。与此同时，未来“一带一路”沿线国家在经贸、金融、投资等领域合作将不断扩大，在投资贸易中遵循生态文明理念、保护生态文明环境、加强生态环境治理将显得尤为突出，各国对生态环境保护的气象需求空前迫切。同时共同应对气候变化也对气象保障提出新的需求。应对气候变化是关系到未来经济社会长期稳定可持续发展的重大问题。在“一带一路”建设中，应对气候变化既是科学问题，也是环境问题，并且与政治、经济、国防及人民生活等密切相关。“一带一路”沿线地区生态背景总体较为脆弱，是全球气候变化的敏感地区。在全球气候变化的背景下，我国西部、中亚、西亚等地区荒漠化危机加剧，与此同时，暴雪、暴雨、洪水、干旱、冰雹、高温等极端天气气候事件发生的频率和强度都有所增强，给“一带一路”沿线国家和地区人民生命财产安全带来极大的危害。气候变化已成为“一带一路”沿线生态脆弱地区面临的一种巨大环境风险，影响未来经济社会长期稳定发展。这就需要经济带沿线国家加强合作交流，优势互补，强化应对气候变化的业务能力建设和科学研究，共建应对气候变化工程设施、联合开展应对气候变化科研项目、推进应对气候变化相关技术转移，提高应对极端气候事件的能力，为“一带一路”沿线国家共同应对气候变化提供科学支撑。

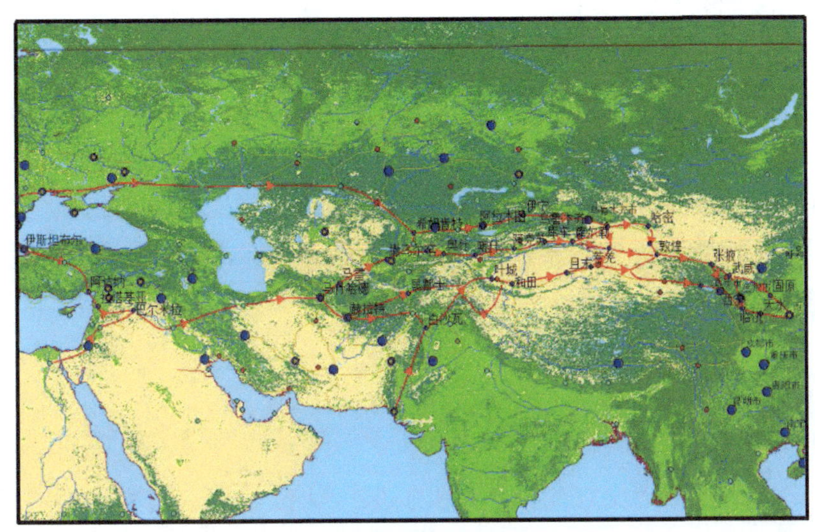

图 6-1 智慧气象服务于“一带一路”建设

建成适应需求、结构完善、布局优化、集约高效的“一带一路”气象保障服务体系，可从以下几个方面着手全面提升“一带一路”气象服务保障水平。

6.3.1 完善“一带一路”气象观测站网体系

建设“一带一路”气象综合观测系统，建立以遥感为主、地面为辅的观测站网，能够实现对经济带全域综合立体全方位监测，根据地域特点增加测站种类和密度，尤其是增强对天基的卫星遥感探测能力，布设智能化水平较高的可移动、能搭载的覆盖不同空间的连续系统一体化的观测站网。

大力推进风云气象卫星研发及应用。在现有风云卫星的基础上，进一步开辟世界气象卫星研制的新领域，在时间分辨率、空间分辨率、探测谱段和探测要素等方面进一步向世界前沿科技探索，逐步发射功能更齐备、分辨率更高、覆盖面更广泛的风云系列卫星，填补气象观测空白区，准确地掌握连续的、“一带一路”乃至全球范围内的大气运动监测信息，做出精确的气象预报。同时，根据“一带一路”沿线国情，完善建立以接收风云卫星为主、兼收其他国环境卫星的卫星地面接收和应用系统，使沿线各国能够更加高效便捷地获得卫星监测资料，促进卫星资料的深度分析和应用。

完善“一带一路”沿线雷达观测网建设。结合中亚、西亚等基础设施不完善的现状，以产业营销、合作共建、多边援建等方式，逐步推动我国天气雷达“走出去”，在经济带灾害多发区、人口密集区，增设天气雷达、风廓线雷达、探空雷达等，逐步减少雷达监测盲区，推进“一带一路”全域雷达资料的应用，有效提升灾害性天气防御能力，为经济带经济建设保驾护航。

完善地面气象观测网建设。根据“一带一路”经济带经济社会发展需要和专业气象观测网建设需求，以一站多能、自动观测的方式，科学合理建设自动气象站，完善包括交通、旅游、生态、大气环境、农业、林业、牧业、能源等专业气象观测站网，满足天气监测预报预警需求。在“一带一路”经济带交通联通的背景下，发展搭载高铁、汽车等交通工具的智能化气象观测设备，逐步扩大规模，形成对经济带全域系统全面的气象监测网。

6.3.2 开展“一带一路”国际气象合作

鉴于天气、气候和水循环无国界，具有超越地域、文明、宗教、政治差异的优越属性，是无私利化、无国界的公益事业，国际合作对气象的发展以及通过它们的应用产生效益十分重要。通过这种国际合作，可以有效地将不同宗教信仰、政治形态的国家和地区联系起来，推动文明交流、文明互鉴、文明共存，而建立“一带一路”气象组织，为这种国际合作提供了解决方案。我们有必要推动建立“一带一路”气象组织，并将其打造为推进“一带一路”交流合作的有力抓手。

健全“一带一路”气象组织架构。建立“一带一路”气象组织相应机构，负责科学研究、标准制定、仪器研发、项目合作、会议组织等事宜。如建立智库联盟和合作网络，开展农业气象、航空气象、水文气象等领域的技术研究，促进气象学与众多实用技术的融合发展。建立区域协会，实施“一带一路”气象组织的有关决议，协调各自区域内的气象相关活动，并从区域角度审查向其提交的所有问题。

建立“一带一路”气象公约。“一带一路”气象组织当致力于推动“一带一路”各国在应对气候变化、温室气体排放、大气污染治理领域的合作，形成域内国家温室气体排放集体发声机制；推动建立“一带一路”天气监视网，开展气象、水文和其他地球物理观测，确定“一带一路”区域观测空间方案，超前规划各类监测子系统布局以满足未来需要。致力于搭建各种沟通交流平台，促进气象观测的标准化，并保证观测结果与统计资料的统一发布；推动免费和不受限制地交换事关社会安全、经济效益和环境保护的资料和信息，推动这一领域国内和国际政策的制定，促进建立和维持可迅速交换气象情报及有关资料的系统。

促进域内各国共同发展。"一带一路"气象组织当致力于促进区域内各国共同发展、共同进步。建立教育培训计划，开展合作办学，推动各国气象学科建设，组织编写不同语言类型的气象教材和培训材料。建立气象人才交流机制，为发展中国家培养各类中高级气象科技人才和管理人才，为国内气象人才到国外就业打通渠道。推进气象在"一带一路"各国公共天气服务、农业、航空、海运、环境、水资源、减轻自然灾害影响和其他人类活动领域中的应用，促进实用技术转让和援助。致力于减轻化学和放射性事故、森林火灾和火山灰等有关灾害的影响，为各国政府提供咨询和评估，为各国的可持续发展和人民福祉做出贡献。

6.3.3 提升"一带一路"气象服务能力

建设"一带一路"气象大数据中心。设施联通是"一带一路"合作共享发展的基础，"一带一路"倡议提出要着力推动陆上、海上、天上、网上四位一体的联通，气象信息化建设需要同步跟进，来实现"一带一路"各国气象信息网上联通，要在人工智能、纳米技术、量子计算机等前沿领域加强合作，优势互补，推动大数据、云计算建设，挖掘气象数据更大价值。一是建设"一带一路"气象大数据中心和气象数据备份中心。利用国际前沿技术，与各国一道，协商建立服务于经济带全域的气象大数据中心，建成集数据管理、数据分析、数据交换、数值智能算法、数据业务支撑、运行维护、信息安全保护等于一体的、高性能、可扩展的气象大数据中心和气象数据备份中心。二是建立"一带一路"沿线气象大数据分中心。利用跨国跨界的数据聚集，将气象大数据与其他行业大数据联合分析挖掘，推动数据互联互通，互惠共享，提高数据的处理能力和气象数据的使用价值，进行高效的智慧气象数据服务。

建立"一带一路"中期数值预报中心。中国应秉承"一带一路"倡议的合作共赢理念，发挥气象科技优势，首倡并筹建"一带一路"中期数值预报中心。中心应当在"一带一路"气象合作组织框架和领导下，由合作组织成员国共同出资组建，中心工作人员也由各成员国气象工作者组成。中心承担域内气象预报业务和气象科学研究，组织机构和人员集中办公。"一带一路"中期数值预报中心研究制定成员国地区气象科学发展规划，集中研发改进运行全球数值预报模式，共同研发本地区区域数值模式，向成员国共享数值预报产品，帮助成员国气象业务建设和科技发展，组织成员国共同预报预警和防御区域性和国际性灾害性天气，吸纳成员国优秀气象业务和科研工作者参与中心工作和国际性气象科学研究等。

提升重点领域气象服务能力。"一带一路"各国在应对气候变化、生态环境保护、商贸旅游及文化交流、重大工程建设气象保障领域拥有广泛的合作前景，我们要共同推动“一带一路”重点领域气象服务能力建设，为各国人民、为区域社会经济发展提供优质气象服务。一是启动“一带一路”应对气候变化行动计划。开展应对气候变化活动交流，共建应对气候变化工程设施，联合开展应对气候变化科研项目，推进应对气候变化相关技术转移。加大“一带一路”沿线各国应对气候变化科研人员定期磋商交流，相互学习借鉴应对气候变化措施和方法。设立应对气候变化大数据服务平台，倡议建立“一带一路”应对气候变化国际联盟，并为相关国家应对气候变化提供援助。联合开展气候变化监测、研究与评估，建立“一带一路”“人类活动—气候变化—生态演变”间反馈模型，科学评估人类活动对气候的影响，以及应对气候变化行动的效益。开展遥感监测等技术转让，协商“一带一路”区域的国家开展本国温室气体排放监测，建立“一带一路”沿线国家和地区应对气候变化技术转让和温室气体排放应对集体发声机制。二是推进“一带一路”生态环境可持续发展战略。加强资源保护和合理利用。土地资源、水资源、矿产资源等各类资源，都制约着“一带一路”区域内各国经济社会的建设和人民生活水平的提高。协商“一带一路”区域各国为建设资源节约型、环境友好型社会，倡导加强资源保护和合理利用，发展循环经济，促使资源得到循环利用，以便更好地实现可持续发展的目标。推进生态环境保护和治理。倡导保护环境，减轻环境污染，遏制生态恶化趋势，解决突出的环境问题，促进经济、社会与环境协调发展和实施可持续发展战略，推进生态环境保护和治理，走生态绿色的发展道路。转变经济增长方式，走新型工业化道路。践行绿色发展理念，共同倡导绿色、低碳、循环、可持续的生产生活方式，加强“一带一路”沿线国家和地区生态环境保护合作，建设生态文明，共同实现2030年可持续发展目标。分享中国在退耕还林、防风固沙、水土保持、湿地湖泊生态修复、三北防护林建设、人工影响天气等方面的气象保障经验，并帮助有需要的国家开展相应工作。借鉴先进国家在大气污染物治理方面的经验，治理并扭转我国雾和霾恶化态势，改善域内国家和地区大气环境质量。做好大型水电站、核电站等对生态环境影响较大的重特大工程的区域气候影响和大气环境影响评估，为我国企业走出去，提供可靠的环境气象评估服务，减少与当地国家的环境纠纷。健全大气污染危机事件的应对机制，建立国际生态危机应对机制，完善早期评估、事前预防、事中应对、事后评估等工作机制，为域内地区突发性生态危机应对提供硬件支持。三是推进商贸旅游及文化交流气象保障。“一带一路”建设的核心要义就是互联互通，推进各国商贸旅游文化交流，而天气因素是商贸旅游文化交流永远也绕不开的自然因素之一，不利的天气条件往往会对商贸旅游文化交流产生不利影响，有效的气象保障是提高商贸旅游文化交流水平和质量的重要内容。我们要建立多层次的商贸旅游文化交流气象保障合作机制，搭建更多合作平台，开辟更多合作渠道，创新合作模式，推动务实项目。要推动气象文化教育合作，扩大互派留学生规模，提升合作办学水平。

要发挥气象智库作用，建设好气象智库联盟和合作网络。要做好“一带一路”商贸旅游文化交流气象保障规划，建立和完善“一带一路”主要商贸集散地、旅游目的地的气象监测手段，开展主要商贸集散地、旅游目的地个性化、智能化、精细化气象预报服务。建立“一带一路”商贸、旅游安全气象保障能力体系，开展沿线主要商贸集散地、旅游目的地气象灾害风险普查和评估，确定各地气象灾害风险类型和致灾阈值，开展商贸旅游气象保障。四是推进资源开发和重大工程建设气象保障。要推进太阳能、风能等气候资源开发技术的对外输出，促进沿线国家和地区清洁能源产业的发展。要推进人工影响天气等水资源开发利用技术的对外输出，提高沿线国家和地区人工影响天气和水资源开发利用能力。要提前做好跨区域、大距离水资源调动的气候可行性研究，推动贝加尔湖水进中国、藏水入疆等水利工程进程。要配合国家高铁输出战略，建立保障不同地区高铁建设运维的气象预报预警指标体系，为高铁建设运维提供精准专业、针对性强的气象保障服务。要做好中国承建的国外铁路、港口、大型水电工程、核电项目等重大工程建设项目的气象保障，为中国企业走出去提供保障。

实施“一带一路”气象标准联通。伴随着“一带一路”合作发展更加深入，标准化在便利经贸往来、支撑产业发展、促进科技进步、规范社会治理中的作用日益凸显。标准作为人类文明进步的成果，已成为世界通用语言。世界需要标准协同发展，标准促进世界互联互通。在切实落实中央提出的标准联通“一带一路”行动，为“一带一路”核心区建设提供标准化动力方针下，以气象标准化支撑互联互通建设，是加快推进气象服务于“一带一路”建设的关键因素。通过推动“一带一路”沿线国家的气象标准化合作交流，促进国内外气象标准相互转化，提升气象标准化国际化水平，在区域国家积极推广“中国气象标准化”模式，推动中国气象标准“走出去”，带动气象技术、服务走出去。围绕“一带一路”气象保障需求，立足于建立和深化沿线国家的标准化务实合作，确定气象标准联通“一带一路”的重点国别、优先领域和关键项目。一是以项目带动探索合作机制。充分发挥各级气象标准化主管部门作用，调动科研院所、标准化技术委员会的积极性，以沿线国家重大气象合作项目为契机，引领带动气象标准的输出，逐步形成可复制推广的经验，寻求利益汇合点，探索建立合作长效机制，形成共同参与、共同建设、共同发展的新局面。合作领域按照国际及我国现有气象标准化体系框架可分为气象防灾减灾、应对气候变化、公共气象服务、气象预报预测、气象观测、气象基本信息、人工影响天气、生态气象、农业气象、卫星气象、空间天气、大气成分、雷电防御、气象综合等专业领域。二是签署“一带一路”气象标准化合作协议。以经中亚、俄罗斯至欧洲，经中亚、西亚至波斯湾、地中海，以及东盟国家和南亚国家等为重点方向，以中蒙俄、中国—中亚—西亚等国际经济合作走廊为重点，和其国家气象标准化机构签署气象标准化合作协议。三是制定外文翻译计划。

围绕气象防灾减灾、气象技术发展、气象观测等“走出去”重点领域，开展面向“一带一路”沿线国家气象标准“走出去”的需求调研，梳理形成优先领域气象标准外文版目录，依次下达国家气象标准外文版制定计划。四是开展“一带一路”气象标准研究。协商“一带一路”沿线国家，开展国际标准研究，共同制定国际标准，提升标准国际化水平。对我们现有的领先标准，在认定的基础上，让更多的国际标准认证组织和我们互认互信互用。通过“一带一路”高峰论坛、欧亚经济论坛积极推广我国气象标准化生产和管理经验，开展气象标准化示范区建设，以点带线、以线带面，有效提高气象标准化水平。

6.3.4 提升“一带一路”气象科技水平

强大的气象业务和科技实力需要坚实的气象专业学术人才支撑，提振“一带一路”国家气象专业人才队伍是加强域内国家气象业务和科技能力的根本要务。因此中国应当发挥气象科技和人才优势，倡议域内气象科技落后国家共同实施气象科技、教育发展计划，通过采用综合手段为域内国家共建起完整的气象专业教育体系。

共建国际先进的“一带一路”气象学科新格局。与域内国家采取双边或多边合作，以“拉高、壮中、提低”的方式，进一步提高气象先进国家气象高等院校和学科的综合实力，壮大气象发展中国家气象高等院校和学科的质量，填补气象落后国家气象高等院校和学科的空白。一是建成国内世界一流气象大学和学科。向我国气象高等院校引入中亚、西亚地区气象学术研究力量，促使我国气象高等院校关注西风带上游地区气象学研究，在我国气象学科中建立起一支立足中西亚气象研究的科研方向、科研队伍、科研院所和学科分支，进而促进我国气象高等院校的综合科研实力，建成世界一流的气象大学和学科。二是与域内缺乏气象高等教育学校的地区和国家共建气象专业大学。我国重点共享办学经验、教学和科研制度机制建设经验、师资培养经验等。合作国家可根据本国国情，提供场地和基础设施、人员力量等。三是对已经建有高等教育机构的国家可以共建气象相关类学科。我国可以提供主流气象学科建设经验，合作各国可以提供具有当地特色的气象学科办学需求和经验，形成国际主流与区域特色相结合、全球气象与区域气象研究相适应的“一带一路”气象学科格局。

共建“一带一路”气象培训中心（以下简称培训中心）。可在“一带一路”气象合作组织框架和领导下，由成员国共同出资建立区域性和国际性气象培训实体机构，承担区域国家气象从业人员职业教育。培训中心可与中期预报中心相结合，培训中心以业务技能教学为主，学员进修和学习后可在中期预报中心或成员国气象业务机构进行业务实践，从而形成完整的职业再教育和技能实践体系。培训中心可在域内设立多个教学机构，建设地址可按照国家面积和培养需求合理分配。既可以单一国家建设，也可多个国家共建。建成后的培训中心既辐射周边区域，同时也由“一带一路”域内的国家和地区共享，域内国家气象工作人员可通过申请，赴任意培训中心进行继续教育。不同选址的培训中心根据所处地区天气气候特征、地区气象学科方向差异等开设不同教学内容，在“一带一路”内形成既各领风骚、又相得益彰的多样性气象再教育体系。

共建气象留学生互助同盟。可倡议域内各国共同建立气象留学互助、互惠同盟，各参与国的大学生相互留学均享受同等的优惠政策，对国家经济实力较差的国家，其他同盟国家可以进行援助和互助。如各国共建气象留学奖学金，各国气象高等院校共同提供更多的留学机会，建立区域内统一的气象留学考试体系，以及可以共同资助区域内国家气象学学生赴域外气象发达地区留学深造。

设立“一带一路”国际气象论坛。“国之交在于民相亲，民相亲在于心相通”，要以“一带一路”气象论坛等为抓手，搭建双边及多边的气象交流合作平台，丰富“一带一路”气象交流沟通机制，推动建立“一带一路”区域各国气象间思想交换、资料共享、共同发声。一是设立“一带一路”国际气象论坛。论坛将传承“一带一路”精神，共建合作之路；紧跟开放趋势，立足发展，共建共享之路；聚焦社会需求，立足服务，共建品牌之路；着眼未来发展，立足科技，共建创新之路；面向“一带一路”沿线，立足交流，共建“一带一路”经济带国家气象领域合作。借力亚太经合组织、上海合作组织、中亚区域经济合作、中国—东盟、亚洲合作对话、中国—中东欧国家合作、中国—阿盟等多边框架下的气象合作，搭建“一带一路”气象论坛，成为一个官方、民间和学术界互通的国际气象交流平台，成为一个气象 + 经济、气象 + 文化、气象 +X 的广泛交流平台，成为一个气象创意国际博览会。论坛研讨主题将突破主流气象业务和科技圈，以创新、创造、创业为核心价值，鼓励研讨经济、金融、文化、教育、娱乐、艺术产业与气象结合发展的创新思路，鼓励分享创意科技与气象相结合的idea，鼓励原创气象衍生概念型产品的集中展示，为全球气象行业创新、创造人提供路演平台。二是推动建立“一带一路”气象信息交换机制。要以“一带一路”气象观测站网建设为突破，培育资源整合、信息共享、风险共担、合作双赢的意识，进一步打通“一带一路”区域各国的气象交流合作渠道。以气象卫星资料接收和气象信息通信为突破，推进服务于我国未来深空探测的全球卫星测控地面站建设，推进我国通信企业全球布局和 5G 通信市场占有。三是建立“一带一路”沿线国家和地区温室气体排放应对集体发声机制。要以共同应对气候变化为突破，作为整体力量参与联合国气候变化谈判等国际性气象活动。

联合开展气象前沿科技探索和研究。要做好“一带一路”内气象事业的共同发展，中国仍首先需要继续加强自身气象业务和科技实力。因此仍需坚定不移地走好中国气象的发展道路，做好我国气象科技重大课题的研发和攻关。同时天气和气候又是跨国界的，气象科技研究也需要更多的跨国合作。我国作为西风带下游国家，中亚、西亚、南亚天气气候对我国天气气候有着必然影响；我国天气气候变化也对相关区域具有反馈作用；而整个“一带一路”作为欧亚大陆的主体部分，其天气气候对全球都具有重大影响。因此，我国应该协同域内各国共同开展“一带一路”天气气候学术和科技研究。一是要继续发展中国数值预报模式。发展数值预报和集合预报产品、融合多源观测数据的精细化天气分析与预报释用技术，加强中短期及短时临近预报核心技术研究，强化灾害性天气预警向气象风险预警的延伸；提升强对流天气监测预报、精细化格点预报、定量降水估测和预报精细化水平；继续发展客观气候预测方法。实现气候预测向气候异常性极端性预测、基于影响的灾害趋势预测等方向发展。继续加强区域高分辨率数值预报研发，健全我国在区域模式方面的技术体系，为域内国家区域模式建设提供发展经验。二是要继续加强对季风、降雨预测、沙尘暴、霾以及气溶胶的研究。开展气候变化对生态系统影响和气候特征演变监测评估。研究建立人类活动、生态系统与气候变化间的反馈模型。建立碳排放监测评估方法。完善重大工程气候安全和大气环境影响评估方法。三是要继续开展气象跨领域学术和应用技术研究。研究在气候变化背景下，对主要农作物种植区、经济林果、畜牧业、特色农业区精细化生态气候区划。建立和完善气候要素对不同生态系统格局、功能影响的统计模型、生物地球化学模型、生物地理模型、遥感模型以及气候水文模型，开展林草植被保护与修复工程、湿地湖泊生态修复工程、荒漠戈壁生态修复工程气象服务。发展流域水体面积和径流量演化监测评估技术，发展流域雨量预报技术。研究建立适用于各类交通运输行业的预报预警指标体系，开展与交通运输相关气象保障研究和承灾体脆弱性评价研究。四是合作开展“一带一路”天气气候学术和科技的国际合作研究。域内各国可共同开展中亚、西亚地区大陆干旱性天气研究，东亚季风性天气研究，青藏高原气象研究，印度洋气象研究，北极与“一带一路”区域气象研究，“一带一路”气候变化研究等诸多气象学术课题；可共同研制中亚、西亚区域数值模式，气象卫星遥感应用技术，干旱地区特种气象观测设备等众多技术课题。

开展新兴科技在气象领域的应用探索。在加大气象领域科技研究的同时，我国也应关注其他领域前沿技术在气象领域的应用前景，探索开展相关应用研究。展望近期前沿技术，或可重点关注以下四个方面的技术发展。一是人工智能。目前人工智能技术实现了机器类人化的自我学习，通过这一技术可以使计算机模仿当前“数值预报—预报员”之间的相互订正、竞争的预报发展模式，使计算机独立完成类似预报员主观经验的自我积累，并且还能实现预报员无法做到的定性经验的定量化，从而实现人工智能计算机独立开展天气预报和自我改进。另一方面，人工智能设备正在生活用品和工业生产工具中快速涌现，气象观测设备的智能化、自动化趋势已经逐步清晰。二是量子计算技术。以量子计算技术为基础的量子计算机将使得目前超级计算机计算能力大幅攀升，能够进一步满足对大气中温度、气压、湿度等物理参数的模拟和预测。三是虚拟现实和增强现实技术。全新的3D虚拟现实和增强现实技术将全面革新信息展示和体验方式，这一技术或将为创新开发气象预报产品载体提供支撑。四是纳米技术。纳米技术作为近年来在材料学领域内已经较为成熟的新型科技，仍然呈现出蓬勃的发展态势。石墨烯材料的成熟为能源革命带来了新的动力。可以看出，应用新型材料研发更加坚固可靠的气象观测设备，是进一步提高我国气象基础业务能力的重要途径，也是实现“一带一路”域内建立完备的陆基观测体系的重要途径。

6.3.5 设立“一带一路”气象发展基金

“一带一路”发展进程中，沿线各国需要考虑彼此之间的发展战略和发展规划之间的衔接，寻找投资机会。可通过以中长期股权为主的多种投融资的方式，投资于气象基础设施建设、产业保障气象服务、气象类金融合作。

成立“一带一路”气象发展基金。秉承“开放包容、互利共赢”理念，由“一带一路”沿线国家气象行业相关部门共同出资，注册成立“一带一路”气象发展基金，重点致力于为“一带一路”的气象领域建设合作和双边多边互联互通提供投资支持，与境内外企业和金融机构一道，促进中国与沿线国家气象事业共同发展、共同繁荣。“一带一路”气象发展基金分为投资与公益两大类。投资类主要面向气象防灾减灾服务、气象卫星、天气期货、天气保险等；公益类主要面向基础设施建设、学术交流、科研创作及产业、人才培养、气象科普等。

完善发展基金职责用途。开展和支持“一带一路”沿线国家气象防灾减灾、应对气候变化的业务咨询活动及项目；开展和支持气象卫星的研制、发射、信息共享等项目合作；支持和资助促进“一带一路”沿线公益类气象事业发展的科学研究、科普活动、科技开发和示范项目，建立示范基地；支持和资助沿线国家智慧气象发展；开展和支持天气期货、气象保险等金融类项目投资建设；开展和支持“一带一路”沿线气象基础设施建设、宣传教育、学术交流和培训；开展和资助符合本基金宗旨的其他项目及活动。

6.4 气象服务保障“一带一路”建设的实践

6.4.1 国家级气象平台——欧亚经济论坛气象分会

欧亚经济论坛是上合组织框架下的经济合作机制，每两年举办一次，以上海合作组织国家为主体，面向广大欧亚地区的高层次、开放性国际会议，主要通过政商学界的广泛对话，发掘欧亚地区市场潜力，增进沿线各国的人文交流与文明互鉴。论坛自 2005 年创办以来，对增进欧亚各国相互了解、加快内陆地区“向西开放”进程，提升陕西外向型经济发展水平发挥了重要推动作用。西安为欧亚经济论坛永久会址。

依托欧亚经济论坛开放平台，在中国气象局国际合作司和国家气候中心等单位的大力支持下，陕西省气象局成功举办了 2015 年、2017 年、2019 年度欧亚经济论坛气象分会。

2015 年 9 月 23—24 日，举办了第一届丝绸之路经济带气象服务西安论坛，来自中国气象局有关部门、国内丝绸之路沿线城市、相关行业部门等 31 家单位的 35 名领导、专家、学者参会，并发表了《丝绸之路经济带气象服务论坛西安倡议书》。

2017 年 9 月 12—22 日，由陕西省人民政府与中国气象局共同主办，西安市人民政府、陕西省气象局、中国科学院大气物理研究所和国家气候中心承办，分会以“丝路 + 西安 + 气象 +”为主题，形成了《第二届“丝绸之路经济带气象服务西安论坛”倡议书》。

2019 年 9 月 10—11 日，由中国气象局和陕西省人民政府共同主办，陕西省气象局、国家卫星气象中心、国家气象信息中心、陕西省工业和信息化厅等联合承办，分会以“气象大数据应用，助推高质量发展”为主题。发布了《2019 欧亚经济论坛气象分会西安宣言》。配套会议为 WMO 南京区域发展中国家气候变化与气候信息服务、应对气候变化技术转移研修班 (简称 WMO 研修班) 在陕交流会，来自巴拿马等 6 个国家的 28 名学员在陕西省气象局进行了交流学习，乌干达科技创新部技术发展专员 Willy Osinde Ofwono 先生做了气候专题讲座。

2015年7月陕西省气象局通过中国气象频道正式开播“丝路天气预报”，每日播出6次，播报15个古丝路沿线城市和国家首都天气预报，为丝路沿线国家经贸合作、文化交流等提供日常气象保障服务。“陕西气象”官方微信添加“一带一路”气象服务专属菜单，“丝路天气”微信栏目，基于丝绸之路经济带国内外全程线路图开展14个国家41个城市天气实况和一周预报，定期更新当地气候、资源、旅游等信息。在中国气象局和陕西省气象局大力支持下，西安市气象局与西安市广播电视台合作的“一带一路”天气预报节目于2015年5月12日实现全国全球首播。每日制作电视天气预报节目2期分5次在西安广播电视台丝路频道（原西安电视台五套）黄金时段播出，以西安为起点，共涉及17个国家，28个重点城市。截至2019年12月播出4483期。节目同步在西安网络电视台、搜狐、今日头条、腾讯、中国气象局新气象网站、西安气象官方微信等播出。节目播出首月有270余家新闻媒体关注报道。2015年来访的吉尔吉斯斯坦国家文化部部长给予高度评价，并在其国家天气预报节目中增加了西安城市天气预报播报。西安电视台五套升级为西安广播电视台丝路频道后，节目迎来了更广阔的平台。

图6-2 “一带一路”天气预报电视节目开播仪式

6.4.2 第一届丝绸之路经济带气象服务西安论坛

2015 年 9 月 23—24 日，作为 2015 欧亚经济论坛分论坛——第一届丝绸之路经济带气象服务西安论坛在西安成功举办。西安市人民政府副市长出席论坛并致辞。来自中国气象局有关部门、国内丝绸之路沿线城市、相关行业部门等 31 家单位的 35 名领导、专家、学者参会，围绕“新丝路、新气象、新梦想”和“丝绸之路经济带气象服务合作”的主题，在丝路沿线经济社会发展、气象精细化预报服务技术方法、专业专项气象服务、信息与资源共享等方面进行了热烈研讨，并共同发表了《丝绸之路经济带气象服务西安论坛倡议书》。《陕西日报》《华商报》《西安日报》《西安晚报西部网》和《中国气象报》驻陕记者站等媒体应邀出席并对论坛进行了多角度报道。

论坛取得的收获，一是创造了国内同类活动中举办气象服务分论坛的先河，成为围绕国家战略主体打造的区域性气象合作交流平台，有效提高了陕西和西安在西北五省气象部门的影响力。二是凝聚了发展共识，营造了合作氛围。达成了传承丝路精神，服务国家战略，建立完善丝绸之路气象服务互联互通合作工作交流机制，深化沿线城市务实合作，打造新丝路气象服务“升级版”的共识，并确定将“欧亚经济论坛”气象分会作为各方沟通交流的平台，三是形成了百花齐放、百家争鸣的局面。论坛期间，与会代表围绕如何深化交流合作发表了真知灼见，对丝绸之路经济带沿线气象合作的工作机制、共同研发服务产品、集约服务资源、气象服务市场开发等方面提出了建设性意见，为拓宽丝绸之路经济带气象服务覆盖面提供了积极参考。

6.4.3 2017 欧亚经济论坛气象分会

2017 欧亚经济论坛首次增设气象分会，成为 11 个平行分会之一，9 月 12—22 日在西安举行，由陕西省人民政府与中国气象局共同主办，西安市人民政府、陕西省气象局、中国科学院大气物理研究所和国家气候中心承办，西安市气象局执行。分会以“丝路 + 西安 + 气象 +”为主题，下设第四届中英合作气候科学支持服务伙伴计划（CSSP）科学会议、第二届“丝绸之路经济带气象服务西安论坛”两个平行会议。中国气象局副局长沈晓农、于新文，西安市人民政府副市长等领导高度重视，亲自指导筹备并参加会议。2017 欧亚经济论坛气象分会最终形成了《第二届“丝绸之路经济带气象服务西安论坛”倡议书》。本届论坛既探索了开放包容的气象发展模式，深化了“一带一路”区域气象合作，为“一带一路”经济社会发展和人民福祉安康提供了气象保障，又为 2019 年欧亚经济论坛气象分会的举办奠定了坚实的基础。央广网、《陕西日报》、凤凰网、网易网、新浪网、《华商报》、《西安日报》、《西安晚报》、西部网和《中国气象报》等新闻媒体对气象分会进行了多视角的报道。

2017 欧亚经济论坛气象分会取得的收获，一是搭建了无国界对话平台。共有国内外气象科学家、院士，西安市政府领导，西安地区相关行业代表以及中国气象局、中西部省市气象部门的代表共两百余人参加了气象分会。其中，国外代表来自英国气象局及高校合作伙伴、英国大使馆及美国夏威夷大学，共 50 人。英国气象局首席科学家 Stephen Belcher 教授、中国工程院院士丁一汇、中国科学院院士吴国雄参会。二是跨界交流积极融入国家战略。“第四届中英合作气候科学支持服务伙伴计划（CSSP）科学会议”“第二届丝绸之路经济带气象服务西安论坛”作为气象分会的两个平行会议充分体现了陕西气象部门主动服务国家战略、融入地方发展、创新驱动的发展思维。三是聚焦主题，对标前沿，积极探索发展新模式。本届论坛既有地域特色、行业特色，更是充分体现了气象部门大力推动“三大战略”气象保障，及气象服务“走出去”战略的发展思路。会议探索建立气象服务“互相代理机制”“互相协作机制”“互助研发机制”，携手构建更加广泛的利益共同体。四是达成了共建五条发展之路的高度共识，即：传承丝路精神，服务战略，共建合作之路；紧跟开放趋势，立足发展，共建共享之路；聚焦社会需求，立足服务，共建品牌之路；着眼未来发展，立足科技，共建创新之路；面向丝路沿线，立足交流，共建丝路经济带国家气象领域合作。

6.4.4 2019 欧亚经济论坛气象分会

2019 欧亚经济论坛气象分会于 9 月 10—11 日在西安西咸新区沣西新城举办，由中国气象局和陕西省人民政府共同主办，陕西省气象局、国家卫星气象中心、国家气象信息中心、陕西省工业和信息化厅等联合承办。分会以“气象大数据应用，助推高质量发展”为主题，面向“一带一路”建设，开展了包括风云卫星遥感数据在内的气象大数据技术交流，探讨了推进气象大数据跨界融合应用，助力经济社会高质量发展。分会包括一个主会和两个配套会议（国际、国内）。中国气象局副局长余勇和陕西省政府副秘书长在开幕式上致辞，陕西省委常委、宣传部部长以及陕西省人民政府、西安市人民政府领导出席会议。

在主会即全国气象大数据论坛及应用技术展览上，陕西省委常委、宣传部长、中国气象局副局长余勇、中国工程院院士李泽椿、陕西省政府副秘书长、陕西省气象局局长为西安气象大数据应用中心、秦岭和黄土高原生态环境气象重点实验室揭牌；陕西省气象局局长为李泽椿院士颁发了秦岭和黄土高原生态环境气象重点实验室学术委员会名誉主任聘书和西安气象大数据应用中心院士工作站院士聘书；李泽椿、徐宗本两位院士分别作了题为《大数据在气象领域中的应用》和《大数据与人工智能—创新发展的重要驱动力与普适技术》的主旨报告；国家卫星气象中心、国家气象信息中心、陕西西咸沣西新城管委会、华为集团、中科曙光分别作了专题报告。会议还发布了《2019 欧亚经济论坛气象分会西安宣言》。中国气象局、陕西省政府、“一带一路”沿线 18 个省（区）气象局、陕西省相关厅局、西安市政府、西咸新区管委会、西安交通大学等高校、陕西省信息化研究院等院所、华云集团等企业代表及 2019 年度欧亚论坛气象分会优秀征文第一作者，共计 130 余人参会。

国际配套会议即应对气候变化技术研学交流会由中国气象局国际合作司、WMO 区域培训中心领导到会指导并致辞。来自巴拿马等发展中国家，参加气候变化与气候信息服务、应对气候变化技术转移国际研修班的 28 名学员参加了研学交流活动。与会人员实地调研考察了西安大明宫气象助力申遗工作和旅游气象服务；参观了陕西省气象局业务平台；开展了应对气候变化技术交流研讨。研学交流活动丰富了欧亚经济论坛气象分会活动内容，展示了中国（陕西）气象科技发展成果，搭建了国际研学合作桥梁。

国内配套会议即第三届西安丝路气象论坛，以“气候与生态，丝路的机遇与挑战”为主题。由中国气象局国际合作司、发展研究中心和西北大学相关专家学者作了专题报告，丝绸之路经济带沿线 20 个城市气象局代表参会并做了交流研讨。论坛交流了工作经验、凝聚了合作共识，为做好丝绸之路经济带沿线大城市气象服务保障提供了重要参考。

2019 欧亚经济论坛气象分会取得的成果主要是：一是聚焦国家发展战略，彰显气象力量。本届分会参会单位更多、规格更高、影响更大，已成为国际气象合作体系和区域气象合作的重要平台，在气象服务“一带一路”中发挥了越来越重要的作用。随着西安气象大数据应用中心的建成和投入使用，“一带一路”气象合作、风云卫星服务“一带一路”应用、气象大数据技术及跨界融合应用等主题在本届分会得到聚焦，气象服务主动融入国家大数据发展战略进一步深入。二是凝聚合作共识，发表会议宣言。会议明确了“气象大数据应用，助推高质量发展”的发展目标；提出了大数据时代“数化万物，智在融合”的合作方式；探索了国际化气象合作交流平台、国家级气象大数据技术示范应用品牌的创建途径论坛；发表了《2019 年欧亚论坛气象分会西安宣言》。三是气象大数据跨界交流成果丰硕。两位院士、六位专家分别代表政府、高校、企业及气象部门进行了学术研究交流，报告水平高，具有很强的指导性和启发性。本届气象分会征文得到了李泽椿院士、许健民院士和徐宗本院士的指导，特邀院士等知名专家投稿，受关注度高。本届分会深入交流气象大数据融合应用，对标“云、大、物、智、移”新理念、新技术，积极探索了政、产、学、研、用合作机制，对共同营造气象大数据良好生态圈，共同推进气象大数据融合应用和推动气象大数据产业发展提出了富有成效的建议。四是新技术体现智慧气象融合应用。新技术的应用使得本届气象分会更加智慧。通过云直播技术，使全国 1.5 万人通过手机同步收看了当天的开幕式盛况；5G + VR 技术实现实时观看华山 360 度高清风云直播等。组织陕西省市气象系统的 7 名英语志愿者和西安交大 10 名学生志愿者开展服务，充分体现了会议的融合性、前沿性、智慧化、国际化特点。

6.5 搭建国际气象合作交流平台

在中国气象局国际合作司的大力支持下，本着开放合作融入创新的发展理念，遵循助力更高水平更高质量陕西气象现代化建设的原则，陕西省气象局认真贯彻中央各项外事政策纪律精神，严格执行中央外事管理规定，认真贯彻落实中国气象局第六次气象外事工作会议精神，围绕中心服务大局，拓展视野，不断加大气象科技合作，外事交流、引智工作有序推进，陕西气象外事工作为地方经济建设服务提供了良好支撑和有力保障。

2013—2019 年间，共主持完成国家自然科学基金国际（地区）合作研究项目（中国和以色列）1 项，获资助 240 万；自主安排学习考察项目 3 个，参加中国气象局、陕西省政府部门安排的培训考察项目 11 个，参加国际学术交流项目 1 个。在中韩合作交流背景下，2017 年开始和韩国气象厅清州气象支厅建立了合作关系。5 年多来，陕西省气象局共派出了 14 批 28 人次赴以色列、澳大利亚、德国、美国、英国 、韩国、斯里兰卡等学习交流访问；接待来自以色列、韩国、瑞典、第 48 期多国别考察团、中英“气候科学支持服务伙伴计划（CSSP）”第四届科学研讨会、WMO 南京区域培训中心联合举办的发展中国家气候变化与气候信息服务研修班、发展中国家应对气候变化技术转移研修班学员等 10 多批 80 多人次来陕交流访问；以色列希伯来大学 Rosenfeld 教授 12 次带团队来陕西开展气溶胶 - 云 - 降水科学研究工作。陕西省气象局云降水团队与以色列希伯来大学 Rosenfeld 教授科研合作阶段性成果不断涌现，陕西—清州新合作备忘录的签署，为新时期陕西气象外事工作注入了新的活力。

6.5.1 中以气象合作交流情况

2005 年 7 月 26 日—8 月 2 日，国际著名云降水遥感专家、以色列希伯来大学的 Daniel Rosenfeld 来陕开始了“云降水特征卫星反演技术”项目培训和讲学。双方签署了合作备忘录，就陕西省气象局、国家和国际三个层面上合作研究的相关内容、成果共享形式、双方应尽的义务等进行了详细的说明和规定。2005—2013 年，Daniel Rosenfeld 教授每年来陕西省气象局开展集中攻关，此后访问次数逐年增加，2016—2018 年，Daniel Rosenfeld 教授每年来陕两到三次，每次 1 ～ 2 周时间。合作形式主要以科研合作方式展开技术攻关。通过与陕西省气象局长时间的合作，Rosenfeld 教授在 2008 年曾获得陕西省“三秦友谊奖”，2009 年荣获中国“国家友谊奖”，受到了国家领导人的接见，出席了 2009 年国庆 60 周年观礼活动。

2013—2019 年，在国家基金委中以合作项目、省外专局引智项目的支持下，陕西省气象局积极开展并不断深化国际合作，在卫星反演技术研发、云微物理特征卫星反演、成云致雨机理、气溶胶对云和降水的微物理影响方面开展了大量深度国际合作研究，取得了一系列高水平研究成果，在 *Science*、*Proceedings of the National Academy of Sciences* (*PNAS*)、*Atmospheric Chemistry and Physics (ACP)*、*Geophysical Research Letters (GRL)*、*Journal of Geophysical Research (JGR)*、*Journal of Applied Meteorology* 等刊物上发表 SCI 论文 7 篇（第一作者 4 篇），其中 2019 年发表在 *Science* 上的论文为共同第一作者。在气溶胶间接气候效应研究、云微物理卫星反演技术研发方面处于国际领先水平。

2014 年，在陕西省外专局引智项目“秦巴山区云降水特征观测研究”（核发经费 2.6 万元）的支持下，以色列希伯来大学 Rosenfeld 教授，于 7 月 27 日—8 月 10 日来陕，开展 4 方面合作研究：① NPP 卫星微物理反演自动化处理系统设计和开发；② 秦巴山区云降水特征分析和研究；③ 气溶胶对中国中纬度中低空环流影响研究；④ 青藏高原东侧大气层结研究。

2015 年，在陕西省外专局引智项目“高分辨率卫星云微物理反演自动化处理系统”（核发经费 2.8 万元）的支持下，Rosenfeld 教授于 7 月 18 日—8 月 4 日应邀来陕，开展 NPP 卫星微物理反演自动化处理系统研发、气溶胶层厚影响对流云形成机制和秦岭地区地基微物理观测资料分析和研究等内容开展了持续三周的合作研究，取得了丰硕的研究成果。开发完成自动化处理反演系统，形成格点云微物理产品，为开展应用研究和气象业务应用试验，实现业务应用提供了技术支撑。和以色列希伯来大学联合共同申请国家基金委中以合作项目“中国和以色列气溶胶 - 云 - 降水相互作用的定量研究”，在激烈的竞争中脱颖而出并得到资助，将陕西省气象科学研究所的国际合作推向更深层次。

2016 年，在陕西省外专局引智项目“气溶胶 – 云 – 降水相互作用定量研究”和国家基金委中以合作项目“中国和以色列气溶胶 – 云 – 降水相互作用的定量研究”的支持下，Rosenfeld 教授于 7 月 29 日—8 月 15 日两次应邀来陕开展合作研究，同时邀请美国马里兰大学郑又通博士加入研究团队，参加 10 多天的合作研究。主要开展：① NPP 卫星网格化自动反演系统改进以及质量控制研发；② NPP 卫星反演结果校验两方面的合作研究，在利用 NPP 卫星反演云凝结核（CCN）浓度这一科学难题上取得突破；③ 提高了高分辨率卫星云微物理参数的反演精度；④ 完善了卫星网格化自动反演系统；⑤开展了气溶胶 – 云 – 降水相互作用研究。

2017 年，利用国家基金委中以合作项目，发挥国际合作项目的引领作用，选派年轻学者到 Rosenfeld 教授实验室深造，重点培养，快速成长。以色列 Rosenfeld 教授于 7 月和 12 月两次来陕，就 NPP 卫星、日本葵花静止卫星、GOES–R 静止卫星反演技术开发与应用，气溶胶 – 云 – 降水相互作用的定量研究等方面开展深入的合作研究。

2018 年，6 月底和 8 月中旬，以色列希伯来大学 Rosenfeld 教授两次来陕西省气象局，就气溶胶 – 云相互作用的定量研究、卫星反演算法的改进、葵花卫星、GOES–R 卫星反演技术开发与应用等开展合作研究。

2019 年，持续开展与以色列 Rosenfeld 教授的科研合作，2 月 Rosenfeld 教授来陕开展了为期 1 周的科研合作。通过集中攻关开发，提出了利用 GOES–R 卫星反演云相态的算法。

6.5.2 中韩气象合作交流情况

陕西省气象局与韩国清州气象支厅从 2017—2019 年共开展互访 4 次。第 1 次为中韩联合工作组第十四次会议前，韩国清州方面为做好后期合作赴陕西进行友好访问。第 2 次为陕西省气象局赴韩国清州气象支厅召开双边第一次会议。第 3 次为韩国清州代表团赴陕西省气象局执行第一次双边会议访问。第 4 次为陕西省气象局派 2 名技术人员赴韩国清州进行了为期一周的技术学习交流。

2017 年 11 月 7—10 日，在中韩联合工作组第十四次会议前，韩国清州气象支厅厅长何昌焕一行 4 人访问了陕西省气象局。7—8 日，何昌焕厅长一行考察访问了陕西省气象台等 4 个省级业务单位和西安市气象局影视中心等 5 个市级等业务服务平台，参观了西安泾河探测基地和西安长安区气象局。9 日，清州气象支厅厅长何昌焕一行与陕西陕西省气象局就双方开展气象科技合作交流座谈。陕西省气象局党组书记、局长出席座谈会。会议主要明确了双方交流合作的目的、方式和互派交流团的方式，建立了联络员制度，确定了定期互访机制，明确了2018年以“短时暴雨预报预警技术合作研发”作为重点方向深入开展合作。

2017年12月4—7日，中国气象局与韩国气象厅气象合作联合工作组第十四次会议会谈纪要决定，中韩建立新的对口合作关系，明确陕西和清州的气象部门分别签订有关双边会议和专家交流的合作协议。陕西省气象局与韩国的接待和互访成为今后的重点外事接待和出访事宜。双方严格按照合作签署内容，每年轮流在中国和韩国举办一次合作交流会议，并互派技术人员访问。

2018年5月28—31日，陕西省气象局局长一行5人赴韩国清州执行双边合作项目，陕西省气象局一行在韩期间参观了清州支厅气象台等，29日在清州气象支厅召开气象技术交流研讨会，双方就业务和短时暴雨预报预警技术进行交流，双方签署了第一次双边合作会谈记录。明确双方每年轮流在中国和韩国举办一次合作交流会议，并互派技术人员访问，时间为5天。其次，通过信函，双方签署了气象科技合作安排。进一步明确科技合作事宜。

2019年6月11—14日，韩国清州气象支厅厅长李善基一行4人来陕西省气象局进行了为期4天的访问，双方召开座谈会，签署了第二次双边合作会谈记录。韩国清州气候与气象服务处处长郑基德，观测与预报处规划和总务安洋根，观测与预报处预报技术研究气象防灾工作人员郑秉宇同行。11日来宾参观了陕西省气象台、陕西省气候中心、陕西省气象服务中心；12日参观西安市泾河气象站、咸阳市气象局；13日召开座谈会，14日返程回韩。中韩双方分别就本地基本情况、陕西智能网格预报技术和数值预报产品解释应用技术、清州气候、气象服务，以及清州综合天气分析系统案例和使用情况进行了介绍。双方就如何继续加强双方合作机制，深化合作方向进行了交流，并形成会议记录。李善基厅长、陕西省气象局局长代表双方签订会议记录。通过本次访问，促进了双方在技术合作和人员互访方面的交流，进一步提升了双方在气候和气象预报技术等方面的基础支撑能力，更增进了陕西省气象局与清州气象支厅的友谊。

2019年6月20日，李善基厅长专门发来感谢信，对陕西省气象局的热情好客表示衷心感谢，认为通过分享天气预报技术、数值模式产品释用技术及气候气象服务技术，陕西省气象局与清州气象支厅能够进一步提高气象服务水平。同时非常满意此次正式会谈的结果，并表示将全力关注和支持，忠实地执行此次会议商定的合作。

2019年10月14—18日，应韩国气象厅邀请，陕西省气象局观测与网络处郭江峰和西安市气象台毕旭两位同志赴韩国清州气象支厅进行技术交流。两位技术人员先后调研学习了韩国清州气象支厅、韩国国家气象卫星中心、国家气象超算中心和国家台风中心，与业务人员进行了深入交流，了解韩国自动站运维保障情况、超算中心的建设和运行以及卫星地面数据接收、数据传输应用情况。简短一周时间的学习交流，韩国方面高水平的观测业务自动化、因地制宜的观测设备布局、集约高效的气象机构设置、简约的预报服务业务流程、科学合理的业务布局等给陕西省气象局工作优化发展提供了很好的启示。

6.5.3 中美德气象合作交流情况

2019 年，陕西省气象局开展与美国强风暴国家实验室胡家熙博士、美国马里兰大学刘建军博士的科研合作。开展与德国马克斯－普朗克研究所（简称马普所）的科研合作，马普所邀请陕西省气象局青年科技人员访问该所，进行了为期 10 d 的科研学术交流，共同开展卫星反演校验方面的研究。与马普所共同开展华北平原污染气体、气溶胶垂直分布及区域传输研究，论文发表在 *Atmospheric Chemistry and Physics* 上。

6.5.4 对外气象合作交流成果与应用

陕西省气象局高度重视科技成果的交流应用和推广工作。多次组织外事成果汇报会，出国（境）同志就出国培训、项目合作、参加国际学术交流等收获与体会做了精彩的报告。近年来，陕西省气象局收集汇编了 2004—2005 年、2006 年、2010—2018 年 3 本共计 60 多篇，内容包括参加出国培训、学术交流报告、引智项目总结、出国考察报告等，受到了广大科技人员的欢迎和好评。多年来，陕西省气象局有针对性地举办了卫星遥感、人工影响天气、数值天气预报、农业气象、气候变化、防雷技术、防灾减灾等 50 余场次专题学术交流，开阔了业务人员的视野，收效良好，对陕西气象事业的发展起到了积极的推动作用。

7 助力生态文明与脱贫攻坚的气象保障

7.1 积极应对和解决生态危机的中国智慧

生态危机已经成为全球面临的重大共同危机。全球生态危机在广度和深度上，表现为气候变化、环境危机、人口危机、粮食危机、能源危机等诸多形式。气候变化是全球性挑战，气候变暖、干旱加重、洪涝频发、水土流失、沙漠化扩展、湿地退化等，任何一国都无法置身事外。世界只有一个地球，生态危机指向人类的另一重要方面则是指生态危机背后的人为根源，应对生态危机、应对气候变化成为全世界面临的共同挑战[1]。

陕西省气象局深入贯彻习近平生态文明思想和总书记关于乡村振兴、脱贫攻坚的系列重要论述，按照中国气象局、陕西省委、省政府关于生态文明建设、脱贫攻坚工作的各项决策部署，以推动陕西气象高质量发展为切入点，因地制宜、注重成效，积极发挥气象在乡村振兴、精准脱贫、生态文明建设中的作用。

陕西省气象局主动融入地方生态文明建设大局，成立了生态文明建设气象服务工作领导小组，组建了专职机构。2018 年 9 月 28 日，陕西省十三届人大常委会第五次次会议审议通过了《陕西省气候资源保护和利用条例》，为有效保护和合理利用气候资源，满足公众对优美生态环境的需要，促进生态文明建设和经济高质量发展提供了坚实的法律保障。陕西省气象局深入落实《中国气象局关于加强生态文明建设气象保障服务工作的意见》《中国气象局“十三五”生态文明建设气象保障规划》《陕西省“十三五”生态环境保护规划》，制定了《陕西省生态文明建设气象保障服务实施意见》，明确了气象部门在提升应对气候变化和保障生态文明建设能力方面面临的问题、指导思想、主要目标和基本原则，重点围绕夯实生态文明建设气象业务基础、提升生态系统保护气象服务能力、发挥气象服务绿色发展的保障作用、强化大气环境治理气象预报服务、加强生态文明气象保障服务依法履职等五个方面确定了 17 项重点任务，

[1] 罗慧. 积极应对生态危机着力构建新时代生态文明新“气象”[J]. 调研与决策，2019，1162（3）：21–24.

细化了责任分工、明确了时间节点。紧扣陕西生态文明建设痛点，积极开展气象保障服务工作，努力提升生态气象服务工作规范化、标准化和业务化水平。紧紧围绕陕西黄河流域生态保护、陕北长城沿线风沙治理、黄土高原水土流失、关中城市群大气污染防治、秦巴山区水源涵养、秦岭生态保护修复以及生态红线划定管控等地方需求，积极开展生态环境监测、预警和评估服务。

7.1.1 解决生态危机的中国智慧

中国特色社会主义已经进入了新时代，面对新矛盾新需求，中国的国家治理必然要实现生态与经济共赢、效率与质量兼顾，致力于人与自然和谐共生，中国经过持之以恒开展绿色探索与实践，最终不断总结、为解决全球生态环境问题展现中国智慧、贡献中国方案，这就是习近平生态文明思想。中国各地生态文明探索和实践推动了该理论的不断发展和日趋完善，成为中国确立正确理论认知、应对和解决当代生态文明问题的源头活水。同时，中国倡导并践行全球生态的共同治理理念，主动承担全球生态的共治共建责任，为其他发展中国家生态善治提供方向指导和重要借鉴。

党的十七大报告明确生态文明就是对人类长期以来主导人类社会的物质文明的反思，是对人与自然关系历史的总结和升华。党的十八大报告明确把生态文明建设放在突出地位，融入经济建设、政治建设、文化建设、社会建设各方面和全过程，努力建设美丽中国，实现中华民族永续发展。2005 年 8 月，习近平总书记在浙江安吉余村考察时提出了著名的“绿水青山就是金山银山”论断。2018 年 5 月，全国生态环境保护大会召开，标志着习近平生态文明思想的正式确立，也标志着习近平生态文明思想指引美丽中国建设的绿色实践继续前进。习近平生态文明思想博大精深、内涵丰富，概括起来主要包括坚持人与自然和谐共生的科学自然观，以“两山”理念为代表的绿色发展观，将良好生态视为民生福祉的基本民生观，共谋全球生态文明建设的全球共赢观（命运共同体论），“山水林田湖草是生命共同体”的整体系统观，以及用最严密法治保护生态环境的严密法治观。

7.1.2 “胡焕庸线”与气候变化

气候是自然地理环境中最为活跃的要素，其在不同时间尺度上的变化虽不是人类社会发展的直接决定因素，但对人类社会有着广泛而深刻的影响。中国科学院专家团队通过研究中国历史气候变化对社会影响，得出历史时期气候变化对中国社会发展影响的若干认识及其对适应未来气候变化的启示：历史气候变化影响的总体特征是“冷抑暖扬”，但影响与响应存在区域差异；社会经济的衰落与百年尺度的气候由暖转冷呈现同期性[1]。暖期气候总体有利于农业发展，为社会更快发展提供更优越的物质条件；而冷期的影响似乎以增加人类系统的脆弱性为主，使得社会经济系统调控危机的能力明显降低，在遭遇极端气候事件与重大灾害的情况下往往容易触发社会危机。近几十年来，“气候变化等非传统安全威胁持续蔓延，人类面临共同挑战”，以气候增暖为标志的全球变化，以及极端天气气候频发，正在成为人类可持续发展所面临的巨大挑战。

在2018年全国生态文明大会讲话中，习近平总书记提到著名的“胡焕庸线”；李克强总理也有著名的“总理三问”，说明气候地理条件深刻影响人类经济社会发展布局。“胡焕庸线”东南方43%的国土，居住着全国94%的人口，显示出高密度的城市功能，生态环境压力巨大；西北方57%的国土，供养约6%的人口，生态系统脆弱，总体以生态恢复和保护为主体功能。我国降水时空分布不均，区域分布差异极大，年平均降水量自东南沿海向西北内陆逐渐减少，从湿润区（年降水量大于800 mm）逐渐过渡到半湿润区（年降水量400～800 mm）到半干旱区（年降水量200～400 mm）再到干旱区（年降水量小于200 mm）。“胡焕庸线”是气候变化的产物，穿越秦岭，与400 mm等降水量线基本重合。

“生态兴则文明兴，生态衰则文明衰。”文明最终走向崩溃与衰落是由于气候变化的影响超出了人类社会的适应能力，而适应能力的不足或适应手段的丧失，往往使得文明失去得以延续和发展的最后机会。玛雅文明的最终衰落与气候变干超过其适应能力密切相关。东南亚的吴哥文明最终被气候干旱摧毁也与其适应能力丧失密切相关。13世纪初，短暂的蒙古湿润期与成吉思汗政权的短期强大存在着对应关系。适宜的气候条件提高了草原生产力和环境容纳量，使得蒙古拥有更多战马和人口去完成扩张。正是在此有利的气候背景下，成吉思汗完成了迁都、集权、扩军、扩张等一系列行动，建立起蒙古帝国霸业。其后气候转干、农业林草歉收，加之战乱，大量北方人群南迁、带去先进的生产技术，促进了温暖湿润的江南农耕经济发展，也促使中国经济重心逐渐并最终彻底转移到了南方。也让“胡焕庸线”脉络日益清晰。

7.1.3 构建新时代生态文明新“气象”

贯彻落实好生态文明建设，解决影响和制约经济可持续发展的重大气候问题，是

[1] 葛全胜，方修琦，郑景云. 中国历史时期气候变化影响及其应对的启示[J]. 地球科学进展，2014，29（1）：23-29.

新时代给新“气象”的新命题。大气没有国界，地球同此凉热。气候系统是人类社会赖以生存与发展的重要前提条件，有利的气候条件是自然生产力，是资源；不利的气候条件则破坏生产力，导致灾害。天人合一，历来为中华文明所推崇，人类的任何活动都要遵从自然规律。气象工作发源于军事用途、成长于民生服务和决策支撑，立足于习近平生态文明思想，从人与自然的生态关系角度，坚持环境友好、合作应对气候变化，保护好人类赖以生存的地球家园。

新时代做好气候资源开发利用、应对气候变化和气象防灾减灾避险工作，对生态文明建设有着基础性作用、前瞻性作用、保障性作用。气象要胸怀大格局、焕发新气象，把尊重气候规律、适应气候变化、保护气候环境深刻融入生态文明建设之中；把防范气候风险、利用气候资源、气象灾害防灾减灾深刻融入经济社会发展各个领域中；用科技、智慧、精准、安全、生态等理念，为破解生态危机困境而助力保障，开发利用好气候资源、趋利避害、造福人民。

（1）以政府为主导的主动适应和共建气候适应型社会，是应对气候变化的有效策略

气象作为自然生态系统的重要组成部分，在生态文明建设中发挥着重要作用。气候变化是全球性挑战，发达国家和发展中国家对造成气候变化的历史责任不同，发展需求和能力也存在差异。从古至今，适应和应对气候变化策略因时、因地、因主体而异。以史为鉴，正确认识人类适应生态环境变化的能力和极限，过去人类曾经历过的影响方式与适应影响的具体行为，对当今人类应对全球气候变化的挑战仍具有借鉴价值。生态环境问题归根结底是发展方式和生活方式问题，要从根本上解决生态环境问题，必须贯彻创新、协调、绿色、开放、共享的发展理念，形成节约资源和保护环境的空间格局、生产方式、生活方式和产业模式。

气候治理是打造人类命运共同体，实现全球善治的重要内容。气候变化的问题核心是发展的问题。政府在其中要发挥组织者和指挥者的作用，还要充分调动全社会的力量、建设气候适应型社会，即人类活动必须有序进行、不能超过气候资源的承载力和气候环境容量，在经济社会发展之余，也给自然生态留下休养生息、生态修复的时间和空间。

（2）努力树立生态安全观、生态民生观，助力美丽中国城乡建设中科学防范气候风险

在全球气候变暖的大趋势下，高温、热浪、干旱、暴雨等极端天气气候频率和强度趋强趋重成为新常态。气象在综合防灾减灾链条中的先导性作用越来越凸显，各级气象部门要加强生态安全和灾害风险预警，积极参与生态保护红线划定和严守工作，筑牢气象预报预警服务作为防灾减灾“第一道防线”。

围绕老百姓重点关切的雾、霾、沙尘、水等，各级政府应致力于气候适应型城市建设、治污减霾、宜居城市、海绵城市等，在北京、雄安新区、西安等206个城市开展城市总体规划、气候环境容量、城市通风廊道分析、城市热岛效应评估、居住小区气候环境等开展气候可行性论证，服务美丽中国建设。气象部门要认真研究全球气候变化背景下灾害孕育、发生和演变特点，集中精力发展核心技术——以智能网格气象数值为基础的无缝隙、格点化、精细化、定量化的天气业务，提高大气污染气象扩散条件监测预报能力，为蓝天保卫战提供科技支撑。

（3）树立生态红线观，把生态文明建设纳入制度化轨道

习近平总书记要求稳固树立生态红线观，坚持长效管理，建立规范的生态文明制度体系。秦岭号称中国人的“父亲山”，素有“国之绿肺”之称，与“胡焕庸线”交叉而过，是我国南北气候的分界线。以秦岭为界，陕西关中及陕北大部属暖温带季风气候，陕南属北亚热带季风气候。秦岭也是重要的生态安全屏障，具有调节气候、保持水土、涵养水源、维护生物多样性等诸多功能。

生态文明建设要求加强秦岭生态环境保护，2018年，陕西打响“秦岭保卫战”，秦岭违建别墅问题彻底整治之后，随后以解决秦岭生态环境突出问题为导向开展综合整治，全方位、全地域、全过程建立推进生态文明建设的制度体系，推进生态资源得到有效保护。力争建成秦岭国家公园，充分展现秦岭雄浑美景，实现山青、水清、天蓝、土净目标，为人民提供优良的生态环境，不断增强人们的安全感、幸福感与获得感。围绕此目标，气象部门要努力提供有效满足人民对优质生活、优美生态环境需要的各类气象服务产品供给，特别强化中高分卫星遥感监测资料应用，开展生态环境卫星遥感遥测监测评估。陕西省气象局利用气象和卫星遥感数据对陕西省植被生态持续进行综合监测评估，显示2000年以来，陕西省绿色版图持续扩大，植被覆盖度持续上升，平均每年增加速率0.7%。2018年全省平均气温和降水量高于历史平均值，气象条件总体有利于植被生长，植被覆盖度更是达到了21世纪以来最高值73.17%。

（4）科技创新为基础，提升人工影响天气等保障生态文明建设的能力

人工影响天气（简称人影）是人类尊重气候天气规律、主动作为，进而科学把握其客观规律，开发、利用、改造、保护自然的重要工作，是一种提升人类作为主体的主动作为的一种技术手段。当前，人影面向综合防灾减灾、空中水资源开发、生态环境保护、国家粮食安全等多领域服务逐渐成熟。农业是受天气气候影响最脆弱的行业，陕西许多地方特别是贫困地区的农业一定程度上还是靠天吃饭。在发生干旱冰雹和关键农时季节，适时积极开展人工增雨（雪）和消冰雹作业，跨区域调动飞机、火箭、高炮等装备，人工增雨（雪）作业覆盖面积约18.6万km^2，人工防雹作业保护面积达

5 万 km^2，为陕西粮食生产取得连年丰收做出了贡献，也为农业设施安全、减轻经济作物灾害损失提供了保障。人工影响天气已经成为农业气象灾害防御体系的重要一环和助力农民脱贫奔小康的重要手段。

秦岭生态修复和环境保护离不开良好的天气气候。水是重要的战略资源，我国空中云水气象资源十分丰富，年平均降水量仅占云水气象资源量的 17% 左右，因而，通过人影技术来开发利用空中云水气象资源、促进降水量增加的发展潜力和空间潜力极大。通过有效的人影作业，可以增加秦岭山脉水源地水资源总量，对秦岭进行有效生态涵养、补充生态用水，增加水源地水库库容量，降低森林草原火险等级，增加草地生物量和覆盖度等。同时，通过增加降水量对大气污染的湿沉降作用，可以为改善当地空气质量贡献力量。

7.2 提升汾渭平原大气污染防治气象保障水平

围绕政府铁腕治霾工作部署，推动建立了区域大气污染气象服务协作机制，成立汾渭平原环境气象预报预警中心，三次召开汾渭平原大气污染防治气象保障服务会议。配合中国气象局应急减灾与公共服务司制定下发了《汾渭平原大气污染防治气象服务协作机制议事规则》《汾渭平原秋冬季大气污染防治气象保障服务工作方案（2018—2020 年）》等，并联合山西、河南省气象局共同制定业务协作方案 4 项。加强与环保部门沟通并积极推进签署合作协议，制定了环境气象数据共享清单，建立常态化会商机制，建立了汾渭平原环境气象数据共享平台，启动了“生态环境气象监测评估和预报预警能力项目”建设。建立汾渭平原 1 ～ 7 d 空气污染气象条件预报、1 ～ 3 d 霾预报预警、逐月大气污染趋势和扩散气象条件预测业务。每天制作发布《空气污染气象条件公报》2 次，每月制作《大气污染趋势预报》《环境气象公报》《酸雨公报》，每季制作《大气污染扩散气象条件分析评估报告》，及时向省委、省政府及相关部门报送大气污染防治决策材料。2018 年至 2019 年 12 月，发布《气象卫星霾监测报告》35 期、《全省空气污染气象条件公报》1460 期、空气质量预报 730 期，获省委、省政府领导批示 2 次，为打赢蓝天保卫战工作提供了决策参考。建立了涵盖省市县三级气象部门的环境气象预报服务业务流程、技术路线和产品规范。各地市气象局积极融入“一市一策”团队，助力精准治霾。

空气污染气象条件公报

图 7-1　汾渭平原大气污染防治气象服务

开展环境气象业务。按照中国气象局印发《环境气象业务发展指导意见》，陕西省气象局建立了环境气象业务并逐步完善。初步建成了卫星、雷达、大气成分观测站、酸雨监测站、大气负氧离子监测站、森林火险监测点以及微波辐射计、温室气体、气溶胶、紫外线等观测站组成的环境气象监测网；组建了“关中城市群环境气象研究团队”，开展大气污染科学研究。引进新一代气象和大气化学耦合的三维空气质量预报模式，针对气象环境、生态保护、污染物扩散机理、气溶胶等方面开展科研攻关。开展了大气污染物长距离传输机理、扩散机理、大气环境容量及承载力研究，开发了空气质量预报系统，具备制作关中城市群分辨率 1 ～ 3 km，未来 3 d 逐小时 $PM_{2.5}$、PM_{10}、SO_2 等污染物质量浓度预报的能力。建立了与大气污染相关的气象预报预警业务，构建了 AQI 逐日预报模型，开发了大气自净指数、通风量、混合层高度、静稳指数等 4 种环境气象要素产品并投入业务使用；开展了环境气象指数（EMI）和静稳指数在汾渭平原环境气象评估中的应用研究，初步分析了 2017—2018 年汾渭平原静稳指数变化对大气污染（能见度）变化的影响；建立了汾渭平原和陕西省混合层高度和大气自净能力数据集和霾数据集；通过完善污染源清单等不断提升 XaWRF-CMAQ 空气质量预报模式性能。开展了环境气象评估工作，重点分析全省雾和霾污染过程、污染扩散气象条件变化、重点城市污染物质量浓度变化以及气象条件对污染物质量浓度的影响，每月发布《环境气象公报》。与陕西省生态环境厅建立了合作共享机制，实现了气象监测预报数据和 50 个国控站、140 个非国控站空气质量监测数据共享；双方计划联合开展常态化人影作业和基于遥感的大气污染机理研究，联合制作发布《陕西省环境空气质量预报》。

研发建成了汾渭平原环境气象数据共享平台，为大气污染气象条件预报和治污减霾应急决策服务提供业务支撑。该平台利用现有环境气象数据产品和技术标准，提供数据交换服务以及工具模块，构建面向汾渭平原的集约化数据环境，实现区域大气环境与气象数据的汇聚；提供公共组件以及系统框架，开发符合气象标准的应用接口，实现数据产品充分共享；使用B/S架构，开发综合分析、查询、统计、可视化展示等功能模块。

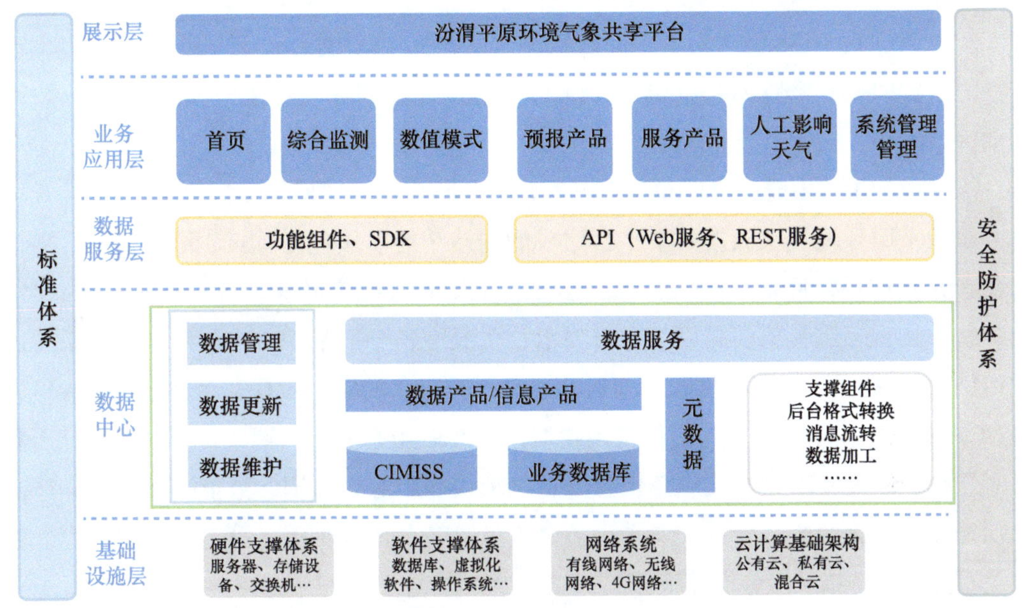

图7-2　汾渭平原环境气象共享平台总体架构设计

汾渭平原环境气象数据共享平台汇聚的多源数据主要包括全国综合气象信息共享平台（CIMISS）调取的常规气象观测数据，以及汾渭平原区域各省下列数据：

（1）气象部门环境气象监测站采集数据，如大气成分、激光雷达和微波辐射计数据等。

（2）环保部门空气质量国控站、非国控站监测数据，如空气质量指数（AQI）、$PM_{2.5}$、PM_{10}等。

（3）根据统一标准算法计算的气象要素、气象指标、空气质量和污染气象条件预报等。气象要素如地面风场、相对湿度、海平面气压、降水、能见度、500/700/850/925 hPa高度场＋风场＋相对湿度场、地面与925 hPa温差、850 hPa与925 hPa温差等；气象指标如静稳指数、混合层高度、大气自净能力指数、通风系数和滞留系数等。空气质量预报包括NO_2、SO_2等污染物浓度预报。

（4）气象、环保部门及汾渭平原区域内各省数值预报、预警服务和评估产品。

（5）霾、沙尘暴、气溶胶光学厚度（AOD）、污染轨迹监测，卫星遥感环境气象评估产品等。

（6）污染天气预报和人影计划、潜力预报、预案及作业信息数据。

（7）增加山西、河南部分省数据至关中区域污染源排放清单，为数值模式和定量评估提供可靠、全面的排放清单。

汾渭平原环境气象数据共享平台提供的服务主要包括：

（1）调用 Web API 提供公共地图服务。

（2）通过 CIMISS 提供汾渭平原区域环境数据统一调用接口。

（3）定时解析环保数据存储至 Oracle 数据库，基于标准规范开发统一服务接口，面向区域发布。

（4）统计报表生成、管理和导出服务。

汾渭平原环境气象数据共享平台建成的网站功能模块包括首页、综合监测、数值产品、预报产品、评估产品、服务产品和人工影响天气产品等。首页分为三个板块，第一板块实现环境气象实况信息分析展示，实况信息要素基于 GIS 展示空气质量（六种污染物）、能见度、天气现象、相对湿度和小时降水的实时数据；污染日历、天气日历和预报日历，根据 IP 自动定位至用户城市，获取用户城市的污染日历、天气日历和逐时预报，以及实时预警及应急信息。第二板块展示综合监测、数值模式、服务产品等功能模块包含的资料信息，点击小类要素可跳转至详细页面。第三板块展示内外网相关重要网站链接及服务产品等。

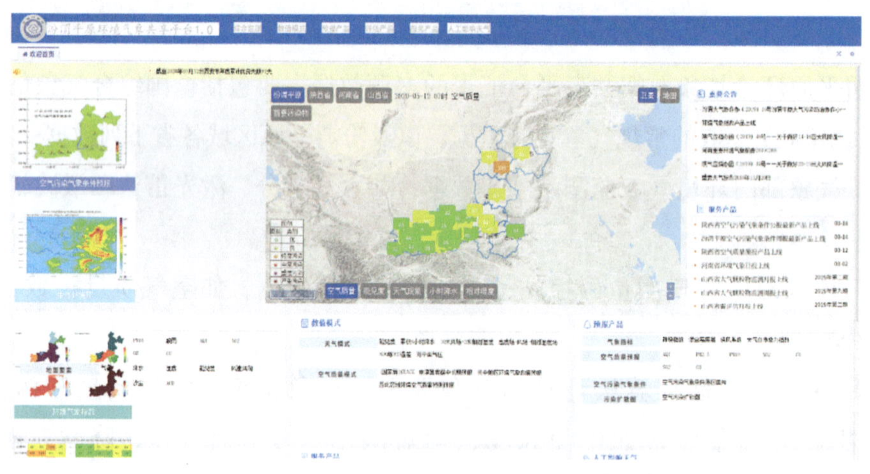

图 7-3　汾渭平原环境气象共享平台网站首页

综合监测模块包括地面、高空、卫星实时监测数据，分为大气成分、地面气象和卫星遥感模块。大气成分模块包括：

（1）中国气象局大气成分观测站 PM_1、$PM_{2.5}$、PM_{10} 和酸雨观测，颗粒物为时值，酸雨为日值；以日期、时间轴选取方式确定时间后，数据叠加至地图，辅以表格分色分析查询结果。

（2）陕西省生态环境厅 $PM_{2.5}$、PM_{10}、NO_2、SO_2、O_3、CO 浓度、AQI 小时值和日值观测。

（3）汾渭平原区域陕西、河南、山西各个城市大气成分六要素对应日值、霾日数的历史查询及统计，辅以日历形式分色展示。统计功能包括平均值对比、日数据变化趋势、均值、中位数、超标天数、超标率和优良天数统计，辅以统计图表形式展示。

（4）地面气象观测资料、生态环境厅空气质量多要素叠加填图分析，包括站点、等值线和渲染图。

地面气象模块包括六要素统计分析，如同比极值、平均、环比极值、距平等，并将统计分析结果以表格形式展示。卫星遥感模块包括风云三号 D 星和风云四号卫星实时监测的霾、沙尘暴、AOD、污染轨迹和真彩色数据分析，以及 NO_2、SO_2 等大气污染物监测产品。

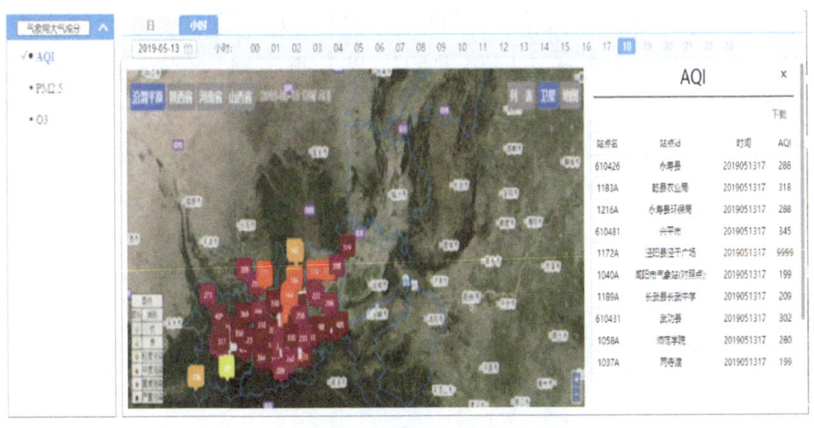

图 7-4　大气成分功能模块

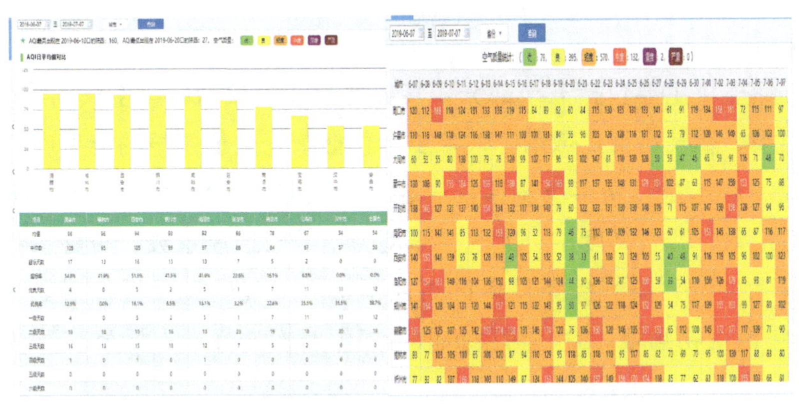

图 7-5　城市查询——表格统计和污染日历产品

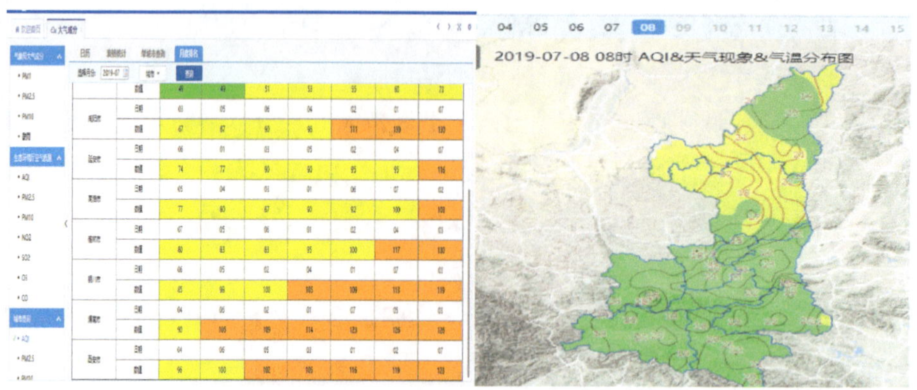

图 7–6　城市查询——空气月度排名和综合填图产品

数值产品模块包括中国气象局、西安市气象局、京津冀等数值产品分析展示，例如：中国气象局 CUACE 模式提供的全国范围 AQI、$PM_{2.5}$ 和 PM_{10} 预报产品，北京市气象局“京津冀雾和霾中长期预报平台”提供的汾渭平原 RMAPS-CHEM 中期预报产品，西安市气象局 XaWRF-CMAQ 2.0 提供的环关中城市群环境气象数值预报产品，陕西省生态环境厅提供的汾渭平原区域数值预报产品。

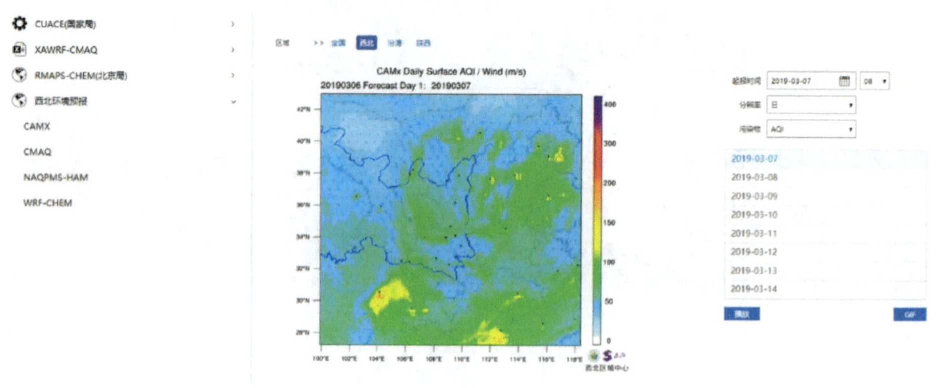

图 7–7　数值模式功能模块

预报产品模块主要包括五个部分：气象要素、气象指标、空气污染气象条件、空气质量预报、空气污染扩散图。气象要素包括基于数值预报的能见度、地面风场与相对湿度、降水量、高度场 + 风场 + 相对湿度场、逆温和海平面气压。气象指标包括静稳指数、混合高度层、大气自净能力指数、通风系数、滞留系数。空气污染气象条件为空气污染气象条件落区划片预报。空气质量预报包括 $PM_{2.5}$、PM_{10}、NO_2、SO_2 等污染物预报。空气污染扩散图根据时次选择动态播放、展示实时和历史过程。

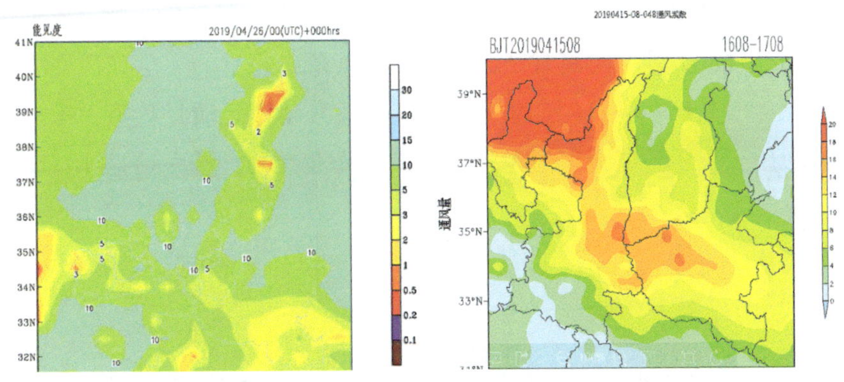

图 7-8　气象要素（能见度）和气象指标（通风系数）产品

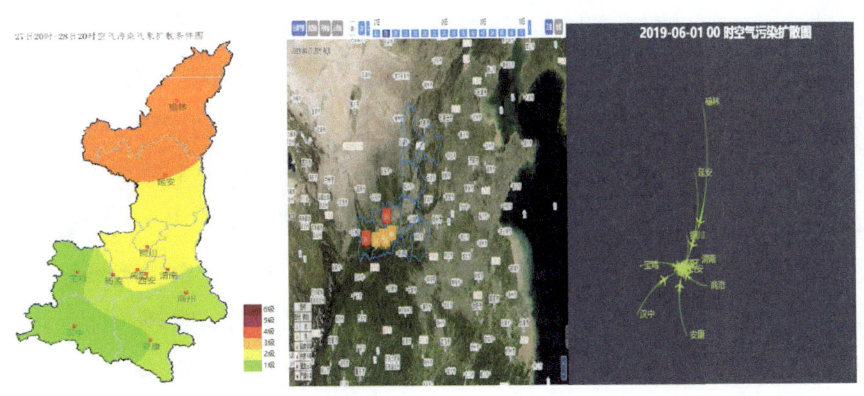

图 7-9　空气污染气象条件、空气质量预报和空气污染扩散分析产品

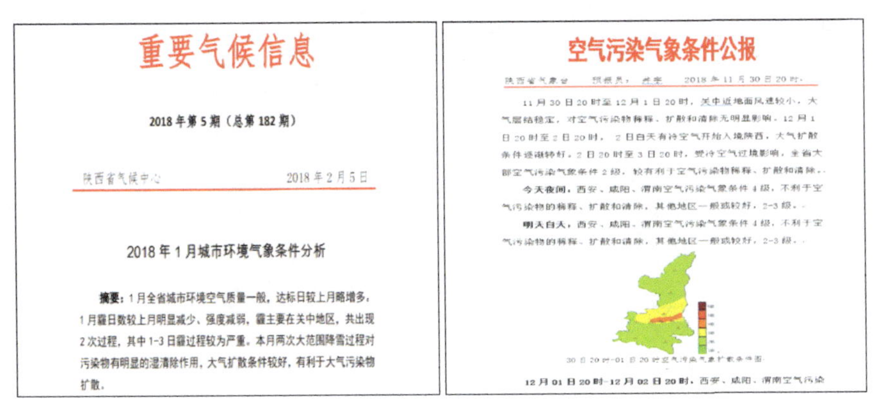

重要气候信息

2018 年第 5 期（总第 182 期）

陕西省气候中心　　2018 年 2 月 5 日

2018 年 1 月城市环境气象条件分析

摘要： 1 月全省城市环境空气质量一般，达标日较上月略增多，1 月霾日数较上月明显减少、强度减弱，霾主要在关中地区，共出现 2 次过程，其中 1-3 日霾过程较为严重。本月两次大范围降雪过程对污染物有明显的湿清除作用，大气扩散条件较好，有利于大气污染物扩散。

空气污染气象条件公报

陕西省气象台　　预报员：　　2018 年 11 月 30 日 20 时

11 月 30 日 20 时至 12 月 1 日 20 时，关中近地面风速较小，大气层结稳定，对空气污染物稀释、扩散和清除无明显影响。12 月 1 日 20 时至 2 日 20 时，2 日白天有冷空气开始入境陕西，大气扩散条件逐渐转好。2 日 20 时至 3 日 20 时，受冷空气过境影响，全省大部空气污染气象条件 2 级，较有利于空气污染物稀释、扩散和清除。

今天夜间，西安、咸阳、渭南空气污染气象条件 4 级，不利于空气污染物的稀释、扩散和清除，其他地区一般或较好，2-3 级。

明天白天，西安、咸阳、渭南空气污染气象条件 4 级，不利于空气污染物的稀释、扩散和清除，其他地区一般或较好，2-3 级。

30 日 20 时-01 日 20 时空气污染气象扩散条件图

12 月 01 日 20 时-12 月 02 日 20 时，西安、咸阳、渭南空气污染

图 7-10　环境气象服务产品

环境气象服务产品包括预报类（空气污染气象条件公报、汾渭平原空气污染气象条件周报）、评估类（环境气象公报、重要气候信息、卫星遥感评估报告）。陕西省产品有陕西省气象台每日制作的《空气污染气象条件公报》、每周四的《汾渭平

原空气污染气象条件周报》，以及环保、气象部门联合制作发布的《陕西省环境空气质量预报（120 h 预报）》等。河南省产品有河南省气象台每日的《空气污染气象条件预报》以及环保、气象部门联合制作发布的《河南省环境空气质量预报》等。人工影响天气产品模块用于展示各省天气过程预报和人影作业计划、潜力预报和预案、监测和方案设计以及作业信息等。

7.3 主动融入地方生态文明建设

陕西省气象局加入陕西省生态保护红线划定工作领导小组，参与红线审核和管控，2 名专家进入生态保护红线划定工作技术组，参与了生态功能重要性评估和生态环境敏感性评估的气象数据技术审核和精细计算；主动融入地方生态文明建设规划，实现“生态系统气象立体监测工程”“人工影响天气示范区建设工程”两项重点工程纳入《陕西省“十三五”生态环境保护规划》；主动开展生态文明气象保障服务，组织开展全省生态环境监测评估，为省政府重大决策提供服务。加强与陕西省林业局合作，联合推进秦岭国家公园规划建设，与陕西省地质调查院合作，共同推进高分卫星产品应用和地质灾害预警服务。

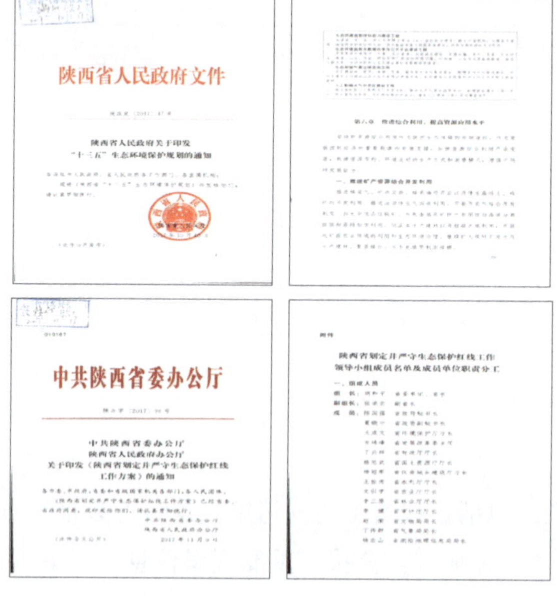
陕西省人民政府文件

陕西省人民政府关于印发
“十三五”生态环境保护规划的通知

中共陕西省委办公厅

中共陕西省委办公厅
陕西省人民政府办公厅
关于印发《陕西省划定并严守生态保护红线工作方案》的通知

附件

陕西省划定并严守生态保护红线工作
领导小组成员名单及成员单位职责分工

图 7–11　陕西省出台的生态保护相关文件

7.3.1 完善生态气象综合监测网络

实施“天眼计划”，完成 FY-3、FY-4 卫星直收站建设，建立了多源卫星遥感监测长序列历史数据库。遴选陕西商洛作为生态气象监测试点单位，积极打造商洛全国气象卫星遥感业务应用示范市，开展秦岭商洛段生态气象监测示范工作。7 月 9 日，商洛市政府与陕西省气象局向中国气象局做了专题汇报，得到了中国气象局于新文副局长充分肯定，并指示“要切实推进气象卫星遥感应用业务在秦岭生态气象服务中的应用”。全省建立起由 34 部天气雷达、4 部探空雷达、1 部激光雷达、1 部风廓线雷达组成的空基观测网。建成 7 个大气成分站，15 个酸雨站，33 个大气负氧离子站，157 个森林火险监测点，与微波辐射计、温室气体、紫外线、太阳辐射等观测站组成地基观测网。依托秦岭大气科学实验基地，在秦巴山脉断面上，建成“一横三纵”4 条相互交叉的秦巴山脉断面观测网，共布设 43 个六要素自动气象站、1 个微波辐射站、3 个太阳辐射站、3 个负氧离子站和 3 个臭氧观测站、4 个雨滴谱仪、2 个闪电定位仪。

图 7-12 生态气象监测站（左）及秦巴山区观测剖面观测网布局（右）

7.3.2 加强生态气象服务技术支撑

建立了秦岭和黄土高原生态环境气象重点实验室、商洛气候适应型城市重点实验室，开展了秦岭大气环境观测分析和研究，以及秦岭水源涵养功能、植被覆盖度及固碳能力等技术研究，开展了黄土高原风沙治理、退耕还林、水土保持等重要生态功能评估技术研究。组建了关中城市群环境气象研究团队和环境预报技术小组。开展了大气污染物长距离传输及扩散机理、污染物排放对大气环境的影响、大气环境容量及承载力研究。开展了气溶胶光学物理特性、霾形成机理、边界层与气溶胶反馈机制研究。

开展了城市热岛、冷源、通风廊道、海绵城市建设气象服务技术和风能太阳能评估技术研究。

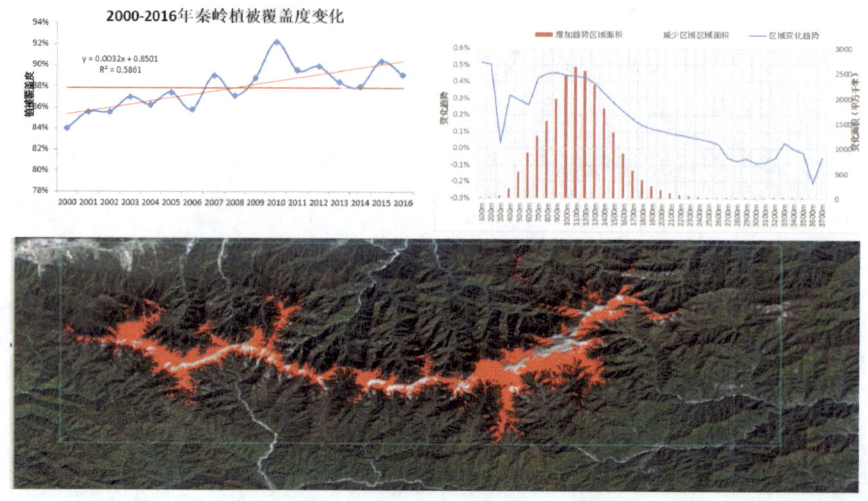

图 7–13 秦岭植被覆盖度变化研究

建立了风能太阳能资源评估业务系统、黄土高原水土流失监测评估系统、农业气象与生态服务系统、卫星遥感综合应用系统、陕西省森林火险预警监测系统、人影作业目标精细化决策指挥系统和人影作业效益效果综合评估分析系统。大力推进环境气象预报系统、生态监测评估业务系统、秦岭水源涵养能力监测评估等系统建设。陕西省气象局建立了 AQI 逐日预报模型；开发了基于物联网技术的人影作业调度指挥平台，实现人影作业智能化。

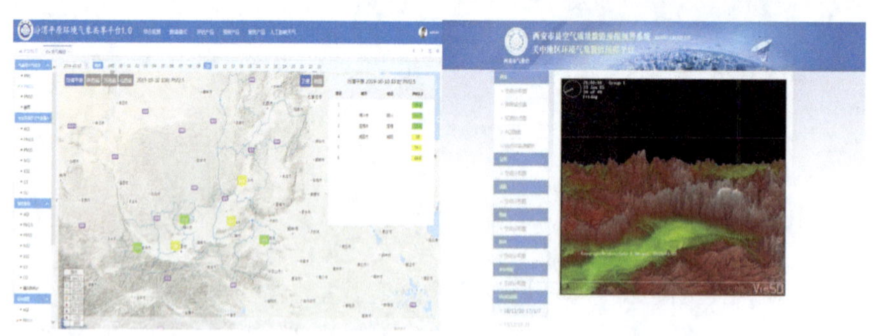

图 7–14 生态气象服务业务系统

参与陕西省政府组织的《陕西省“十三五”应对气候变化规划》编写工作，编制了《陕西省“十三五”适应气候变化实施方案》大纲；完成陕西省温室气体决策服务材料以及陕西省温室气体排放调研报告。组织编制了《商洛市国家气候适应型城市建设试点工作实施方案》，商洛获批国家气候适应型城市建设试点单位。积极参与陕西重点企业碳排放核查工作，陕西省气候中心成为省发改委确认的17家第三方核查机构之一，被确定为重点企业温室气体排放报告编制技术审核单位，全面协助省发改委开展全省碳排放权交易相关筹备、地市温室气体清单编制、碳强度目标考核等工作。完成了《2011—2014年陕西省温室气体清单总报告》并通过发改委初审。

开展经济林果对气候变化的适应与风险研究。分别构建了苹果（富士品种）、猕猴桃（海沃德）、柑橘（兴津蜜橘）等三种主要果品的气候品质指标体系和评价模型，形成了技术规范；对气候品质认证业务流程进行了优化；建立了果品气候品质认证业务系统，实现了果品气候品质认证评价、认证企业统一管理、认证背景数据管理、认证报告书图表的制作功能，实现了认证评价报告的二维码识别，并在陕西农网公开；开发"苹果数据信息共享系统"和"陕西智慧农业气象服务"App。中国气象局苹果气象服务中心完成中国富士苹果的气候潜在分布及主要气象灾害风险区划，研发了果品气候品质认证的关键技术，并将研究成果应用于苹果气象服务之中。

开展云降水与卫星反演研究。在秦岭开展高山云微物理观测，定期进行设备现场定标，获取了第一手云凝结核CCN和云滴谱资料，并取得初步分析结果。开展云降水过程观测研究、气溶胶对云降水影响研究、通过反演校验完善反演方法研究。开发FY-2、H8静止卫星反演系统，增加卷云和多层云判识优化NPP云底温度算法，开展层积云CCN反演，MODIS和网格化自动反演系统优化和功能扩充。

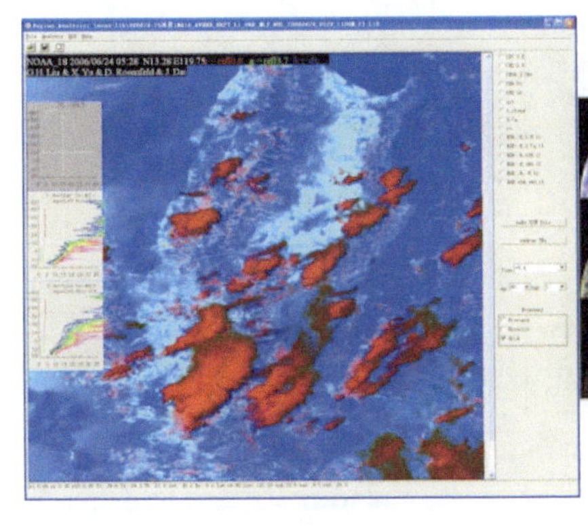

图7-15 云降水卫星反演

开展气溶胶与大气环境研究。研究得出西安地区粒子谱分布特征，揭示出西北气流与强辐射对新粒子生成的作用；初步突破气溶胶垂直廓线反演难题，获得气溶胶垂直廓线日变化特征，掌握了气溶胶光学厚度、消光系数、退偏比等气溶胶光学参数的反演技术；开展臭氧污染与气象条件的关系研究，明确了积聚态颗粒物在西安雾和霾形成中的作用；完成西安雾和霾垂直观测试验实施方案的编写和探测数据的初步对比分析。

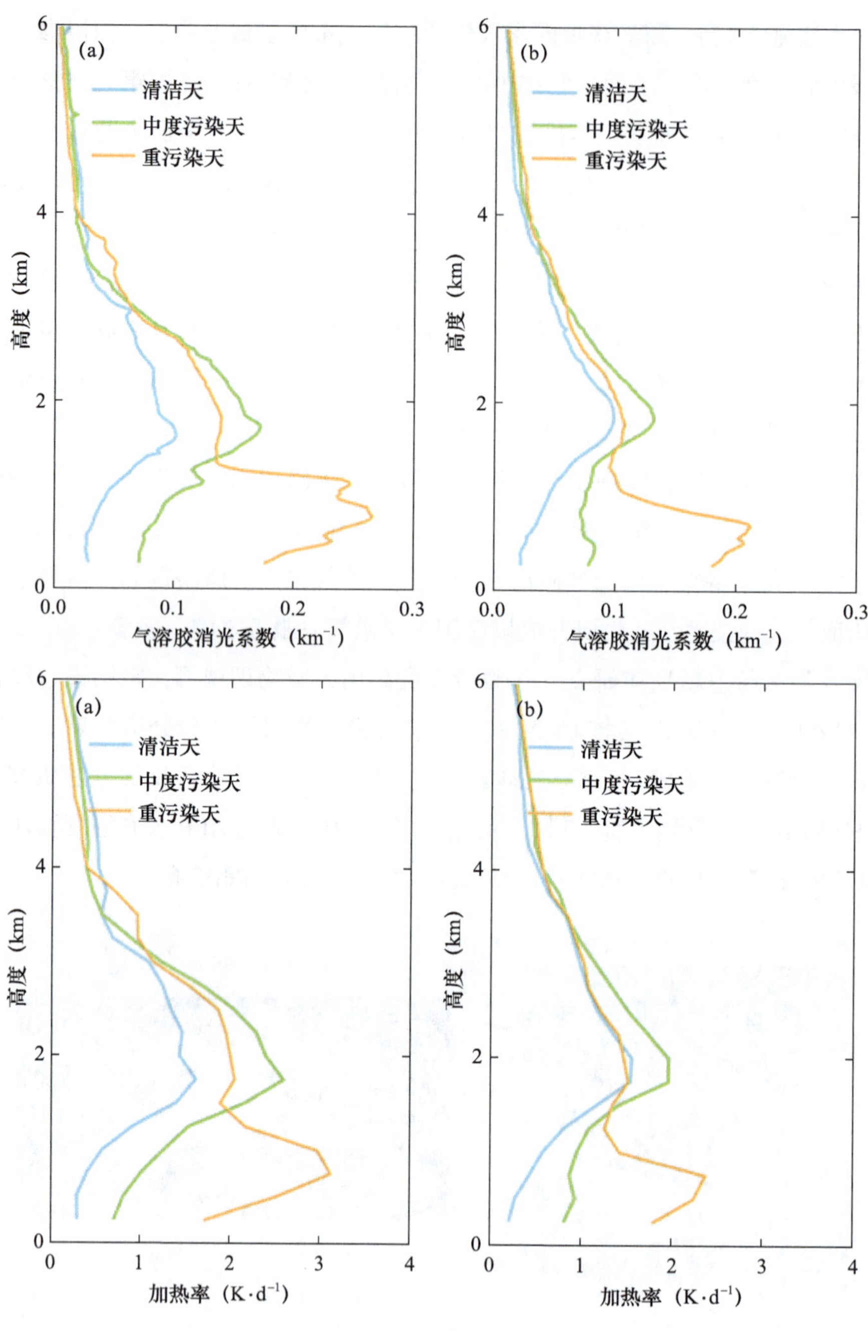

图 7-16 气溶胶与大气环境关系研究

开展温室气体清单编制技术体系研究。根据国家清单联审技术指标体系，修订陕西清单编制的核算方法，承担陕西省低碳试点技术工作，编制了陕西省温室气体排放清单报告。协助省发改委开展了《陕西省“十三五”控制温室气体排放工作实施方案》、2016 年度碳强度目标责任考核、2017 年度控制温室气体排放目标责任考核等工作。在省级温室气体清单编制工作的基础上，以延安为试点开展地市级清单编制技术体系研究，清单编制正式向市级层面延伸。建成陕西省温室气体清单编制数据库及工作平台，为政府单位 GDP 二氧化碳排放强度目标考核及制定相关控制温室气体排放政策提供基础数据支撑。

7.3.3 提升气候资源开发利用水平，助力绿色发展

陕西省人大常委会审议通过《陕西省气候资源保护和利用条例》，2019 年 1 月 1 日起正式施行，为有效保护和合理利用气候资源提供了法制保障。陕西省气象局积极参与气候可行性论证监管标准体系建设，完成《气候可行性论证规范总则》和《气候可行性论证 输电线路抗冰设计气象参数统计》两项气象行业标准。参与了政府风能、太阳能开发利用发展规划编制工作。与陕西省水利厅合作，共同推进云水资源开发利用，建立了由 232 座风塔组成的全省风能资源观测网，完成了全省风能资源估算，开展了全省风电场太阳能电站选址、评估和运行保障气象服务，履行社会管理职能，编制陕西省太阳能资源评估报告及陕西省太阳能开发中长期规划，为企业开展太阳能光伏、集热电站选址和太阳能资源评估提供技术支持，为全省光伏扶贫项目 3000 余个建设点开展气候评估。强化对重大建设项目的气候可行性论证工作，开展了输电线路覆冰、火电厂空冷机组设计、雷击风险等多项评估，完成 100 多份相关气候可行性论证报告和 380 份雷击风险评估报告。

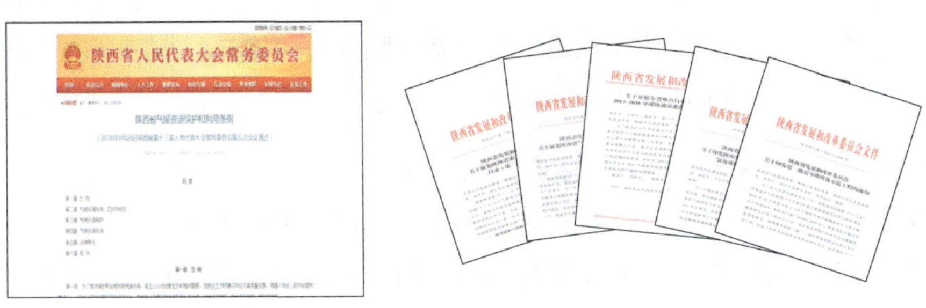

图 7–17 陕西省人大常委会审议通过《陕西省气候资源保护和利用条例》

7.3.3.1 绿色城镇化建设

积极开展城市通风廊道气候评估论证、西咸新区海绵城市建设气象保障服务。研发陕北黄土高原水土流失监测评估系统，开展评估服务。建立了“陕西省森林火险预警监测系统”业务服务平台，开展 157 个林区站点森林火险等级预报，预报时效为 0 ～ 168 h，开展了陕西省林业气象灾害风险调查与服务效益评估，基本建立了集监测、

预报、服务为一体的林业气象服务体系。推进宜居、宜游“国家气候标志”创建工作，商洛市获全国首个“中国气候康养之都”认定，14 个县通过“中国天然氧吧”认证，凤县大红袍花椒、眉县猕猴桃通过农产品国家气候标志认证，保障绿色发展。宝鸡、汉中、杨凌等市气象局开展了“国家生态园林城市”和“国家园林(森林)城市”创建气象保障服务。

图 7-18　宜居、宜游“国家气候标志”创建

建立城市内涝预报预警业务，暴雨强度公式修订率先完成。在与陕西省住建厅签署了《联合开展城市内涝预报预警与防治工作合作框架协议》基础上，2 次联合发文推进落实。2015 年与住房和城乡建设厅联合转发《住房和城乡建设部办公厅 中国气象局办公室关于加强城市内涝信息共享和预警信息发布工作的通知》，持续推进工作落实，西安市气象局被中国气象局列为城市内涝信息共享和预警信息发布试点单位。2017 年，西安市气象局建立了内涝淹没模型，研发了“气象 + 市政 + 规划”基于大城市的城市内涝预报预警系统并投入业务应用，与市政公用局建立了城市内涝联合会商机制，编制了城市内涝应急预案。新增完成西咸新区暴雨强度公式修订。2016 年在全国率先完成全省 11 个地市暴雨强度公式修订，其中 10 个地市已通过当地政府批复实施。

7.3.3.2　开展保护和修复典型生态系统服务

围绕黄土高原风沙治理、退耕还林、水土流失治理等重大工程，陕西省气象局持续开展土地利用、植被覆盖、水土保持、水源涵养以及植被固碳能力等重要生态功能评估。其中，陕西植被覆盖 10 年变化卫星遥感监测图被国家林业和草原局选为退耕还林典型材料向中外记者通报；红碱淖水域面积变化监测评估推动红碱淖列入全国湖泊生态环境保护项目，陕西和内蒙古气象部门建立人工影响天气省级合作机制，联合助力红碱淖补水工程；渭南大荔段黄河西侵相关监测评估结果和决策服务建议受到黄委会特别关注;《关于陕西省生态环境监测评估情况的报告》在省内外引起强烈反响，促成国家级重点水利工程——东庄水库立项建设。陕西省气象局、各市气象局均纳入本级生态红线划定工作领导小组成员单位，气象专家进入生态红线划定工作技术组，参与了相关技术审核工作。

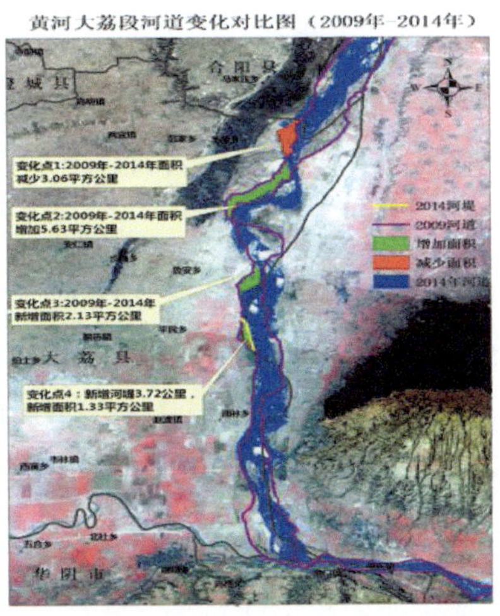

图 7-19　典型生态系统保护与修复气象服务

开展面向生态环境保护和修复的人影作业。组织召开了全国人工影响天气 60 周年科技交流大会。依托西北及中部人工影响天气中心建设项目，陕西逐步建立生态修复型人工影响天气作业体系，建成榆林飞机增雨保障基地，建设西安国家增雨飞机技术保障中心。完成人影业务现代化建设三年行动计划建设及评估工作。截至 2019 年年底，全省拥有作业飞机 2 架，地面作业站点 800 多个。围绕大气污染、森林火险、风沙源治理、沙漠化综合治理、水源涵养地保护等开展生态修复型人工影响天气作业，年均地面增雨作业 3000 余炮（箭）次，飞机增雨作业 50 架次，作业影响面积 18.6 万 km^2，经济与生态效益显著。

2019 年 4 月初，铜川、韩城等多地突发森林火灾，省市县通力协作，加强火情监测和受灾地区天气监测预测，开展现场气象服务。同时在中国气象局的大力支持下，首次调度内蒙古、宁夏等多架次飞机跨省开展联合人影作业，增雨灭火效果明显，得到陕西省省长的充分肯定，陕西省人民政府向中国气象局发了感谢信。

图 7-20　人工影响天气为森林防灭火服务

7.4 提高人工影响天气科技水平

通过中国气象局和陕西省政府部省合作，人工影响天气重点项目“陕西防雹增雨跨区域协同作业体系建设”和“陕西水源涵养人工影响天气保障工程”建设为人影作业能力提升奠定基础。随着《陕西省人工影响天气业务现代化建设三年行动计划实施细则》发布实施，成立了陕西人影预备役队伍，研发了 3 项人影核心业务系统，建成了 1 个飞机增雨作业保障基地。标准化人影作业点比例从 66% 提高到 84%，全省年均人工增雨作业影响面积达到 80%，防雹有效率达到 75%，对农业增产贡献率达到 15%。颁布实施了一系列人影业务管理法规和规范，陕西人影作业能力得到显著提升。

（1）创新人影队伍保障新机制

2015 年 5 月，陕西省气象局在驻陕某预备役师的支持下成立预备役人影应急分队。同年 10 月升格为预备役人影防灾指挥中心（团级），并共建人影外场训练基地，现预编人影作业和指挥人员 111 名，示范推广基层民兵组织承担人影作业任务，被中国气象局应急减灾与公共服务司确定为全国人影预备役队伍建设试点单位，成果在全国推广。

依托军方专业师资开展人影作业装备保障技能培训，拓宽了培训渠道，提高专业技能和队伍素质。组建省级作业装备保障队伍，提升了全省人影装备技保能力。协调军方资源组建弹药集中配送队伍。开展省、市、县（区）三级弹药集中配送工作，减少弹药配送风险。

（2）加快建设陕西智慧人影

坚持科技创新，加快陕西智慧人影建设。开展人影关键技术研究，打造陕西人影核心业务系统，实现研究成果的业务转化，初步建成陕西智慧人影业务。

研发的多普勒雷达对流风暴识别追踪系统，采用多项式综合因子提高对流云识别准确率，自动对当前和未来受影响的高炮火箭点、乡镇等做出作业预警并给出适宜作业点的作业参数，包括方位角、仰角以及用弹量等，在多因子组合自动识别冰雹云单体技术、对流云生命史特征演变应用技术、用弹量计算、“点对点”作业指挥技术等方面具有创新性。该系统荣获 2012 年陕西省科学技术二等奖、2015 年陕西省职工优秀科技创新成果技术改进类金奖。

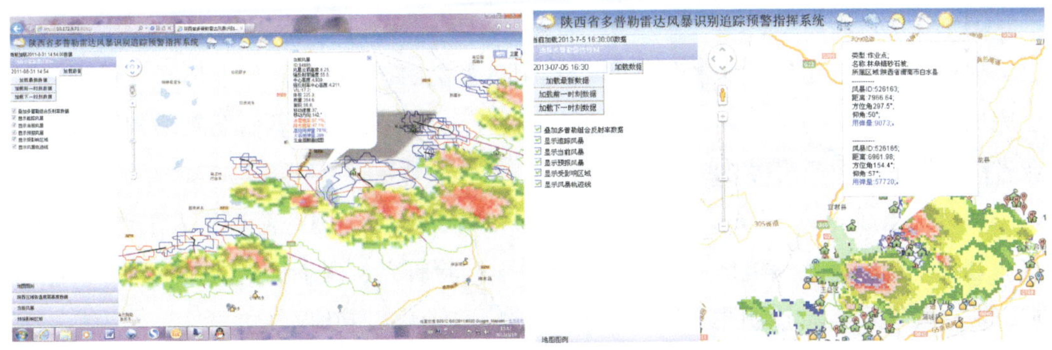

图 7-21 多普勒雷达对流风暴识别追踪系统

建成对空射击空域批复管理系统，建立航管雷达情报信息与作业信息的融合处理与显示平台，实现空域管理信息监控、状态显示、地理信息叠加等功能，实现空域申请信息批复直达与省级对空射击业务终端无缝。全省 11 市 94 县（区）空域申请实现实时化、网络化，该系统被国家空管委作为全国对空射击信息管理系统的重要组成部分，面向全军空域管理部门推广。

利用 RFID 技术、自动感应技术，开发了基于物联网技术人工影响天气作业调度指挥业务一体化平台——人工影响天气作业弹药物联网监控系统，实现了作业预警、指令发布、空域申报、计划调配、作业监控、安全管理全流程的智能监管。2016 年 12 月，陕西省人影智能物联管理系统建设成果受到了中国气象局领导的充分肯定，基于物联网技术人工影响天气装备弹药指挥调度系统，被中国气象局确定在全国试点推广。

图 7-22 2017 年 11 月中国气象局局长刘雅鸣（左四）和副局长许小峰（左一）视察陕西人影物联网建设

（3）建设人影保障基地

陕西省“十二五”重点建设项目《陕西防雹增雨跨区域协同作业体系建设项目》，已完成基础设施、业务平台建设，具备投入运行条件，建成陕西省防雹增雨跨区域作业省级指挥中心业务用房 8000 m^2。

榆林已建成占地 2.8 hm^2，总建筑面积 6359.86 m^2 的全国一流飞机人工增雨（雪）作业基地，能够满足飞机作业指挥、外场科学试验研究、两个机组人员驻场等功能需求，被中国气象局认定为国家级飞机增雨（雪）作业停靠基地。

（4）建设标准化人影作业点

作业点是人影作业的基础单元，是人影业务的神经末梢，负有装备管理、弹药存储、对空射击、信息收集等业务功能，是作业人员值班值守的工作场所。经过近 30 年的发展，作业点的数量分布和业务功能基本满足了人影作业需要，但大部分作业点建站年代较久，设备设施陈旧，作业点设施与人影业务现代化发展要求差距较大。2012 年，陕西省共有地面人影固定作业点 614 个，标准化作业点 409 个，标准化率为 66%。

自 2013 年以来，陕西省实施了“陕西省人工影响天气地面作业系统安防工程建设项目”，按照气象行业标准《人工影响天气地面作业站建设规范》的要求，升级改造不达标人影固定作业点，撤销了未进行升级改造的固定作业点，更改不达标固定作业点为移动作业点。截至 2019 年 12 月，陕西共有固定地面作业点 561 个，按照固定作业点安全等级评定标准，471 个固定作业点为标准化作业点，其中一级 94 个、二级 120 个、三级 257 个。固定作业点标准化率达到 84%。

（5）规范人影业务管理

陕西省人民政府 2017 年 4 月 1 日颁布施行了新修订的《陕西省人工影响天气管理办法》。陕西各级人影部门围绕该办法的贯彻落实，先后制定实施了有关作业人员、装备、作业点、安全管理等规定和制度 9 项，执行人影领域行业标准 14 项、地方标准 2 项，市、县级制定施行规章、规范性文件 19 项；根据《陕西省人工影响天气作业组织资格审批服务指南》，认定杨凌气象局等 106 家单位具有人工影响天气作业组织资质；明确了“政府负责、气象监管、人影实施”的人影工作责任，2015—2018 年签订省－市－县－乡（站）－人各级人影安全责任书 5544 份。2015—2018 年省、市、县开展人影安全生产大检查次 1072 次，其中联合公安、应急等人影领导小组成员单位检查 221 次。

2013 年，陕西省人工影响天气领导小组办公室印发了《陕西省人工影响天气作业人员管理规定（试行）》（陕人影领导小组办发〔2013〕7 号），明确了陕西省人工影响天气作业人员培训、考核、聘用、管理等要求，保证每年所有上岗作业人员的岗前培训率、考核合格率均达到 100%；2016—2018 年共培训市、县级地面作业、指挥人员5475人，考核合格5453人，聘用5387人，购买人身意外伤害保险5115人。

（6）建立人工防雹业务标准化体系

陕西省人工影响天气领导小组办公室针对人工防雹业务的预警指挥、作业实施、降雹特征调查等关键环节，制定了三级防雹预警启动条件、不同等级防雹预警启动后的响应规程、针对不同类型冰雹云的防雹作业方式、防雹作业人员岗位管理要求、防雹作业点记录内容及地面降雹信息收集方法，基本建立了陕西人工防雹业务标准化体系。陕西省人工影响天气领导小组办公室主持起草并已发布4项国家标准和2项气象行业标准，填补了我国防雹业务技术空白，促进了全国人工防雹业务规范化、标准化建设，对防灾减灾能力建设和全国人工影响天气高质量发展提供科技支撑。

GB/T 34304—2017《人工防雹作业预警等级》将防雹预警等级从低到高分为三个等级，依次为三级预警、二级预警和一级预警。

GB/T 34292—2017《人工防雹作业预警响应》明确了每个预警等级满足的条件：预警区域预计未来12 h内可能出现强对流天气时发布三级预警；预警区域预计未来6 h内可能出现冰雹天气或防雹作业点周边60 km范围内出现回波强度大于或等于20 dBz且回波的强中心高度大于或等于0 ℃层高度的对流云时发布二级预警；预警区域预计未来2 h内可能出现冰雹天气或防雹作业点周边40 km的范围内，雷达回波满足当地的防雹作业云回波指标时发布一级预警。在应对冰雹天气时，依据防雹作业的紧急程度，按照这两项标准要求，分级进行防雹预警和响应，保障防雹作业工作有序高效运转，提高冰雹灾害防御的能力。

GB/T 34305—2017《37 mm高射炮防雹作业方式》根据炮弹发生爆炸的空间点分布形态，将高炮作业方式分为球面梯度作业方式、水平梯度作业方式、垂直梯度作业方式、同心圆作业方式、单点作业方式。根据不同的冰雹云，选择不同的高炮作业方式，将防雹催化剂均匀送入雹云中的有效催化部位，是防雹作业获得成功的关键技术。

GB/T 34296—2017《地面降雹特征调查规范》规定了地面降雹特征调查的内容、方法、要求、人员、装备、调查启动与信息记录等的要求。完整规范的降雹记录将为我国冰雹研究提供翔实可靠的基础数据，也将促进人工防雹的科学研究，提高防雹效果。

QX/T 338—2016《火箭增雨防雹作业岗位规范》制定了火箭长和火箭手的岗位职责、上岗条件和岗位规程。

QX/T 339—2016《高炮火箭防雹作业点记录规范》规定了地面人工影响天气作业点高炮、火箭防雹作业的记录内容与要求。对需要记录的作业点信息、预警信息、宏观天气现象、装备检测、空域时间、作业参数、人员给出了记录要求。

（7）提升人影作业能力

通过省部合作协议人影项目的建设和实施，陕西人影综合能力和科技水平取得了显著提高。“十二五”前，陕西省季节性租用 1 架飞机实施增雨作业。从“十二五”开始，全省租用 2 架飞机全年实施飞机增雨。2012 年，陕西省共有地面增雨防雹高炮 328 门、WR 型火箭架 294 副。截至 2019 年 12 月，陕西共有地面增雨防雹高炮 378 门、WR 型火箭架 453 副。

人影作业社会经济效益显著。重点围绕陕北长城沿线风沙治理、黄土高原水土流失治理、关中城市群大气污染防治、秦巴山区水源涵养、森林防火、抗旱减灾等开展常态化的生态修护型人工增雨飞机作业。全省年均开展飞机人工增雨（雪）作业 50 ～ 60 架次，增雨作业影响面积 18.6 万 km^2。年消耗三七增雨防雹弹 6 ～ 8 万发，火箭弹 5000 ～ 6000 枚，地面烟条 5000 根，保护作物面积 5 万多平方千米，减少冰雹灾害损失 7 ～ 8 亿元。

7.5 气象助力乡村振兴与脱贫攻坚

陕西省气象局深入贯彻习近平生态文明思想和总书记关于乡村振兴、脱贫攻坚的系列重要论述，按照中国气象局、陕西省委、省政府关于生态文明建设、脱贫攻坚工作的各项决策部署，以推动陕西气象高质量发展为切入点，因地制宜、注重成效，积极发挥气象在乡村振兴、精准脱贫、生态文明建设中的作用。

（1）强化乡村振兴和精准脱贫工作组织领导

陕西省气象局成立扶贫开发工作领导小组，定期召开专题会议，加强对全省气象扶贫工作的全面领导。制定《陕西省气象局气象精准扶贫工作方案》《陕西省气象局驻村联户扶贫工作管理办法》，明确扶贫工作目标、任务和职责分工等，推进气象助力脱贫攻坚工作扎实开展。围绕省委、省政府扶贫开发十项重点工作，明确目标、落实责任。依托中央财政项目和省部合作协议项目，“十三五”期间安排资金 5.5 亿，持续加大乡村振兴和精准脱贫的气象投入。与陕西省扶贫办联合下发《关于贯彻落实贫困地区气象信息服务工作的通知》，共同推动气象服务向基层延伸、向贫困户延伸。

陕西省气象局
陕西省扶贫开发办公室 文件

陕气发〔2017〕74号

陕西省气象局 陕西省扶贫开发办公室
关于贯彻落实贫困地区气象信息服务工作的通知

各设区市气象局、扶贫办（局）：

为贯彻落实《中国气象局 国务院扶贫办关于共同做好贫困地区气象信息服务工作的通知》（气发〔2017〕45号）要求，推进气象信息服务网络向贫困地区延伸，气象灾害防御知识向贫困地区传播，气象防灾减灾意识在贫困地区得到强化，避免气象灾害造成的因灾致贫、因灾返贫、因灾积贫，切实发挥气象服务在贫困地区脱贫摘帽过程中“趋利避害、减灾增收”的独特作用，

陕西省气象局文件

陕气发〔2016〕34号

陕西省气象局关于印发《陕西省气象局驻村联户扶贫工作管理办法(试行)》的通知

省局直属各单位，机关各内设机构：

《陕西省气象局驻村联户扶贫工作管理办法》已经2016年4月25日省局局长常务会议研究通过，现予以印发，请遵照执行。

陕西省气象局
2016年5月6日

— 1 —

图 7–23　陕西省扶贫规划和陕西省气象局扶贫有关文件

（2）增强贫困地区气象监测预警服务能力

突发事件预警信息发布系统建设（二期）项目可研通过省发改委批复。省市县一体化突发事件预警信息发布系统投入试运行，并与陕西省短时临近智能预报服务系统实现对接，实现预警信息“一键式”发布。与陕西省人防办建立信息、资源共享机制，联合开展培训和信息发布演练。完善陕西智能网格预报业务系统，分钟级降水预报时效 2 h，强对流天气自动识别预报时效 30 min，时空分辨率 6 min/1 km，为贫困地区乃至全省提供精细化预报技术支撑。省级突发事件预警信息发布系统，与 11 个省级、106 个地市级、578 个县级单位对接，完成与短信、微博、微信等 7 类发布渠道的自动对接，贫困地区气象信息发布渠道进一步完善。

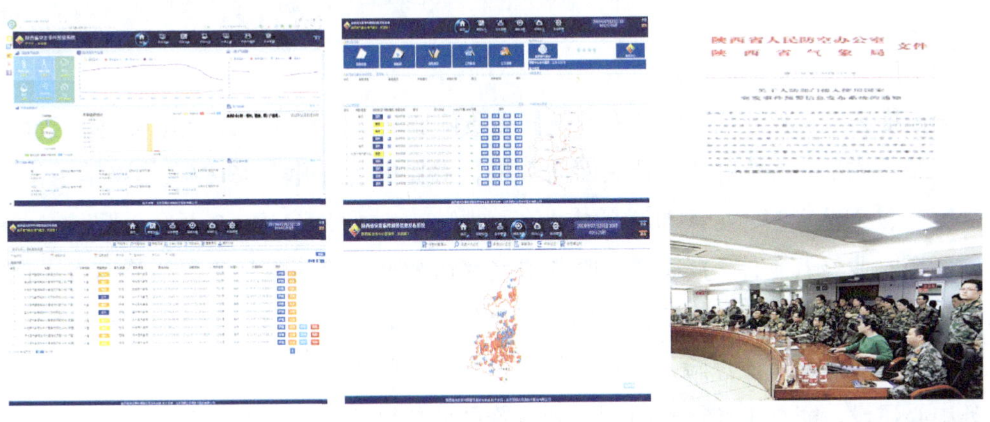

图 7–24　气象灾害预警发布平台

（3）推动基层气象防灾减灾标准化建设

全面推进基层气象灾害预警服务能力“六个一”建设。全省 62 个县（区）建立

包含 8 类数据以上的气象防灾减灾数据集，40 个县（区）完成作战图绘制，50 个县（区）开展气象防灾减灾指挥系统建设。所有县（区）建立重大气象灾害叫应机制和留痕管理制度，92 个县（区）建立气象灾害分级防御机制。贫困地区发展村、重点单位气象信息员 26649 人，行政村覆盖率达 100%，自建共享气象信息服务站 18726 个，行政村覆盖率 44%，智慧信息员手机 App 激活率 85.57%，全国排名第六。深入推进镇（办）气象工作职能法定工作，推进镇（办）“一网一端一平面两覆盖两延伸”气象现代化示范点建设，汉阴县城关镇、永寿县永平镇等 50 余个镇率先基本实现气象现代化，镇、村气象服务和防灾减灾职能得到充分发挥。

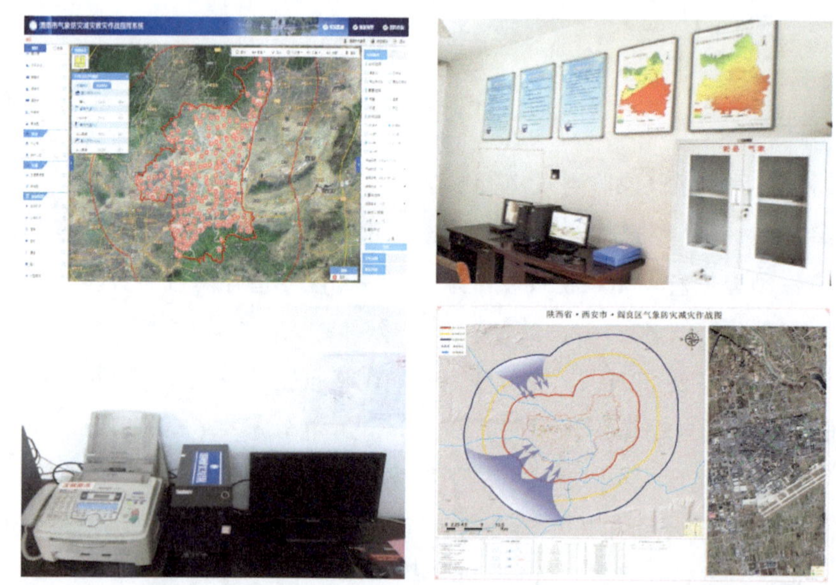

图 7–25　气象防灾减灾作战指挥系统和镇办气象工作站

（4）助力农村特色产业发展

全面推进农、林、果等特色农业气候品质认证工作，累计认证企业 63 家。升级并推广“智慧农业气象”App，开展面向苹果、猕猴桃、茶叶等 13 种农作物基于位置、融入生产、个性定制、分类推送的农业气象服务，注册用户达 1.2 万个，“两微一端”面向新型农业经营主体“直通式”服务覆盖率达 85%。陕西省气象局与陕西省人保陕西分公司、中华保险、锦泰保险等签订了合作协议，围绕苹果、茶叶、花椒等特色农业合作开展政策性农业保险，构建“气象 + 保险”的为农服务新模式。强化苹果气象服务中心建设，完善工作运行机制，开展跨区域苹果气象灾害联合调查，制作全国苹果气象专题服务产品 40 余期，其中《2018 年花期冻害对苹果产业的影响分析报告》入选中国苹果大数据应用报告在全国公开发布，展示苹果气象服务和关键技术，获得中国气象局和国家有关部委领导的充分肯定。2018 年，苹果气象服务中心分别受邀参与全国第三届“春耕论坛”、陕西省政府“苹果推介周”以及农业农村部“双新双创”活动，提升了苹果气象服务中心的影响力。

图 7-26　2019 年 10 月，中国气象局副局长余勇视察指导苹果气象服务中心业务建设

市县联动，服务一县一业、一村一品。宝鸡市气象局在大水川景区建立了智慧旅游气象服务平台，提供气象景观预报、出行线路气象预报、气象监测预警、旅游气象安全风险防范等服务，并对未来景区客流量、农家乐就餐率、土特产销量进行预测，开展旅游出行线路智能推送，为景区运营方以及参与企业股东分红的 9 个村、140 户贫困户、300 余个农家乐提供针对性服务，实现了景区盈利、贫困户增收、游客体验升级，形成气象助力产业扶贫的“新范本”。商洛市获得“中国气候康养之都”认证；市政府引进的无人机制造和康养小镇项目取得突破性进展，全市以康养、旅游为主的项目正在紧张策划立项中；市编办同意设立生态气象监测服务中心，进一步加强生态气象服务工作。铜川市气象局建立扶贫用户数据库，积极开展“送气象科技下乡”活动；针对帮扶村特色中草药黄芩种植，专题编写《铜川旱塬黄芩种植气象服务手册》，面向黄芩种植户开展“直通＋互动式”服务。咸阳市永寿县挖掘旅游气候资源，成功创建“中国天然氧吧”，带动生态旅游产业发展。

图 7–27　气象服务一县一业、一村一品现场培训及科普宣传

7.6　扎实开展驻村联户扶贫

成立了陕西省气象局扶贫开发和陇县驻村联户扶贫工作领导小组，主要负责人担任领导小组组长，下设气象扶贫开发工作办公室和陇县驻村联户扶贫工作办公室，加强对扶贫工作的组织领导。陕西省气象局领导坚持每季度到陕西省气象局包扶的贫困村调研指导工作。局党组书记多次到陇县调研“两联一包”驻村联户扶贫工作，走访包扶村，参观县域龙头企业，看望驻村队员，并与县委县政府领导就如何做好驻村扶贫工作进行座谈，共商脱贫攻坚相关事宜。印发了《陕西省气象局气象助力精准扶贫工作行动计划（2018—2020 年）》，每年制定《气象助力脱贫攻坚工作要点》，确定重点任务指标，进行专项考核。制定了《陕西省气象局驻村扶贫工作管理办法》，不定期进行专项检查，通报情况，并将扶贫工作纳入巡察内容，加强对驻村扶贫工作的监督管理。

（1）驻村扶贫，成效显著

抽调精兵强将驻村开展扶贫工作。全省气象部门共包扶 67 个村，驻村干部 112 人，其中 52 人担任第一书记或扶贫工作队队长，联户包扶干部共 750 人。陕西省气象局选派一名副处级干部到陇县挂职扶贫副县长，负责陇县省级“两联一包”驻扶贫牵头单位的日常工作。每季度组织 7 个单位的驻村干部进行一次学习交流，每年召开 3 次陇县省级“两联一包”驻村联户扶贫工作联席会议。积极实施项目扶贫，近三年共投入扶贫资金两千多万元，帮助贫困村发展产业、改善村容村貌、建设基础设施、改善生产生活条件。结合精神文明建设工作，深入扶贫村开展“美丽乡村、文明家园”农家书屋赠书及气象科普进乡村活动。陕西省气象局机关党总支与陇县梁甫村党支部、省气象服务中心党支部和省大气探测技术保障中心党支部与陇县黄家崖党总支开展支部结对共建活动。加强驻村干部管理，印发《关于进一步做好驻村干部选派和管理工作的通知》。扶贫工作取得显著成效，普遍得到了地方政府的肯定与好评。全省气象部门涌现出了一批先进个人和优秀驻村工作队，包扶以来共获地方党委政府表彰 65 人次。铜川市耀州区贾乾生同志“舍小家、顾大家”，投身驻村扶贫工作，被评为“中国好人”。

图 7–28　陕西省气象局党组书记、局长丁传群深入扶贫村了解贫困户情况

（2）科技扶贫，服务有力

陕西省气象局与扶贫、农业、国土、水利等省级部门建立协同扶贫机制，共享贫困地区气象信息员 10523 人，共建村级服务站 3837 个，实现气象信息向贫困村、贫困户延伸。在 56 个贫困县（区）累计建设区域气象站 499 套、自动土壤水分站 56 套、农田小气候和实景监测站等 94 套；自建共享气象预警显示屏 1184 块、大喇叭 3907 套；48 个贫困县突发事件预警信息发布系统实现向镇（办）延伸，贫困县（区）气象监测预警信息综合覆盖率达 96.7%。贫困县区 100% 的镇（办）、村制定了气象灾害应急预案或应急计划，开展应急演练 413 次；开展科普宣教活动 355 次，向贫困群众发放科普资料 91.2 万份，有效提升了贫困群众防灾减灾意识和自救互救能力。56 个贫困县（区）开展风电场选址服务 16 项，开展太阳能资源监测评估服务 4 项，协助省扶贫办完成 3235 个贫困村光伏发电项目可行性审核。开展了陕南 22 县区扶贫搬迁选址气候评价和气象灾害风险评估，为扶贫移民搬迁提供气象保障。

图 7–29　开展科技扶贫

（3）围绕脱贫攻坚和全域旅游战略，打造“旅游＋扶贫＋气象”智慧气象服务模式

2017 年 7 月，李克强总理在宝鸡市检查脱贫攻坚工作时对陈仓区“旅游＋扶贫”模式给予了高度肯定。多样化的生态气候环境，频发的气象灾害，使气象服务在景区开发建设中显得尤为重要和迫切。在陕西省气象局的指导下，宝鸡市气象部门以陈仓区大水川景区为试点，高起点规划、高起点设计，创新打造了基于人工智能的“旅游＋扶贫＋气象”创新服务模式。宝鸡市气象局建立了智慧旅游气象服务平台，提供景区旅游商业智能分析、气象景观预报、出行线路气象预报、旅游气象监测预警、旅游气象安全风险防范等气象服务，并对未来景区客流量、农家乐就餐率、土特产销量进行预测，开展旅游出行线路智能推送，为景区运营方，以及参与企业股东分红的 9 个村、140 户贫困户、300 余个农家乐提供针对性服务，实现了景区盈利、贫困户增收、游客体验升级，形成气象助力产业扶贫的“新范本”。实现了景区盈利、贫困户增收、专业气象服务转型升级的“多赢”效应。该模式荣获首届全省气象服务创新大赛一等奖，被省气象局评为 2018 年度创新工作项目（排名第一）。

图 7–30　宝鸡打造“旅游＋扶贫＋气象”新模式

（4）发挥优势，创新扶贫新路子

创建“中国气候康养之都”，助力商洛地方经济社会发展。2017 年，由商洛市气象局牵头，商洛市政府正式启动“生态气候康养宜居地”创建工作，并形成了《商洛中国生态气候康养宜居地评估报告》。2019 年 1 月 16 日，中国科学院院士秦大河、中国工程院院士丁一汇等 12 位国内知名专家组成专家组，论证评审《评估报告》，同意并授予“商洛·中国气候康养之都”称号，为商洛旅游产业的发展注入了新的动力。在第四届丝路博览会上商洛市全市签约涉及康养项目 122.76 亿元，市政府引进的无人机制造和康养小镇项目取得了突破性进展。“中国气候康养之都”有效助力商洛旅游扶贫、生态扶贫工作。

图 7-31　商洛打造“中国气候康养之都”

发挥气象趋利避害独特优势，实现永寿县旅游气候资源挖掘与脱贫攻坚深度融合。2017 年，永寿县委、县政府开展申创“中国天然氧吧”气候标志品牌工作。同年 9 月，永寿县被授予“中国天然氧吧”。摘得“中国天然氧吧”国字号招牌后，永寿县委、县政府以此为契机，打造“第一届中国天然氧吧文化旅游节暨特色农产品展”，多渠道推介“中国天然氧吧”品牌和永寿旅游产品，做靓了美丽乡村名片，带动第一产业、第三产业同步发展，给永寿带来了前所未有的人气。2017—2018 年，全县共接待游客 290 万人次，旅游综合收入达 18 亿元，分别增长 45%、50%，游客人数和旅游收入均创历史新高，永寿的知名度和美誉度全面提升，永寿旅游迈上了新的台阶，多个贫困村因旅游和特色农产品的发展而实现摘帽。

延安服务苹果产业发展，助力贫困户脱贫。按照延安市委、市政府苹果北扩战略，延安市气象局结合苹果适宜生产的主要七项指标，分析了各县气候变化、气候状况、花期冻害，对比分析了甘肃静宁与延安北部 4 县气候优劣，提出了各县发展苹果的优劣势，对策与建议。为延安市 13 个县陆续发展成陕西苹果基地县，提供了科学依据。制作了市县苹果、红枣、核桃、梨、花椒等主要经济作物的精细气候区划。冻害、寒潮、大风、连阴雨、暴雪等果业主要气象灾害风险区划，为政府确定产业布局提供依据。完成对陕西省智能网格预报产品的花期冻害气象指标的修订，并进行了空气扰动、烟雾、水雾防霜技术的实验，出版《延安苹果气象服务及防霜技术》一书。通过进村、入户、入园等方式向果农进行苹果病虫害防治、气象灾害预防等方面的培训，通过对冰雹过后果树的管理、霜冻期间果树防冻预防等方面的气象灾害果树管理培训，提升果农的务果技术，减轻气象灾害对苹果的影响。2018 年，延安市 3.76 万贫困人口实现脱贫，全市贫困发生率下降到 0.66%。

图 7-32　延安打造“红苹果”气象服务

（5）打通致富路，树起脱贫科技旗

2019 年 9 月，陕西省铜川市耀州区气象局职工贾乾生获得中国好人榜暨全国道德模范与身边好人。贾乾生同志任铜川市耀州区照金镇杨山村脱贫攻坚四支力量临时党支部书记、村第一书记、驻村工作队队长，已任职三年，让这个贫困山村通了水、通了路、通了科技脱贫之途。杨山村位于照金镇东南部山区，地处偏远，村上没有通车，下雨天路尤其不好走，是铜川市 7 个深度贫困村之一，距镇区 18 km，村域面积 15 km^2，辖 3 个村民小组，4 个自然村，93 户 339 人，其中贫困户 68 户 241 人，71% 的贫困发生率。贾乾生同志驻村扶贫期间，克服重重困难，坚持入户走访。通过改善村里的基础设施和村民的生活环境来提升村里的精神和文化生活氛围，打通村里致富之“路”。积极同农业、林业、果业、气象等部门联系，用“科技”的力量为村上脱贫，核桃种植、花椒产业新项目、肉牛养殖、乌鸡养殖等契合杨山村发展的产业不断兴起。争取帮扶资金 10 万余元；建成了 6 km 水泥路，修建护坡、护栏，通水改电，建成村委会办公楼，村容村貌得到极大改善。发展养牛户，为贫困户发放乌鸡 4200 只，新栽核桃 3000 棵、花椒 8 hm^2；开展技术培训班 3 期，发放修剪工具两次 180 套、技术手册 500 份；帮助争取小额扶贫贷款，落实生态、粮食、教育、医疗、低补等各项补贴；鼓励外出务工；慰问困难群众、党员、儿童、大学生，送去关爱。贾乾生同志先后获全国气象部门扶贫先进个人、全省气象部门第四届楷模人物、全省气象部门脱贫攻坚先进个人、铜川市第二届“铜川好人”、铜川市首届“十佳第一书记”“陕西好人”等荣誉称号。2017 年 8 月，铜川市委书记批示：“榜样的力量是无穷的，贾乾生同志用自己的模范言行为全市党员干部树立了榜样，我们都应该好好向他学习，做好各自本职工作，特别是要打好脱贫攻坚战！”

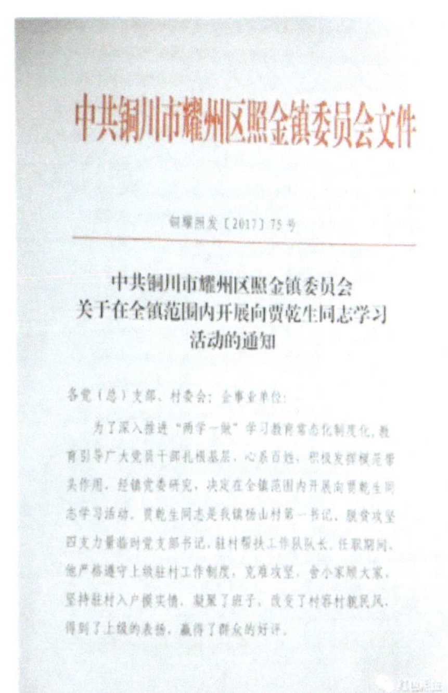

中共铜川市耀州区照金镇委员会文件

铜耀照发〔2017〕75 号

中共铜川市耀州区照金镇委员会
关于在全镇范围内开展向贾乾生同志学习活动的通知

各党（总）支部、村委会、企事业单位：

为了深入推进“两学一做”学习教育常态化制度化，教育引导广大党员干部扎根基层、心系百姓，积极发挥模范带头作用，经镇党委研究，决定在全镇范围内开展向贾乾生同志学习活动。贾乾生同志是我镇杨山村第一书记、脱贫攻坚四支力量临时党支部书记，驻村帮扶工作队队长。任职期间，他严格遵守上级驻村工作制度，克难攻坚，舍小家顾大家，坚持驻村入户摸实情，凝聚了班子，改变了村容村貌民风，得到了上级的表扬，赢得了群众的好评。

图 7–33　铜川“好人”贾乾生驻村扶贫

青春在扶贫路上闪光。郭文辉担任山阳县气象局办公室主任，2016 年 4 月被派往山阳县延坪镇枫树村担任脱贫攻坚驻村第一书记、驻村工作队队长。近四年来，他坚持以山阳县枫树村为主阵地，兢兢业业、任劳任怨，严于律己，持之以恒发挥党员先锋模范作用，总是冲在脱贫攻坚一线，带领群众脱贫致富。枫树村于 2018 年底通过省市验收，比原计划提前一年实现整村脱贫出列目标。郭文辉于 2017 年被商洛市山阳县委县政府表彰为全县“优秀第一书记”，被商洛市气象局表彰为“脱贫攻坚先进个人”；2018 年被中共商洛市委表彰为全市“优秀第一书记”；2019 年获得“山阳县十佳脱贫攻坚青年标兵”提名表彰。

2019 年，陇县省级“两联一包”驻村联户扶贫取得新进展。陕西省气象局协调设立了农业种植合作社，申请了省级财政专项扶贫资金 217 万元（已入 2020 年项目库）、县农经站 10 万元社会化服务项目。陕西省气象局配套帮扶资金 8 万元，在丁马自然村建设 300 亩花椒种植园；推进消费扶贫，将苹果、核桃等农产品上线全国气象部门扶贫特产馆网络销售平台，销售苹果 7780 斤、51261 元，核桃 1110 斤、10240 元，并向气象局职工销售土鸡、鸡蛋等农产品，累计消费扶资金达 6 万余元。同时，不断丰富扶贫形式，协调安装气象预警显示屏，开展气象科普宣传，组织支部结对共建，开展专家义诊，联系爱心捐赠。

8

营造气象事业发展环境

8.1 加强气象部门党的建设

陕西气象部门在中国气象局党组和陕西省委、省政府的坚强领导下，深入学习贯彻党的路线方针政策和习近平新时代中国特色社会主义思想，认真贯彻落实新时代党的建设总要求，增强“四个意识”，坚定“四个自信”，做到“两个维护”，坚持党的全面领导，以政治建设为统领，加强党的各项建设，强化理论武装，完善组织体系，健全工作机制，强化监督执纪问责，为推进气象现代化建设凝聚了力量，提供了坚强政治保障。

8.1.1 开展“不忘初心、牢记使命”主题教育

8.1.1.1 第一批“不忘初心、牢记使命”主题教育

陕西省气象局牢牢把握理论武装这个主线和根本任务，全面贯彻“守初心、担使命，找差距、抓落实”的总要求，突出问题导向和实践导向，坚持高标准、严要求，坚持“两统筹、三结合”，抓实基层支部，提高主题教育质量，推动第一批主题教育扎实深入开展。

在学习教育中强化理论武装。召开党组中心组学习会 6 次，举办为期一周的读书班，领导班子和领导干部带头学习习近平新时代中国特色社会主义思想，学习习近平总书记重要讲话和指示批示，深入学习好党章党规和党史、新中国史。抓实基层支部，坚持“每周一学”，创新开展革命传统教育、形势政策教育、先进典型教育，带动全体党员学起来。

在调查研究中破解工作难题。聚焦基层事业发展不平衡不充分的矛盾，重点完成了 6 方面专题调研，讲授专题党课 15 次。围绕党的政治建设、汛期气象服务、贯彻落实中央八项规定精神等现实问题，将“调研 + 督查”相结合，深入基层掌握实情、研究对策。

在检视问题中接受政治洗礼。落实“四个对照”“四个找一找”的要求，采取群众提、自己找、上级点等方式原汁原味征集意见建议 185 条，通过工作“回头看”查找

问题 16 条，汇总形成 5 方面、26 类、57 个具体问题清单。召开“对照党章党规找差距”专题会，对表对标检视自身差距，严肃开展批评与自我批评。

在整改落实中主动担当作为。坚持项目化推进，突出抓好“6+X”专项整治，细化建立“动态整改台账”。高质量开好“不忘初心、牢记使命”专题民主生活会。截至 2019 年 12 月，116 条整改任务中，立行立改完成 81 项，其余为长期任务，按计划推进。

8.1.1.2 第二批“不忘初心、牢记使命”主题教育

2019 年 9 月以来，陕西省气象局党组认真贯彻中央关于开展第二批“不忘初心、牢记使命”主题教育的指导意见及中国气象局党组、省委部署，扎实推进市县气象部门第二批主题教育工作，取得明显成效。

（1）扛起政治责任，加强组织领导。一是抓谋划部署。第一批主题教育期间，第二批单位积极跟进，不等不靠，先学先改。陕西省气象局印发做好第二批主题教育工作的通知，召开了全省气象部门第一批主题教育总结会及第二批部署会，确保第二批主题教育高质量开局。二是抓组织推动。陕西省气象局党组第一时间组织学习传达习近平总书记关于主题教育的系列重要讲话精神和中央主题教育领导小组关于开展第二批“不忘初心、牢记使命”主题教育的指导意见，准确把握上级要求，强调第二批单位要充分学习借鉴第一批主题教育工作经验。召开 2 次专门会议，听取第二批主题教育推进情况汇报，研究解决具体问题。陕西省气象局党组成员深入部分市县气象局，开展主题教育调研，现场督促指导。

（2）分级分类指导，提高工作实效。一是健全运行机制。陕西省气象局成立 3 个指导组，西安市气象局成立 2 个指导组，将工作重心转移到下沉基层。编印了《第二批主题教育指导组工作手册》，举办指导组业务培训 2 次、碰头会 4 次。编发主题教育简报 4 期，在《中国气象报》、中国气象局简报及省级以上新闻媒体发表稿件 12 篇。二是坚持标准要求。坚持“科学组织、统筹安排，全面覆盖、注重实效”，确保第二批主题教育标准不降、力度不减。各指导组先后参加了 10 个市气象局的主题教育部署会和读书班，实地督导 22 个县局，听取领导班子及党员干部学习研讨发言，对主题教育应知应会知识进行抽查测试，认真审阅各类材料，向被指导单位发出《工作改进意见书》8 份、书面反馈意见 30 条，做到规定动作“一个不少”，自选动作“方向不偏”。三是层层夯实责任。依托基层党建联系点制度，各市气象局领导班子成员普遍到联系县气象局和所属支部进行调研指导，将联系点打造成主题教育的“示范点”。运用好“条块结合”的机制，加强与地方党委及教育办的沟通协调，82 个市县气象局党支部书记接受地方主题教育培训，45 个县气象局主题教育纳入地方党委指导。

（3）突出实践导向，抓实四项措施。一是抓实学习教育。举办全省气象部门副处级干部“不忘初心、牢记使命”主题教育培训班。各市气象局创新学习形式，组织开展主题教育应知应会知识测试。用好红色资源，组织党员干部参观本地革命纪念馆、“不忘初心、牢记使命”主题教育馆等，开展革命传统教育和先进典型教育。组织党员干部集体观看庆祝中华人民共和国成立 70 周年大会，举办“唱爱国歌曲、诵红色诗篇”主题党日活动，拍摄“我和我的祖国”快闪，深化对党史、新中国史的学习，激发爱国主义热情。用身边事教育身边人，向被授予“中国好人”荣誉称号的铜川市气象局驻村扶贫第一书记贾乾生同志学习。二是做好结合文章。将调查研究与重点工作相结合；将检视问题与走好群众路线相结合；将整改落实与破解难题相结合；将主题教育与气象助力精准扶贫相结合。

据初步统计，全省气象部门第二批主题教育各市气象局累计举办读书班 50 多次，参加人员近 400 人，各县局都开展了集中学习研讨，各级班子根据最新学习内容，又开展了 3 ～ 5 次集中学习；各市气象局开展专题调研 37 次，各县区气象局确定了 100 多个调研题目，广泛征求了部门内外的意见建议，进行认真梳理，建立了问题清单和整改台账，能改的立即整改到位。通过开展主题教育，基层气象党员干部的理论水平得到提升，工作自觉性大大提高，纪律作风明显转变，精神面貌焕然一新，有力推动了工作。

8.1.2 加强政治建设

坚持把政治建设摆在首位。认真学习习近平总书记关于推进中央和国家机关党的政治建设的重要指示精神，增强“四个意识”，坚定“四个自信”，做到“两个维护”，在政治立场、政治方向、政治原则、政治道路上同党中央保持高度一致。加强党的全面领导，加强各级党组建设，按照总揽全局、协调各方的原则，把党的领导落实到气象工作、气象事业发展的各个方面。严守政治纪律和政治规矩，对中央制定的目标、方针、路线、政策和各项决策部署，毫不动摇地坚决执行。认真贯彻执行《关于新形势下党内政治生活的若干准则》，严格执行组织生活制度，严肃党内政治生活，坚持民主集中制，坚持团结统一，凝聚群众智慧，营造风清气正的政治生态。加强意识形态工作，全面落实意识形态工作责任制。

8.1.3 加强思想建设

全面加强思想理论武装。认真学习贯彻习近平新时代中国特色社会主义思想和党的十九大精神，做到政治学习经常化。在学懂、弄通、做实上下功夫，深入思考陕西气象事业改革发展面临的新情况新问题。把贯彻落实党的十九大精神与贯彻落实省十三次党代会精神结合起来，认真落实习近平总书记对陕西“五个扎实”的要求和追赶超越定位，开展解放思想大讨论，用党的十九大精神统一思想，突破“城墙思维”，站上“秦岭之巅”，俯瞰陕西，远眺全国，谋划陕西气象事业发展。扎实开展群众路线教育、“三严三实”专题教育、“两学一做”学习教育，推进“两学一做”学习教育常态化制度化。深入开展“不忘初心、牢记使命”主题教育。开展“读好书、强素质、促发展”读书学习活动和“学用新思想、笔谈千字文”征文活动。拍摄的《不朽的丰碑》纪录片获得全国第十四届党员教育电视片观摩交流活动优秀作品二等奖。通过学习教育，加强了干部职工的思想理论武装，坚定了理想信念，增强了党性意识，提高了政治能力和担当精神，自觉在各自的岗位上发挥先锋模范作用。

图 8-1　陕西省气象局党组中心组党的十九大精神扩大学习研讨班

图 8-2　“七一”表彰交流和大型文献纪录片《不朽的丰碑》

8.1.4 加强组织建设

全省气象部门党组织建设和党员队伍不断发展壮大。稳步推进县（区、市）气象局设立党组工作，31 个县气象局建立党组，所有县气象局均成立了独立党支部，初步建成横向到边、纵向到底的省市县三级党的组织体系，实现了全覆盖。全省气象部门党员占在职职工总数的 54%。推进党支部标准化规范化建设。严格执行基层党组织换届制度，所有党委、党总支、党支部按时按要求进行换届。规范党支部“三会一课”、主题党日等组织生活，严格党员领导干部“双重组织生活”制度。推进党员活动阵地建设，每个党支部都建立了党员活动室。在陕西省气象局直属机关开展“对标定位、晋级争星”活动，积极创建星级党支部。实施党员管理积分制，加强党员教育管理，党员的党性观念和党员意识不断得到强化，发挥了先锋模范作用。修订 20 多项党建工作制度，编印了《陕西省气象局直属机关党支部工作手册》。开展了“发挥先锋作用、推进气象现代化、助力‘追赶超越’”主题活动。创办了《陕西气象先锋》党建专刊，讲身边人、说身边事、树身边典型、传播正能量，谈气象党建、论全面从严治党、促进作风转变。

8.1.5 加强作风建设

强化主体责任落实。以“条要加强”为重点，建立条块结合的党建工作机制。省、市气象局均成立了党组党建领导小组及办公室，建立了条块结合的党建工作机制，加强了党组对党建工作的领导。党组定期听取工作汇报，研究部署党建工作。印发了《关于进一步加强全省气象部门党的建设的实施意见》，每年召开全省气象部门党建和党风廉政工作会议。制定了《陕西省气象部门全面从严治党工作考核办法》，坚持把党建工作与业务工作同谋划、同部署、同督查、同考核。认真落实全面从严治党责任清单管理，制定了党组、纪检组、党组主要负责人、纪检组长、分管副职责任清单，全部责任人员建立了履责记实台账，形成了“一把手”负总责、其他党组成员分工负责、机关各处室密切配合的工作合力，把全面从严治党责任细化、量化、具体化。坚持开展党组书记抓党建述职评议考核。建立了党组成员县局党建工作联系点，加强对基层党建工作的指导。

监督执纪问责。陕西省气象局党组纪检组按照全面从严治党要求，紧紧围绕工作大局，健全纪检组织体系，认真履行“两个责任”，以风险防控为重点，探索实践“六项机制”，健全监督机制，重基层、强基础，形成了相对完整的纪检监察工作体系，有效强化了对权力运行的制约和监督，为陕西气象事业健康发展提供了坚强的政治纪律保证。

以“三转”为契机，健全纪检组织体系。2016 年以来，陕西省气象局党组进一步加强纪检监察工作，推进全省气象部门党风廉政建设主体责任和监督责任落实，健全陕西省气象局直属各单位和市、县气象部门纪检监察工作体系，进一步完善纪检监察组织机构和职能。按照“配强专职、明确专责、以专为主、专兼结合”的思路，制定了纪检体系改革实施方案，下发了《中共陕西省气象局党组关于进一步加强纪检监察工作的通知》，进行纪检监察资源整合。将行政监察和内部审计职能调整到党组纪检组，充实了纪检监察队伍，各市气象局纪检组增配一名纪检组副组长，县气象局进行设立党组试点，任命纪检组长或纪检监察员；陕西省气象局机关处室和直属单位确定一名领导（纪检委员）主管纪检监察工作并印发了职责，夯实了纪检监察工作基础。

完善纪检监察机构运行机制。要求全省气象部门纪检监察机构坚持在同级党组织和上级纪检监察机构的双重领导下行使监督权。实行党组纪检组组长对上级部门党组直接负责制度，纪检组组长直接向上级部门党组书记和分管党风廉政建设工作的党组成员以及联系局领导汇报工作。干部的选拔任用需征求同级纪检部门意见；市气象局党组纪检组副组长的任免，要报陕西省气象局党组纪检组备案同意。要求全省气象部门纪检监察机构认真落实党风廉政建设情况定期报告制度，每年定期向上级党组及党组纪检组专题报告履行监督责任情况。

2019 年末，全省气象部门共有纪检委员 24 人，纪检员、廉政监督员 162 名，专兼职审计人员 57 名。较 2013 年末共增加纪检委员 24 名、廉政监督员 12 名、专兼职审计人员 19 名。通过业务培训以及参与巡察和纪律审查等工作实践，不断提升政策理论水平和综合素质，增强全省气象部门专兼职纪检审计人员发现问题和解决问题的能力。

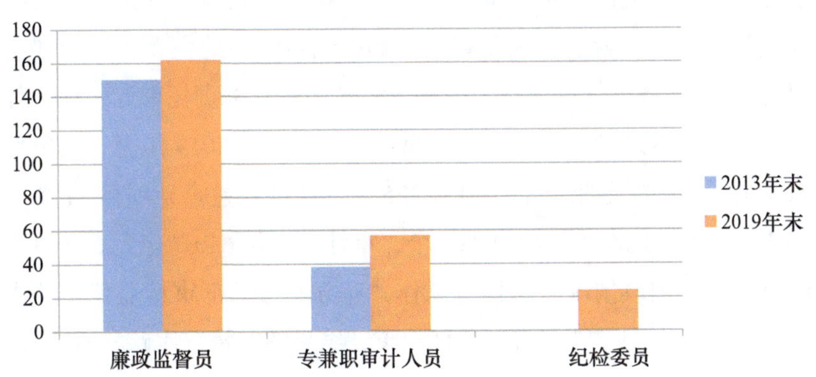

图 8-3　2013 年末与 2019 年末陕西省气象部门专兼职纪检审计人员情况

立足建章立制，突出治党管党规范。2013 年以来，陕西省气象局开展了对 20 年来各项规章制度的清理工作，废止了规章制度 62 件，修订完善了内部管理制度 54 件。陕西省气象局纪检组按照“源头治理、刚性约束、重点防范、严格问责”的思路，突出治党管党规范，提高管党治党的质量，制定了《陕西省气象局党组贯彻落实〈建立健全惩治和预防腐败体系2013—2017年工作规划〉实施办法》。党的十八大以来，陕西省气象局党组纪检组制定了一系列立足根本、着眼长远的制度措施，实施了《落实党风廉政建设和反腐败工作主体责任实施办法》《落实党风廉政建设监督责任实施办法》《党风廉政建设巡察工作指导意见》和《实施〈中国共产党巡视工作条例〉办法》等制度办法，不断推动全面从严治党从治标走向治本。加强监督执纪问责，党组纪检组出台实施《陕西省气象局党组贯彻落实"八项规定"监督检查办法（试行）》《陕西省气象局党组实施〈中国共产党问责条例〉办法（试行）》。践行"四种形态"，党组纪检组出台实施《谈话函询实施办法（试行）》。通过落实责任，完善制度，织密扎紧制度笼子，形成了各负其责、齐抓共管的局面。

常态化警示教育，强化纪律刚性约束。认真贯彻落实中纪委、省纪委全会和国务院廉政会议精神。始终把纪律和规矩挺在前面，让守纪律、讲规矩成为全体党员、领导干部的一把尺子和不可逾越的底线。坚决防止信仰不牢、党性不纯、做人不正、为政不廉等"不严不实"的问题。连续17年开展党风廉政宣传教育月活动，每年举办学习专题报告会，每年抓住春节、元宵、清明、端午、中秋等重要节假日和婚丧嫁娶等时间节点，重申廉洁纪律要求。抓住"关键少数"重点施教，强化警示教育的政治作用。党的十八大以来转发中纪委、省纪委和本部门发生的典型案件通报9份，涉案33起。从思想源头抓起，引导各级领导干部自觉做政治上的明白人，发挥"头雁效应"。每年召开年度纪检工作会议，落实责任，传导压力。加强警示教育落实情况的监督检查，切实保障警示教育主体责任落实到位，使压力层层传递到基层。

发挥审计职能，规范促进审计整改。为健全和完善陕西省气象部门党组管理的主要领导干部经济责任，出台了《陕西省气象部门党组管理的主要领导干部经济责任审计实施细则》，规范经济责任审计行为，深化领导干部经济责任审计，加大任中审计和"离任必审"，强化基本建设投资和重大项目审计。2013—2019年全省气象部门共完成审计项目863个，其中财务收支审计项目325个、经济效益审计项目31个、经济责任审计项目317个、基本建设审计项目190个，审计总金额61.67亿元。为进一步规范全省气象部门审计结果整改情况跟踪检查工作，充分发挥内部审计监督服务作用，保证审计效果，2014年出台了《陕西省气象部门审计结果整改情况跟踪检查实施细则》。建立了审计结果通报机制，对审计结果梳理归类，把握共性，突出典型，分析研判，跟踪问效，督促落实，确保审计整改要求落实到位，促进部门规范管理。

加强信访监督，依规依纪化解风险。陕西省气象局开通了内外网络举报渠道，主动接受群众的监督。设立了陕西省气象局信访工作专（兼）职信访工作人员。针对匿名举报、越级信访、多头举报、重复举报的信件，有效履行信访职责，按照信访处置方式，主动开展约谈初核，严谨实施审查调查。对反映失实的，及时予以澄清了结。

对存在苗头性倾向性问题的，及时进行函询诫勉。对存在违纪问题的，及时作出党纪政纪处分。对发现的每个问题都坚持原则，公正处理，不上交矛盾，确保群众反映的问题能够得到及时、合法、有效的解决。2013—2018 年共收到信访件 80 件。初核了结上报省纪委 26 件，上报中国气象局 14 件，其他信件都按规定进行了公正处理，确保信访举报件件有着落、事事有结果。

探索工作新机制，凸显监督执纪问责。按照中国气象局“条要加强、块不放松、条块结合、齐抓共管”的工作总部署，陕西省气象局进一步完善了陕西省气象部门监督执纪问责工作运行“六项新机制”。一是“清单＋台账”压实责任。先后制定下发了《“台账＋承诺”工作制度》《陕西省气象局党组、纪检组和党组成员党风廉政建设责任清单（试行）》《党风廉政建设责任制清单》，以“清单”促进履职尽责，将党风廉政建设融入日常工作，实现了责任体系“全覆盖”。二是“宣教＋警示”筑牢防线。三是“巡察＋审计”深化监督。陕西省气象局开展了“巡察＋审计”市级“全覆盖”工作，并延伸 40 个县（区）局，开展了公务接待、公务用车、办公用房专项治理、“四风”问题专项整治和八项规定精神自查自纠活动，完成了 12 个直属单位的整治巡察和 48 个县（市、区）局落实中央八项规定精神进行专项督查。四是“部门（内控）＋地方（外联）”双重监管。五是“整改＋问效”注重实效。六是“审查＋问责”追责震慑。构建了一套“清单式明责、台账式管理、链条式传压、倒逼式追责”的责任落实体系，规避了认识不到位、责任不明确、措施不得力、监督不到位的弊端，使纪律规矩成为各级领导和党员干部的自觉遵循。

履职尽责担当，服务气象事业发展。按照全面从严治党要求，紧紧围绕工作大局，创新执纪方式，以风险管控为重点，健全巡察监督体系，加大巡察力度，重基层、抓基础，增强了监督实效。全省气象部门通报问题 11 起，谈话、函询 62 次，党政纪处分 8 人次，实现了重遏制、强高压、长震慑。党的政治建设和党的全面领导明显增强，领导班子贯彻执行民主集中制，完善决策机制和相关工作程序基本成为习惯，使权力得到有效约束和有效监督；党员“四个意识”和政治站位明显提高，政治纪律和政治规矩意识明显提高；全省气象部门党风廉政建设日常监督功能更加完善，执纪问责专责功能更加明显，推动了各市气象局对区县气象局的监督和规范化管理，初步形成了上下联动、理念一致、覆盖更广、触觉更灵、协同更畅的全省气象部门日常监督网络，保障了陕西气象事业健康发展。

8.1.6 加强群团工作

建立和完善群团组织。在全国气象部门率先成立了行业团工委和行业工会，充分发挥工、青、妇组织在联系群众、服务群众方面的作用。组织开展丰富多彩的活动。各级建立了文体协会，每年制定活动计划，开展丰富多彩的文体活动。建立了“困难职工帮扶基金”。联合陕西省总工会成功举办了七届陕西省气象系统天气预报技能大赛和八届陕西省气象行业职业技能大赛。截至 2019 年年底，全省气象部门有 2 个单位获评“全国巾帼文明岗”，华山气象站被中华全国总工会授予“全国工人先锋号”称号，神木县气象局获评“陕西省工人先锋号”，1 个单位获评“省三八红旗集体”，11 个单位获评“陕西省青年文明号”，1 个单位获评省农林水利系统“五一中国标兵岗”，1 人获“全省五一巾帼标兵”称号，2 人获“全省杰出能工巧匠”称号，2 名青年获“陕西省省直机关杰出（优秀）青年”称号。

图 8–4　陕西省气象局行业团工委座谈会

图 8–5　中国农林水利气象工会为华山气象站“工人先锋号”授牌

8.2 强化气象法治建设

党的十八大以来，在中国气象局和陕西省委、省政府的坚强领导下，全省气象部门以习近平新时代中国特色社会主义思想为指导，认真贯彻落实党的十八大及各次全会、十九大精神及中国气象局、陕西省委、省政府各项要求，加快推进依法行政和法治建设步伐，依法落实“放管服”改革，全面履行气象社会事务管理职能，加强制度建设、标准化建设，推进地方立法，气象依法行政水平显著提升，陕西气象事业呈现追赶超越良好态势。

8.2.1 落实“放管服”改革，全面履行气象职能

8.2.1.1 落实简政放权

认真做好审批承接工作。“新建、扩建、改建建设工程避免危害国家基准气候站、基本气象站探测环境审批”项目下放后，陕西省气象局及时制定、公布审批服务指南，按照法定权限、程序做好承接工作。

切实落实取消及下放要求。针对取消的“防雷产品使用备案核准”等 4 项非行政审批事项，通过建立监督回访、信息公开和信誉评价等机制加强监管。针对取消的中央指定地方实施的行政审批项目和第一批、第二批中介服务事项，及时下发文件进行清理，陕西省气象局已无行政审批所涉中介服务事项。针对因气象法修订取消的“重要气象设施建设项目”“人工影响天气作业组织资格”审批项目，及时修改了权责清单并重新公布。及时取消“人工影响天气作业人员资格”等职业资格许可。

深入推进投资审批改革。2016 年 3 月，按照省发改委安排，陕西省气象局将“防雷设计审核”“新建、改建、扩建建设工程避免危害探测环境审批”“重要气象设施建设项目审核”纳入全省投资项目在线审批监管平台，并报送了审批流程和服务指南。《国务院关于印发清理规范投资项目报建审批事项实施方案的通知》（国发〔2016〕29 号）印发后，陕西省气象局及时与省发改委对接，对投资项目审批事项进行了调整，到 2018 年年底，陕西省气象局仅保留了“防雷设计审核”“新建、改建、扩建建设工

程避免危害探测环境审批”“重大规划、重点工程气候可行性论证”3 项投资项目审批事项。

迅速贯彻落实国务院决定精神。国务院《关于优化建设工程防雷许可的决定》（国发〔2016〕39 号）印发后，陕西省气象局及时贯彻文件精神，发布公告取消“防雷工程设计、施工资质”。促请省政府出台《陕西省人民政府关于调整优化建设工程防雷许可的通知》（陕政发〔2016〕51 号），与住建等部门完成建设工程防雷许可交接。

8.2.1.2 落实商事制度改革

做好工商登记后置审批事项摸底工作。按照修订完善的全省省级部门行政许可项目汇总目录及编制省级工商登记后置审批事项目录的要求，根据相关政策变化情况，陕西省气象局对实施的行政许可事项进行了梳理、修订，落实气象信息服务备案 52 证合一。

积极开展收费清理改革和监督检查。为贯彻落实国务院关于行政审批中介服务事项的决定和陕西省政府关于推进供给侧结构性改革的文件精神，经与省物价局沟通协调，陕西省气象局印发《陕西省气象局 陕西省物价局关于印发防雷装置定期检测收费项目及标准的通知》（陕气发〔2016〕68 号），取消了随工和竣工检测费和专项防雷装置审计审查费，将防雷检测收费标准减低了 10%。针对全省气象服务收费项目是否合规、收费文件是否有效、收费行为是否规范开展专项检查。

全面开放防雷检测服务市场。按照国发〔2016〕39 号要求，陕西省气象局制定了《陕西省〈雷电防护装置检测资质管理办法〉实施细则》，明确了防雷检测资质管理的具体规定。2016 年 12 月，批准 4 家企业取得防雷检测乙级资质，有力地促进了多元主体参与防雷检测技术服务。

8.2.1.3 落实权责清单制度

认真编制并公布权责清单。按照中国气象局和陕西省编办的要求，陕西省气象局于 2015 年 9 月编制了陕西省气象局权力清单和责任清单，向社会公布。按照中编办、中国气象局权责清单指导目录，及时对权责清单进行了修订，并通过省编办、省法制办的合法性审查，在省政府网站公布。

准确公开公共事项清单。按照省推进职能转变协调小组办公室统一安排，组织专人对现有法律法规、文件进行了全面梳理，完成公共服务清单和指南的编制工作。编制完成公共服务流程图，并按要求录入全省权责清单系统。

及时做好清单的动态调整。按照国发〔2016〕39 号文件要求，取消防雷工程专业设计、施工资质，陕西省气象局及时调整了权责清单。按照省审改办要求，对权责清单格式进行了规范，进一步细化办事条件、流程、材料要求。《中华人民共和国气象法》修订后，取消了“重要气象设施建设项目审核”“人工影响天气作业组织资格审批”两项许可。按照动态调整要求，再次调整权力清单。

截至2019年年底，陕西省气象局实施的行政许可事项共4项，分别为“气象台站迁建审批”“防雷装置检测单位资质认定”“新建、扩建、改建建设工程避免危害气象探测环境审批”“防雷设计审核和竣工验收”，以上事项由国家法律法规设定，无地方立法设立事项。

8.2.1.4 加强事中事后监管

制定“双随机”两库一单一细则。陕西省气象局印发《贯彻落实〈中国气象局随机抽查规范事中事后监管工作实施方案〉办法》，向省政府按时上报双随机抽查检查事项和法律依据，“对防雷检测企事业单位的检查”和“对从事气象信息服务活动的检查”列入省级部门随机抽查事项清单。编制执法人员名录库，持有全省气象执法证的人员全部纳入执法检查人员名录库。建立防雷检测和气象信息服务单位名录库，实行动态管理。

实践“双随机”抽查监管。印发《陕西省气象局“双随机一公开”抽查实施细则》，对抽查工作要求进行细化，根据监管实际确定抽查比例和频次。在保证必要抽查覆盖面和工作力度的同时，防止检查过多和执法扰民。

建立“双随机”摇号系统。参照其他部门先进经验，陕西省气象局建设“双随机”摇号系统，通过内网在各市、县气象局推广应用。

8.2.1.5 改进优化政府服务

推进行政审批标准化建设。向省政府报送陕西省气象局行政许可项目目录及中介服务事项清单。出台全省气象行政审批“五统一”制度，统一办理流程，统一申报条件、材料、办理时限，统一申请表格，统一许可文书，统一一次性告知单，全面简化审批手续，规范审批流程。陕西省气象局将现行有效的行政审批事项及运行流程通过政务信息网向社会公开，通过公告、网上公示、政务窗口告知等方式将审批事项及所涉中介服务取消情况告知行政相对人，接受社会监督，做好“互联网+政务服务”工作。

8.2.1.6 加强制度建设，保障气象事业依法发展

注重加强地方立法。积极适应新形势和新要求，切实加强地方气象立法工作。继《陕西省气象条例》《陕西省气象灾害防御条例》后，2013年出台《陕西省气象灾害监测预警办法》，2014年出台《陕西省实施〈气象设施和气象探测环境保护条例〉办法》，2017年修订《陕西省人工影响天气管理办法》。2018年9月，《陕西省气候资源保护和利用条例》经省人大常委会审议通过。

严格落实规范性文件管理。陕西省气象局认真落实规范性文件备案审查和“三统一”制度，坚持有件必备，有备必审，有错必纠。接收备案规范性文件 8 件，向省政府和中国气象局备案规范性文件 5 件。认真落实规范性文件长效清理机制，按照集中清理与专项清理相结合的方式，完成了省政府及部门现行规范性文件的清理工作。完成“放管服”改革涉及规范性文件专项清理工作，共清理不符合“放管服”改革精神规范性文件 2 件。

大力推进标准化建设。陕西省气象局积极推进气象标准化工作，将制标任务纳入年度工作计划，重点在农业技术领域鼓励编制出台符合陕西业务需求的技术标准，截至 2019 年年底，陕西共制定国标 6 件、行标 5 件、地标 25 件。根据设施农业发展需要，陕西省气象局申请的“设施农业气象服务标准化示范区”项目被列入第九批国家农业标准化示范区建设项目。按照陕西省质监局要求分别对陕西编制的 13 件、7 件地方标准进行了复审。积极落实中国气象局标准化工作改革的要求，强化标准执行，不定期更新全省业务单位“标准执行清单”，开展气象标准实施监督。

8.2.2 推进依法行政，提高管理气象社会事务的能力和水平

推进依法科学民主决策。陕西省气象局严格执行重大行政决策程序规定。制定依法行政重大政策专家咨询论证制度，涉及面广、专业性强的重大行政决策事项，聘请专家进行咨询、论证和评估，确保民主、科学、依法决策。发挥法律顾问作用，陕西省气象局、各设区市气象局均建立了法律顾问制度，为气象事业发展发挥了积极作用。

行政效能不断提高。陕西省气象局修订完善《陕西省气象局工作规则》，推进机构、职能、权限、程序、责任制度化。建立健全依法行政考核、监督制度，将依法行政工作列入年终目标考核。建立以行政机关主要负责人为重点的行政问责和绩效管理制度。按照《陕西省气象局行政效能监察管理办法》，落实行政问责和绩效管理制度。开展内部规章制度“废、立、改”工作，加强内部管理，提高行政效能。

行政执法体制机制不断完善。陕西省气象局进一步完善省气象局监督、市气象局为主、县局配合的气象执法体制，整合执法力量，推动执法重心下移。在全省推广宝鸡市气象局执法“三化”标准，带动全省气象执法工作的规范化建设。组织全省行政执法案卷集中评查，促进执法规范化。加强行政执法证件管理，严把执法证件资格认证、法律培训关，做好执法证件的清理工作。加强行政执法监督制度建设，加大执法信息公示、执法全过程记录、重大执法决定法治审核制度落实。

8.2.3 强化普法宣传，切实提高法治意识

制定年度宣传计划，结合“3·23 世界气象日”“12·4 宪法日”等重要时间节点，通过网站、新媒体、上街宣传等形式开展专题普法宣传活动。同时，配合气象地方性法规、政府规章出台，通过报纸刊文、召开新闻发布会等方式安排专门宣传。通过宣传，全省气象部门干部职工依法行政能力显著提升，社会各界气象法治观念、遵法守法意识明显提高。在全省各级气象部门的共同努力下，2015 年，陕西省气象局获评全省依法行政示范单位荣誉称号。2018 年陕西省气象局选送的 3 件微视频作品获全国气象部门“我与宪法”微视频征集活动三等奖，陕西省气象局获优秀组织奖。

8.3 建设高素质气象干部人才队伍

陕西省气象部门人事人才工作始终围绕陕西省气象局中心工作，服务大局，求真务实，改革创新，努力为全面深化气象改革，全面推进气象现代化建设提供坚强的组织保证和人才支撑，通过建立创新团队、核心业务攻关、出台激励政策、提供优惠待遇等方法，培养、引进和积聚了一批骨干人才，带动陕西省气象科技创新向“精、实、用”方向发展，人才结构持续优化，人才队伍综合素质不断提升。

8.3.1 加强气象人才培养

通过实施中国气象局“323”人才工程、陕西省政府“三五人才工程”、陕西省气象局基层气象台站优秀年轻人才津贴、青年拔尖人才、市县技术带头人培养计划、首席预报员、首席气象服务专家及首席科学技术专家等系列人才的评选，积极主动推荐陕西省有突出贡献专家、陕西省“重点领域顶尖人才”等系列措施，将岗位管理与人才培养相结合，全省气象部门高层次人才培养取得明显成效。

全省气象部门现有享受国务院政府特殊津贴 1 人，陕西省有突出贡献专家 1 人，陕西省重点领域拔尖人才 1 人，中国气象局首席预报员 1 人，中国气象局首席服务专家 1 人，享受中国气象局西部优秀青年人才津贴 15 人次。陕西省“三五人才”一层次人才人选 1 人，二层次人选 8 人，三层次人选 84 人。评选聘用省级首席预报员 4 人，省级首席服务专家 3 人，省级首席科学技术专家 1 人；副首席预报员 4 人，副首席服

务专家 10 人，副首席科学技术专家 1 人。

2014 年 11 月，经中国气象局批复同意，陕西省气象培训中心更名为陕西省气象干部培训学院，先后建成云录播系统及 3 个远程直播教室、气象综合观测维修保障和预报预测培训实训平台、情景模拟培训教室和 5 个中国气象局远程学习示范点，完善了省、市、县三级协作的气象教育培训体系，培训能力不断提升，培训形式更加新颖，培训规模继续扩大，为提升职工综合素质及岗位履职能力打下坚实的基础。

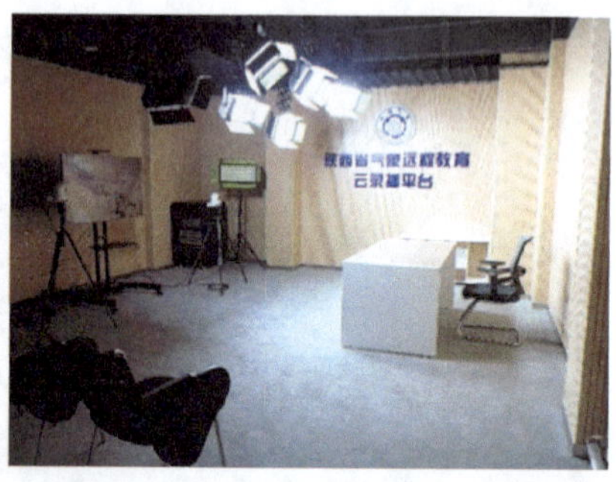

图 8-6　综合观测实训平台和干部培训学院云录播平台

陕西省气象干部培训学院先后开展了全省气象部门处级领导干部综合素质，县气象局长综合素质，防雷、人影、观测、装备等从业人员轮训，以及预报预测、数据网络、观测质量管理体系、行政管理等各类重点培训班。2017 年 1 月由陕西省人力资源和社会保障厅批准成为省级专业技术人员继续教育基地，先后承接多期地方党政系统培训班。其中，2017 年 8 月 3—11 日，承接国家发改委 2017 年应对气候变化南南合作培训班第一批专题培训项目——适应气候变化国际培训班，来自 22 个国家 29 名国际学员共同在陕交流和学习，培训受到各方的高度赞誉和评价。培训学院继续教育工作在社会管理及提升人才队伍综合素质中的作用逐步显现。

2013—2019 年，全省气象部门共举办面授培训班 217 期，共培训 10907 人次；参加中国气象局干部培训学院组织的面授培训班 1351 人次，参加远程培训 8495 人次；参加地方党校、行政学院各类培训班 83 人次。

图 8-7　干部培训学院预报预测实训平台（左）和校园气象科普师资培训班（右）

8.3.2 改善气象人才结构

出台引进全日制博士及高层次专业技术人才、鼓励职工在职攻读博士研究生等优惠政策，吸引和培养高层次紧缺人才；改进职称评审制度，修订完善中高级职称评审条件、评审办法及量化打分办法，对专业技术人员松绑，增加职称评审客观性，坚持品德、业绩、能力导向；加大大气科学专业毕业生引进力度，改进毕业生公开招聘办法，逐步改善职工队伍知识结构。

全省气象部门国家气象编制职工中，2013—2019 年间，博士人数由 11 人增加到 20 人，硕士人数由 171 人增加到 268 人。硕士及以上人员比例由 9.97% 提高到 16.85%，提高了 6.88 个百分点；相较于 2007 年，提高了 13.17 个百分点。本科以上学历人员比例由 62.81% 提高到 77.67%，提高了 14.86 个百分点；相较于 2007 年，提高了 40.18 个百分点。

国家气象编制职工中，正研级职称人员由 18 人增加到 25 人，副研级职称以上人员比例由 14.07% 提高到 21.11%，提高了 7.04 个百分点；相较于 2007 年，提高了 11.27 个百分点。中级以上职称人员比例由 65.88% 提高到 70.09%，提高了 4.12 个百分点；相较于 2007 年，提高了 17.92 个百分点。

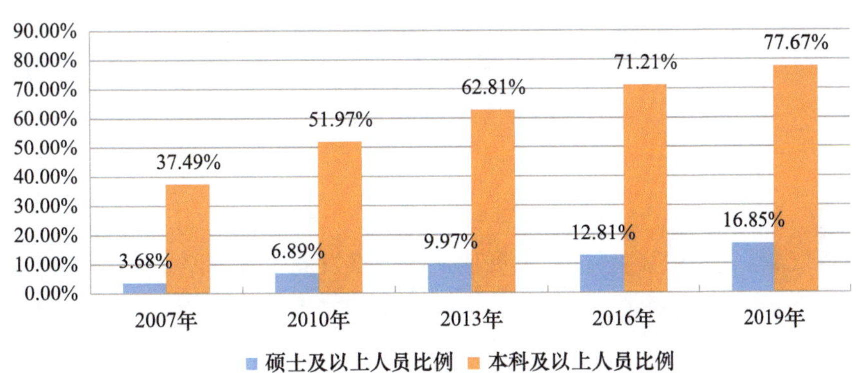

图 8-8　2007—2019 年全省气象部门本科以上学历变化图

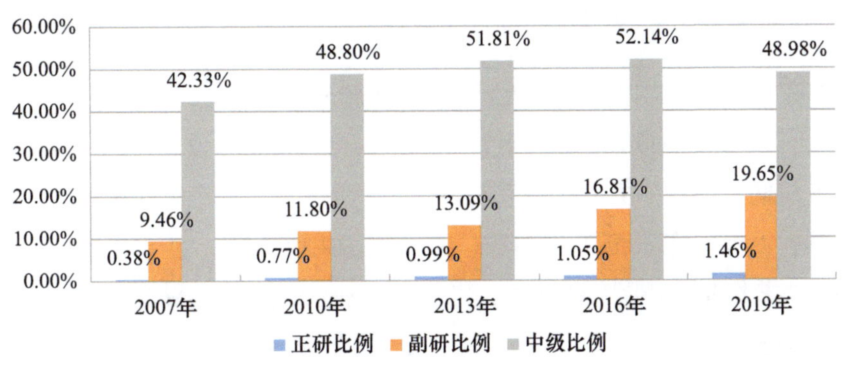

图 8-9　2007—2019 年全省气象部门中级以上职称变化图

8.3.3 优化气象干部结构

按照新时期好干部标准，坚持德才兼备、以德为先的方针和好干部标准，加强领导班子建设。改进考察方式方法，统筹用好干部职数，加强多岗位锻炼，注重干部综合能力培养，近年选拔提任处级干部 65 人，调整处级干部 101 人次，班子结构不断优化。进一步强化对优秀年轻干部的培养选拔，近两年选任 80 后处级干部 5 人。将上挂下派、驻村扶贫及援藏作为锻炼培养干部重要措施，选派 9 人到中国局及直属单位挂职交流，5 人到外省气象部门挂职交流，185 名处科级干部在省市气象局之间挂职交流。一批具有较高知识层次和业务水平、富有创新精神的优秀年轻干部走上了处级领导岗位，优化了班子结构，增添了干部队伍活力。

2019 年，全省气象部门正处级领导干部平均年龄 50.2 岁，副处级领导干部平均年龄 46.6 岁。处级领导干部中，副研级以上职称比例为 67%，中级以上职称比例达 98.6%；硕士以上学位人员占 33.8%，本科以上学历人员比例达 94.4%。

8.4 打造陕西气象文化

陕西省气象局秉持“创新谋求发展、文化助推发展”的思路，大力弘扬气象精神，加强气象文化建设，从文化建设理念、行为文化、形象文化、传播文化等方面，形成了常态化工作机制，取得了丰硕的成果，为陕西气象事业发展提供了精神动力。

8.4.1 开展气象文化建设行动

面对新时代新要求，以“五大发展理念”为指导，制定了《“十三五”陕西气象文化建设规划》，确定了与陕西气象现代化相适应的气象文化建设新目标，形成了气象文化建设长效机制。在精神层面，注重理想信念、价值观教育，树立先进的理念；在形象层面，改善面貌、营造氛围；在方法层面，加强制度建设、注重技术创新；在产品层面，创作文艺作品、开展文体活动、建立“气象标识”。大力弘扬“准确、及时、创新、奉献”的气象精神，谱写了《陕西气象人之歌》；建成了气象局史馆、气象科普馆，颁布了两批“气象标识”；拍摄了以“人工影响天气防灾减灾”为主线的微电影

《爱情预警》，在中国气象频道及腾讯、爱奇艺、优酷等媒体播放；开展气象文化理论研究，编印了《陕西气象文化成果荟萃》。“文化助推行动”曾获得中国气象局创新工作奖。组织开展延安人民气象事业发祥史研究和纪念地建设项目，充分挖掘延安人民气象事业发祥地的红色文化资源，努力打造全国气象人的精神家园。

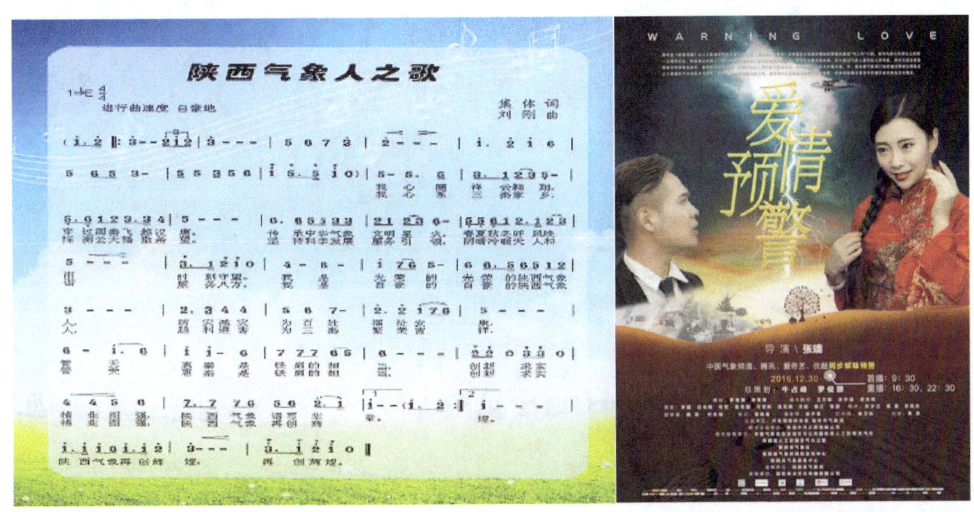

图 8–10 《陕西气象人之歌》和陕西省气象局拍摄的微电影《爱情预警》

8.4.2 加强社会主义核心价值观宣传教育

始终把培育和践行社会主义核心价值观作为气象文化建设的核心内容，加强宣传，做到“中国梦”、核心价值观的宣传进办公室、会议室、餐厅、运动中心、公用场所。举办了“我为核心价值观代言”“清风伴我行”“践行党规党纪，争做合格党员”“弘扬新时期陕西气象人精神”等演讲比赛，举办诗歌朗诵、主题征文比赛、纪念“七一”诗词征集、“中国梦•气象情•奋进志”经典诵读等主题活动，参观“红星照耀中国——外国记者眼中的中国共产党人”、纪念建党 95 周年、纪念抗战胜利 70 周年等图片展，开展“烈士纪念日”悼念活动，赴照金、马栏、八路军办事处等红色革命教育基地参观学习，重温入党誓词。通过举办这些活动，将爱国主义和红色基因根植于心，把核心价值观宣传引向深入。在中国气象局和省直机关工委组织举办的演讲比赛、文化艺术节、诵读经典比赛等多项活动中取得优异成绩。承办全国气象人精神演讲比赛并荣获一等奖，在省直工委举办的“中国梦、为民情、奋进志”经典诵读比赛中获得优秀节目奖。

图 8-11　在陕甘边革命根据地照金纪念馆重温入党誓词

8.4.3　开展“厚德陕西”建设活动

制定了《陕西省气象局开展“厚德陕西”道德建设活动方案》。建立了“道德讲堂”及相关制度，每年组织开展 4 期不同主题的“道德讲堂”，讲身边事，学身边典型，传诵经典。在包扶的贫困村举办“道德讲堂”。在春节、“三八妇女节”、“五四青年节”、清明、端午、重阳、中秋、国庆等节日开展主题文化活动。开展了“扬贤孝美德 倡文明家风 寻最美家庭”优秀女职工评选表彰活动。制定了《陕西省气象局机关公务活动礼仪规范》，推行在办公场所禁止吸烟，开展“节约粮食 米粒行动 职工签名”、“节约粮食 光盘行动 气象青年在行动”活动，每年开展“积极推行节能低碳环保工作，地球不插电，熄灯一小时”活动。加强环境绿化美化建设，倡导“礼让斑马线”“烟头不落地、垃圾不落地、城市更美丽”等文明礼仪，教育职工从自身和点滴做起，培养良好的文明素养。参加省直机关“金秋爱心助学”活动，坚持对劳动模范、楷模人物、老党员、困难职工进行慰问。

8.4.4　开展争先创优活动

制定了陕西省气象局奖励管理办法和相关制度，开展全省气象系统楷模人物、优秀县局长、各类先进集体和先进个人评选表彰，先后四批共表彰全省气象部门楷模人物 21 名。组织学习气象部门“中国好人榜”候选人杨万基同志，“三秦楷模”王辉、徐立平同志，“陕西好人”贾乾生同志等人物的先进事迹。通过办宣传栏、组织楷模人物巡讲、交流座谈等形式，把楷模人物树立成为推动气象事业发展的一面旗帜，成为每名干部职工履职尽责的榜样和标杆，掀起了与优秀比肩，向身边先进学习的热潮。编辑出版了《陕西气象英模录》，收录了建局以来获得市厅级以上荣誉奖励的人物事迹，促进全省气象部门形成学习先进、崇尚先进、赶超先进的良好氛围。

图 8-12 第四届“陕西省气象部门楷模人物”表彰大会

8.4.5 开展文明单位创建

坚持把精神文明建设工作纳入各单位和各级领导班子年度目标考核，建立了长效机制。坚持每年评选表彰文明创建先进集体和个人。以文明单位创建为抓手，深入推进精神文明建设。坚持每年举办一次“文明单位创建工作培训班”。不定期召开创建工作研讨会、现场观摩会。利用气象网站、气象电视频道、气象微博微信、宣传栏、宣传海报等多种形式，深入宣传，广泛动员，增强干部职工的争创意识和参与热情，营造了浓厚的创建氛围。2017 年 10 月，陕西省气象局被表彰为全国文明单位。截至 2019 年年底，全省各级气象部门 99% 的单位建成了文明单位。其中，全国文明单位 3 个（省气象局、延安市气象局、商州区气象局），省级文明单位标兵 6 个，省级文明单位 35 个。

8.5 加强离退休干部工作

陕西省气象局不断提高服务离退休干部的水平，加强离退休干部活动场所建设，营造了良好的离退休干部活动氛围，切实落实两项待遇，关心离退休干部的身心健康，为现代化建设提供了稳定和谐的环境。

8.5.1 加强离退休干部活动基础设施建设

2013 年，争取中央国家机关事务管理局投资 50 万元，自筹资金 40 万元，建成陕西省气象局方新大院老干部活动中心，2015 年被省老干局、省直机关工委等五部门联合授予“省直机关老干部活动示范点”，被国家机关事务管理局挂牌为“中央国家机关离退休干部活动中心陕西省气象局分中心”。自筹资金改善更新了龙首大院、北关大院活动室部分活动器具，省妇联、省文明办、省总工会等单位先后组织参观陕西省气象局老干活动中心，老干活动中心成为陕西省气象局文明创建的对外窗口。

图 8–13　省妇联离退休人员参观体验陕西省气象局老干活动中心

8.5.2 提升离退休干部管理与服务工作水平

为认真贯彻落实中办发〔2016〕3 号、陕办发〔2016〕43 号、气发〔2016〕60 号文件精神，2017 年陕西省气象局修改完善了《陕西省气象部门离退休职工管理办法》，出台了《陕西省气象部门进一步加强和改进离退休干部工作的实施意见》(陕气发〔2017〕42 号)，牢牢把握为党的事业和气象事业增添正能量的价值取向，周密部署了推进离退休干部工作的转型发展，激励广大离退休干部为全面建成小康社会、实现“两个一百年”奋斗目标和中华民族伟大复兴的中国梦、实现陕西气象现代化贡献力量。

2013 年，中国气象局在陕西召开了西北、东北、华南片区陕西省气象局老干工作研讨成果经验交流会。2015 年以来，陕西省气象局先后应邀在四川、郑州、宁波、武汉召开的老干工作调研成果经验交流会做了有关老干党建、管理与服务工作经验介绍。2016 年陕西省气象局离退办武勇民同志获得“全国先进老干部工作者”荣誉称号。

2016 年和 2017 年先后开展规范党费收缴和党员登记工作，对陕西省气象局离退休党支部进行了换届，充实和加强了离退休支部工作，组织离退休党支部开展创建“星级”支部活动，强化“两学一做”主题教育。定期组织 7 个离退休党支部开展支部学习、座谈讨论等。

8.5.3 营造丰富多彩的离退休干部活动氛围

不断创新活动形式、丰富活动内容，始终把满足老干部对精神文化生活的需求作为活动的主体和主线，坚持每年组织老干部开展集娱乐、教育、健身、学习等为一体的丰富多彩的活动。组建八支老年活动团队，发挥老干部自我管理、自我组织、自发活动的作用，积极组织老年活动团队参加省老干局、老体协、老摄协和陕西省气象局等举办的老年竞技和文体活动，积极与地方部门老干组织开展交流互动，拓展老干部活动空间。

连续多年组织离退休老干部参观基层气象台站的现代化建设成果，老年书画协会会员为灞桥区气象局和西安市气象局等赠送书画作品几十余幅，为基层文化建设助力。2018 年组织老干部积极参加中省开展的纪念改革开放 40 周年系列活动，并在摄影比赛、书画比赛中取得较好成绩。2019 年，组织老干部参加庆祝新中国成立 70 周年系列活动，包括“我看新中国成立 70 周年新成就”专题调研、座谈会，举办全省离退休老干部“喜迎 70 大庆，展示时代风采”书画摄影展等系列活动，将老同志凝聚在为中国梦添彩、为气象事业出力的正能量上。组织离退休乒乓球、象棋、门球团队参加陕西省第三届老年人体育健身大会并取得好成绩，陕西省气象局离退办获优秀组织奖。

图 8-14　“七一”组织老干部参观并重温入党誓词

图 8-15　老年书画协会连续多年开展“写春联送祝福”活动

图 8-16　陕西省气象局老年体育代表队参加第二届、第三届老年人体育健身大会

图 8–17　庆祝建党 95 周年书画展

图 8–18　庆祝新中国成立 70 周年书画展

8.5.4　全面落实离退休干部的“两项待遇”

陕西省气象局重视和加强离退休老干部的政治学习，定期或不定期地向离退休老干部通报部门工作情况和重大事项、发展战略等，重大活动邀请离退休老干部代表参加，确保他们的知情权落到实处。2015 年以来，陕西省气象局党组每年召开离退休干部代表座谈会，征求对党组和气象事业发展的意见和建议。建立离退休职工阅览室，全天候开放，定期或不定期向老干部传达重要文件精神，让老干部及时了解党的方针政策，了解国家、省和部门的工作大局，使老干部的思想观念和行动与时代合拍、与发展同步、与单位工作同心。加强离退休党建工作，增强离退休党员的凝聚力。各级气象部门将离退休党员全部纳入支部，使他们退休不离组织，建立支部生活制度、政治学习制度，及时传达学习时政理论，为离退休职工提供丰富的政治学习资料，加强离退休党员的思想教育和管理，确保离退休党员在思想和行动上与党中央保持高度一致。

8.5.5 积极关心离退休干部身心健康

陕西省气象局形成了逢年过节和重大节日局领导带头慰问离退休老干部、老党员和困难职工，定期或不定期的走访慰问困难职工的长效机制。落实涉及离退休职工的生活待遇的离退休费，保障看病就医费用优先解决，并在政策允许的范围内增加了离退休职工享受改革成果的待遇标准。建立定期健康体检制度，离退休职工就医看病有人探望，涉及离退休职工切身利益的事有人管，离退休职工遇到困难有人帮。真正实现离退休职工“六个老有”。

9

陕西气象现代化建设大事记

9.1 2013年陕西气象现代化建设大事记

2013年1月5日，陕西省气象局“火车头计划”省级创新团队举行科学报告会，报告会由陕西省气象局副总工主持，陕西省气象局党组成员全体出席。同日，陕西省气象局召开“陕西省县级气象业务服务系统”建设电视电话会议。

1月8日，陕西省气象局处级领导干部综合素质培训班在西安开班授课，陕西省气象局党组书记、纪检组长、副局长和西安市气象局党组书记出席了开班仪式。

1月24日，全省气象局长会议在西安召开，会议传达了全国气象局长会议精神，陕西省气象局局长作了题为《凝心聚力 乘势而上 加快建设全国先进的西部气象强省》主报告，同时几位局领导也作了相关专题报告，会议代表进行了分组讨论。会上还宣读了《中共陕西省气象局党组关于改进工作作风、密切联系群众的实施意见》。

2月2日，中纪委驻中国气象局纪检组组长一行在西安市与西安市委副书记、市纪委书记会谈。双方就深入贯彻落实全国气象局长会议精神、党风廉政和风险防控体系建设以及气象服务“大西安”建设、西安率先基本实现气象现代化等工作进行交流。陕西省气象局党组书记、纪检组长和西安市气象局党组书记参加会谈。

2月27日，2013年全省气象科技服务工作会议在西安召开。

3月5日，陕西省气象局召开“火车头计划”专题研讨会，研究部署2013年全省“火车头计划”工作，深入推动“火车头计划”实施。陕西省气象局局长、纪检组长、副局长及副总工出席会议。

3月6日，陕西省气象局召开气象为农服务体系建设和“两化”工作（政府化、社会化）专题研讨会，研究部署2013年全省气象为农服务体系建设和“政府化”“社会化”等工作。陕西省气象局局长、纪检组长、副局长及副总工出席会议。

3月7日，陕西省气象局召开《陕西省气象部门“一流台站”建设方案（2013—2015年）》专题研讨会，研究部署陕西一流气象台站建设工作。陕西省气象局局长、纪检组长、副局长及副总工出席会议。

3月11日，澳大利亚气象局局长罗布•韦尔泰希博士到陕西省气象局参观访问。

陕西省气象局纪检组长等一行陪同访问。同日，陕西省气象局副局长带领科技与预报处、观测与网络处、陕西省气象科学研究所相关人员赴北京，向中国气象局科技与气候变化司就陕西科技与气候变化相关工作进行汇报。汇报会由司长主持，科技与气候变化司相关处室和综合观测司保障处领导出席会议。

3 月 14 日，陕西省气象局组织召开 2013 年全省气象服务工作会议。陕西省气象局副局长作了题为《创新机制 提升能力 促进我省气象服务工作再上新台阶》的报告，并传达了中国气象局《关于贯彻落实 2012 年中央农村工作会议和 2013 年中央一号文件精神的通知》，以及全省农村工作会议的精神。

3 月 18 日，陕西省气象灾害应急指挥部组织召开了 2013 年气象灾害应急指挥部联络员会议。陕西省气象局副总工出席会议并讲话。来自省委宣传部、省政府应急办、省发改委、省财政厅及省军区、民航西北地区管理局等 27 家指挥部成员单位代表参加了会议。

3 月 21 日，陕西省人大常委会农业和农村工作委员会主任一行来到陕西省气象局视察调研工作。陕西省气象局局长、副局长陪同参观。

3 月 23 日，陕西省气象局举办“2013 年世界气象日纪念报告会”。会议还邀请了陕西省科技厅副厅长以及陕西省政府应急办、省政府办公厅等相关领导和专家出席会议。陕西省气象局副总工主持大会。

4 月 2 日，中国工程院院士许健民到陕西省气象台，针对天气预报平台（CMCAST）和全国卫星天气应用平台（SWAP）等业务系统中卫星产品的预报应用情况，与当日值班首席和预报员们进行了面对面的交流。许院士对陕西省气象台应用卫星预报技术问题提出了相关建议和要求，促进了陕西卫星预报系列产品的有效应用和预报人员业务能力的提升。

4 月 11 日，陕西省气象局与腾讯大秦网签订战略合作协议。陕西省气象局办公室主任、副主任、应急与减灾处处长、腾讯大秦网总监一行四人出席签字仪式。

4 月 12 日，杨凌示范区管委会与陕西省气象局《共建气象防灾减灾体系合作协议书》签字仪式举行。陕西省气象局局长与杨凌示范区管委常务副主任在协议书上签字。陕西省气象局副局长、管委会副主任等出席仪式。示范区发改局、财政局、国土局、规划局、农业局、水务局及陕西省气象局相关处室主要负责人参加仪式。全省气象部门文化助推行动南北互动计划工作研讨会在宝鸡召开，陕西省气象局纪检组长出席会议，陈仓区副区长受邀出席了会议。

4 月 16 日，根据《陕西省人民政府关于表彰第十二届自然科学优秀学术论文的通报》（陕政函〔2013〕40 号）文件，《陕西省第十二届自然科学优秀学术论文》评选结果公布。陕西省气象部门有 4 篇论文获奖。

5 月 14 日，陕西省气象局培训中心举办市气象局“火车头计划”创新团队负责人培训班，陕西省气象局副局长为培训班上了第一课。

5 月 15 日，全国高空气象观测记录数字化技术研讨会在陕西西安召开。全省市级气象局“火车头计划”创新团队负责人培训研讨会在陕西省气象局气象培训中心举行，陕西省气象局局长、陕西省气象局副总工、科技与预报处处长、人事处调研员受邀出席了会议，陕西省气象培训中心主任以及全省各市气象局“火车头计划”创新团队负责人参加了研讨会。

5 月 17 日，在中共陕西省委组织部、陕西省人力资源和社会保障厅开展的 2012 年度陕西省重点领域顶尖人才的遴选评审活动中，陕西省气候中心孙娴同志获“2012 年度陕西省重点领域顶尖人才”光荣称号。

5 月 21 日，由陕西省气象局和省总工会联合主办的第四届陕西省气象行业职业技能大赛暨第五届陕西省气象系统天气预报技能大赛在西安正式开幕。陕西省气象局副局长、省直机关工会工委主任、陕西省气象局工会主席等出席大赛开幕式。竞赛委员会成员、各代表队领队及参赛选手参加开幕式。

5 月 23 日，第四届全省气象行业职业技能竞赛暨第五届全省气象系统天气预报技能竞赛在西安顺利闭幕。陕西省气象局副局长，省总工会副主席等领导出席闭幕式并为获奖选手颁奖。

5 月 30 日，陕西省气象局和陕西省政府法制办联合召开新闻发布会，正式颁布《陕西省气象灾害监测预警办法》。陕西省政府法制办公室副主任、陕西省气象局副局长出席会议并讲话。

5 月 31 日，中国气象局召开电视电话会，就全面推进气象现代化作出动员部署。陕西省气象局党组书记、纪检组长、副局长、西安市气象局党组书记、陕西省气象局副总工以及机关各处室、各直属单位负责人等在陕西分会场参加会议。

6 月 4 日，陕西省气象局召开贯彻落实中国气象局全面推进气象现代化工作电视电话会议精神，部署相关工作。陕西省气象局局长、纪检组长、副局长、西安市气象局局长、陕西省气象局副总工以及机关各处室、各直属单位负责人参加会议。

6 月 15 日，陕西省气象局办公室印发《关于成立陕西省气象局全面推进气象现代化建设工作领导小组的通知》，成立陕西省气象局全面推进气象现代化建设工作领导组织及现代化建设办公室。陕西省气象局党组书记、局长任组长，其他党组成员为副组长，副总工为秘书长。

6 月 28 日，印发《中共陕西省气象局党组关于全面推进气象现代化工作的实施意见》。

7 月 2 日，陕西省气象局印发《陕西省气象局全面推进气象现代化工作方案》。

7月5日，陕西省气象局召开党组中心组学习会，专题研讨陕西推动气象现代化建设的指标问题。

7月10日，中国气象局预报与网络司会同陕西省气象部门专家组对陕西省气象台承担的关键技术集成与应用项目“基于高分辨率数值预报产品的陕西暴雨预报方法集成应用”进行了验收。

7月31日，陕西省气象局召开党组中心组学习会，党组全体成员出席会议，各设区市气象局、杨凌气象局及省气象局各直属单位、机关各处室主要负责人参加会议。

8月5日，陕西省气象局党组全体成员赴陕西省政府汇报党的群众路线教育实践活动开展等情况。

9月2日，陕西省人大常委会召开会议，听取《中华人民共和国气象法》(以下简称《气象法》)贯彻实施情况汇报，研究部署《气象法》执法检查工作。陕西省人大常委会副主任出席会议并讲话。陕西省人大常委会委员、农工委主任主持会议。陕西省人大常委会农工委、环资委，陕西省《气象法》执法检查组成员以及陕西省气象局、陕西省农业厅、陕西省财政厅有关负责同志参加会议。

9月3日，陕西省气象局完成了全省100个国家级地面气象观测站、3个无人气象站和4个探空站探测环境调查评估工作，并向中国气象局上报了调查评估报告书。同日，由陕西省人大常委会农工委主任率队，对全省实施《气象法》情况开展了集中执法检查。陕西省气象局局长陪同检查。陕西省人大、陕西省气象局相关处室负责人组成检查组成员，赴宝鸡地区开展实地两天的执法检查。

9月4日，陕西省人大和陕西省气象局组成的检查组赴商洛市丹凤县、洛南县开展《气象法》执行情况的检查工作。检查组由陕西省人大环资委主任带队，陕西省气象局副局长陪同，陕西省人大农工委、环资委以及省气象局政策法规处的领导干部共同组成检查组成员。

9月9—10日，为期两天的陕西省气象现代化现场观摩会在榆林举行。

9月11日，陕西省气象局和内蒙古自治区气象局签署了《共同推进红碱淖湿地保护区人工影响天气协同作业合作协议》。

9月13日，陕西省气象局举行暴雨灾害气象预警信息发布应急演练。演练由陕西省政府应急办、陕西省气象局联合主办，陕西省广播电影电视局、陕西省通信管理局协办。

9月25日，第二期全省县级气象局局长基层综合改革研讨班在省气象培训中心开讲。陕西省气象局党组书记、局长出席开班式，陕西省气象培训中心主任主持开班式。

9月27日，陕西省气象局与商洛市政府《共同推进商洛气象现代化建设合作备忘录》签字仪式在西安举行。陕西省气象局局长会见商洛市市长一行，双方就共同推进商洛市气象现代化建设交换意见。陕西省气象局副局长与商洛市常委、常务副市长分别代表双方签字。

10 月 29 日，陕西省气象局与陕西省果业局联合组织召开了陕西省果品气候品质认证新闻发布会。

11 月 1 日，陕西省气象局召开陕西省气象局干部大会，局长主持会议。陕西省气象局人事处负责人宣读了《中共陕西省气象局党组关于授予余兴同志陕西省气象局首席科学研究专家称号的通知》《陕西省气象局关于确定首批陕西省气象局青年拔尖人才的通知》及《中共陕西省组织部陕西省人力资源和社会保障厅关于确定 2012 年度陕西省重点领域顶尖人才的通知》。陕西省气象局领导班子为陕西省气象局优秀科研人才余兴同志、孙娴同志及首批青年拔尖人才代表颁发了荣誉证书。

11 月 8 日，陕西省气象局召开了全省环境气象业务进展汇报会，会议就目前全省环境气象业务的进展情况进行汇报讨论，分析环境气象业务面临的形势及研究解决存在的问题，对下一阶段的工作进行部署。

11 月 22 日，由陕西省气象局和陕西省总工会联合举办的陕西省第四届气象行业人工影响天气作业职业技能大赛在西安举行。本次技能大赛共有陕西省气象局 10 个地市人影办的 10 个火箭队，7 个高炮队共 41 名选手参加了比赛。

12 月 11 日，陕西省气象局与民航西北空管局签署《关于共同推进新型气象为航空服务业务发展的协议》。

12 月 20 日，陕西省气象局“火车头计划”省级创新团队科学报告会在西安顺利举行。

12 月 22—24 日，中国气象局党组成员、副局长来陕检查指导工作。

12 月 26 日，陕西省气象局与陕西省环境保护厅签署《环境气象业务合作协议》。

12 月 30 日，陕西省人民政府印发《陕西省人民政府办公厅关于加快推进气象现代化建设的意见》。

12 月 31 日 20 时，陕西省气象部门拉开了全省地面观测业务切换的大幕。业务主管副局长担任总指挥。20 时 52 分，全省 99 个国家级自动站的观测资料全部及时上传，全省地面观测业务调整顺利完成。

9.2 2014年陕西气象现代化建设大事记

2014年1月1日，陕西省99个国家级自动站的观测资料全部及时上传，全省地面观测业务调整顺利完成。

2月26日，陕西省气象局与陕西省环境保护厅在陕西省气象局联合召开2014年环境工作推进会议，就合作推进2014年环境工作作出重要部署，双方相关单位负责人参加会议。

2月27日，陕西省气象局与陕西省林业厅签署关于加强林业气象服务合作协议。陕西省气象局副局长、陕西省林业厅副厅长出席签字仪式并代表双方签字。

3月4日，陕西省气象局召开全面推进气象现代化建设工作领导小组会议，调整了气象现代化建设工作领导小组及办公室成员，由副局长负责日常组织协调工作，副总工负责日常管理工作。

3月12日，陕西省气象局副局长，应急与减灾处、科技与预报处、观测与网络处主要负责人一行赴陕西省环境保护厅环境监测中心站进行调研并举行座谈会。陕西省环境保护厅大气办处长主持会议。

3月19日，《陕西日报》头版全文刊发陕西省生态环境监测评估情况的报告。陕西省气象局组织有关专家分析了陕西2000—2013年间的生态环境变化情况，并向陕西省委、省政府报送了《关于陕西省生态环境监测评估情况的报告》。

3月20日，陕西省政府副省长在听取陕西省气象局关于气象现代化工作进展情况专题汇报后要求：一是要加快推进中国气象局与陕西省政府合作协议确定项目的建设进度，力争2015年完成全部建设；二是要做好四个在建项目的综合评估，适时召开省部合作协议第二次联席会议；三是陕西省气象局要提前谋划，为“十三五”期间省部合作做好前期准备工作，利用省部合作的途径，提升气象防灾减灾能力，推动气象现代化建设；四是要加快西咸新区气象局的筹建工作。

3月24日，陕西省气象局气象预报指标体系建设阶段总结会在汉中举行。

3月25日，2014年全省气象为农服务工作会在汉中召开。

4月10日，陕西省气象局设立市长大讲堂，邀请各市市长为气象部门领导干部授课，从政府需求、社会经济需求角度让气象部门干部职工明确服务方向，面对需求提供优质服务。同日，咸阳市政府和陕西省气象局就共同推进咸阳气象现代化建设召开座谈会并签署合作备忘录。

4 月 11 日，陕西省气象局各单位主要负责人第一季度会议在西安召开。

4 月 15 日，第 43 期全国气象为农服务“两个体系”建设骨干培训班开班典礼在陕西省气象培训中心举行。

4 月 20 日，陕西省森林气象观测网建设正式启动。

4 月 21 日，2014 年全省气象科技服务工作会议在西安召开。

4 月 22 日，陕西省气象局召开全面推进气象现代化建设工作领导小组成员会议，副局长主持会议，现代办成员全体列席。会议讨论了 2014 年全面推进气象现代化建设工作方案。

4 月 23 日，《陕西省实施〈气象设施和气象探测环境保护条例〉办法》（陕西省人民政府第 177 号令）由省长签署颁布，于 2014 年 6 月 1 日起施行。

4 月 29 日，陕西省气象局印发《陕西省气象局 2014 年全面推进气象现代化工作方案》，全面安排部署 2014 年全省现代化推进工作。

5 月 1 日，《陕西省果业条例》正式实施，陕西省果业气象服务工作也在全国范围内首次纳入地方行业法律法规范畴，实现了气象行业中的第一次。

5 月 7 日，陕西省政府印发《陕西省“治污降霾 · 保卫蓝天”2014 年工作方案》（陕政办发〔2014〕40 号）。

5 月 22—23 日，2014 年全省综合观测工作暨地面高空业务一体化工作会议在西安召开。

5 月 26 日，陕西省气象局召开全面深化气象改革领导小组会议。会议深入研究讨论关于陕西省全面深化气象改革领导小组 2014 年的工作要点等内容。

5 月 28 日，陕西省防雷减灾集团正式成立。陕西省气象局局长、副局长出席成立大会。

6 月 13 日，陕西省气象局与陕西省住房和城乡建设厅就共同开展城市内涝预报预警与防治签署合作框架协议。

6 月 16 日，2014 年黄河流域气象业务服务协调委员会会议在西安召开。

6 月 19 日，陕西省气象局副局长与来访的总参大气环境研究所所长一行进行座谈，就联合开展陕西区域增雨飞机机载云微物理探测作业事宜进行深入探讨和交流。

6 月 24 日，陕西省政府应急办主任、副主任一行 6 人到陕西省气象局调研突发事件预警信息发布工作，并座谈。陕西省气象局局长、副局长出席座谈。

6 月 26 日，陕西省发改委、陕西省气象局有关人员赴中航工业西安飞机制造公司调研人影增雨飞机研制试飞情况。西飞公司副总经理陪同调研组实地参观高性能人影增雨飞机。

6月27日，陕西省13115科技创新工程科技公共服务平台建设项目支持的“陕西省林果气象科技公共服务平台”项目专家咨询会在陕西省气象局召开。

6月28日，陕西省气象局印发了《2014年基层综合改革工作方案》。

6月30日，陕西省气象局与陕西省环境保护厅就开展环境气象业务合作的具体工作进行座谈，提前谋划下半年雾和霾相关环境气象业务，联合发布空气质量预报及相关技术研究储备等方面的工作。

7月17日，陕西省政府省长、副省长、秘书长、副秘书长以及陕西省政府应急办、陕西省政府办公厅的工作人员来到陕西省气象局检查指导工作。

7月18日，陕西省政府把公共气象服务纳入向社会力量购买服务指导目录。陕西省人民政府出台《陕西省人民政府办公厅关于政府向社会力量购买服务的实施意见》，将“气象灾害预警信息传播服务”“农情调查及农业气象信息服务”两项内容列入政府购买基本公共安全服务和“三农”服务指导目录，具体工作从2015年开始实施。

7月24日，华山气象站举行“全国工人先锋号”授牌仪式。中国农林水利工会水利气象部部长、中国工会网主任、中国气象局工会主席、中国气象局机关工会主席、陕西省气象局纪检组长、省工会副主席、省直机关工会工委主任、陕西省气象局及渭南市气象局相关人员参加授牌仪式。

7月27日，全国气象部门CDM项目工作交流会在西安举行。中国气象局科技与气候变化司副司长、陕西省气象局副局长，与来自国家应对气候变化战略研究和国际合作中心、清华大学、国家发改委能源研究所等单位的专家，以及陕西、上海、新疆、天津、西藏、江西、山西等省（区、市）气象部门相关代表进行交流座谈。

7月28日，在陕西省科学技术协会第八次代表大会上，陕西省气象学会被授予“全省科协系统先进集体”称号。

7月29日，陕西省老年体育协会主席一行5人来到陕西省气象局考察调研老年体育活动示范点创建工作情况。

8月8日，陕西省副省长前往咸阳机场看望正在陕西进行飞机人工增雨的机组和作业人员，对一线飞机增雨机组及全体人影工作者进行慰问。

8月22日，陕西省防雷减灾集团工作推进会在安康召开。

8月25日，陕西省气象局公布《陕西省气象部门行政服务清单》。

8月31日，2014年环中国国际公路自行车赛第二站汉中赛段的比赛在汉中隆重举行。陕西省气象局应急与减灾处、陕西省气象台、陕西省气象信息中心、陕西省大气探测技术保障中心相关负责人及工作人员联合汉中市气象局开展气象保障服务。

9月5日，陕西省政府组织召开全省气象现代化建设推进会。各设市政府、部分县（市、区）政府分管领导及省政府相关部门负责人参加会议。副省长发表书面讲话，对气象现代化工作提出三点要求。陕西省气象局副局长做了《加快推进气象现代化，为“三个陕西”建设提供全方位气象服务》的报告。

9 月 10 日，陕西省气象局与总参大气研究所举行全面合作战略框架签字仪式。

9 月 24 日，陕西省气象局特别邀请中国农业大学郑大玮教授就“农业适应气候变化与气候智能型农业”作专题学术报告。来自全省 13 个农业气象科技创新团队成员及陕西省经济作物气象服务台、陕西省农业遥感信息中心、陕西省气候中心的 60 多位代表参加了学术报告会。

9 月 26 日，2014 年全国省级气象现代化考核评价推进会在西安召开，会议研究部署省级气象现代化指标年度评价并研讨数据填报工作。各省（区、市）气象局负责全面推进气象现代化工作领导，中国气象局发展研究中心相关人员，中国气象局应急与减灾司、预报网络司、综合观测司、科技与气候变化司、计划财务司、人事司、政策法规司等参与省级气象现代化指标体系设计工作的相关处级领导，中国气象局现代化暨改革办公室有关人员参加会议。

10 月 15 日，陕西省气象局副局长和陕西省政府法制办副主任带队组成的评估组，赴汉中就落实《陕西省人民政府办公厅关于进一步加强农村气象防灾减灾体系建设的意见》的执行情况进行综合评估，对预期效果实现程度展开检查。陕西省气象局召开党组扩大会，专题研讨气象现代化暨深化改革工作。陕西省气象局局长解读了《中国气象局气象服务体制改革实施方案》和《中国气象局全面推进气象现代化暨深化气象改革办公室工作细则及 2014—2015 年重点工作计划》等有关文件精神。

10 月 17 日，陕西省气象局召开全省旅游气象服务工作研讨会。陕西省气象局副局长出席会议，陕西省气象局应急与减灾处、防雷中心、气象服务中心，渭南、宝鸡、延安、汉中、商洛市气象局主要负责人参加会议。

10 月 21 日，陕西省气象局举办第五届气象行业职业技能大赛。陕西省气象局副局长，陕西省人社厅职业能力建设处处长，陕西省总工会职工技协办副主任，陕西省气象局副总工，陕西省气象局直属机关工会、陕西省气象局直属机关党委办公室及陕西省气象局观测与网络处相关人员出席开幕式，大赛委员会成员，各参赛队领队、教练、参赛选手参加开幕仪式。

10 月 22 日，陕西省气象局召开第三批陕西省气象局楷模人物座谈会，陕西省气象局局长、纪检组长出席座谈会并接见了楷模人物和楷模候选人。陕西省气象局办公室、人事处、直属机关党委办公室、影视宣传中心相关领导参加会议。

10 月 23 日，第三批陕西省气象局楷模人物表彰大会隆重召开，陕西省气象局局长、纪检组长以及特邀的陕西省直机关工委副书记出席大会。在西安的第一批、第二批陕西省气象局楷模人物应邀参加大会。同日，陕西省气象局与陕西省总工会联合举办的第五届气象行业职业技能（县级综合气象业务）大赛正式闭幕。陕西省气象局局长、纪检组长、副总工，陕西省气象局工会、陕西省气象局观测与网络处相关人员出席闭幕式。

11 月 6—8 日，陕西省气象局组织第三批气象楷模人物走进商洛、安康，开展楷模人物首度巡讲活动。巡讲团一行来到镇安县气象局、安康市气象局、旬阳县气象局、汉阴县气象局和宁陕县气象局开展事迹报告，和基层干部职工进行座谈、交流体会。

11 月 7 日，由中国气象学会主办，陕西省气象局、陕西省科协承办的首届全国农业与气象论坛在中国农科城——杨凌国家农业高新技术产业示范区举行，论坛以“气候变化与农业发展”为主题，探讨在气候变化背景下，农业生产应如何利用气候资源，趋利避害，为现代农业发展提供智力支持，保障农业持续稳定发展。

11 月 11 日，2014 年全省首届公共气象服务业务竞赛在陕西省气象局举办。

11 月 14 日，陕西省气象局组织召开秦岭大气科学实验基地人影实验室建设研讨会。陕西省气象局副局长、副总工出席会议，中国气象局应急减灾与公共服务司、科技与气候变化司、人工影响天气中心和南京信息工程大学、中国人民解放军理工大学、陕西中天火箭技术股份有限公司有关领导专家及多位国内资深专家参加会议。

11 月 20—21 日，2014 年全国汛期气候预测技术交流会在西安召开。中国气象局相关职能司领导、科研院所特邀专家、国家级首席预报员、入选论文作者、国家级和各省（区、市）气象局相关负责人参加了此次会议。

11 月 25 日，陕西省气象局召开省级气象现代化指标推进会，陕西省气象局纪检组长、副局长出席会议，陕西省气象局相关直属单位、机关各处室及西安、咸阳市气象局相关负责人参加会议。

12 月 22 日，陕西省政府印发《陕西省气象现代化建设实施方案》，明确要加快推进陕西省气象现代化建设，构建与经济社会发展相适应的气象现代化服务体系。

9.3 2015 年陕西气象现代化建设大事记

2015 年 1 月 15 日，陕西省气象局局长、副局长会见来访的安康市市长、副市长一行，共同研究探讨推进安康气象现代化建设并签署合作备忘录。

1 月 21 日，陕西省委书记和省长在西安会见中国气象局局长一行。陕西副省长及中国气象局领导班子成员一同参加会见。双方表示，要进一步深化合作共建，提高陕西气象事业现代化水平，推动气象预报、灾害预警、生态监测和治污降霾等工作上台阶，更好地发挥气象工作在保障地方经济发展和服务人民群众生活中的重要作用。

1 月 22 日，2015 年全国气象局长会议在西安开幕。中共中央政治局委员、国务院副总理汪洋对开好此次会议、做好 2015 年气象工作作出重要指示，对广大气象干部职工给予亲切关怀和诚挚问候。中国气象局党组书记、局长作了题为《适应新常态 加快转方式 全面提高气象事业发展的质量和效益》的工作报告。陕西省副省长出席会议并致辞。中国气象局党组副书记、副局长主持会议。

3 月 19 日，2015 年陕西省气象灾害应急指挥部联络员会议在陕西省气象局召开。此次会议是陕西省气象灾害应急指挥部成立以来连续召开的第五次会议。陕西省气象灾害应急指挥部办公室主任、陕西省气象局副局长，27 个省级成员单位的气象灾害应急联络员，11 个设区市气象灾害应急指挥部办公室成员，以及陕西省气象局有关单位的气象灾害应急联络员代表出席会议。

3 月 23 日，陕西省气象局、陕西省气象学会联合举办主题纪念报告会，特邀中国气象学会及陕西省政府有关部门、陕西省气象局相关专家做科普报告。

3 月 31 日，陕西省气象局印发《陕西省“十三五”气象事业发展规划编制工作方案》，对规划编制工作的职责、分工进行了重新调整和明确，成立规划编制工作领导小组和规划编制工作组。

4 月 1 日，陕西省气象局党组印发《关于成立全面推进气象现代化和深化气象改革领导小组及其办公室的通知》，合并陕西省气象局原全面推进气象现代化建设领导小组和全面深化气象改革领导小组，下设全面推进气象现代化和深化气象改革办公室（简称现改办）。

4 月 2 日，陕西省气象局党组印发《关于确保率先基本实现气象现代化工作的意见》（陕气党发〔2015〕14 号），确立了打造“陕西气象现代化升级版”新目标。

4 月 7 日，陕西省气象局印发了《全面深化气象改革 2015 年工作要点》。

4 月 11 日，陕西省气象局编写的《城镇燃气场站防雷装置检测技术规范》《雷电灾害风险评估规程》两项地方标准获陕西省质量技术监督局批准发布，2015 年 5 月 1 日起实施。

4 月 13 日，中国气象局党组副书记、副局长一行调研陕西深化气象改革和气象现代化工作，并召开会议，要求全面提高气象现代化认识，提升软实力，力争取得对全国气象现代化产生影响的好经验、新做法。陕西省气象局党组成员、副巡视员、副总工、机关各处室主要负责人参加汇报会。

4 月 17 日，中国气象局、陕西省人民政府印发《关于推进陕西气象现代化建设有关问题的会议纪要》。

4月27日，2015年全省气象部门第一次主要负责人会议在西安顺利召开。会议研讨了率先基本实现气象现代化及深化改革工作，学习了《陕西省气象局关于确保率先基本实现气象现代化的意见》，通报了各市气象局现代化量化考核初评结果，听取了西安、咸阳市气象局现代化工作机制做法的工作汇报和防雷集团组建方案起草情况汇报。与会人员积极分享探讨各地工作经验和做法并找出不足，提出改进措施，并对防雷集团组建方案框架提出了一些有建设性的意见建议。

4月29日，陕西省气象局组织召开2015“应对气候变化中国行”媒体科普宣传活动研讨会。国家应对气候变化战略研究和国际合作中心、中国气象局公共气象服务中心、陕西省发改委、省农业厅、省水利厅、省旅游局、中科院西安分院、西安市秦岭办及省气象局等多位专家出席研讨会。

5月12日，受陕西省政府办公厅邀请，陕西省气象局副局长做客省政府门户网站，参与防灾减灾日访谈直播活动，以“加快推进农村气象防灾减灾体系建设，全面提升农村气象灾害防御能力”为主题，讲解农村气象防灾减灾体系建设的重要意义。

5月19日，陕西省气象局与陕西省安监局联合下发《关于进一步做好防雷减灾工作的通知》。同日，陕西省气象局召开“十三五”规划编制动员布置大会，陕西省气象局副局长出席会议，相关处室负责人参加会议。

5月29日，由中国气象局办公室主办，中国气象局公共气象服务中心、国家应对气候变化战略研究和国际合作中心、中国气象局宣传与科普中心、陕西省气象局承办的第9期“应对气候变化·记录中国”媒体科普宣传活动在西安正式启动。

6月1日，陕西省气象局召开专题会议，深入贯彻落实《国务院办公厅关于清理规范国务院部门行政审批中介服务的通知》（国办发〔2015〕31号）文件精神。

6月23日，陕西省颁布实施两项农用天气预报地方标准。

6月29日，陕西省气象局全面完成对各市气象现代化建设情况的评估。

7月3日，陕西省气象局召开全省气象部门镇政府气象工作职能法定化工作推进电视电话会议。陕西省气象局副局长、陕西省气象局现改办副主任出席会议。

7月16日，陕西省政府发文将《陕西省气象信息服务管理办法》列入2015年政府规章重点立法项目，力争年内出台。

7月21日，陕西省气象局与中国气象局公共气象服务中心合作，正式推出“一带一路”天气预报，预报内容涉及亚、欧、非3大洲14个国家和地区的51个城市，并实现电视、网站、微博、微信同步推出。

7月22日，铜川市副市长一行在铜川市气象局副局长的陪同下到陕西省气象局调研。陕西省气象局副局长与铜川市副市长一行进行座谈，陕西省气象局计划财务处、直属机关党委办公室、陕西省人影办相关人员参加座谈。

7 月 30 日，中国气象局现代化办公室常务副主任一行督查调研组来陕西省气象局调研。

8 月 17 日，“十二五”省部合作协议重点建设项目总结验收推进会在陕西省气象局召开。陕西省气象局副局长出席会议，陕西省气象局相关单位主要负责人及市级相关单位人员参加会议。

8 月 18 日，陕西省气象局召开干部大会，中国气象局党组书记、局长出席会议并作重要讲话，对多年来陕西气象工作表示了充分肯定，并对陕西省气象局新一届领导班子提出五点期望和要求。

8 月 27 日，中国气象局与陕西省政府共同推进陕西气象现代化建设合作协议签署仪式在北京举行。中国气象局党组书记、局长会见陕西省省长一行，双方就共同推进陕西气象现代化建设交换意见，并代表双方签署合作协议。

9 月 11 日，由陕西省旅游局主办的中国西安丝绸之路国际旅游博览会在西安曲江会展中心举办。陕西省气象局应邀参加本次博览会，在博览会中以《新丝路 新气象》为主题推出陕西多媒体触摸屏气象信息服务系统、智能气象预警终端气象服务系统及两套丝路天气预报节目参展，并荣获最佳展台奖。同日，陕西省市级气象现代化进展评估会在陕西省气象局召开，陕西省政府办公厅、发改委、财政厅、统计局等六部门组成的评估组参加会议。陕西省气象局副局长主持会议。

9 月 25 日，陕西省气象局召开镇（办）气象职能法定推进工作交流会。

10 月 19 日，第六届陕西省气象行业职业技能大赛暨第六届陕西省气象系统天气预报技能大赛在陕西省气象局拉开帷幕。陕西省气象局副局长，陕西省人社厅副处长、副调研员，陕西省总工会计协办副主任，陕西省气象局副巡视员、副总工、省气象行业工会主席出席开幕式。

10 月 21 日，陕西省委副书记专题听取省气象局工作汇报。陕西省气象局局长汇报了陕西气象工作情况和“十三五”气象发展规划，就气象监测、预报、服务以及管理等方面的工作同副书记进行了广泛的交流和讨论。陕西省委副书记指出气象工作非常重要，气象工作有着特殊作用，有很强的外部性和放大效应，无论在群众安全方面还是在社会生产方面对气象服务的需求都与日俱增。他要求省气象局要加强同省级各部门的广泛合作与联系，以气象资料开放为基础，树立开放共享合作发展理念，共同配合落实省部合作协议确定的工作任务，努力在 2018 年率先基本实现气象现代化。他指出要不断适应深化改革的形势和要求，充分发挥双重管理、双重计划财务体制的优势，为陕西气象现代化建设提供重要保障。同日，第六届陕西省气象行业职业技能大赛暨第六届全省气象系统天气预报技能大赛圆满落下帷幕，陕西省气象局局长、副局长出席闭幕式。

10 月 29 日，国家卫星气象中心在陕西省气象局组织召开《风云三号 02 批气象卫星应用系统工程数据接收系统》省级利用站单站阶段运行验收评审会。国家卫星气象中心主任，陕西省气象局副局长，中国华云科技集团公司总经理出席评审会。

11 月 13 日，《陕西省气候资源开发利用条例》立法座谈会在陕西省气象局召开。陕西省人大农工委办公室主任等一行 3 人参加座谈。陕西省气象局副局长，陕西省气象局副总工、办公室、科技与预报处、政策法规处、陕西省气候中心相关负责人参加座谈。

11 月 18 日，人工影响天气物联网应用暨省级示范建设研讨会在西安召开。陕西省气象局副局长，中国气象局人影中心副主任出席会议。

11 月 23 日，韩国驻西安总领事馆李垌烈领事一行 2 人来陕西省气象局访问，主要调研陕西人工影响天气业务。陕西省气象局副局长陪同调研，并与来访的李垌烈领事一行进行座谈。同日，咸阳市政府市长在咸阳会见陕西省气象局局长，就共同加快推进“十三五”咸阳气象事业发展进行了会谈。咸阳市人民政府与陕西省气象局签署《共同加快推进“十三五”咸阳气象事业发展合作协议》。签字仪式由市政府副秘书长主持，咸阳市政府市长、陕西省气象局局长出席签字仪式。市政府副市长、陕西省气象局副局长分别代表咸阳市政府和陕西省气象局签署了协议。

12 月 4 日，陕西省气象局召开党组中心组学习扩大会议，深入讨论气象现代化建设。本次会议不仅聚焦了省级直属单位现代化建设问题，也明确了陕西气象现代化如何运行。

12 月 8 日，陕西省气象局组织召开正研级专家及博士研讨会。陕西省气象局局长出席会议，陕西省气象局办公室、应急与减灾处、观测与网络处、科技与预报处、人事处、监审处、省人工影响天气办公室等主要负责人及西安地区正研级专家、博士参加座谈。

12 月 9 日，陕西气象现代化建设厅际联席第一次会议在陕西省气象局召开。会议以研究省部合作协议落实工作、审定《推进陕西气象现代化建设厅际联席会议制度》和讨论陕西省气象“十三五”发展规划为主要内容进行讨论研究。陕西省发改委、工信厅、公安厅、财政厅、国土厅、环保厅、住建厅、交通厅、水利厅、农业厅、林业厅、应急局、政府法制办等联席会议成员单位领导出席。

9.4 2016年陕西气象现代化建设大事记

2016年1月14日，商洛市副市长在商洛市气象局党组书记和局长的陪同下来陕西省气象局共商商洛气象发展。陕西省气象局局长、副局长与商洛市副市长一行进行座谈。同日，陕西省气象局联合陕西省统计局发布《2015年陕西公众气象服务满意度调查评估报告》。

1月26日，召开全省气象局长会议。陕西省气象局局长首次提出：以构建“满足需求、注重技术、惠及民生、富有特色”的气象现代化体系为目标，确保到2018年在西部率先基本实现气象现代化，确保到2020年建成过硬的、经得起检验的气象现代化。

2月25日，陕西省气象局组织召开人工影响天气协调会议。陕西省政府办公厅、农业厅、水利厅、林业厅等相关部门，军、民航驻陕有关保障单位，中飞通用航空公司和鄂尔多斯通用航公司等16家单位负责人及相关专家参加会议。

3月2日，陕西省气象局局长、副局长及相关单位负责人等一行7人赴商洛与商洛市政府签署局市合作协议，并就加快推进“十三五”商洛气象事业发展进行座谈交流。

3月3日，陕西省气象局与宝鸡市政府在宝鸡签署《宝鸡市人民政府 陕西省气象局 推进宝鸡气象现代化建设合作协议》。宝鸡市副市长会见陕西省气象局局长一行，并就加快推进“十三五”宝鸡气象事业发展进行座谈交流。

3月21日，2016年陕西省气象灾害应急指挥部联络员会议在西安召开。会议总结“十二五”及2015年气象灾害应急联动工作，对“十三五”及2016年工作进行全面部署。省气象灾害应急指挥部办公室主任、陕西省气象局副局长出席会议。省应急办、国土厅、林业厅、交通厅等27个省级成员单位及陕西省气象局相关内设机构和直属单位、各设区市气象灾害应急指挥部办公室负责人参加会议。

3月30日，陕西省气象局与西咸新区沣西新城管委会签订入区协议，落实土地2.134 hm^2。

4月7日，陕西省政府副秘书长主持召开会议，贯彻落实省委、省政府领导对气象工作的重要批示。省气象局、省发改委、省财政厅、西咸新区沣西管委会的相关领导参加。

4 月 13 日，陕西省气象局正式发布《2015 年陕西气象服务评估》白皮书。白皮书针对政府决策者评价、公众满意度、农村气象信息服务调查、专业服务质量调查等多元化考核，给出全面客观的分析评估。白皮书显示，2015 年全省决策、公众、专业气象服务满意度分别达到 92.38%、89.01%、95.34%。其中，公众气象服务较 2014 年提高 0.69%。决策气象服务满意度、专业气象服务满意度连续四年保持在 92% 以上。

4 月 14 日，陕西省气象局与榆林市政府签署《共同加快推进“十三五”榆林气象事业发展合作协议》。榆林市委副书记、市长会见陕西省气象局局长一行，双方就加快推进“十三五”榆林气象事业发展交换意见。

4 月 21 日，陕西省气象局与成都信息工程大学在西安签署战略合作协议。陕西省气象局局长和成都信息工程大学校长代表双方签字。双方将在气象现代化、人才培养、科学研究和资源共享等方面开展全面合作，以更好地适应国民经济建设和社会发展对气象工作和高等教育日益增长的需求。同日，陕西省政府印发《关于 2015 年度科学技术奖励的决定》，由陕西省气象局推荐的科技成果“陕南秦巴山区中小河流洪水和山洪气象预警技术研究及应用”获得省科学技术奖励二等奖，“气溶胶增加对秦巴山区云和降水的作用”获省科学技术奖励三等奖。

4 月 29 日，中国气象局预报与网络司牵头召开专门会议，听取并原则通过《西安气象大数据应用中心建设方案》。同日，陕西省气象局组织编制了《陕西气象科技创新研究计划（2016—2018 年）》，该计划凝练了天气、气候、应用气象、气象信息和探测保障等 4 大方面、17 个重点科技领域、43 项优先研发主题，着力解决目前制约业务发展的瓶颈问题。

5 月 13 日，陕西省政府正式印发《陕西省国民经济和社会发展第十三个五年规划纲要》（陕政发〔2016〕15 号），明确提出要积极推进陕西气象现代化建设，其中，包括西安气象大数据应用中心建设在内的四项气象工程纳入规划。

5 月 16 日，陕西省气象局与安康市政府签署推进安康“十三五”气象事业发展合作协议。

5 月 16—20 日，陕西省气象局与成都信息工程大学合作开展气象信息化及大数据应用培训。来自全省气象系统 30 余名业务人员参加培训。

5 月 24 日，陕西省气象局组织召开《陕西气象发展规划（2016—2020）》专家评审会。来自中国气象局计划财务司规划处和陕西省发改委、财政厅、农业厅、应急办等部门的专家参加评审。

6 月 18 日，陕西省气象局召开全省镇办气象职能法定“三化一到位”工作研讨会。

陕西省气象局局长、副局长、中国气象局发展研究中心常务副主任、中国气象局应急减灾与公共服务司公众处副处长出席会议。会议特邀中国气象局发展研究中心、重庆市永川区气象局、浙江省德清县气象局相关人员进行指导交流。陕西省气象局内设机构及首批试点市、县局有关人员参加会议。

6月20日，中国气象局矫梅燕副局长一行赴西咸新区沣西新城调研指导西安气象大数据应用中心筹建情况、智慧气象融入城市信息融合示范工程、智慧气象服务海绵城市建设等信息化工作。陕西省政府副秘书长，陕西省气象局局长、副局长陪同调研。调研组一行在沣西新城管委会召开座谈会。

7月20日，陕西省气象局邀请美国气象雷达专家Chandra教授及其学生陈浩楠博士开展雷达应用技术讲座，全省相关技术人员参加。Chandra教授围绕双偏振雷达的原理、发展现状、双偏振雷达在城市防洪、雷电、龙卷风观测和预报等方面的应用做了详细讲述。

7月21日，陕西省气象局与延安市政府在延安新区举行《延安市人民政府 陕西省气象局 共同推进延安气象现代化建设合作协议》签署仪式。

7月22日，渭南市政府与陕西省气象局签署《推进渭南“十三五”气象事业发展合作协议》。陕西省气象局局长、渭南市市长分别致辞，陕西省气象局副局长，渭南市副市长出席签约仪式。陕西省气象局相关处室主要负责人，渭南市发改委、财政局、国土局、气象局、水务局等十四个部门主要负责人参加会议。

7月23日，《陕西省人民政府办公厅关于推进现代果业强省建设的意见》正式颁布，《意见》将建设气象灾害和病虫害监测预警体系、加快建设中国苹果气象服务中心和猕猴桃工程技术中心等内容纳入其中。

8月9日，铜川市政府与陕西省气象局签署《铜川市人民政府 陕西省气象局 共同推进铜川气象现代化建设合作协议》。

8月16日，由陕西省气象局和省总工会联合举办的第七届全省气象行业职业技能（县级综合气象业务）竞赛在西安隆重开幕。竞赛委员会成员、全省10个代表队47名参赛选手参加开幕式。同日，陕西省信息化工程研究院专家组一行来到西安气象大数据应用中心项目办公室就气象行业云建设、大数据应用和协作机制等问题进行沟通交流。

8月18日，第七届陕西省气象行业职业技能（县级综合气象业务）竞赛顺利闭幕。陕西省气象局副局长、副总工、行业工会常务副主席、观测与网络处处长出席闭幕式并对取得优异成绩的参赛团队及个人进行表彰。

8月26日，陕西省财政厅、省气象局联合印发《关于进一步加强气象事业公共财政保障工作的通知》，加快推进了省政府与中国气象局签署的全面推进陕西气象现代化建设合作协议的气象事业公共财政保障落实。同日，中国气象局第四次信息化领导小组工作会议在京召开，中国气象局局长要求加快推进西安卫星遥感数据备份中心和中国气象局气象数据备份中心选址论证工作。

8 月 29 日，由中国气象局、人民网联合主办的“绿镜头 · 发现中国”系列采访——“走进陕西”启动。此次活动聚焦陕西各部门在南水北调中线工程主要水源涵养区保护方面采取的措施，关注气象部门在服务陕西生态文明建设方面所做的工作。

8 月 30 日，陕西省气象局和陕西省发改委联合编制的《陕西气象事业发展“十三五”规划》正式印发。计划到“十三五”末，陕西省暴雨预警准确率达 75% 以上，城镇天气预报准确率提高 3% 以上，数值预报空间和时间分辨率将分别达到 5 km 和 1 h。《规划》明确提出“十三五”时期陕西气象事业发展的指导思想、发展目标、主要任务和重点工程，是全面落实《陕西省国民经济和社会发展第十三个五年规划纲要》和《气象发展规划（2016—2020 年）》相关部署，是“十三五”时期陕西省气象事业发展的总体蓝图和行动纲领。

9 月 14 日，陕西省气象局科技与预报处下发关于试用《陕西现代气象一体化格点预报平台的通知》，标志陕西秦智智能网格预报系统（当时称作陕西现代气象一体化格点预报平台（Shaan Xi-MFIP））开发完成并投入试用。

9 月 21 日，国家卫星气象中心在北京组织召开国家气象卫星遥感数据备份中心选址方案专家论证会，经过讨论和质询，专家一致同意国家气象卫星遥感数据备份中心落户西安。

10 月 23 日，陕西省气象局副局长与来访的陕西省信息化工程研究院院长一行座谈，就推动气象云建设工作中示范性项目规划问题进行探讨交流，陕西省气象局大数据办全体科研人员参加座谈。

10 月 29 日，汉中市政府和陕西省气象局签署《共同加快推进十三五汉中气象事业发展合作协议》，陕西省气象局局长与汉中市委书记、市长就共同推进汉中气象现代化建设进行座谈。

11 月 2 日，中国气象局副局长携同中国工程院院士丁一汇、中国科学院院士王会军一行来陕西省气象局调研指导气象科研工作。中国气象局副局长要求陕西气象科研工作要充分发挥在西部地区的引领作用。

11 月 5 日，以“发展智慧气象，服务农业现代化”为主题的第 23 届中国杨凌农业高新科技成果博览会现代农业交流研讨会暨第三届全国《农业与气象》论坛在西安举办。来自北京、安徽、新疆、湖北、山东、陕西的近百名专家学者参加论坛。

11 月 16 日，陕西省气象局组织召开气象大数据应用学术报告暨研讨会。会议以“推进气象数据应用、提升核心业务水平和加快智慧气象发展”为主题。

11 月 28 日，陕西省政府下发表彰文件，陕西省气象局被评为“陕西省应急管理先进单位”，两位同志分别获得“陕西省应急管理先进工作者”和“陕西省优秀应急值守员”称号。

11 月 30 日，西安市西咸新区管委会举办 2016 年西咸新区大数据高峰论坛，陕西省气象局作为秦云工程行业云牵头单位应邀出席。

12 月 6 日，陕西省气象局科技与预报处下发《关于精细化气象格点预报业务化并轨运行工作的通知》，明确了精细化气象格点预报并轨运行工作职责、流程、任务和时间节点。

12 月 16 日，人工影响天气装备管理物联网布展筹备会在西安召开。中国气象局人影中心、上海物管处、陕西省气象局、陕西省人影办、贵州省人影办、陕西中天火箭技术股份有限公司有关领导和相关专业技术人员参加会议。

9.5 2017 年陕西气象现代化建设大事记

2017 年 1 月 10 日，在全国气象局长述职会议期间，中国气象局局长一行参观了陕西省人影装备弹药物联网系统，并观看了现场展示，详细询问了人影装备弹药物联网安全管理应用情况，并与在场专家针对人影火箭弹信息化等问题进行讨论，对陕西省在火箭弹验收，存储，运输和作业上报等环节中所做的工作和成果表示充分肯定。

1 月 20 日，中国气象局局长主持召开局长办公会，审议通过了《西安气象大数据应用中心工程可研报告》。中国气象局局长指出，西安气象大数据应用中心建设是落实省部合作协议的具体措施，体现了陕西省委、省政府对陕西气象部门工作的肯定和对中国气象局事业发展的支持。一定要密切配合陕西省政府做好西安气象大数据应用中心的工程建设工作，扎实推进工程建设，以期尽早发挥效益。中国气象局要求，要发挥好西安气象大数据应用中心的效益，要在现有功能定位的基础上，解放思想，不断完善，积极探索实现更高的功能定位。

1 月 26 日，中国气象局批复同意在陕西西咸新区建设国家气象卫星遥感数据备份中心。

2 月 10 日，汉阴县人民政府县长一行来到陕西省气象局，围绕自然灾害防御指挥中心建设、人影作业保障基地项目规划等工作进行调研。

2 月 14 日，西安市政府印发《关于加强城市公共气象服务工作的意见》，《意见》

提出，结合西安市具有历史文化特色的国际化大都市建设实际，针对性地完善大城市现代气象观测系统，增强大城市精细化气象预报预警能力，提高城市公共气象服务水平。

2 月 28 日，陕西省气象局党组书记、局长一行 7 人赴西北工业大学调研空天地海一体化大数据应用技术国家工程实验室建设情况。

3 月 14 日，中国华云公司董事长等一行 4 人来陕进行卫星接收系统验收（葵花 –8 号数据接收处理系统捐赠交接）工作并展开座谈。陕西省气象局局长出席并主持会议，陕西省气象局局长助理和陕西省气象局观测与网络处、陕西省农业遥感与经济作物气象服务中心、陕西省大气探测技术保障中心等单位参加会议。此次葵花 –8 号数据接收处理系统捐赠交接仪式在华山西峰上举行。

3 月 14—17 日，陕西省气象局联合陕西省总工会举办、陕西省气象干部培训学院承办的第八届陕西省气象行业职业技能大赛暨第七届陕西省气象系统天气预报技能大赛在西安举行。本次大赛共有 13 支代表队 83 人参加，共决出团体奖三名、团体单项奖 8 名，个人全能一、二、三等及优秀奖 10 名，个人单项奖共 13 名。

3 月 20 日，陕西省人力资源和社会保障厅公布第五批省级专业技术人员继续教育基地，陕西省气象干部培训学院等 10 家单位被授牌。

中国气象局与陕西省政府召开省部合作联席会议，西安气象大数据应用中心建设项目得到进一步推进。以西安气象大数据应用中心建设为推进陕西十三五气象事业发展的龙头抓手，是陕西省实现发展智慧气象，构建四大体系，全面推进新时期气象现代化的抓手。

3 月 21 日，第六次全省气象灾害应急指挥部联络员会议在西安召开。陕西省气象灾害应急指挥部办公室主任、省气象局副局长出席会议并作重要讲话。陕西省省级 27 个成员单位的气象灾害应急联络员，11 个设区市气象灾害应急指挥部相关人员以及省气象局有关单位的气象灾害应急联络员代表参加会议。

3 月 24 日，陕西省气象局与成都信息工程大学协商并联合组建西安气象探测技术联合研究中心，设立了机构，确定了定位和职责，联合下发了《关于成立西安气象探测技术联合研究中心的通知》。

3 月 27 日，中国气象局综合观测司副司长、遥感处处长等一行来到陕西省气象局调研遥感应用和省级遥感业务体系建设工作。

4 月 7 日，中国气象局副局长到陕调研，指导西安气象大数据应用中心建设工作。

5 月 23 日，陕西省气象局与杨凌示范区管委会签署了《共同推进杨凌气象现代化合作协议》。杨凌示范区党工委书记会见了陕西省气象局党组书记、局长一行，双方就共同推进杨凌气象现代化建设进行了交流。

6 月 15 日，陕西省委常委、延安市委书记在听取延安市气象局主要负责人汇报关于气象防灾减灾工作后，对延安气象防灾减灾工作表示肯定。

7 月 6 日，中国电信陕西分公司副总经理、中国电信西安分公司党委书记、总经理、中国电信西安分公司副总经理一行在陕西省气象局考察调研，并就“互联网 + 气象”建设相关问题召开座谈会。陕西省气象局局长、副局长、局长助理出席座谈会。

7 月 7 日，陕西省气象局科技与预报处下发《关于智能网格预报业务单轨运行的通知》，陕西作为全国首批 7 省份率先开始网格预报业务单轨运行。

7 月 26 日，陕西省气象灾害应急指挥部办公室召开应对高温暴雨等极端天气会议，陕西省委宣传部、省应急办、省发展改革委、省教育厅等 21 家成员单位参加会议。陕西省气象灾害应急指挥部办公室主任、陕西省气象局副局长主持会议。同日，中国气象局 MICAPS 4 众创平台正式上线，陕西省气象局成为首批成员单位。同日，为切实加强陕北暴雨应急气象保障服务的组织领导、应急处置和救灾指挥等工作，陕西省气象局成立陕北暴雨应急气象保障服务及救灾指挥领导小组。陕北暴雨应急气象保障服务及救灾指挥领导小组由陕西省气象局局长任组长，副局长、巡视员、副巡视员及局长助理任副组长，陕西省气象局机关各内设机构、直属各单位主要负责人为小组成员。同日上午，陕西省气象局组织应急救援队奔赴榆林受灾最严重的子洲县。陕西省气象局观测与网络处和陕西省大气探测技术保障中心共派遣了 3 名技术人员随应急移动气象台一同前往。下午，陕西省气象局副局长现场办公，安排指导救灾工作，并积极与中国气象局综合观测司协商，争取了一批气象应急物资。

8 月 4 日，陕西省气象局、民航西北空管局签署气象战略合作协议，以适应国家发展战略和经济社会发展需求，保障西北地区航空飞行安全、顺畅，共同服务地方经济发展，实现优势互补、互助双赢、共同发展。民航西北空管局局长、陕西省气象局局长出席签字仪式，民航西北空管局副局长、陕西省气象局副局长代表双方签署协议，并互赠锦旗。

8 月 8 日，陕西省气象局、曙光信息产业股份有限公司（中科曙光）签署战略合作协议。双方将通过优势互补、合作研发、全国推广等方式展开全面合作，陕西省气象局局长、中科曙光首席运营官出席签字仪式，陕西省气象局副局长、中科曙光首席运营官代表双方签署协议。

8 月 15 日，中国气象局副局长到陕调研，指导西安气象大数据应用中心建设工作。

9 月 12—13 日，第四届中英合作气候科学支持服务伙伴计划（CSSP）科学会议在西安召开。来自英国气象局及高校合作伙伴、英国大使馆及美国夏威夷大学及中国气象局、中科院大气所、南京大学、北京师范大学的 150 余位科学家参加了本次科学会议。本次会议由中科院大气所承办，国家气候中心和西安市气象局协办，并作为 2017

欧亚经济论坛分会。

9月21日，2017欧亚经济论坛气象分会之第二届“丝绸之路经济带气象服务西安论坛”在西安隆重开幕。中国气象局副局长、西安市副市长一同出席开幕式并致辞。陕西省气象局党组书记、局长主持会议。陕西省气象局党组成员、西安市气象局党组书记、局长作论坛主旨发言。

9月22日，陕西省大数据与云计算产业发展领导小组办公室在西安举行气象大数据战略合作签约仪式。陕西省副省长出席签约仪式，省工信厅厅长、省气象局局长、紫光集团董事长分别致辞。省工信厅、省气象局、紫光集团有限公司、省大数据集团有限公司联合签署《发展气象大数据战略合作协议》。

10月20日，西安气象大数据应用中心一期工程在西咸新区沣西新城顺利开工。中国气象局预报与网络司调研员，国家卫星气象中心办公室主任，国家卫星气象中心气象卫星工程办主任，陕西省气象局副局长、局长助理，西咸新区沣西新城管委会主任、副主任出席开工仪式。

10月22—24日，陕西省气象部门首届财务技能竞赛在西安成功举办。来自全省11个地市气象局和陕西省气象局财务核算中心的12个代表队共47名参赛选手参加了比赛。

10月27日，陕西省气象局召开全省人工影响天气业务现代化建设工作会，陕西省气象局副局长出席会议并讲话。榆林、西安、宝鸡、商洛市气象局对本级人影业务现代化建设三年行动计划任务推进情况、工作亮点、存在问题以及所属市县（区）三年行动计划开展情况案例做了交流发言。

11月7—8日，陕西省气象局举办第四届全国“农业与气象”论坛。中国气象学会秘书长，杨凌管委会副主任，陕西省气象局局长助理，陕西省科学技术协会副主席、学会部部长出席论坛。

11月7—9日，韩国清州气象支厅厅长何昌焕一行四人来陕交流气象工作，并就双方开展气象科技合作交流座谈。陕西省气象局局长、副局长、局长助理出席。

12月4日，陕西省气象局、兰州大学大气科学学院签署合作协议。兰州大学大气科学学院党委书记、院长，陕西省气象局党组书记、局长出席签字仪式。

12月8日，《陕西水源涵养地人工影响天气保障工程》项目获陕西省发展和改革委员批复。该项目是中国气象局和陕西省人民政府签署的关于“十三五”期间共同推进陕西气象现代化建设合作协议中的重点项目之一，由部、省、市、县（区）共同投资建设。

12月13日，陕西召开全省精神文明建设表彰大会，陕西省气象局被中央文明委评为2017年“全国文明单位”称号，陕西省气象局局长作为陕西省文明委成员、获奖单位代表参加大会并上台领奖。

12 月 28 日，陕西省气象局、新华社陕西分社签署信息共享合作协议。双方将依据“平等自愿、信息共享、优势互补、服务公众”的原则开展合作，建立信息资源共享机制，为党政部门、群众生活提供优质服务，促进经济社会发展。

9.6 2018 年陕西气象现代化建设大事记

2018 年 1 月 25 日，陕西省气象局与国家卫星气象中心联合发文成立西安气象大数据应用中心。明确了西安气象大数据应用中心的主要职责是以卫星遥感数据业务为纽带，利用多种资源，配合卫星中心面向全国提供卫星遥感数据的备份、服务和应用支撑，开展气象大数据融合应用研究和服务等创新工作。

3 月 19 日，陕西省人大常委会农工委听取气象工作汇报，农工委主任表示气象与人们生产生活密切相关，陕西气象部门扎实工作，注重改革创新发展，气象服务保障工作成效显著，为陕西经济社会发展做出了积极贡献。

3 月 19—23 日，陕西省人大常委会委员、省农工委主任一行先后赴延安市、洛川县、吴起县、咸阳市、长武县、永寿县等地开展全省气象工作和气候资源立法调研。陕西省气象局副局长陪同调研。实地调研了气象观测站、增雨防雹作业点管理使用情况、苹果试验站水雾防霜、风力防霜运用情况及苹果气象试验及云集生态园大气负离子监测点。

3 月 20 日，陕西省气象局发文成立陕西省气象局全面推进气象现代化暨网络安全与信息化（大数据）领导小组（陕气函〔2018〕45 号）。

4 月 16—18 日，中国气象局党组书记、局长赴陕西调研指导工作，看望慰问一线气象干部职工，并强调，陕西气象部门要以习近平新时代中国特色社会主义思想为指导，深入贯彻落实党的十九大精神，紧密围绕省委、省政府战略部署，不断强化气象服务能力，更好地为地方经济社会发展做贡献。陕西省委书记、省长会见中国气象局局长，双方就进一步强化合作，提高气象服务地方经济社会发展水平进行深入交流。

4 月 17 日，中国气象局局长调研西安气象大数据应用中心项目建设。中国气象局局长带领中国气象局办公室、应急减灾与公共服务司、计财司相关领导在西咸新区西安气象大数据应用中心项目建设地现场调研，并听取了西安气象大数据应用中心工作进展情况的汇报。陕西省副省长、省政府副秘书长，西安市政协主席、党组书记、西咸新区党工委书记，陕西省气象局局长，西安市副市长等陪同调研。

4月17—18日，中国气象局党组书记、局长一行在陕西省延安市调研指导气象工作，并指出，延安气象工作要把深入学习贯彻落实党的十九大精神作为首要政治任务，紧紧围绕市委、市政府安排部署，结合实际谋划发展，继续发挥好气象工作的重要作用，为地方经济社会发展做出更多贡献。中国气象局局长一行先后深入洛川县气象站、洛川苹果试验站、延安市气象局、延川县文安驿镇梁家河气象信息站、梁家河炮箭站、延安气象雷达站等地调研并听取延安市气象局工作汇报。

4月20日，陕西省气候中心与江苏省气候中心签署业务发展合作协议，通过合作加快推进两省现代气候业务体系建设，率先全面实现省级气候业务服务现代化。

5月8日，西安气象大数据应用中心建设项目取得国家不动产权证书。

5月11—15日，第三届丝绸之路国际博览会在西安举办。5月9日，陕西省气象局召开新闻发布会，邀请陕西省气象台、陕西省气象服务中心专家，针对第三届丝博会前期及期间天气状况及交通、旅游预报进行通报。陕西日报、陕西电视台、西安电视台等多家社会主流媒体参加发布会。

5月29日，陕西省第十三届人民代表大会常务委员会召开，受陕西省政府委托，陕西省气象局作关于陕西省气象工作情况的报告。

5月31日，陕西省人大常委会审议通过省政府关于陕西省气象工作情况的报告。陕西省委书记、省人大常委会主任在大会上指出，近年来，全省气象工作紧紧围绕追赶超越大局，努力构建陕西气象现代化体系，为全省经济社会发展提供了有力支撑。陕西省十三届人大常委会第三次会议一审通过了《陕西省气候资源开发利用和保护条例》。同日，陕西省政府在咸阳召开关中协同创新发展会议。会前，省长、副省长及关中五市市长等领导视察了咸阳智慧城市建设和大数据应用情况，听取了咸阳智慧气象应用汇报。在视察中，省长对智慧气象在综合防灾减灾中取得的成效给予充分肯定，并鼓励加强大数据应用技术创新和产业融合。

6月14日，陕西省气象局与商洛市人民政府气象现代化建设联席会议在西安召开。陕西省气象局局长、商洛市政府市长出席会议，并就深化合作、共同推进商洛气象现代化建设事宜进行深入交流。

6月25日，咸阳市政府与陕西省气象局签署《咸阳市人民政府 陕西省气象局 共同推进咸阳更高水平气象现代化合作协议》。咸阳市市长、陕西省气象局局长参加签约仪式，省气象局副局长、咸阳市副市长代表双方签约。

8月6日，陕西省副省长一行赴陕西省气象局调研指导主汛期气象防灾减灾工作，并看望慰问气象干部职工。

9月5—6日，全国人工影响天气60周年科技交流大会在西安召开。来自全国相关业务和科研单位，有关地方政府机构、高校、科研院所、生产企业和公司的200余位专家、学者参会，交流人影科技工作重要进展，探讨未来人影事业发展方向。中国气象局党组成员、副局长出席交流大会开幕式，陕西省科协党组书记、副主席参加开幕式。在陕期间，中国气象局副局长与陕西省副省长就陕西气象事业发展交换意见，并调研气象工作。

9月6—14日，中国检验认证集团陕西有限公司对陕西省气象局观测质量管理体系进行认证审核，包括陕西省气象局观测网络处、陕西省大气探测技术保障中心、陕西省气象信息中心，宝鸡市气象局和汉中市气象局，陇县、千阳、汉台、略阳等县（区）局的气象观测业务。22日获中国检验认证集团颁发的认证证书。

9月28日，陕西省十三届人大常委会第五次会议审议通过《陕西省气候资源保护和利用条例》，2019年1月1日起正式施行。

10月23日，全省气象部门第四届楷模人物表彰大会暨事迹报告会隆重召开。陕西省气象局授予铜川市耀州区气象局贾乾生、榆林市神木市气象局姬升、陕西省气候中心李明等三位同志“第四届陕西省气象局楷模人物”称号，并颁发荣誉证书和奖章。

11月1日，按照中国气象局文件要求，陕西秦智智能网格预报系统正式单轨运行。

11月22日，陕西省首个DSJ1型雪深观测仪在宝鸡市太白县气象局圆满建成，并投入试运行。太白县气象局雪深观测仪的建成填补了陕西省气象自动观测中又一项空白。

11月26日，陕西省气象局召开首个气象部门重点实验室创建咨询会，重点就实验室名称、方向、组建方式及运行机制展开研讨。

12月3—5日，在成都举办的第十三届全国气象行业职业技能竞赛暨第三届全国气象行业县级综合气象业务职业技能竞赛中，王立超获得个人全能第十名（三等奖），被授予“全国气象行业技术能手”称号；武维刚获得个人全能优秀奖和观测数据处理第二名。

12月7日早8时，陕西省气象预报预测业务平台顺利接入全国天气会商系统，陕西省气象台基本业务由19楼切换至3楼，标志着陕西省预报预测业务平台正式进入业务化运行阶段。

12月12日，西安气象大数据应用中心一期工程主体大楼顺利完成封顶。国家气象信息中心副主任、陕西省气象局副局长以及陕西省气象局相关单位负责人参加了此次封顶仪式。陕西省气象局与国家气象信息中心签署合作协议，全面推进《陕西“十三五”气象事业发展规划》《陕西省人民政府和中国气象局共同推进陕西气象现代化建设协议》的落实。陕西省气象局副局长、国家气象信息中心副主任代表双方签署协议。

12 月 18 日，陕西省气象局总结表彰在第十三届全国气象行业职业技能竞赛暨第三届全国气象行业县级综合气象业务职业技能竞赛中取得优异成绩的选手和教练。

9.7 2019 年陕西气象现代化建设大事记

2019 年 1 月 2 日，陕西省气象局召开高层次人才座谈会，广泛征求意见建议，着力探讨高层次人才队伍建设。陕西省气象局局长出席会议并讲话，副局长主持会议。21 位西安地区正研级专家及近五年新参加工作的博士结合自己的岗位和工作实际进行交流研讨。

1 月 17 日，陕西省气象局下发《关于成立秦岭和黄土高原生态环境气象重点实验室的通知》，成立“秦岭和黄土高原生态环境气象重点实验室”，以实验室为依托，将各直属业务单位研发科室纳入省所宏观管理，形成“小实体、大网络”，成为全省气象科技创新、技术交流和人才培养基地。

1 月 22 日，2019 年全省气象局长会议在西安召开。会议总结 2018 年工作，部署 2019 年气象工作，全面推进新时代气象高质量发展，动员全体气象工作者深化改革、创新发展，为新时代追赶超越提供有力保障。会议公布了 2018 年度综合目标考评、创新工作评比结果、“十强”县局名单、2018 年度全省气象部门各类先进名单。

2 月 18 日，陕西省气象局到省应急管理厅对接商谈，双方落实应急管理部与中国气象局于 2 月 15 日签署的《关于建立应急管理与气象监测预报预警服务联动工作机制框架协议》精神，将在数据共享、信息服务、应急响应、基层共建、科普宣传以及突发事件预警信息发布系统建设等方面深化合作，共建应急管理与气象监测预报预警服务联动机制，共同提升陕西省应急管理能力和水平。省应急管理厅党组成员、副厅长，省应急指挥中心主任，省气象局副局长、应急与减灾处处长，省突发事件预警信息发布中心主任等参会座谈。

2 月 22 日，陕西省气象局副局长带领相关处室、直属单位负责人一行 8 人赴陕西省生态环境厅开展调研。陕西省生态环境厅副厅长和相关处室领导陪同并介绍工作情况。

2 月 25 日，2019 年陕西省气象现代化建设联席会暨气象灾害应急指挥部联络员会议在西安顺利召开。陕西省气象现代化建设联席会 14 个成员单位、省气象灾害应急指挥部 27 个成员单位参加会议。会议旨在研究陕西气象现代化建设重大问题，推进气象灾害防御部门联动工作，指导和协调全省人工影响天气工作，督促省部合作协议的贯彻落实。2019 年度人工影响天气作业协调会同时召开。陕西省政府办公厅，省财政厅、水利厅、农业厅、林业厅、气象局及军队、民航等相关单位参加会议。

2 月 26 日，陕西省气象局与中国电信陕西公司签署战略合作协议，共同推进“互联网 +”智慧气象战略合作。陕西省气象局局长、副局长、西安市气象局局长及陕西省气象局相关单位主要负责人和中国电信陕西公司总经理、副总经理，中国电信陕西公司总经理助理、陕西公众信息有限公司总经理及中国电信陕西公司相关负责人参加签约仪式。陕西省气象局副局长与省电信公司副总经理代表双方签署战略合作协议。

3 月 4 日，全省 2019 年决策气象服务视频会议顺利召开。会议旨在全面贯彻落实中国气象局和全省气象局长会议相关精神，把握要求，满足需求，提早谋划，追赶超越，进一步提升陕西决策气象服务质量和水平，全力做好防灾减灾救灾和重大气象服务，推动 2019 年决策气象服务再上新台阶。陕西省气象局副局长出席会议，并作重要讲话。

3 月 6 日，陕西省生态环境厅副厅长一行 7 人来陕西省气象局调研，参观了陕西省气象台、陕西省气候中心、陕西省农业遥感与经济作物中心、陕西省人影办、陕西省气象服务中心等单位业务平台，全面了解了陕西省气象局生态环境气象业务开展情况。随后进行座谈，陕西省气象局副局长、陕西省气象局相关处室及直属单位负责人参加了会议。

3 月 11 日，陕西省气象局副局长一行在西咸新区调研工作。陕西省气象局相关单位负责人、西安市气象局副局长陪同调研。

3 月 19 日，陕西华云科技集团正式成立，该集团的成立将进一步优化陕西省气象局直属单位所属企业运行管理结构，充分激发所属企业的自主运营活力，打造省级专业气象服务优势产业集群。陕西省气象局副局长出席成立大会并为集团授牌。

3 月 20 日，由陕西省气象局、陕西省气象学会主办，陕西省气象学会秘书处、陕西省气象服务中心、宣传与科普中心承办的第五届“全省气象科普讲解大赛”顺利举办。

3 月 22 日，中国气象局综合观测司副司长与遥感处、国家卫星气象中心专家一行 5 人来陕西省气象局调研卫星遥感综合应用体系建设情况。副司长一行在调研完陕西遥感业务平台后召开了座谈会，陕西省气象局观测与网络处、应急与减灾处、陕西省农业遥感与经济作物气象服务中心、陕西省大气探测技术保障中心领导及有关业务人员参加了会议。

3 月 26 日，国家卫星气象中心副主任一行 6 人来陕西省气象局开展遥感应用技术交流。陕西省气象局副局长出席交流会议，陕西省气象局网信办、办公室、应急与减灾处、观测与网络处、陕西省气象信息中心、陕西省农业遥感与经济作物气象服务中心等主要负责人及相关专家参与座谈。

3 月 27 日，全国苹果气象服务协调会暨 2019 年全国苹果花期气象服务会商会在西安召开。

3 月 29 日，汾渭平原大气污染防治气象服务工作交流研讨会在陕西西安召开。会议旨在凝聚汾渭平原大气污染防治气象服务合力，进一步强化区域协作，着力解决思想认识、管理协作和技术问题，共同推进汾渭平原大气污染防治工作。中国气象局党组成员、副局长出席会议，中国气象局应急减灾与公共服务司司长主持会议。中国气象局预报与网络司、综合观测司、国家气象中心、国家气候中心、国家卫星气象中心、中国气象科学研究院以及北京、山西、河南、陕西等省（市）气象局领导、专家参加了会议。

4 月 7 日，陕西省气象局召开局长常务会专题部署森林火灾气象服务工作。陕西省气象局副局长主持会议，陕西省气象局副局长，巡视员，副巡视员及相关单位负责人参加会议。

4 月 8 日，铜川市市委常委、副市长，副秘书长一行与陕西省气象局副巡视员协商人工增雨作业相关事宜。铜川市气象局纪检组长、省人影办、陕西省气象局办公室相关负责人陪同座谈。

4 月 10 日，陕西省应急管理厅与陕西省气象局签署合作协议，共建应急管理与气象监测预报预警服务联动工作机制。双方落实习近平总书记关于防灾减灾救灾和提高自然灾害防治能力的重要指示精神，将在数据共享、信息服务、应急响应、基层共建、科普宣传以及充分发挥突发事件预警信息发布系统作用等六方面深化合作，共同提升陕西应急管理能力和水平。省应急管理厅副厅长、省气象局副局长代表双方签署协议。

4 月 17 日，陕西省气象局与人保财险陕西省分公司签署战略合作框架协议，双方以“优势互补、协同推进、支农惠农、合作共赢”为原则，将在信息共享、产品设计与数据服务、保险理赔平台建设、灾情联合调查、人才培养及保险产品试点等六方面深化合作，促进气象、保险领域协同发展。省气象局副局长、人保财险陕西省分公司党委书记代表双方签署协议。

4 月 18 日，全省观测网络业务研讨会议在西安召开。会议深入探讨地面气象观测自动化改革，推广质量管理体系建设，安排部署 2019 年观测网络重点工作任务。

4 月 24 日，由陕西省气象局与省总工会联合举办的第十届陕西省气象行业职业技能大赛暨第八届陕西省气象系统天气预报技能大赛开赛。

4 月 25 日，陕西省自然资源厅副厅长一行 7 人来陕西省气象局调研。副厅长一行参观了陕西省气象台业务平台，全面了解了省气象局地质灾害气象预报预警业务开展情况。陕西省气象局副局长、陕西省气象局相关处室及直属单位负责人参加了相关活动。

5 月 6 日，陕西省长在省防汛抗旱总指挥部召开成员单位会议，分析研判当前雨情水情汛情，对防汛工作进行再动员、再部署。

5 月 8 日，陕西省气象局印发《陕西气象科技攻关计划（2019—2021 年）》，主体攻关任务分为天气、气候、应用气象、综合气象观测及气象信息四个领域，共 22 个主攻方向，明确了今后 3 年科技创新的主要研究方向。

5 月 23 日，人保财险陕西分公司党委书记一行来陕西省气象局调研合作协议相关事宜。陕西省气象局副局长、办公室、应急与减灾处和相关单位负责人参加座谈。

5 月 28 日，陕西省气象现代化暨人工影响天气工作座谈会在西安召开。陕西省副省长、中国气象局副局长出席会议，并作重要讲话。陕西省政府副秘书长主持会议。中国气象局相关职能司、省级有关部门和单位、各设区市政府、市气象局、空军西安辅助指挥所以及省气象局直属业务单位和内设机构主要负责人共计 100 余人参加会议。

5 月 29 日，陕西省气象局召开全省气象助力脱贫攻坚电视电话会议。认真贯彻学习习近平总书记今年以来关于脱贫攻坚重要讲话精神以及中央有关通报精神，落实全国气象助力脱贫攻坚电视电话会议精神。陕西省气象局副局长、纪检组长出席会议。

5 月 31 日—6 月 1 日，陕西渭北果业区人工防雹技术研究外场试验方案论证会议在咸阳旬邑召开。中国气象局西北人影工程项目专家组对陕西渭北果业区防雹技术研究外场试验方案进行论证，并对国家级（陕西）作业飞机保障基地建设实施方案开展咨询研讨。

6 月 6 日，陕西省气象局举办第 92 期气象大讲堂，邀请省扶贫办社会扶贫办副主任作题为《干部驻村联户扶贫和群众工作》专题报告，为进一步做好全省气象部门脱贫攻坚和驻村扶贫工作，学习相关政策和工作方法。

6 月 11—14 日，韩国清州气象支厅厅长李善基一行四人来陕访问，参观了陕西省气象台、陕西省气候中心、陕西省气象服务中心、咸阳市气象局等单位。13 日上午召开座谈会，陕西省气象局局长出席座谈，相关处室、直属单位主要负责人参加座谈。

6 月 25 日，陕西省气象局首次在陕西省政府新闻发布厅召开“陕西气象现代化建设和人工影响天气工作暨汛期气象服务有关情况”新闻发布会，向 41 家中央、省级媒体记者介绍陕西气象现代化成果和人工影响天气工作及汛期气象服务有关情况。陕西省气象局新闻发言人、副局长，应急与减灾处处长，陕西省人工影响天气办公室主任，陕西省气象台台长参加新闻发布会。

6 月 19 日 15 时 30 分，秦岭太白山拔仙台生态自动气象站成功传回了第一条报文信息，标志着陕西海拔最高点上的首个高山生态自动气象站建设圆满完成。

6月28日，陕西省气象局通过视频会商系统参加黄河流域气象业务服务协调委员会电视电话会议。陕西省气象局副局长出席会议，陕西省气象局应急与减灾处、观测与网络处、科技预报处、省气象台、省气候中心、省气象服务中心、省农业遥感与经济作物气象服务中心等相关单位负责人及业务骨干参加会议。

7月11日，国家气候中心主任一行在陕西省气象局开展调研座谈交流。陕西省气象局局长、副局长出席，陕西省气象局相关内设机构、直属单位参加座谈。

7月15日，西安市副市长一行来陕西省气象局调研气象现代化建设工作。副市长一行先后参观调研了省气象台、省气候中心、省气象服务中心、省农业遥感与经济作物气象服务中心、省人工影响天气办公室等业务平台，详细了解智能网格和短时临近预报系统、遥感技术应用成果、国家突发公共事件预警信息平台发布系统等重点工作进展情况。

7月23—25日，中国气象局副局长一行赴陕西调研指导研究型业务建设工作并座谈。中国气象局副局长要求，要充分发挥陕西优势，夯实基础、培养人才、建立集约平台推进研究型业务发展。陕西省气象局局长对陕西上半年重点工作进行汇报。陕西省气象局副局长围绕研究型业务试点建设进展、秦岭剖面气象观测与研究应用进展和陕西气象科技与省科研所改革工作等相关内容进行汇报。中国气象局副局长对陕西在研究型业务组织构架、科研管理机制、业务布局、能力建设、平台支撑等方面的尝试和探索给予肯定；同时，从思想和思路上对研究型业务进行阐述，指出，要将预报、观测和服务相结合并融入大数据中开展相关工作。

7月31日，铜川市委市政府副秘书长一行代表铜川市委、市政府将写有“智慧人影灭火显神勇，现代气象防灾保民生”的锦旗送到陕西省气象局，感谢陕西省气象局多年来在服务铜川地方经济建设、保障铜川百姓福祉安康方面做出的贡献。

8月1日，陕西省气象局与西安市人民政府签订了《共同推进西安更高水平气象现代化建设合作协议》。陕西省气象局局长、西安市市长出席签约仪式。陕西省气象局副局长、西安市副市长代表双方签署合作协议。

8月2日，陕西省气象局印发《陕西智慧气象服务发展实施意见（2019—2023年）》的通知。明确了到2023年，大数据、云计算、人工智能等信息技术在气象服务中得到充分应用，初步实现服务产品制作从“体力劳动”向“智能生产”转变，气象服务模式从“单向推送”向“双向互动”转变，气象服务体系从“低散重复”向“集约化”转变，气象现代化成果充分应用，智能感知、精准泛在、情景互动、普惠共享的新型智慧气象服务发展生态初步形成，全省智慧气象服务业务初步建立。

8月7日，第十四届全国运动会筹备委员会召开新成立三部室抽调干部见面会。会议由陕西省政府副秘书长主持，陕西副省长参加会议并做重要讲话，陕西省气象局副局长、气象保障部副部长进行了表态发言。

8月12日，咸阳市政府副市长一行在陕西省气象局调研气象服务工作，并就气象服务保障咸阳高质量发展进行专题座谈。陕西省气象局党组书记、局长，陕西省气象局党组成员、副局长出席座谈。同日，陕西省气象局印发《陕西省气象局研究型业务试点建设方案（2019—2021年）》的通知，计划到2021年，建立完善的研究型预报业务体系，形成以数值模式应用创新驱动发展的研究型预报业务，并协同建成研究型气象观测业务和气象服务业务。

8月13日，中国铁塔陕西分公司总经理一行4人来陕西省气象局调研。双方就如何加强业务合作展开座谈讨论。陕西省气象局局长出席座谈会，陕西省气象局副局长主持会议。相关单位主要负责人与会。

8月14日，陕西省气象局召开全省研究型业务试点建设工作推进视频会议，加快推进陕西研究型业务试点建设工作。陕西省气象局副局长出席会议并作重要讲话。陕西省气象局相关单位主要负责人与会，各设区市气象局相关负责人、各县（区）气象局全体在岗职工参加会议。

8月20日，陕西省气象局副局长一行赴陕西省生态环境厅商谈双方合作事宜。双方就合作协议具体内容和人工增雨联合作业试验等方面进行了沟通交流。省生态环境厅厅长表示，气象监测预报服务工作在打赢污染防治攻坚战中起着决定性作用。充分发挥气象部门科技优势，利用高性能增雨飞机开展增雨雪作业试验，改善全省空气质量，是一次很好的探索，将尽快把试验项目纳入预算，共同推进大气污染防治工作。

9月10—11日，2019欧亚经济论坛气象分会在西安隆重召开。论坛由中国气象局、陕西省人民政府主办，包含1个全国气象大数据论坛，1个国际气象培训班来陕实习交流活动和1个论坛——第三届"丝绸之路经济带气象服务西安论坛"。本届欧亚经济论坛气象分会面向"一带一路"建设，瞄准信息聚合、价值聚变的大数据时代，以"气象大数据应用，助推高质量发展"为主题，开展包括风云卫星遥感数据在内的气象大数据技术交流，探讨推进气象大数据跨界融合应用，助力经济社会高质量发展。中国工程院院士李泽椿、中国科学院院士徐宗本出席会议并作主旨报告。陕西省委常委、宣传部部长出席气象分会论坛开幕式并为西安气象大数据应用中心、秦岭和黄土高原生态环境气象重点实验室揭牌。中国气象局副局长、陕西省政府副秘书长致辞。开幕式由陕西省气象局局长主持。期间，陕西省气象局举办第96期气象大讲堂，邀请国家气象信息中心副主任和首席科学家为全省业务和科研人员进行专题报告讲座。WMO南京区域培训中心国家研修班（发展中国家气候变化与气候信息服务、应对气候变化技术转移研修班）来陕开展交流活动，来自乌干达、古巴、巴拿马、坦桑尼亚等发展中国家的28名学员同陕西省气象局的业务人员进行了气象业务服务方面的经验交流和讨论。

9 月 12 日，陕西省气象局举办了秦岭和黄土高原生态环境气象重点实验室学术交流会。特邀李泽椿等专家院士面向各级业务人员作科学报告交流。旨在为进一步提高全省业务人员科技理论水平，掌握气象科技和业务前沿发展动态，夯实陕西气象业务科技基础。

9 月 25 日，陕西省气象局、十四运筹委会气象保障部联合举办第九十九期气象大讲堂，专门邀请陕西省工业和信息化厅副厅长作题为《智慧陕西与智慧全运》专题报告。

9 月 27 日，陕西省气象局举办机关学习会暨第 100 期气象大讲堂，特别邀请原中国气象局副局长、现任中国气象局中国气象事业发展咨询委员会常务副主任许小峰作题为《现代气象观测业务需求与走向》专题报告。

10 月 11 日，陕西省气象局召开秦岭和黄土高原生态环境气象重点实验室筹备会和第一届理事会第一次会议。陕西省气象局副局长主持并参加。陕西省气象局应急与减灾处、观测与网络处、科技与预报处、人事处、计划财务处、省气象台、省气候中心、省气象信息中心、省大气探测技术保障中心、省气象服务中心、省气象科学研究所、省人工影响天气办公室、省遥感与经济作物服务中心主要负责人，西安交通大学人居环境与建筑工程学院、西北农林科技大学资源环境学院、西北农林科技大学水土保持研究所主要负责人参加会议。

10 月 14 日，依据中国气象局《重大活动气象服务保障组织实施工作指南》，按照组委会的相关要求和服务需求，结合陕西实际，制定了 2019 中国国际通用航空大会气象服务保障实施方案。

10 月 16 日，陕西省气象局批复陕西省气象科学研究所机构调整方案。职责调整为负责开展气象应用研究和技术开发推广、气象科技情报收集交流和服务、区域数值预报模式发展和运行，承担省气象科技创新体系的具体组织工作，负责陕西省气象局科技创新基地的日常运行管理、陕西省气象局秦岭和黄土高原生态环境气象重点实验室建设运行、中国气象局秦岭气溶胶与云微物理野外科学试验基地运行管理以及省气象局图书阅览室管理工作，承担省气象学会秘书处工作，负责《陕西气象》编辑出版发行工作。

10 月 22—23 日，全国特色农业气象服务中心建设推进会在西安召开。会议全面总结近年来特色农业气象服务中心建设成绩，深入分析特色中心发展面临形势、机遇和挑战，认真谋划特色中心未来发展和举措，共同推进特色中心的建设和发展，助力特色农业产业发展、助力现代农业发展、助力乡村振兴。中国气象局副局长、农业农村部市场与信息化司副司长出席会议，并作重要讲话。

10 月 24 日，第六届全国农业与气象论坛在杨凌召开。作为中国杨凌农业高新科技成果博览会重要专题活动之一，此次论坛紧密围绕本届农高会主题“新农业、新农村、新农民”，以“气象服务新农业、新农村、新农民”为主题，邀请国内农业气象服务领域专家开展农业气象科技交流和科研成果推广。

10 月 25 日，陇县召开省级“两联一包”驻村联户工作 2019 年第三次联席会，陕西省气象局副局长、陕西省气象局直属机关党委办公室主任、陇县人民政府副县长出席会议。陇县人民政府副县长主持会议。

11 月 8—9 日，2019 年全国气象观测工作会议在陕西省西安市召开。中国气象局党组成员、副局长出席会议，代表局党组对当前至“十四五”期间观测业务作出部署。陕西省副省长出席开幕式并致辞。陕西省气象局副局长在大会上就陕西小型气象观测无人机业务化应用设计与实验作了交流发言。参会代表来到陕西省气象局卫星气象应用中心平台和苹果气象服务中心平台进行参观，并观看了小型气象观测应用示范系统现场演示。

11 月 11—12 日，陕西省气象局召开党组中心组学习扩大会议暨 2019 年全省气象局长工作研讨会。会议深入学习党的十九届四中全会精神，传达学习全国气象局长研讨会议和全国气象科技创新工作会议精神，并对陕西气象“十四五”发展规划和业务技术体制重点改革进行研讨。通过学习研讨，加强全省气象部门对从严治党的统一认识，强化责任担当，达到理清思路、明确方向的目的，为圆满完成全年任务和谋划明年各项工作奠定坚实基础。

11 月 21 日，秦岭和黄土高原生态环境气象重点实验室第一届学术委员会第一次会议暨 2019 年度学术交流会召开。会议旨在加快推进秦岭和黄土高原生态环境气象重点实验室（以下简称重点实验室）建设，推进围绕核心技术开展研究进程。

11 月 22 日，陕西省气象局召开“十四运”气象服务保障筹备工作领导小组 2019 年扩大会议。会议进一步明确了下一步工作思路、重点任务、时间节点、责任单位，提出要全面启动、全面展开、全面推进“十四运”气象服务保障工作。陕西省气象局局长出席会议并讲话。

11 月 25—26 日，陕西省气象局召开全省气象部门组织人事工作会议。会议深入学习习近平总书记关于党的建设和组织工作重要思想，全国组织工作会议、干部监督工作会议和全国气象部门组织人事工作会议精神，研究部署当前和今后一个时期陕西气象部门党的建设和组织人事工作。陕西省气象局局长出席并讲话。

12 月 10 日，陕西省气象局召开党组中心组学习扩大会，学习贯彻新中国气象事业 70 周年座谈会精神，贯彻落实中国气象局党组有关要求。陕西省气象局副局长就新中国气象事业 70 周年座谈会会议精神进行了领学。他指出，70 周年座谈会体现了党中央、国务院对气象工作的高度重视和亲切关怀，既是对气象事业过去成就贡献的肯定，更是对未来的鼓舞、厚望和期许，为气象改革发展指明了方向、提供了遵循。广大气象干部职工要以党和国家对气象事业的更高期待、更高要求为目标，结合主题教育，担负更重大责任、切实履职尽责，不断谱写事业发展新篇章。会议期间，与会代表围绕新中国气象事业 70 周年座谈会精神谈心得体会，并就贯彻落实进行了分组研讨。讨论中，座谈会精神得到与会代表的广泛热议，党中央、国务院对气象事业的高度重视和亲切关怀更体现了党和国家对气象工作者的信任与鞭策，催人奋进、鼓舞前行。

12 月 12 日，陇县县委副书记一行到陕西省气象局就创建“中国天然氧吧”、省级“两联一包”驻村联户扶贫工作进行对接。陕西省气象局党组书记、局长出席，陕西省气象局党组成员、副局长主持座谈。

12 月 16 日，汾渭平原大气污染防治气象保障服务 2019 年度第二次联席会议在西安召开。山西省气象局、河南省气象局、陕西省气象局分别汇报大气污染气象保障服务开展情况、汾渭平原大气污染气象服务协作机制办公室工作开展情况，以及存在的不足和下一步工作计划。中国气象局副局长对 2019 年汾渭平原大气污染防治气象服务工作给予充分肯定，并分析了汾渭平原大气污染防治气象服务工作面临的新机遇和新挑战，并对扎实推进汾渭平原大气污染防治气象服务工作提出四点要求。

12 月 20 日，中国气象局人影中心组织举办西北区域人影能力建设项目年度工作总结会，交流经验，互学互鉴，研讨问题，部署任务，推动项目建设任务落地落实。中国气象局应急与减灾司、计划财务司、科技与气候变化司、中部区域人影项目牵头省气象局领导到会指导。

12 月 27 日，陕西省气象局召开 2019 年度挂职干部交流座谈会，来自全省气象部门 13 名挂职干部进行了交流。陕西省气象局党组成员、副局长出席并讲话，对挂职干部提出具体要求。

10

陕西气象现代化评估及展望

2018 年，陕西省气象局全权委托中国气象局发展研究中心开展陕西省气象现代化第三方评估。中国气象局发展研究中心根据中国气象局和陕西省人民政府加快推进陕西省气象现代化的有关要求，按照时间节点针对陕西省气象现代化建设总体完成情况和分项完成情况进行客观科学评估，总结凝练陕西省气象现代化建设所取得的经验，分析存在的不足，指出改进的方向。

10.1 陕西气象现代化总体成效

10.1.1 陕西省总体达到基本实现气象现代化阶段目标

2013 年以来，陕西省气象现代化建设取得显著进展，全省基本建成“满足需求、注重技术、惠及民生、富有特色”的陕西气象现代化体系，综合水平西部[1]领先。气象监测预报能力、气象防灾减灾和公共气象服务能力和效益不断提高，科技创新、人才支撑、基层气象事业综合实力显著增强，依法管理体系初步建立。到 2017 年底，陕西省气象观测自动化率达到 60%，24 小时晴雨预报准确率达到 88.5%，暴雨预报准确率达到 76.2%，雾和霾天气 24 小时预报准确率达到 79.6%，全省年均人工增雨作业影响面积达到 80%，防雹有效率达到 75%，对农业增产贡献率达到 15%。其中，暴雨过程预报准确率已提前 3 年完成《陕西省人民政府办公厅关于加快推进气象现代化建设的意见》（以下简称《意见》）提出的量化目标，晴雨和雾和霾天气 24 小时预报准确率已接近量化目标，其他 4 项指标也有望在 2020 年达到量化目标。2018 年，陕西省气象局全权委托中国气象局发展研究中心开展陕西省气象现代化第三方评估。中国气象局发展研究中心根据中国气象局和陕西省人民政府加快推进陕西省气象现代化的有关要求，按照时间节点针对陕西省气象现代化建设总体完成情况和分项完成情况进行客观科学评估，总结凝练陕西省气象现代化建设所取得的经验，分析存在的不足，指出改进的方向。

表 10-1 《意见》主要指标完成情况表

指标	2014 年基准值	2017 年完成值	2020 年目标值
气象观测自动化率	47.1%	60%	90% 以上

［1］ 西部包括内蒙古、广西、重庆、四川、贵州、云南、西藏、陕西、甘肃、青海、宁夏、新疆 12 个省（区、市）。

续表

指标	2014 年基准值	2017 年完成值	2020 年目标值
24 小时晴雨预报准确率[1]	84.9%	88.5%	90% 以上
暴雨过程预报准确率	52.2%	76.2%	70%
雾和霾天气 24 小时预报准确率	71.5%	79.6%	80% 以上
全省年均人工增雨作业影响面积	70%	80%	90% 以上
防雹有效率	70%	75%	80% 以上
对农业增产贡献率	12%	15%	20% 以上

中国气象局《省级气象现代化指标体系和评价实施办法》制定的气象现代化评估指标体系由 6 项一级指标、18 项二级指标、40 项三级指标组成，涵盖气象工作的主要方面，指标总分 100 分，基本实现气象现代化目标值 90 分。根据综合评价指标体系法的评估结果，陕西省气象现代化水平 2017 年总分达到 95.18 分，较 2014、2015 年和 2016 年分别提高 11.42、8.31 和 7.87 个百分点，陕西省已实现中国气象局确定的基本实现气象现代化目标，气象现代化水平逐年稳步提升。

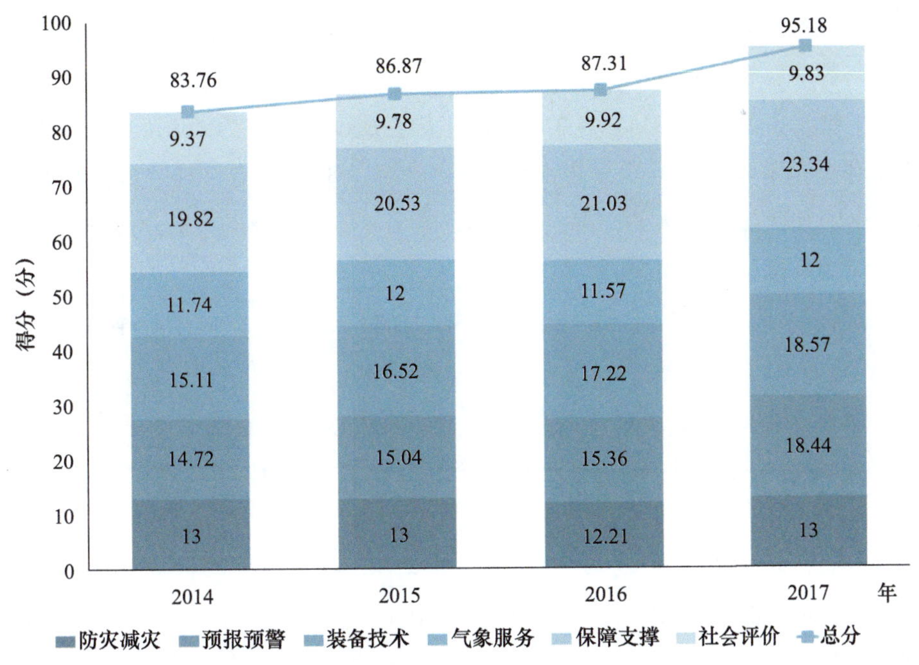

图 10–1　陕西省气象现代化评估得分年度变化（2014—2017 年）

[1] 为三年滑动平均值。

从一级指标来看，陕西省的防灾减灾、预报预警、装备技术、气象服务、保障支撑和社会评价 6 项一级指标完成情况较好，完成度均超过 90%，特别是气象防灾减灾能力和气象服务能力完成度达到 100%，反映了陕西省在推进“党委领导、政府主导、部门联动、社会参与”气象防灾减灾机制建设、基层气象防灾减灾组织体系建设和气象服务能力建设方面取得了明显成效。气象预报预警能力、气象装备技术水平、气象保障支撑能力、气象社会评价 4 项一级指标完成度分别为 92.20%、92.85%、93.36%、98.30%。从一级指标横向对比来看，陕西气象防灾减灾能力、气象服务能力、气象保障支撑能力位于全国和西部上游水平，气象预报预警能力和气象装备技术水平低于全国和西部平均水平，气象社会评价水平略低于全国平均水平，略高于西部平均水平。从一级指标年度进展来看，陕西省气象现代化各项业务服务能力显著提升。气象防灾减灾能力指标完成度和 2014 年持平（均为 100%）。气象预报预警能力指标完成度较 2014 年提高 18.60 个百分点。气象装备技术水平指标完成度较 2014 年提高 17.30 个百分点。气象服务能力指标完成度较 2014 年提高 2.17 个百分点。气象保障支撑能力指标完成度较 2014 年提高 14.08 个百分点。气象社会评价水平指标完成度达到 98.30%，较 2014 年提高 4.60 个百分点。

从二级指标来看，2017 年陕西省有 14 项二级指标（占比 77.8%）完成度达到全国中上水平。其中，7 项（占比 38.9%）二级指标完成度明显高于全国和西部平均水平，包括灾害天气预警能力、气象依法行政水平、综合气象观测能力、气象服务经济效益、基础设施完备度、气象科技贡献率、政府财政保障度；7 项二级指标完成度和全国和西部平均水平持平，占比 38.9%（有 3 项二级指标完成度数据均为 100%）；2 项二级指标的完成度和全国平均持平但明显高于西部平均水平。陕西省有 2 项二级指标的完成度明显低于全国和西部平均水平，占比 11.1%。除了气象预报准确率有年度波动以外，17 项二级指标均呈逐年提升趋势。

从三级指标来看，有 31 项（约占 77.5%）的三级指标完成度达到 100%，短板（完成度低于 90%）主要表现在月降水预测准确率、预报产品时效分辨率、观测数据质量控制覆盖率、气象信息集约化程度、高层次人才队伍建设水平等方面。综合来看，气象装备技术水平和保障支撑能力是陕西省气象现代化建设进程中的相对短板。

进一步通过问卷调查发现，陕西气象现代化在服务地方经济社会发展中取得明显成效。陕西省地方政府和相关职能部门普遍对陕西气象服务、气象信息获取便捷程度表示满意，普遍认为陕西省天气预报准确率和气象灾害预警水平较 2014 年以前提升明显，也普遍认为陕西省气象现代化推进工作在地方防灾减灾、生态文明建设、为农服务和脱贫攻坚、“一带一路”建设中发挥了重要作用。

表 10-2 陕西省 2017 年基本实现气象现代化综合评估得分

一级指标			二级指标			三级指标					
名称（权重）	得分（分）	完成度（%）	名称（权重）	得分（分）	完成度（%）	名称（权重）	现状值	全国平均现状值	目标值	得分（分）	完成度（%）
（一）防灾减灾 (13)	13	100	应急联动机制完善度 (4)	4	100	气象灾害应急预案完备率 (2)	98.00%	99.68%	90%	2	100
						气象应急联动部门衔接率 (1)	100%	97.95%	80%	1	100
						联动部门防灾减灾信息双向共享率 (1)	100%	93.16%	70%	1	100
			基层防灾组织健全度（5）	5	100	基层气象防灾减灾工作机构健全率（2）	96.7%	97.11%	95%	2	100
						乡镇（街道）气象协理员配置到位率（1）	100%	99.21%	95%	1	100
						村（社区）气象信息员配置到位率（2）	100%	99.64%	95%	2	100
			气象依法行政水平 (4)	4	100	气象法规健全和落实程度 (2)	99.3%	95.38%	90%	2	100
						气象标准化体系成熟度 (2)	100%	85.21%	75%	2	100
（二）预报预警 (20)	18.44	92.2	气象预报准确率 (8)	6.55	81.88	24 小时晴雨预报准确率 (2)	88.5% 提高 6.2%	87.29%	88% 或提高 3%	2	100
						24 小时气温预报准确率 (2)	77.3% 提高 7.8%	82.87%	75% 或提高 2%	2	100
						月降水预测准确率 (2)	61.8% 提高 0.8%	69.35%	69% 或提高 3%	0.55	27.50
						月气温预测准确率 (2)	79.8% 提高 9.5%	81.24%	78% 或提高 3%	2	100
			灾害天气预警能力 (9)	9	100	强对流天气预警提前量 (3)	36.3 分钟	36.9 分钟	20 分钟	3	100
						灾害性天气预警准确率提升度 (3)	冰雹 9%	14.34%	3%	3	100
							大雾 7.2%	4.02%			
							暴雨 17.9%	15.58%			
						暴雨预警准确率 (3)	76.2%	84.61%	75%	3	100
			预报产品精细度 (3)	2.89	96.33	预报产品时效分辨率 (1)	80%	93.82%	90%	0.89	89.00
						预报产品空间分辨率 (1)	100%	96.03%	99%	1	100
						预报产品客观检验率 (1)	100%	90.65%	90%	1	100

续表

一级指标			二级指标			三级指标					
名称（权重）	得分（分）	完成度（%）	名称（权重）	得分（分）	完成度（%）	名称（权重）	现状值	全国平均现状值	目标值	得分（分）	完成度（%）
（三）装备技术(20)	18.57	92.85	综合气象观测能力 (6)	6	100	观测站网完善度 (3)	100%	97.13%	95%	3	100
						观测装备业务可用性 (3)	100%	100%	90%	3	100
			观测数据质量达标率 (8)	7.27	90.88	气象观测数据可用率 (5)	100%	99.41%	99%	5	100
						观测数据质量控制覆盖率 (3)	75%	84.44%	99%	2.27	75.67
			气象信息化能力 (6)	5.3	88.33	国家地面自动站数据省内到达时间（1）	1 分钟	0.98 分钟	1 分钟	1	100
						区域自动站数据省内到达时间（1）	2 分钟	1.52 分钟	2 分钟	1	100
						雷达数据省内到达时间（1）	3 分钟	1.98 分钟	3 分钟	1	100
						气象信息集约化程度 (3)	75.9%	77.71%	99%	2.30	76.67
（四）气象服务(12)	12	100	气象预警信息覆盖面 (6)	6	100	气象预警信息社会单元覆盖率 (3)	100%	99.89%	85%	3	100
						气象预警信息广电媒体覆盖面 (1)	100%	98.33%	95%	1	100
						气象预警信息社会机构覆盖面 (2)	100%	88.57%	70%	2	100
			专业气象服务能力 (3)	3	100	专业气象服务成熟度 (3)	100%	100%	90%	3	100
			气象服务经济效益 (3)	3	100	气象灾害 GDP 影响率 (3)	0.46%	0.56%	1%	3	100
（五）保障支撑（25）	23.34	93.36	气象科技贡献率 (8)	7.4	92.5	气象科技贡献率 (8)	78.6%	75.69%	85%	7.40	92.5
			人才资源保障度 (8)	6.94	86.75	人才总体素质程度 (4.8)	48.8 分	51.85 分	54 分	4.34	90.42
						高层次人才队伍建设水平 (3.2)	29.2 分	27.47 分	36 分	2.60	81.25
			基础设施完备度 (4)	4	100	基层气象机构基础设施达标率 (4)	64.6% 提高 46.5%	80.48%	90% 或 提高 20%	4	100
			政府财政保障度 (5)	5	100	地方中央财政支撑匹配度 (2)	100%	68.14%	80% 或 提高 30%	1.31	100
						政府财政支撑满足度 (2)	100%	99.21%	70% 或 提高 20%	2	100
						地方现代化项目经费到位率 (1)	100%	99.15%	80%	1	100
（六）社会评价(10)	9.83	98.3	气象服务满意度 (7)	7	100	气象服务公众满意度 (7)	89.3 分	89.11 分	85 分	7	100
			气象知识普及率 (3)	2.83	94.33	气象科学知识普及率 (3)	75.6%	76.43%	80%	2.83	94.33
总分			95.18 分								

10.1.2 陕西气象现代化各项业务服务能力显著提升

10.1.2.1 气象防灾减灾能力指标完成度达到 100%

气象防灾减灾能力指标评估各地气象部门应急联动机制的完善程度、基层气象防灾组织体系健全程度以及气象依法行政水平。本项一级指标由 3 项二级指标和 8 项三级指标构成，总分 13 分。本次评估中，陕西省气象防灾减灾能力 4 年来指标得分均为 13 分，完成度均达到 100%，为全国最高水平，总体完成情况优秀。

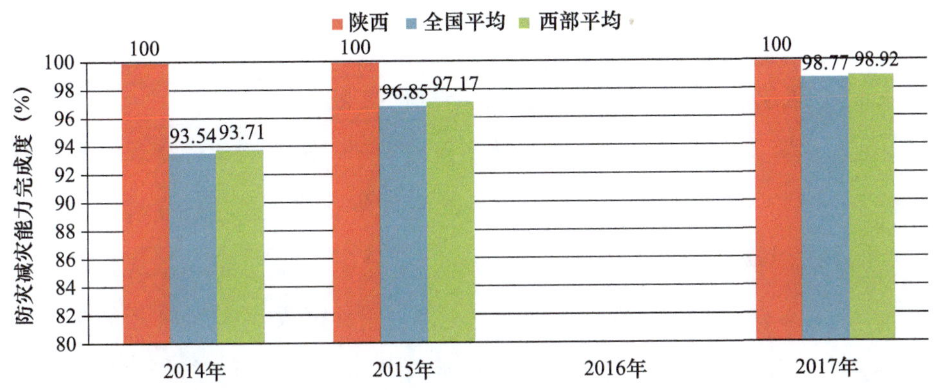

图 10–2 陕西省气象防灾减灾能力指标完成度和全国、西部平均对比（2014—2017 年）（2016 年无对比结果）

（1）应急联动机制完善度

本指标评估气象灾害应急预案编制、部门联动机制建立情况及信息共享程度。满分 4 分，陕西 4 年来得分均为 4 分，完成度均为 100%，为全国最高水平，反映陕西气象应急联动机制较为完善。本指标包括气象灾害应急预案完备率、气象应急联动部门衔接率和联动部门防灾减灾信息双向共享率。

（2）基层防灾组织健全度

本指标评估气象防灾减灾工作机构和基层防灾队伍建设情况。满分 5 分，陕西 4 年来得分均为 5 分，完成度均为 100%，为全国最高水平，反映陕西基层防灾减灾组织较为健全。本指标包括基层气象防灾减灾工作机构健全率、乡镇（街道）气象协理员配置到位率和村（社区）气象信息员配置到位率。

（3）气象依法行政水平

本指标主要通过调查省级出台气象相关法规、政策、规划、标准的完整性和落实情况，评价政府主导气象防灾减灾工作的落实程度。满分 4 分，4 年来陕西该项指标得分均为满分，指标完成度均高于全国平均水平和西部平均水平。本指标包括气象法规健全和落实程度、气象标准化体系成熟度 2 项三级指标。

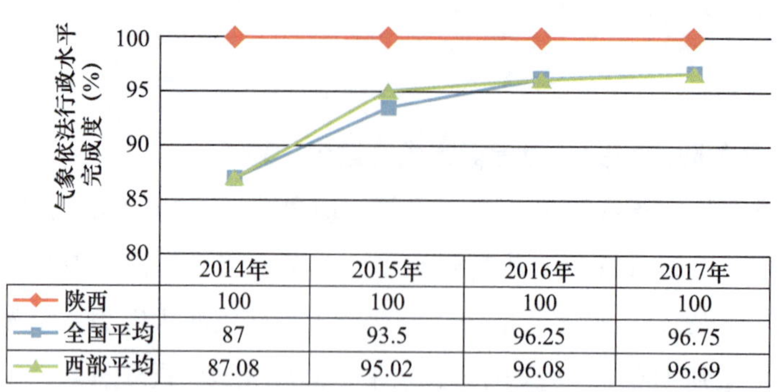

	2014年	2015年	2016年	2017年
陕西	100	100	100	100
全国平均	87	93.5	96.25	96.75
西部平均	87.08	95.02	96.08	96.69

图 10-3　陕西省气象依法执政水平指标完成度变化情况（2014—2017 年）

10.1.2.2　气象预报预警能力指标完成度达到 92.2%

气象预报预警能力指标通过考察气象预报准确率、灾害天气预警能力和预报产品精细度来综合评估气象预报预测业务水平和推进精细化格点预报的发展水平。本项一级指标由 3 项二级指标和 10 项三级指标构成，总分 20 分。气象预报预警能力是气象部门的核心业务，是衡量气象现代化水平的关键。指标完成度从 2014 年的 73.6% 提升到 2017 年的 92.2%，总体完成情况良好。在全国来看，2017 年该指标完成度低于全国平均水平 3.1 个百分点，低于西部平均水平 1.75 个百分点。

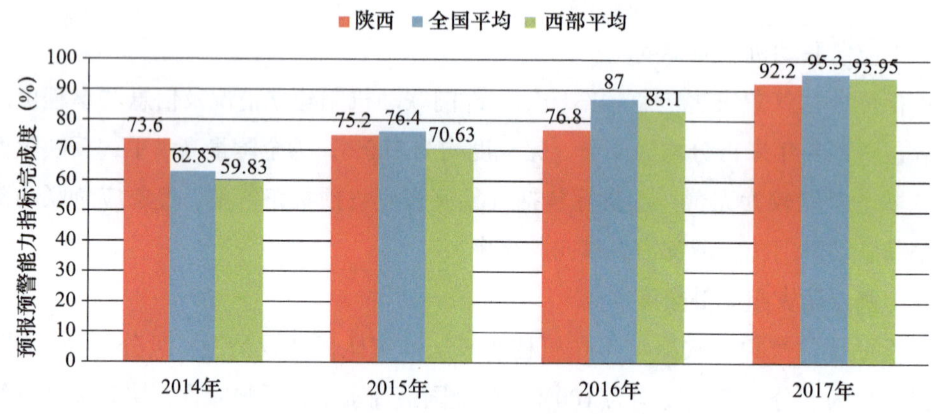

图 10-4　陕西省气象预报预警能力指标完成度和全国、西部平均对比（2014—2017 年）

（1）气象预报准确率

本指标通过选取与经济社会活动关系密切的主要的预报项目进行评分，综合评估气象预报预测的准确性。满分 8 分，2017 年陕西得分 6.55 分，完成度 81.88%。从全国来看，2014、2015 年陕西气象预报准确率指标完成度高于全国和西部平均水平，2016、2017 年低于全国和西部平均水平。

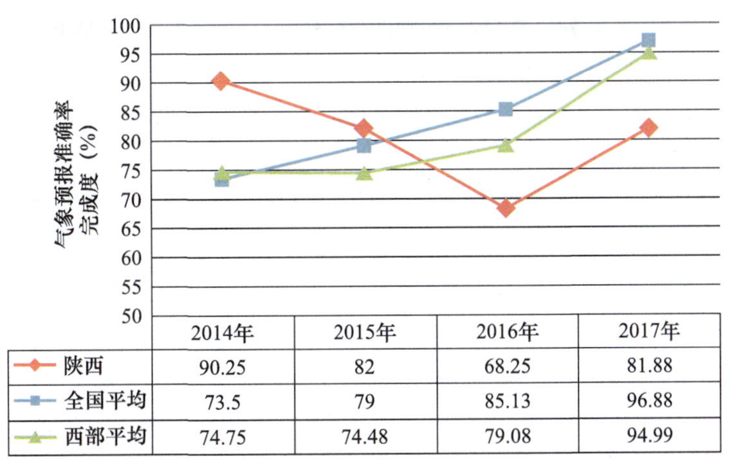

	2014年	2015年	2016年	2017年
陕西	90.25	82	68.25	81.88
全国平均	73.5	79	85.13	96.88
西部平均	74.75	74.48	79.08	94.99

图 10-5　陕西省气象预报准确率指标完成度变化情况（2014—2017 年）

本指标包括 24 h 晴雨预报准确率、24 h 气温预报准确率、月降水预测准确率、月气温预测准确率 4 项三级指标，均取评估年的近三年平均值进行评估。满分均为 2 分，2017 年完成度分别为 100%、100%、27.5%、100%。其中 2015—2017 年与 2010—2012 年平均比较：晴雨预报准确率达到 88.5%，提高 6.2 个百分点；气温预报准确率达到 77.3%，提高 7.8 个百分点；月降水预测准确率达到 61.8%，提高 0.8 个百分点；月气温预测准确率达到 79.8%，较提高 9.5 个百分点。值得注意的是，陕西 2015—2017 年平均月降水预测准确率低于全国平均水平（69.25%）。反映陕西月降水预测能力有待进一步提高。

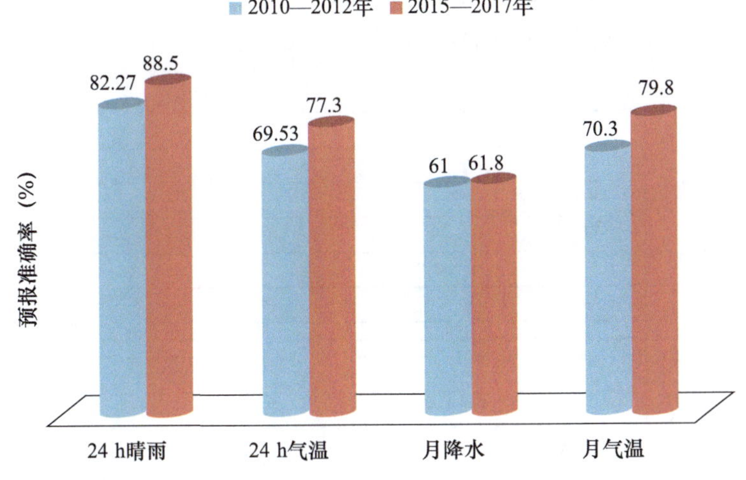

图 10-6　陕西省气象预报准确率三级指标 2015—2017 年较 2010—2012 年均值变化情况

（2）灾害性天气预警能力

本指标通过选取社会关注度最高的天气预报预警项目来评估灾害性天气的

预报预警水平。满分 9 分，2017 年陕西得分为 9 分，指标完成度逐年稳步提升，从 2014 年的 55.56% 提升到 2017 年的 100%，2017 年陕西该项指标完成度高于全国和西部平均水平，反映陕西灾害性天气预警能力较强。

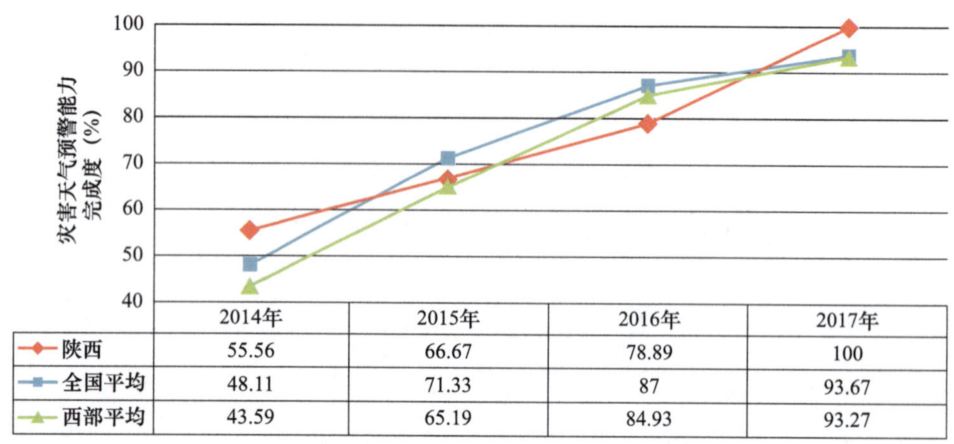

	2014年	2015年	2016年	2017年
陕西	55.56	66.67	78.89	100
全国平均	48.11	71.33	87	93.67
西部平均	43.59	65.19	84.93	93.27

图 10-7　陕西省灾害天气预警能力指标完成度变化情况（2014—2017 年）

本指标包括强对流天气预警提前量、灾害性天气预警准确率提升度、暴雨预警准确率 3 项三级指标，前两项取评估年近三年平均值进行评估，第三项对评估年进行评估。满分均为 3 分，指标完成度均为 100%。2017 年陕西强对流天气预警提前量达到 36 min，较 2014 年提前 6.1 min；灾害性天气预警中 2015—2017 年平均冰雹预警准确率较 2010—2012 年均值提升 9.0 个百分点，大雾预警准确率提升度达到 7.2 个百分点，暴雨预警准确率提升度达到 17.9 个百分点；陕西省暴雨预警准确率逐年提升，2017 年暴雨预警准确率达到 76.2%。

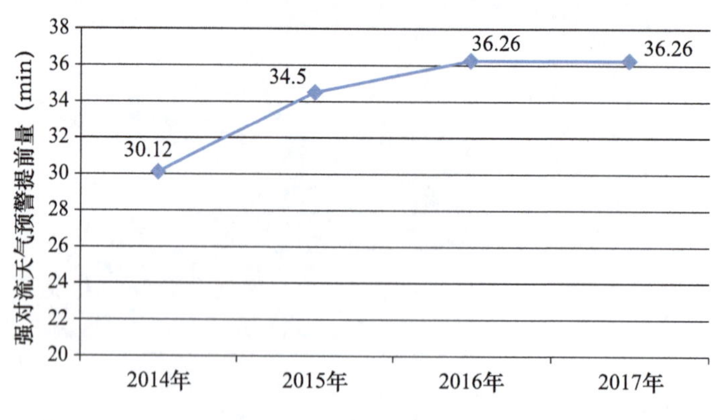

图 10-8　陕西省强对流天气预警提前量（2014—2017 年）

（3）预报产品精细度

本指标反映格点预报的精细化水平。满分 3 分，2017 年陕西得分为 2.89 分，完成度为 96.33%，较 2014 年提升 13 个百分点，2017 年陕西预报产品精细度指标完成度略高于全国和西部平均水平，本指标包括预报产品时效分辨率、预报产品空间分辨率和预报产品客观检验率 3 项三级指标，完成度分别为 89%、100%、100%。值得注意的是，陕西气象预报产品时效分辨率为 80%（低于全国平均水平 93.82%）。综合来看，陕西气象预报产品精细化水平较高，但预报产品在时效上的精细化程度还需提高。

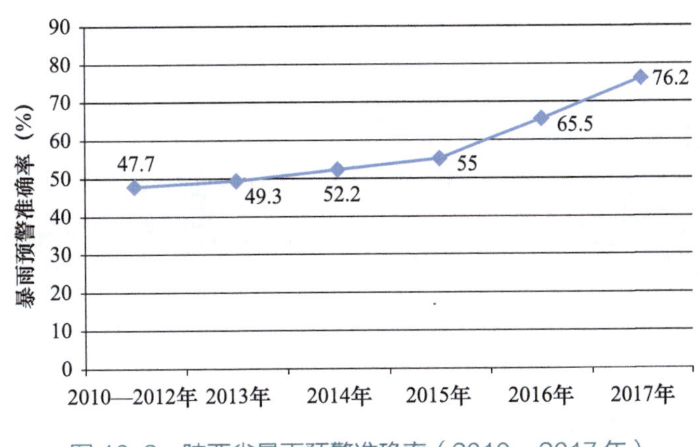

图 10-9　陕西省暴雨预警准确率（2010—2017 年）

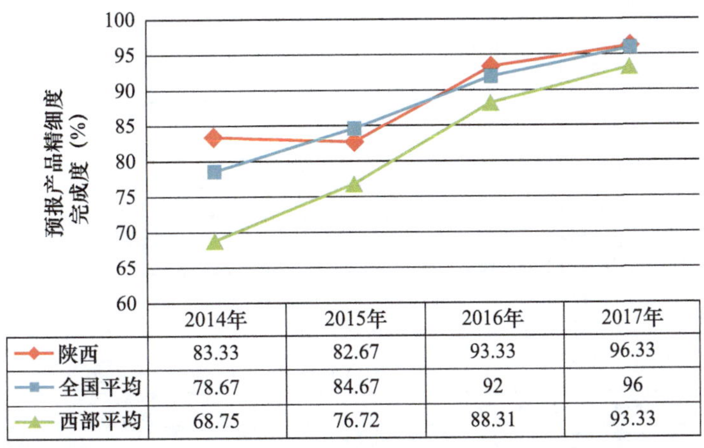

	2014年	2015年	2016年	2017年
陕西	83.33	82.67	93.33	96.33
全国平均	78.67	84.67	92	96
西部平均	68.75	76.72	88.31	93.33

图 10-10　陕西省预报产品精细度指标完成度变化情况（2014—2017 年）

10.1.2.3　气象装备技术水平指标完成度达到 92.85%

气象装备技术水平指标评估各地的综合气象观测能力、观测数据质量达标率以及气象信息化能力。气象装备技术水平是气象预报预测和服务的基础，其中，综合气象观测、数据质量控制是现代气象业务体系的重要组成部分，气象信息化是实现气象现代化的重要手段和标志。本项一级指标由 3 项二级指标和 8 项三级指标构成，总分 20 分。陕西省气象装备技术水平指标 2017 年得分 18.57 分，指标完成度从 2014 年的 75.55% 提高到 2017 年的 92.85%，逐年进步明显，总体完成情况良好。从全国来看，2017 年陕西省该项指标完成度略低于全国平均水平（93.95%）和西部平均水平（93.35%）。

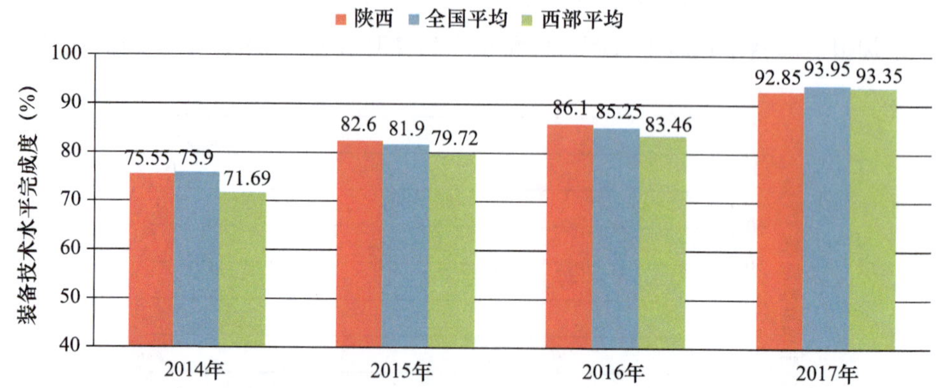

图 10-11 陕西省气象装备技术水平指标完成度和全国、西部平均对比（2014—2017 年）

（1）综合气象观测能力

本指标反映综合气象观测现代化水平。满分 6 分，4 年来年陕西得分均为满分，完成度为 100%，明显高于全国和西部平均水平。

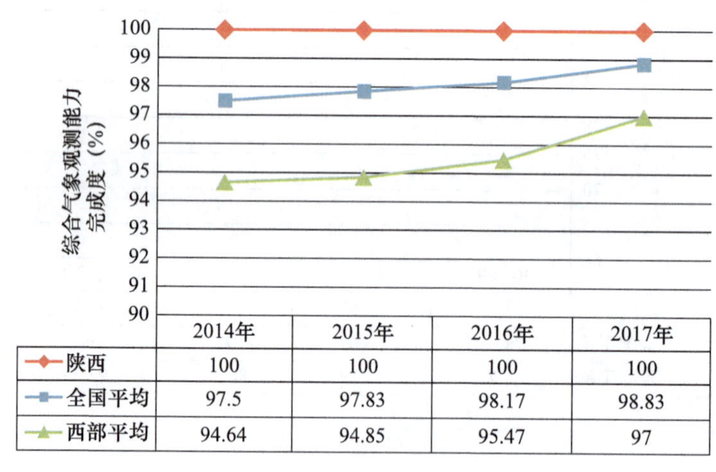

	2014年	2015年	2016年	2017年
陕西	100	100	100	100
全国平均	97.5	97.83	98.17	98.83
西部平均	94.64	94.85	95.47	97

图 10-12 陕西省综合气象观测能力指标完成度变化情况（2014—2017 年）

（2）观测数据质量达标率

本指标通过计算气象观测数据可用率和观测数据实施了质量控制的比例来评估观测数据的质量。满分 8 分，2017 年陕西得分为 7.27 分，完成度为 90.88%，较 2014 年提升 8.25 个百分点，陕西该项指标低于全国和西部平均水平。陕西观测数据质量控制覆盖率为 75%，低于全国平均水平（84.44%）。

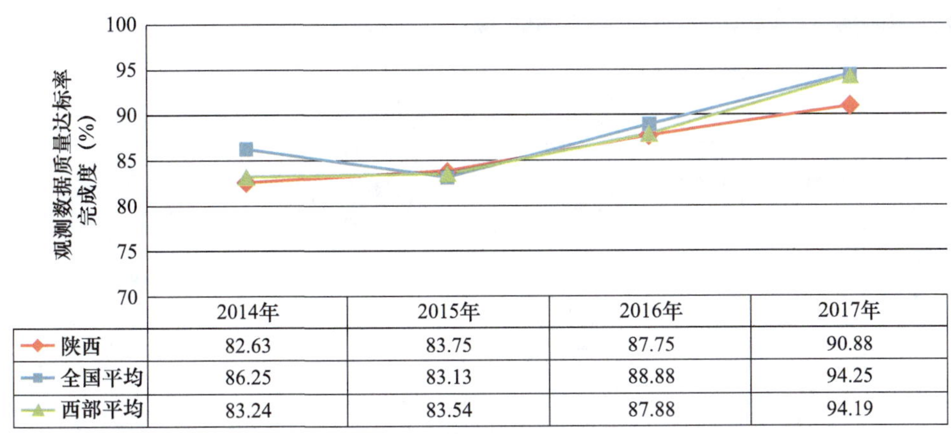

	2014年	2015年	2016年	2017年
陕西	82.63	83.75	87.75	90.88
全国平均	86.25	83.13	88.88	94.25
西部平均	83.24	83.54	87.88	94.19

图 10–13　陕西省观测数据质量达标率指标完成度变化情况（2014—2017 年）

（3）气象信息化能力

本指标通过测试地面气象站和雷达数据省内传输速率，综合评价数据处理和气象通信传输能力；通过基础信息资源和数据资源的集约化程度，评价气象信息的集约化程度。满分 6 分，2017 年陕西得分为 5.3 分，完成度为 88.33%，较 2014 年提升 46.66 个百分点，提升十分明显，2017 年陕西气象信息化能力和全国、西部平均水平相当。陕西气象信息集约化程度为 75.9%，低于全国平均水平（77.71%）。

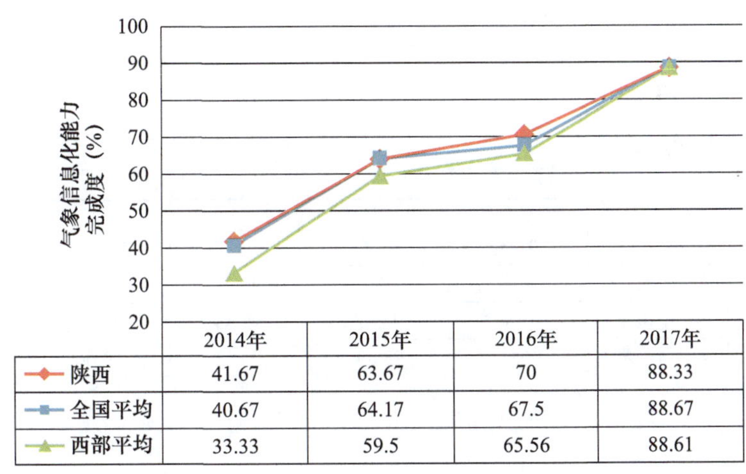

	2014年	2015年	2016年	2017年
陕西	41.67	63.67	70	88.33
全国平均	40.67	64.17	67.5	88.67
西部平均	33.33	59.5	65.56	88.61

图 10–14　陕西省气象信息化能力指标完成度变化情况（2014—2017 年）

10.1.2.4　气象服务能力指标完成度达到 100%

气象服务能力指标评估各地的公共气象服务均等化程度、专业气象服务成熟度以及气象服务经济效益。本项一级指标由 3 项二级指标和 5 项三级指标构成，总分 12 分。本次评估中，陕西省气象服务能力指标 2017 年得分 12 分，指标完成度达到

100%，为全国最高水平，总体完成情况优秀。

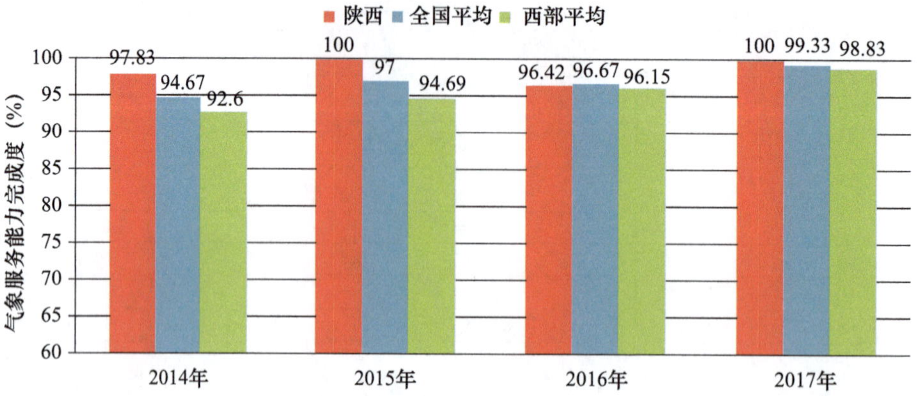

图 10-15　陕西省气象服务能力指标完成度和全国、西部平均对比（2014—2017 年）

（1）气象预警信息覆盖面

本指标评价气象灾害预警发布和传播能力，反映公共气象服务的均等化水平。满分 6 分，4 年来陕西得分均为 6 分，完成度均为 100%，为全国最高水平。

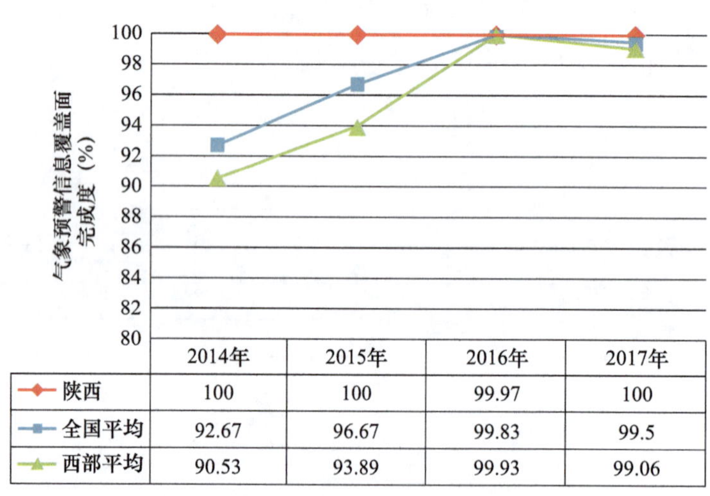

	2014年	2015年	2016年	2017年
陕西	100	100	99.97	100
全国平均	92.67	96.67	99.83	99.5
西部平均	90.53	93.89	99.93	99.06

图 10-16　陕西省气象预警信息覆盖面指标完成度变化情况（2014—2017 年）

（2）专业气象服务能力

本指标通过计算农业、交通、水利、环境和电力等行业与气象保障服务关系的紧密程度来评价各地的专业气象服务能力，主要评估是否建立相关的服务指标，是否提供经常性服务产品，是否建立相关的业务或科研团队，是否有成熟的业务系统。指标满分 3 分。4 年来，除 2016 年该指标有调整以外，其他 3 年陕西均为满分，完成度均为 100%。

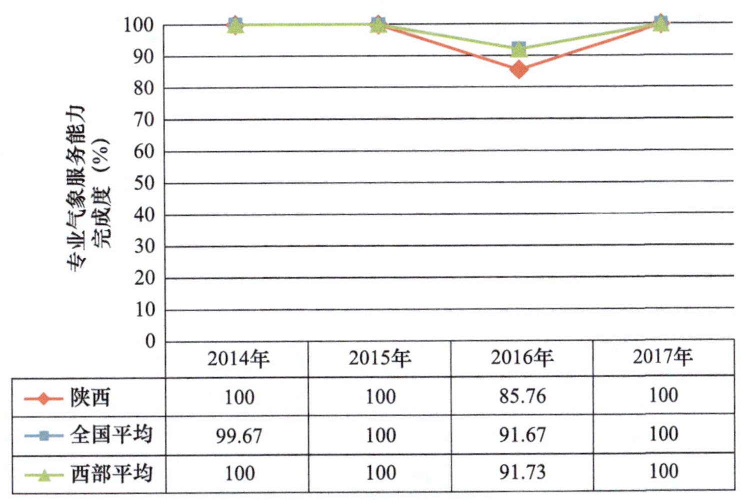

图 10–17　陕西省专业气象服务能力指标完成度变化情况（2014—2017 年）

（3）气象服务经济效益

本指标通过计算近三年各省气象灾害直接经济损失与全省 GDP 之比值（气象灾害 GDP 影响率）的平均值来评估当年各地的气象服务经济效益。满分 3 分，完成度为 100%，较 2014 年提高 8.67 个百分点，且近三年陕西该项指标完成度均高于全国和西部平均水平。

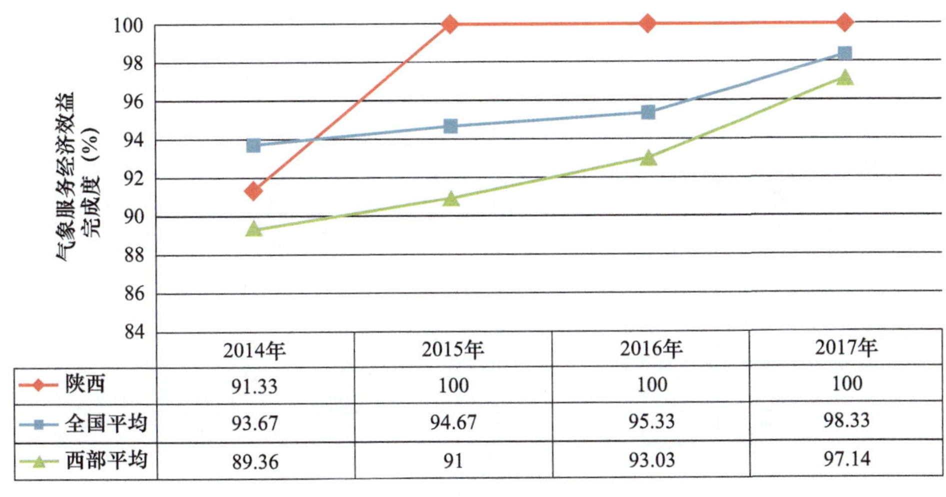

图 10–18　陕西省气象服务经济效益指标完成度变化情况（2014—2017 年）

10.1.2.5　气象保障支撑能力指标完成度达到 93.36%

气象保障支撑能力指标通过考察各地科技、人才、基础设施以及财政保障水平来评估气象事业的可持续发展水平和协调发展水平。陕西省气象保障支撑能力指标 2017 年得分 23.34 分，指标完成度从 2014 年的 79.28% 提高到 2017 年的 93.36%。从全国来看，2017 年陕西省该项指标完成度高于全国平均水平（90.48%）和西部平均水平（88.96%）。

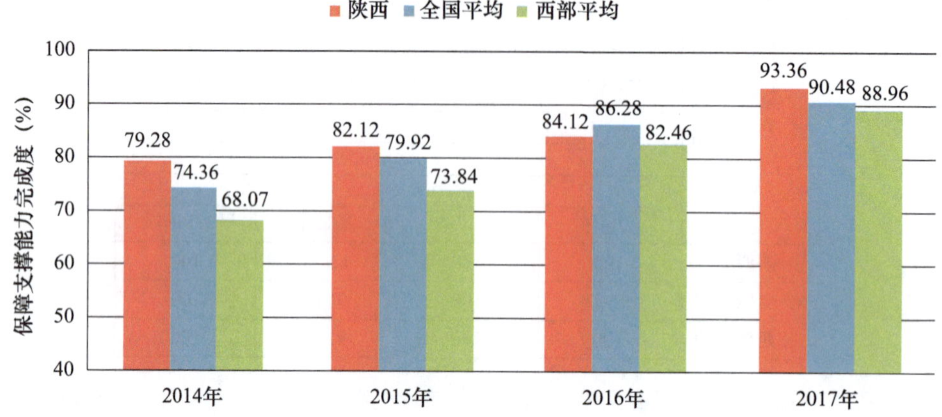

图 10–19 陕西省气象保障支撑能力指标完成度和全国、西部平均对比（2014—2017 年）

（1）气象科技贡献率

本指标通过考察气象科技成果应用水平、气象科技研发能力和气象科技投入水平，综合评价气象科技对业务的支撑程度，满分 8 分。2017 年陕西得分为 7.4 分，完成度为 92.5%，较 2014 年提升 3.62 个百分点。4 年来陕西该项指标完成度均高于全国和西部平均水平。综合来看，陕西气象科技能力在全国处于较高水平。

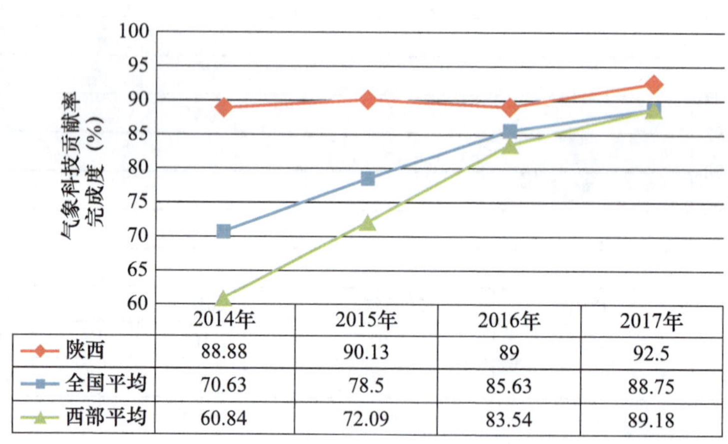

	2014年	2015年	2016年	2017年
陕西	88.88	90.13	89	92.5
全国平均	70.63	78.5	85.63	88.75
西部平均	60.84	72.09	83.54	89.18

图 10–20 陕西省气象科技贡献率指标完成度变化情况（2014—2017 年）

（2）人才资源保障度

本指标评估各地气象队伍对现代化工作的支撑和保障程度，满分 8 分。2017 年陕西得分为 6.94 分，完成度为 86.75%，较 2014 年提升 7.25 个百分点，且 4 年来陕西该项指标均略高于或等于全国平均水平，明显高于西部平均水平，但人才总体素质程度需要提高。

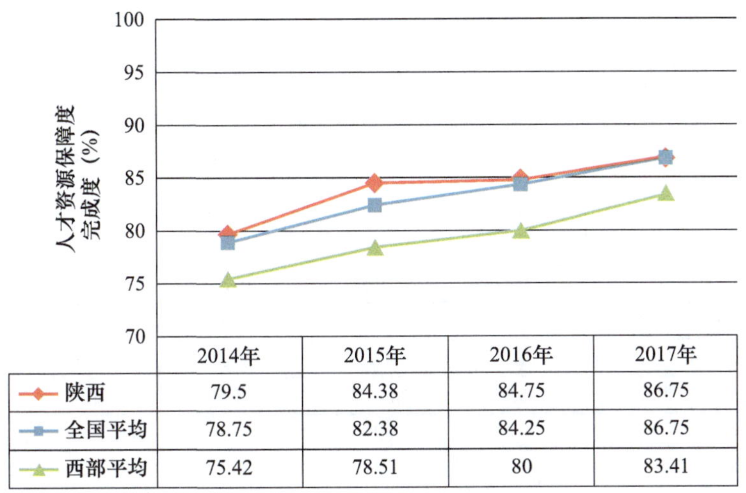

图 10-21　陕西省气象人才资源保障度指标完成度变化情况（2014—2017 年）

（3）基础设施完备度

本指标主要评估基层气象机构基础设施达标率，反映各省台站基础设施建设水平，达标标准依据区域发展水平和本地业务布局，由各省（区、市）自行制定。满分 4 分，2017 年陕西得分为满分，完成度为 100%，较 2014 年提升 66.25 个百分比，提升显著。

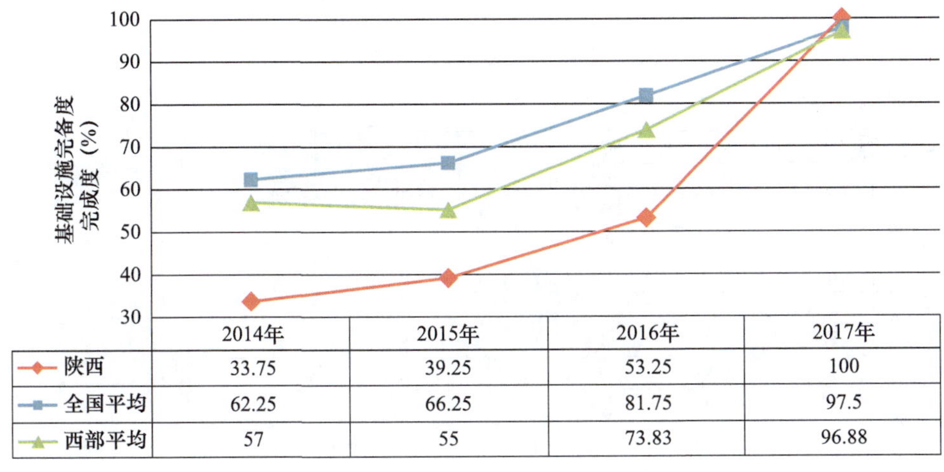

图 10-22　陕西省气象基础设施完备度指标完成度变化情况（2014—2017 年）

（4）政府财政保障度

本指标通过统计各级公共财政对气象事业运行和现代化项目投入的资金规模和到位情况，评价公共财政对气象事业可持续发展的保障水平。满分 5 分，4 年来陕西得分均为满分，完成度均为 100%，明显高于全国和西部平均水平。

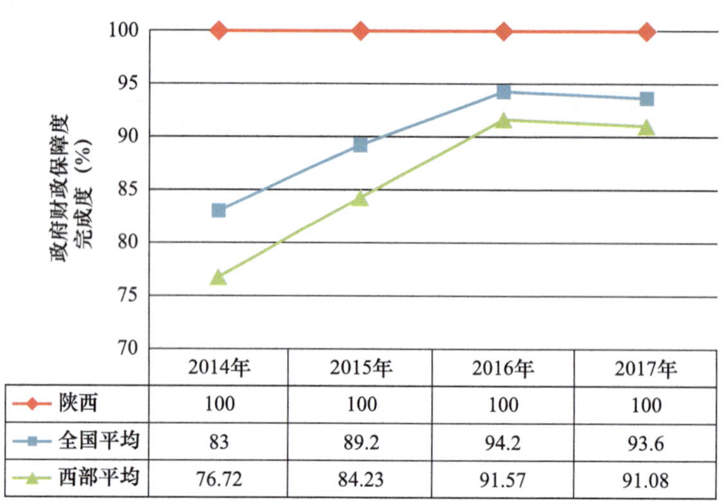

	2014年	2015年	2016年	2017年
陕西	100	100	100	100
全国平均	83	89.2	94.2	93.6
西部平均	76.72	84.23	91.57	91.08

图 10-23 陕西省政府财政保障度指标完成度变化情况（2014—2017 年）

10.1.2.6 气象社会评价指标完成度达到 98.30%

社会评价指标通过对城乡居民抽样调查，评估公众对气象服务的满意程度和气象知识普及程度，以评价当地气象服务的社会效益，当地气象科学普及的成果和民众参与气象防灾减灾工作的有效性。陕西省气象社会评价水平指标 2017 年得分 9.83 分，指标完成度从 2014 年的 93.7% 提高到 2017 年的 98.3%。从全国来看，2017 年陕西省该项指标完成度略低全国平均水平（98.5%），略高于西部平均水平（98.1%）。

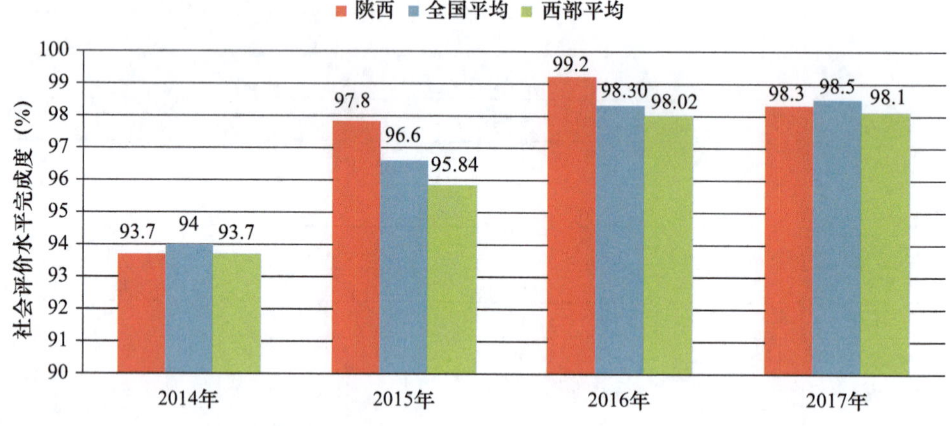

图 10-24 陕西省气象社会评价水平指标完成度和全国、西部平均对比（2014—2017 年）

（1）气象服务满意度

本指标通过对城乡居民开展抽样调查，评估公众对气象服务的满意程度，综合评价各地气象服务水平和社会效益。满分 7 分，4 年来陕西得分均为满分，完成度均为 100%。

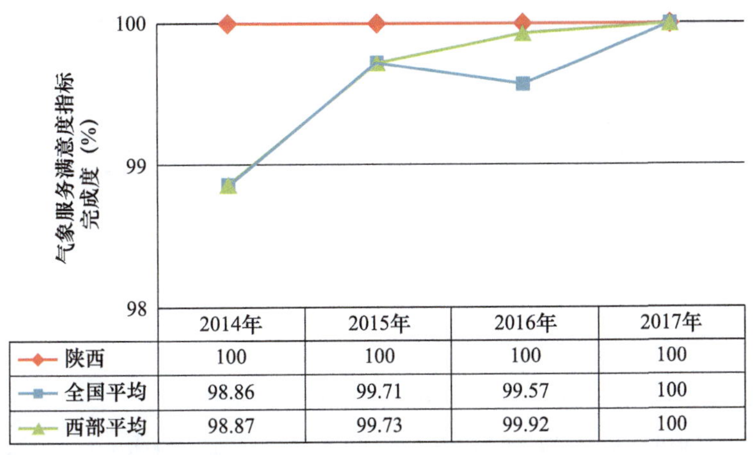

	2014年	2015年	2016年	2017年
陕西	100	100	100	100
全国平均	98.86	99.71	99.57	100
西部平均	98.87	99.73	99.92	100

图 10–25　陕西省气象服务满意度指标完成度变化情况（2014—2017 年）

（2）气象知识普及率

本指标通过对城乡居民开展抽样调查，掌握公众对气象科学知识和气象防灾知识的了解程度，综合评价各地气象科学普及的成果。满分 3 分，2017 年陕西得分为 2.83 分，完成度为 94.33%，较 2014 年提升 15.33 个百分点，陕西气象知识宣传普及能力在 4 年来有明显进步，但在全国处于中等水平，仍需进一步提高。

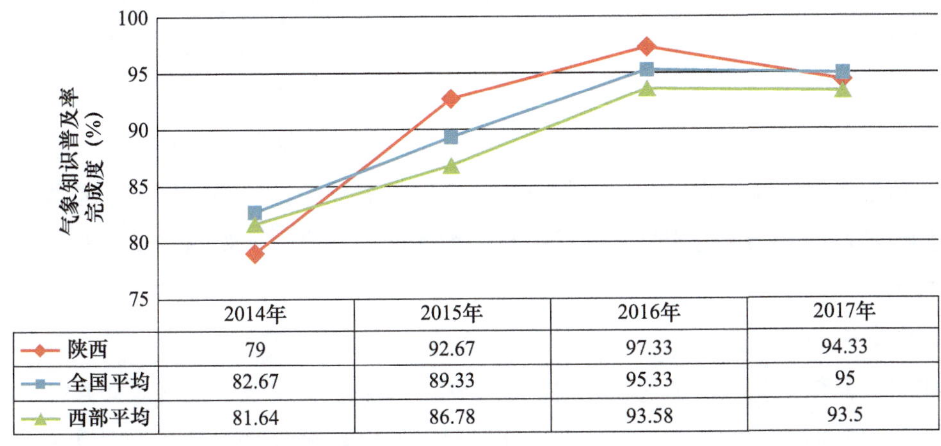

	2014年	2015年	2016年	2017年
陕西	79	92.67	97.33	94.33
全国平均	82.67	89.33	95.33	95
西部平均	81.64	86.78	93.58	93.5

图 10–26　陕西省气象知识普及率指标完成度变化情况（2014—2017 年）

10.2 陕西气象现代化的主要进展和成效

10.2.1 气象监测预报能力明显提升

10.2.1.1 综合气象观测能力和气象信息化水平明显提升

一是观测站网进一步完善，观测自动化水平大幅提高。全省 99 个国家气象站全部实现了观测自动化。地面气象观测站点数量从 1573 个增加到 1800 余个，多要素观测站占比从不足 10% 提升到 40%，平均站距达 11 km，并且实现了乡镇全覆盖。建成了多普勒天气雷达 7 部、高空探测雷达 4 部、激光雷达 1 部；完成韩城新建雷达、安康雷达迁移的选址和前期准备工作；完成西安、榆林、汉中等 7 部天气雷达技术升级。部署了 14 套三维闪电定位系统、6 个交通气象自动站、98 套自动土壤水分站。新建了 4 个气溶胶观测站、5 个 GNSS/MET 站，并与测绘、地震部门共享了 31 个 GNSS/MET 站数据。秦岭山脉断面观测系统微波辐射计、高山站等建成投入使用。建成 90 m/s 风洞实验室 1 个。建成全国首个风云四号卫星直收站，风云卫星直收站达 3 个。气象观测质量管理体系建设实现全覆盖。小型无人机气象观测示范完成天空状况、雨、雪等天气现象识别。建成由风廓线雷达、酸雨、温室气体、气溶胶等观测站组成的城市环境气象监测网，西安超大城市综合气象观测试验进展顺利。秦岭（长安）国家综合气象观测专项试验外场通过中国气象局审核，纳入国家综合气象观测试验基地名录。基本形成由天基、空基和地基组成的气象灾害监测网络。主要观测业务连续多年高质量运行且稳居全国前列。

二是气象信息化取得了快速发展。信息基础设施快速发展。完成了全省气象广域网升级改造，形成了扁平化多备份高速度的网络架构。省到 10 个市为电信 100 M+ 电子政务 100 M+ 广电 20 M，省到 99 个县区为电信 20 M+ 电子政务 100 M，西安大数据应用中心至省局建成 500 M 传输专线，至国家卫星气象中心建成 240 M 传输专线。资源池扩展到 40 台物理服务器、CPU932 核、内存 10 TB、存储 721 TB、提供虚拟服务器 372 台。气象数据和产品存储总量超过 700 TB，日增量约 500 GB，已初步建成类别齐全的气象数据产品加工制作业务。建成统一气象数据环境。依托全国综合气象信息共享平台（CIMISS），接入陕西特色数据，建立了陕西集约化气象数据环境。截至 2019 年年底，陕西主要气象业务系统均已接入 CIMISS 平台，气象数据统一服务

（MUSIC）接口注册账户 202 个，2019 年度总检索次数约 3.79 亿次，数据服务总量 154.92 TB。基于气象数据环境，涌现出一批气象大数据应用系统，有力推进陕西气象大数据业务发展，包括陕西省智能网格预报系统（“秦智”系统）、陕西省气象数据共享网、汾渭平原环境气象数据共享平台、安康汉江流域自然灾害监测预报预警大数据平台等。气象大数据跨界融合应用初见成效。陕西省气象局积极打破行业壁垒，推进部门数据融合，借助秦云工程和精细化暴雨洪涝灾害风险普查工作等，持续开展行业共享数据汇交，先后与国土、农业、水利、水文、民政、统计、公安等多部门共享数据，积极推进气象大数据跨界融合应用。例如：基于公安视频数据，建成天气现象智能识别“天脸”系统；基于环保数据，建成汾渭平原环境气象数据共享平台；基于农业数据，建成陕西一体化农业气象业务平台；基于水文、国土等数据，建成汉江流域自然灾害实时监测精细化预报预警气象大数据平台等。

10.2.1.2 气象预报预警能力取得明显突破

陕西省天气预报“一张网”基本形成，智能网格预报业务取得明显突破。通过强化技术支撑，推进核心业务发展，陕西省初步建成 0 时刻到 10 天的无缝隙智能网格预报业务体系，建立了一套陕西特色的精细化预报技术方法。智能网格预报产品空间分辨率 3 km，时间分辨率 0 ～ 48 h 内 1 h，共有 13 项预报要素，2 h 以内时空分辨率达到 6 min 和 1 km，实现了站点预报向网格预报的业务新变革。2015—2017 年陕西平均 24 h 晴雨预报准确率达到 88.5%，24 h 气温预报准确率达到 77.3%，较 2010—2012 年提升明显。2017 年陕西强对流天气预警提前量达到 36 min，暴雨预警准确率达到 76.2%，格点预报能力位于全国前列。2018 年，陕西气象现代化评估二级指标中进步最大的是气象预报准确率，得分较 2017 年提高 5.8%。预报产品精细度、观测数据质量达标率、气象信息化能力、人才资源保障度、气象知识普及率，分别较 2017 年提高 3.81%、3.58%、2.08%、1.44%、2.47%。网格预报实况分析业务从无到有，0 时刻实况产品已经融入网格预报。陕西省短时临近智能预报服务系统（NIFS）业务化运行，基于信息化、智能化的技术支撑，省、市、县构成扁平高效监测预警业务流程。1 ～ 10 天智能网格预报业务通过中国气象局业务化准入评估，成为全国首批获得业务化运行批准的省份。

10.2.2 气象科技创新能力显著增强

陕西气象科技创新和人才队伍建设水平不断提高。一是气象核心技术攻关取得突破。陕西省气象局在精细化格点预报、短临预报预警等核心技术攻关取得突破，建成了具有陕西特色的智能网格预报技术体系并跻身全国先进行列，智能服务“两微一端”迅猛发展。精细化预报空间精度由 11 个地市到 99 个县（区）、1913 个乡镇且质量稳定提高。“秦岭气溶胶与云微物理野外观测试验基地”成为首批中国气象局野外科学试验基地。人影作业目标精细化决策指挥、作业效益效果综合评估分析、物联网安全监控等核心技术取得突破，开发了基于物联网技术人影作业调度指挥业务一体化平台。陕西省气象局 2017 年获省级科技奖励 2 项、市级 9 项，软件著作权 3 项，科技成果登记 69 项，发表科技论文 115 篇，其中 SCI（EI）7 篇。二是一批骨干人才队伍正在积聚形成。陕西省气象局通过建立创新团队、制定激励政策、提供引进优惠等方法，引进和积聚了一批骨干人才队伍。陕西省气象局建立了 3 支省级团队，正在筹建 2 支团队，积聚核心研发人才 50 人左右。陕西省气象局直属业务单位各成立 1 ～ 2 支创新团队，积聚骨干研发人才 80 人左右。各市气象局成立 1 ～ 2 支创新团队，共积聚骨干研发人才 80 人左右。首批评选省级首席预报员 4 名、副首席预报员 4 名。全省逐步建立 210 人左右的骨干科技力量，带动陕西省气象科技创新向“精、实、用”方向发展。

研究型业务取得新进展。制定了《陕西省气象局研究型业务试点建设方案（2019—2021 年）》。开展智能网格预报系统检验评估和方法研究，优化升级数据流程，研发出以动态交叉取优技术和要素协同技术等为代表的本地客观技术方法，推出了一套经过检验的客观精细化格点 / 站点客观预报产品，部分技术集成到 MICAPS 4-GFE 系统中。持续推进陕西特色网格预报技术体系建设，优化数据环境，调整和建立省市直连互通、结构扁平化的订正、检验评估流程。构建以数据为中心的省、市、县一体化服务业务系统，推进服务产品规范化、服务业务集约化。通过降水、温度等要素的实时监测、检验评估，改进短临预报和降水预报方法。实现与国家突发公共事件预警信息发布系统对接，适应智能化、集约化、信息化的气象业务发展需求。探索构建以数据为先导，以预报为核心，以服务为归宿的纵横贯通、高效集约的全流程业务框架，推进观测、预报和服务业务之间、省市县三级业务之间的科学布局和流程优化。探索业务与科研人员有效流通的交流机制和轮岗机制。

10.2.3 公共气象服务社会效益显著

陕西省气象局紧紧围绕保障公共安全，通过不断深化省市县三级应急联动机制，不断完善气象法规体系，气象防灾减灾能力和公共气象服务能力得到全面加强。陕西省气象服务能力不断增加，2017 年为全国最高水平。一是基层气象防灾减灾组织管理体系基本建立。省、市、县三级气象灾害应急指挥部常态化开展工作，“党委领导、政府主导、部门联动、社会参与”的省、市、县、镇、村五级气象防灾减灾组织管理体系逐步健全，气象信息服务站、气象协理员、信息员实现镇村全覆盖。二是气象防灾减灾法规体系更为完善。省、市、县三级政府修订或出台了《陕西省气象灾害预警应急预案》、气象灾害防御规划及气象灾害应急准备认证管理办法等规章性文件。编制气象部门各级各单位责任清单和服务清单，全面落实三个叫应制度和气象防灾减灾全程留痕管理制度，切实做到应急服务全程留痕，有法可依，有据可查。三是实现了基层气象服务“一张图一张网”。按照中国气象局基层气象防灾减灾“六个一”要求，建立综合基层气象防灾减灾数据集，3 市、59 县绘制气象灾害防御作战“一张图”。建立灾害分级防御、叫应机制、留痕管理等业务流程和工作规范。依托国家突发事件预警信息发布平台和现有的气象预警信息传播渠道，完成基层防灾减灾预警信息发布和传播“一张网”。利用手机、网络、电视、电话、大喇叭、显示屏等多种方式发布气象信息，充分发挥了气象灾害预警信息“消息树”和“发令枪”的作用，有效避免灾害发生。特别是在 2018 年 7 月关中、陕南大暴雨期间，渭河、汉江干流出现特大洪水，嘉陵江出现近四十年特大洪水，气象服务在挽回人民经济损失、减少人员伤亡方面发挥了重要作用。四是智慧气象服务发挥明显成效。通过启动“智慧气象服务行动计划”，陕西气象、智慧农业等 App 实现基于位置、个性定制、按需推送，用户达 167 万人，服务更迅速，内涵更丰富，“直通式”服务覆盖率达 89%，气象预警信息“绿色通道”年发布预警信息 7176 万人次，声讯电话拨打量居全国首位。通过公共气象服务能力的提升，在西安国际马拉松赛、丝绸之路国际电影节、春节春运、高考、国庆长假、汉中油菜花节、杨凌农高会等重大活动中，气象保障服务工作获得一致认可，取得了显著的社会效益。

10.2.4 气象服务国家战略效益突出

陕西省通过积极落实国家战略要求，不断加强对生态文明建设、气候资源开发利用、农业、“一带一路”建设等的气象服务能力建设。一是气象工作积极融入地方生态文明建设。气象部门作为陕西省划定并验收生态保护红线工作领导小组成员，气象专家进入技术组开展工作。“生态系统气象立体监测工程”“人工影响天气示范区建设工程”两项重点工程纳入《陕西省“十三五”生态环境保护规划》。强化大气环境治理气象保障服务。推动成立汾渭平原大气污染防治气象服务协作小组、汾渭平原环境气象预报预警中心，与陕西省环保厅建立了重污染天气应急联动、数据共享及会商机制，积极开展大气污染监测预报预警及评估工作，为陕西省政府“铁腕治霾 + 保卫蓝天”行动提供决策参考。二是气候资源开发利用水平明显提升。推动陕西省人大出台《陕西省气候资源保护和利用条例》，参与政府风能、太阳能开发利用发展规划编制工作，完成 4 项风电场风能资源评估、1 项风电场选址评估，开展 1 个县扶贫光伏项目资源评估。三是生态文明建设气象服务品牌逐渐形成。积极开展西咸新区城市通风廊道气候评估论证、海绵城市建设气象保障服务，为海绵城市的合理规划和灾害预防提供理论依据。积极推进商洛“中国生态气候康养宜居地”创建工作。汉中、杨凌等地气象局分别为当地国家园林城市、国家森林城市创建提供气象数据分析评估服务。陕西省 5 个县获“中国天然氧吧”认定，组织凤县大红袍花椒、眉县猕猴桃申报“国家气候标志”气候品质认证。主持陕西省低碳试点技术工作，编制陕西省温室气体排放清单报告。四是中国苹果气象服务中心建设助力精准脱贫。完善中心运行机制，初步构建全国苹果气象监测网和数据库，与河南、山西等省联合开展区域灾情调查，完成全国苹果产量预报工作，为全国苹果生产提供专题服务产品 20 余期。围绕苹果种植，开展 4 类灾害发生概率指数预报服务，优果率提升 3% ～ 7%，推广果园适用技术 53 项，新增苹果种植面积 1.4 万 hm^2，有力推进了陕北苹果扶贫产业发展。五是“一带一路”建设服务保障能力不断提高。制作发布“一带一路”天气预报，加强丝绸之路经济带气象保障项目实施，召开“丝绸之路经济带气象服务西安论坛”，为“长安号”国际货运班列提供气象服务为突破。

10.3 推动陕西气象现代化向更高水平迈进

10.3.1 评估指出改进方向

评估指出，气象现代化是一个动态的过程，陕西省气象现代化虽然已经达到基本实现气象现代化水平，但与人民日益增长的美好生活需要相比仍存在一些发展不平衡不充分的短板，需要我们不断改进。一是立体化综合气象观测能力不足，不能满足监测精密的要求。二是气象预测预报精准度和气象服务的精细化、智慧化和个性化水平不能满足日益增长的服务需求。三是气象科技创新研发投入力度不足，核心关键技术薄弱。四是新一代信息网络技术与气象业务的融合发展不足。五是制度保障不够完善；区域发展不平衡、基层台站软实力薄弱制约气象保障能力整体作用的发挥。

10.3.2 推动更高水平气象现代化思路

以习近平新时代中国特色社会主义思想为指导，全面贯彻“创新、协调、绿色、开放、共享”发展理念，深入贯彻党的十九大和十九届二中、三中、四中全会精神，紧跟时代发展，把握国家战略需求，全面贯彻落实中国气象局局长会议精神、陕西省委战略部署，按照中国气象局局长刘雅鸣“陕西气象现代化西部领先，应好上加好、向更高标准更高要求迈进”、陕西省委书记“加快推进气象管理法治化、气象服务智慧化、气象业务智能化”要求，融入国家防灾减灾救灾、生态文明、丝路经济带发展和乡村振兴战略，把气象现代化作为事业发展总抓手，坚持科技创新驱动和人才发展战略，发挥区位优势，进一步深化气象业务、服务、管理变革，推进规划和重大工程实施，以气象大数据发展为引领，建立观测智能、预报精细精准、服务及时高效的智慧气象，到 2020 年基本建成“适应需求、结构完善、功能先进、保障有力、惠及民生”的陕西特色气象现代化体系，整体实力保持西部领先，满足陕西同步够格建成小康社会总体要求。一是继续坚持省部合作，积极推进陕西省更高水平气象现代化建设。二是坚持气象融入地方，积极推进气象服务供给侧结构性改革。三是加快发展智慧气象，充分发挥气象趋利避害作用。四是坚持科技创新驱动，打造一流人才队伍。

到 2035 年，全面建成满足需求、结构完善、功能先进、保障有力、惠及民生、充满活力的陕西特色气象现代化体系，气象保障重大战略实施和经济社会发展能力显著提升，气象整体实力达到全国先进水平，为陕西新时代追赶超越发展作出新的更大贡献。

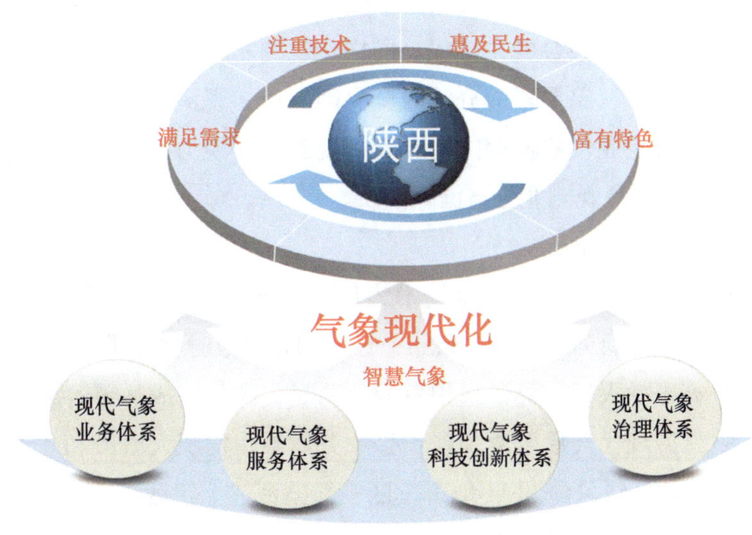

图 10-27　陕西气象现代化总体思路

——全面建成陕西特色气象服务体系。实现气象灾害预警信息服务手段、传播渠道及影响区域全覆盖，公共气象服务实现均等化，生态文明等国家战略气象保障能力大幅提升。

——全面建成全国先进水平的现代气象业务体系。建成天基、空基、地基一体化的立体综合观测系统，形成完善的气象信息交换共享机制。陕西区域数值模式与资料同化、实况分析、智能预报等核心业务进入同期全国前列，预报预测预警准确率和精细化达到同期全国先进水平。

——全面建成科学高效的气象管理体系。适应科技创新和优秀人才成长要求的发展环境进一步优化，有利于气象事业发展的体制机制进一步完善，气象治理能力进一步提升。

10.3.3 实施陕西气象现代化“三年行动计划”

（1）推进大数据与信息化建设

建成信息基础设施云平台和大数据云平台，完成西安气象大数据应用中心建设，建好国家气象卫星遥感数据备份中心，推进国家气象数据备份中心和核心业务备份中心建设。形成“云 + 端”业务模式新格局与气象大数据体系，业务平台集约化程度显著提升，气象大数据云平台省级数据管理能力达到 PB 级，观测数据从台站到国家级、省级数据平台传输时效达到秒级，1 分钟内到达各种应用桌面，显著提升信息化对现代化的驱动力。

（2）推进智能观测系统建设

大力发展智能观测，全面实现观测自动化和信息化，拓展与强化台站综合观测能力，基本具备天空地基相结合的立体化、网格化观测和大气三维综合状态（准）实时获取能力，实现对基本气象要素的分钟级全空间覆盖，观测智能化取得突破，适度实现观测社会化。提升专业气象监测能力和新型观测业务能力，积极推进气象观测质量体系建设，实现陕西气象观测业务与国际接轨。

（3）推进智能预报业务发展

以秦智智能网格预报及短临预报技术为代表的核心技术攻坚研究取得重大进展，24 h 预报时空分辨率达到 1 h 和 1 ～ 5 km；1 ～ 10 d 预报时空分辨率达到 3 h 和 3 km。暴雨、强对流等灾害性天气监测预报预警能力明显提高，建成从零时刻到月季年无缝隙、精准化、智慧型现代气象监测预报预警业务体系。发展大城市和“十四运”场馆气象保障技术，构建省气象台和 11 地市（区）气象台“十四运”一体化气象预报业务平台，为场馆建设和赛事活动提供精细化、专业化的气象监测和预报服务。推进秦岭气溶胶与云物理野外科学试验基地建设和气象卫星遥感综合应用体系建设，建立重大灾害事件的实时监测和快速评估业务及卫星遥感气候监测评估业务。

（4）推动智慧气象服务发展

大力发展智慧气象服务，大数据、云计算、智能等新信息技术在气象服务中得到充分应用，初步实现气象服务产品制作从“体力劳动”向“智能生产”转变，气象服务模式从“单向推送”向“双向互动”转变，气象服务体系从“低散重复”向“集约化”转变，气象现代化成果充分应用，智能感知、精准泛在、情景互动、普惠共享的新型智慧气象服务发展生态初步形成，全省智慧气象服务业务初步建立。

（5）推进管理制度体系建设

初步构建气象管理信息化框架体系，基于省级分布的气象管理数据建成集约的气象管理应用支撑平台，实现专业管理应用系统统一建设、特色开发，集约建设气象政府网站和统一的行政审批网上平台，初步建立较为完备的气象管理制度体系。

（6）推动创新人才队伍建设

气象人才队伍素质稳步提高、结构进一步优化；人才创新能力不断提升，在气象现代化重点领域形成一定人才优势，领军人才数量明显增加、影响力明显提高；创新团队在气象现代化重点和核心攻关中发挥重要作用。人才发展环境更加优化，初步形成杰出人才、领军人才、首席专家和青年人才等衔接有序、梯次配备的人才培养使用激励机制。

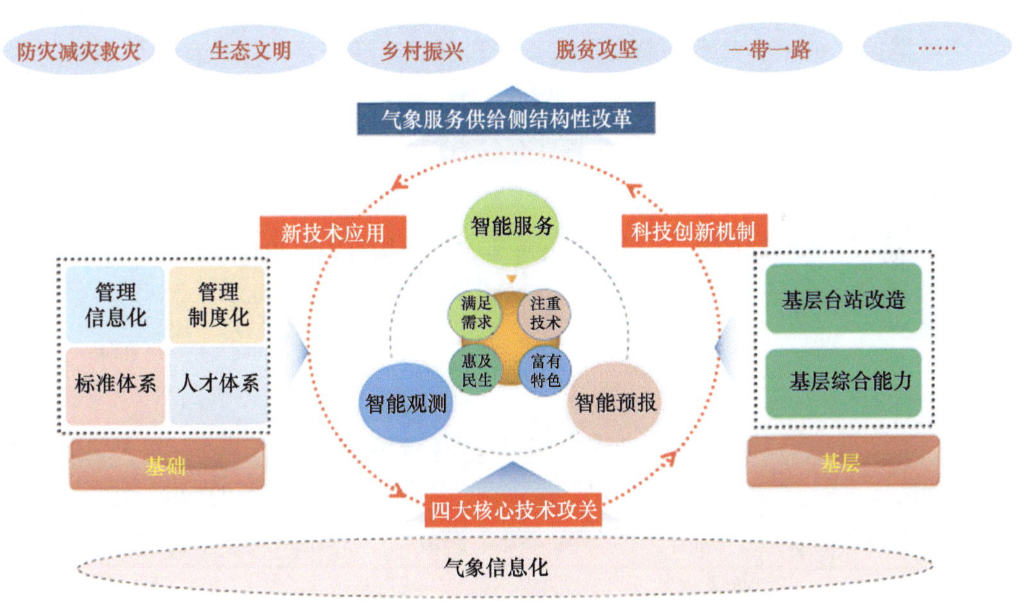

图 10-28　陕西气象现代化逻辑架构

（7）推进基层台站和项目建设

台站基础设施与环境全面改善，基础业务平台集约高效，基层气象业务服务综合能力普遍提升，基层台站队伍稳定，各项保障基本到位，2020 年全面完成具备建设条件的基层气象台站改造任务，各区域各领域弱项得到进一步强化、短板进一步补齐，基本实现气象现代化。关中、陕北、陕南协调发展。完成西安大数据应用中心一期工程建设，实施气候适应性城市重点实验室、国家级（陕西）人影作业飞机保障基地和延安人民气象事业发祥地项目建设，人影业务楼投入使用。完成突发事件预警信息发布系统二期和“十四运”气象服务保障工程立项。做好气象服务保障乡村振兴、生态文明等战略的项目前期工作。

10.4 谋划陕西气象事业“十四五”发展思路

10.4.1 指导思想

以习近平新时代中国特色社会主义思想为指导，坚持服务国家服务人民的根本方向，牢牢把握气象工作关系生命安全、生产发展、生活富裕、生态良好的战略定位，对标监测精密、预报精准、服务精细的要求，按照中国气象局和陕西省委、省政府部署，以建设气象强省为目标，以深化省部合作为抓手，发扬优良传统，加快科技创新，提高气象服务保障能力，充分发挥气象防灾减灾第一道防线作用，推进气象强省建设，为丝绸之路新起点建设和陕西新时代追赶超越发展提供有力气象保障。

10.4.2 基本原则

——坚持需求牵引。围绕陕西新时代追赶超越和高质量发展需求，面对人民群众日益增长的气象服务需要，提高气象预报预警的准确率和气象服务的精细化水平。

——坚持创新驱动。突出科技引领，强化大数据、云计算、人工智能等新技术的应用，聚焦气象核心关键技术，加强科研攻关，提高自主创新能力。

——坚持统筹协调。完善气象事业统筹协调机制，整合地方和部门优势资源，共同推进气象强省建设。统筹推进气象服务能力建设，做到软硬实力并重。

——坚持趋利避害。发挥气象监测预报预警在防灾减灾中的“避害”作用和利用气候资源的“趋利”作用，统筹推进气象灾害防御、应对气候变化和气候资源利用，提升气象保障综合效益。

10.4.3 规划目标

坚持以人为本、需求牵引，科技主导、创新驱动，开放共享、融入发展，防灾减灾、趋利避害。到 2025 年，基本建成适应陕西高质量发展需要的气象现代化体系，瞄准丝绸之路经济带、生态文明建设等先行先试，精密监测、精准预报、精细服务，科技创新和综合保障能力较“十三五”平均水平明显提升，实现气象监测预报覆盖到街镇，自动气象站点平均间距达到 9 km，多要素站占比达 70% 以上；主要灾害性天气预警准确率达 90% 以上，强对流预警提前量大于 40 min；气象信息公众覆盖率达 95% 以上，公众气象服务满意度达 90 分以上。气象灾害造成的经济损失 GDP 占比下降到 0.7% 以下。到 2035 年，建成满足需求、结构完善、功能先进、保障有力、惠及民生、充满活力的陕西特色气象现代化体系，气象保障重大战略实施和经济社会发展能力显著提升，全面建成气象服务保障丝绸之路经济带的示范区、全国生态文明建设气象保障服务的先行区，气象整体实力达到全国先进前列。